全国污染源普查
China Pollution Source Census

第一次全国污染源普查资料文集（之二）

污染源普查文献汇编

（上 册）

第一次全国污染源普查资料编纂委员会 编

中国环境科学出版社·北京

图书在版编目（CIP）数据

污染源普查文献汇编. 上/第一次全国污染源普查资料编纂委员会编. —北京：中国环境科学出版社，2011.9
（第一次全国污染源普查资料文集）
ISBN 978-7-5111-0667-4

Ⅰ. ①污… Ⅱ. ①第… Ⅲ. ①污染源调查—文献—汇编—中国 Ⅳ. ①X508.2

中国版本图书馆 CIP 数据核字（2011）第 159916 号

责任编辑 张 杰 俞光旭
责任校对 扣志红
封面设计 张 杰 金 喆

出版发行 中国环境科学出版社
（100062 北京东城区广渠门内大街 16 号）
网 址：http://www.cesp.com.cn
联系电话：010-67112765（总编室）
发行热线：010-67125803，010-67113405（传真）
印 刷 北京中科印刷有限公司
经 销 各地新华书店
版 次 2011 年 9 月第 1 版
印 次 2011 年 9 月第 1 次印刷
开 本 889×1194 1/16
印 张 25.25
字 数 590 千字
定 价 120.00 元

全国污染源普查 China Pollution Source Census

序　言

应用第一次全国污染源普查成果 积极探索中国环境保护新道路

污染源普查是关系环保事业长远发展的重要基础性工作。“求木之长者，必固其根本；欲流之远者，必浚其泉源”。第一次全国污染源普查从 2006 年 10 月开始，历时三年多，圆满完成各项预定任务，获得大量翔实数据，为全面判断我国环境形势、提高环保监管水平打下坚实基础。要开发应用好普查成果，进一步加强环境保护和污染治理工作，探索走出一条代价小、效益好、排放低、可持续的环境保护新道路，促进经济社会全面协调可持续发展。

一、第一次污染源普查取得丰硕成果

全国污染源普查是新时期一项重大的国情调查。在党中央、国务院的领导下，各级普查机构从环保、农业系统及有关单位抽调精兵强将和业务骨干，组成有 57 万多名普查员和普查指导员的普查队伍，对 157.6 万家工业源、289.9 万家农业源、144.6 万家生活源和 4 790 家集中式污染治理设施，进行规模空前的入户登记、调查、核实，获得各类污染源第一手环境污染数据 11 亿个，总信息量 310 万兆字节，建立全国污染源普查数据库，形成以数据为主、文字为辅、形象图表三位一体的普查技术报告，综合反映各类污染源的污染现状和污染防治情况。

经国务院批准，2010 年 2 月，环境保护部、国家统计局、农业部联合发布第一次全国污染源普查公报，得到社会各界的关注和认可。污染源普查取得的成果，主要体现在以下五个方面。

（一）全面掌握了我国污染源排放的基本情况。查清了全国工业、农业、生活以及集

中式污染处理设施四大类污染源的数量、行业和地区分布，主要污染物种类及其排放量、排放去向、污染治理等情况，较为全面准确地反映了现阶段我国环境污染状况、污染对环境影响范围和程度、污染变化趋势，以及污染的治理能力和现状。

（二）初步建立了统一的全国污染源信息数据库。全国 590 多万家有污染源的单位和个体经营户与环境保护有关的基本数据，已录入污染源普查信息数据库，建立起全国污染源基本单位台账和国家、省、市、县四级数据库。可根据需求，按行业、地区、指标等不同类型分组，进行数据检索和查询。这是目前全国污染源最全面、最准确、最权威的信息数据。

（三）逐步完善了环境统计方式方法。普查的组织方式、技术方法以及新编制的产排污系数，有助于更加客观真实地反映各类污染源主要污染物排放的实际情况。普查获得的污染源信息，弥补了以往常规抽样调查的不足。这些为改革原有环境统计调查体系、建立新的环境统计制度、提高环境统计数据质量提供了难得契机。

（四）培养锻炼了人才队伍。普查工作者通过系统的实用培训、经历普查现场的实际操作，在把握环境政策、掌握监管手段、熟悉监测技术规范、了解主要产污生产工艺以及获取污染源信息方法等方面，得到全面学习和提高。普查工作培养了一批有高度责任心、熟悉政策、精通业务的综合型人才。

（五）进一步提高了全民环境意识。通过各类媒体、多种方式的普查宣传，广泛动员社会各界关心、参与普查和环境保护，全社会的环境意识大大提高，创造了更好的社会氛围。

二、第一次污染源普查的经验十分宝贵

这次污染源普查规模之大、调查项目之多、涉及范围之广、组织之复杂、工作难度之大前所未有，且无任何经验可以借鉴。这项工作既是检验能力的挑战，更是探索创新的过程。第一次全国污染源普查积累了许多宝贵经验。

（一）党中央、国务院的正确领导，是引领普查工作顺利开展的根本指针。开展污染源普查，是党中央、国务院立足我国经济社会发展全局作出的一项重大决策。温家宝总理签署第 508 号国务院令，公布施行《全国污染源普查条例》，国务院办公厅印发《第一次全国污染源普查方案》。国务院成立了普查领导小组，李克强副总理、曾培炎副总理担任组长，领导普查的组织和实施工作。普查实施期间，国务院多次召开会议进行研究部署。

2010年1月，温家宝总理主持召开国务院第99次常务会议，专门听取第一次全国污染源普查情况汇报，对普查工作和成果给予充分肯定。党中央、国务院的正确领导，始终为普查工作顺利有序开展指明了方向。

（二）坚持统一领导、共同参与的原则，是推动普查任务全面完成的重要保障。按照“全国统一领导、部门分工协作、地方分级负责、各方共同参与”的原则，各部门各地方主动开展工作，群策群力，通力协作。各级环保部门担当了普查工作的主力军，有效发挥日常组织和综合协调的作用；财政、发展改革等部门在财力和物力上给予保障；统计、工商部门提供大量的基础信息和经验；农业、军队、公安、住房建设等部门很好地完成了本部门、本单位的普查任务；宣传部门和新闻单位广泛深入开展社会宣传动员。地方各级党政领导高度重视，纷纷成立普查工作领导机构和协调办事机构，结合本地实际，抓紧制定本地区普查工作方案。一些分管负责同志深入一线，现场调研、指导，及时解决实际问题，保证了污染源普查的顺利实施。

（三）推行尊重科学、求真务实的工作方法，是确保普查取得实效的基本要求。这次普查在方案设计上，立足中国国情，借鉴国际经验，广泛征求各部门、地方的意见，经过专家严密论证，并在试点检验的基础上加以修改完善。在普查实施过程中，结合地方实践，建立了五级数据审核与逐级质量核查制度；各地也结合实际从组织动员、入户普查、质量把关等方面建章立制，将严格执行规章制度贯穿整个普查过程。在普查手段上，运用现代信息技术，统一开发数据处理软件，对数据录入、审核、汇总、传输和存储，全部进行电子化处理。普查工作体现的科学性，应当成为今后各项环保工作的立足之本。

（四）强化精益求精、注重质量的扎实作风，是普查成功的关键所在。数据质量是污染源普查的生命，是衡量普查成功与否的标准。各级普查机构始终把质量控制贯穿于全过程。建立健全普查数据质量控制的岗位责任制，对每个阶段和每个环节，实行严格的质量控制和检查验收，层层审核把关，确保普查数据真实可靠、经得起实践和历史检验。广大普查人员坚持质量第一的方针，严格执行普查技术规范，依照法律法规的规定和普查的具体要求，按时、如实填报普查数据，不虚报、不瞒报、不拒报、不迟报，不伪造、不篡改，保证了普查数据的质量。

（五）弘扬中国环保精神，是凝聚力量攻坚克难的强大动力。人是要有一点精神的。在妥善应对处置2005年松花江重大水环境污染事件中，环保系统广大干部职工形成了“忠于职守、造福人民，科学严谨、求实创新，不畏艰难、无私奉献，团结协作、众志成城”的中国环保精神，一直激励着环保人迎接各种挑战。

这次污染源普查，环保和有关部门广泛动员各方力量，组建了一支经过系统培训、熟悉业务、有战斗力的队伍，走过了不平凡历程。特别是 2008 年，广大普查工作人员克服年初雨雪冰冻灾害对普查工作的影响，经历了 5 · 12 汶川大地震的洗礼，勇敢面对各种挑战与考验，主动出击，迎难而上，兢兢业业，始终奋战在普查第一线，做了大量卓有成效的工作，出色地完成了普查任务。正是有这样一支队伍作为坚强后盾，正是有这样一股精神作为力量源泉，才赢得了污染源普查任务的圆满完成。

三、进一步做好污染源普查成果开发转化应用工作

污染源普查成果来之不易，凝聚着几十万参与人员的智慧和心血，是全社会共同的宝贵财富。要切实把普查成果开发好、转化好、应用好，全面掌握环境污染的新情况和新特征，准确把握环境状况的新变化和新趋势，统筹处理好经济发展与环境保护、全面推进与重点突破的关系，探寻新思路，谋划新举措，积极探索中国环境保护新道路，不断开创环保工作新局面。

第一，全面分析普查数据，综合判断我国面临的环境形势。这次污染源普查，对全国污染源的数量和区域分布情况进行了全面摸底，有利于准确把握环境形势。我们不能满足于对污染源数据的简单汇总，不能停留在对数据的感性认识，要对普查数据进行认真梳理、全面分析、深入研究，从经济社会全面协调可持续发展的战略高度，分析后金融危机时代面临的环境形势，分析各地环境承载力和目前的环境质量，分析各类产业、企业对环境状况的影响，在新的起点上进一步推进环保工作。

第二，牢牢抓住普查反映的突出问题，集中力量加以解决。污染源普查更加清晰地凸显当前我国突出的环境问题，要出台一批有针对性的污染防治措施，切实有效地加以解决，赢得人民群众的理解、信任与支持。一是集中整治重金属污染。目前全国重金属（镉、总铬、砷、汞、铅）排放量 0.09 万吨，绝大部分为工业源排放，主要集中在湖南、浙江等 10 个省区，占排放总量的 74.4%。要把防治重金属污染摆上环境保护的突出位置，确定重金属污染的行业、重点企业和地区，制定重金属污染综合防治规划，有计划、分步骤地推动解决。二是深化农业源污染防治。目前全国主要水污染物排放量已有 4 成以上来自农业污染源。从根本上解决水污染问题，必须把农业源污染防治列入环境保护的重要议程。要加大畜禽、水产养殖污染控制力度，加强对农业生产的环境监管和土壤污染防治。落实好“以奖促治”、“以奖代补”政策措施，推进农村环境综合整治。三是加强饮用水水源地环境保

护。结合污染源普查成果地理信息系统的应用和各地水源地保护区划定以及核查工作，对各地特别是城市的集中式饮用水水源地，进行污染源及污染物排放情况的排查，确保人民群众的饮水安全。四是研究潜在环境风险防范预案。根据部分污染物的区域和行业分布特点，研究提出潜在环境风险的应对方案，更加自觉主动地化解一些突发环境事件。

第三，深入研究运用普查成果反映出的客观规律，谋划好“十二五”环保工作。今年是“十一五”环保规划的收官之年，也是谋划“十二五”环保思路的关键之年。必须以解决影响可持续发展和危害群众健康的突出环境问题为重点，再接再厉，常抓不懈，确保全面完成“十一五”环保任务，确保年初全国环保工作会议确定的十项重点任务全面完成。在实现“两个确保”的基础上，要充分吸收利用普查成果，扎实谋划好“十二五”环境保护规划，进一步完善、强化环境保护政策和措施。重点包括：科学评估节能减排潜力，适当增加实施总量控制的污染因子，制定可行的节能减排方案，合理确定区域减排目标与排污总量控制计划；分析当前污染排放和污染治理设施运行状况及污染治理水平，加快转变经济发展方式，加大环保基础设施建设力度，推进工程减排、结构减排和管理减排；正确判断主要行业产能与能耗水平，制定完善有利于推动绿色发展、清洁生产、关停淘汰落后工艺的政策和产业准入制度。

周生贤

2010 年 11 月 2 日

第一次全国污染源普查资料文集编写人员名单

主　编：王玉庆

副主编：陈　斌　赵建中　陈善荣　朱建平

编　委：（按姓氏笔画排序）

马晓溪　孔益民　王利强　叶　琛　刘艳青　安海蓉

佟　羽　吴彩霞　张　珺　张治忠　张战胜　沈　鹏

周　涛　罗建军　高　嵘　曹　东　隋筱婵　景立新

潘　文

第一次全国污染源普查组织领导和工作机构

国务院第一次全国污染源普查领导小组人员名单

（国发[2006]36号文，2006年10月12日）

组　长：曾培炎　国务院副总理

副组长：张　平　国务院副秘书长

　　　　周生贤　国家环保总局局长

　　　　谢伏瞻　国家统计局局长

成　员：李东生　中宣部副部长

　　　　姜伟新　国家发展改革委副主任

　　　　朱志刚　财政部副部长

　　　　仇保兴　建设部副部长

　　　　危朝安　农业部副部长

　　　　刘玉亭　国家工商总局副局长

　　　　王玉庆　国家环保总局副局长兼领导小组办公室主任

　　　　李买富　总后勤部副部长

国务院第一次全国污染源普查领导小组组成人员

（国办函[2008]41号文，2008年4月17日）

组　长：李克强　国务院副总理

副组长：周生贤　环境保护部部长
　　　　张　勇　国务院副秘书长
　　　　谢伏瞻　国家统计局局长

成　员：李东生　中央宣传部副部长
　　　　解振华　国家发展改革委副主任
　　　　刘金国　公安部副部长
　　　　张少春　财政部副部长
　　　　仇保兴　住房和城乡建设部副部长
　　　　危朝安　农业部副部长
　　　　刘玉亭　国家工商总局副局长
　　　　王玉庆　原国家环保总局副局长兼领导小组办公室主任
　　　　李买富　总后勤部副部长

国务院第一次全国污染源普查领导小组办公室成员及联络员名单

主　任：王玉庆　原国家环境保护总局副局长

副主任：舒　庆　环境保护部规财司司长

马京奎　国家统计局社科司司长

（联络员：李锁强处长）

成　员：葛　玮　中宣部新闻局副局长

（联络员：唐献文副处长）

王善成　国家发展改革委环资司副司长

（联络员：陆冬森副处长）

李江平　公安部交管局副局长

（联络员：李晓东处长）

李敬辉　财政部经建司副司长

（联络员：姚劲松处长）

张　悦　住房和城乡建设部城建司副司长

（联络员：章林伟处长）

杨雄年　农业部科教司副司长
（联络员：方放副处长）

王树燕　国家工商总局企业注册局副局长
（联络员：吴力明调研员）

黄开荣　中国人民解放军环保局局长
（联络员：刘彪助理）

陈　斌　环境保护部第一次全国污染源普查工作办公室主任

环境保护部第一次全国污染源普查协调小组人员名单

组　长：周生贤　环境保护部部长

副组长：张力军　环境保护部副部长（2009 年 1 月至今）
　　　　周　建　环境保护部副部长（2007 年 7 月至 2008 年 12 月）
　　　　李干杰　环境保护部副部长（2007 年 2 月至 2007 年 7 月）
　　　　王玉庆　国务院第一次全国污染源普查领导小组办公室主任

成　员：胡保林　办公厅主任
　　　　舒　庆　规财司司长
　　　　赵英民　科技司司长
　　　　樊元生　污防司司长（2007 年 2 月至 2009 年 2 月）
　　　　翟　青　污防司司长（2009 年 3 月至今）
　　　　万本太　生态司司长（2007 年 2 月至 2008 年 8 月）
　　　　庄国泰　生态司司长（2008 年 9 月至今）
　　　　刘　华　核安全司司长
　　　　陆新元　环监局局长（2007 年 2 月至 2009 年 6 月）
　　　　邹首民　环监局局长（2009 年 6 月至今）
　　　　陶德田　宣教司司长
　　　　陈　斌　第一次全国污染源普查工作办公室主任
　　　　孟　伟　中国环境科学研究院院长
　　　　魏山峰　中国环境监测总站站长（2007 年 2 月至 2008 年 8 月）
　　　　罗　毅　中国环境监测总站站长（2008 年 9 月至今）
　　　　陈金元　核安全中心主任（2007 年 2 月至 2009 年 2 月）
　　　　田佳树　核安全中心主任（2009 年 2 月至今）
　　　　邹首民　环境规划院院长（2007 年 2 月至 2009 年 6 月）
　　　　洪亚雄　环境规划院院长（2009 年 6 月至今）
　　　　宋铁栋　信息中心主任

第一次全国污染源普查工作办公室人员名单

主　　任：陈　斌

副 主 任：赵建中　陈善荣　朱建平

综合协调组：佟　羽　张治忠　周　涛　姬　钢　高　嵘　吴彩霞
刘艳青　林　红

监测与技术组：景立新　毛玉如　罗建军　安海蓉　骆　红　付军华
谢依民　陈志良

现场调查组：隋筱婵　马晓溪　张　珺　叶　琛

数据处理组：曹　东　孔益民　潘　文　沈　鹏　王利强　张战胜

农 业 组：刘宏斌　李　峰　江希流　成振华　刘东生　高月香
黄宏坤　陈永杏

污染源普查
文献汇编

目　录

上　册

第一部分　领导讲话

第二部分　综合性文件

第三部分　技术规定与工作细则

下 册

第四部分 工作安排与要求

第五部分　情况通报及其他

第六部分　污染源普查表式

第一部分　领导讲话

加强污染治理　改善人居环境　保障经济发展

——李克强副总理在国务院第一次全国污染源普查领导小组第二次会议上的讲话

2009 年 8 月 26 日

新华社北京 2009 年 8 月 27 日电（记者车玉明） 中共中央政治局常委、国务院副总理李克强 26 日主持召开全国污染源普查领导小组会议。他强调，要深入贯彻落实科学发展观，以污染源普查为契机，更加注重保护环境和改善民生，进一步加强环保工作，切实解决突出的环境污染问题，促进经济社会可持续发展，不断提高人民生活水平和质量。

李克强指出，环保问题既是发展问题，又是民生问题，是关系全面建设小康社会的一件大事。要把扩内需、保增长与调结构、惠民生有机结合起来，以对国家和人民高度负责的精神，紧紧抓住关系群众切身利益的环境问题，切实加大防治力度。他强调，当前要下更大的决心、花更大的力气，强化重点污染治理，组织开展环境问题排查，集中整治重点区域、重点企业污染，努力消除各种环境安全隐患，维护人民群众环境权益和身体健康。要把加快环境基础设施建设步伐作为扩大内需的重要内容，全面加强城镇污水处理厂及配套管网、企业治污设施、环境监测装置等建设，不断提高治污能力。

李克强强调，解决污染问题，既要做好“治”，更要注重“防”。要加大结构调整力度，促进产业升级，淘汰落后产能，大力发展循环经济、绿色经济和环保产业，最大程度地提高资源利用效率，最大限度地减少污染排放。他指出，治理污染必须依法严格监管，要进一步加大环境执法力度，健全环境保护激励和约束机制，落实环保责任和问责制度，推动环境管理从末端监管向全方位监管转变，建设资源节约型、环境友好型社会。

李克强说，全国污染源普查是一次重大的国情调查。要继续做好普查工作，为普查成果开发应用做好准备，全面掌握环境污染的新情况和新特征，准确把握环境状况的新变化和新趋势，统筹处理好经济发展与环境保护等关系，探寻新思路，谋划新举措，推动环保工作不断迈上新水平，推动生态文明建设不断取得新进展。

据悉，全国污染源普查于 2006 年年底启动，已经取得了阶段性成果。普查对象包括工业源、农业源、城镇生活源、集中式污染治理设施 4 大类。

全国污染源普查领导小组成员单位和有关部门负责人参加了会议。环境保护部部长周生贤等在会上就污染源普查工作情况作了汇报。

本文原载新华社北京 2009 年 8 月 27 日电。

李克强副总理致信第一次全国污染源普查总结表彰电视电话会议

2010年4月9日

新华社北京2010年4月12日电　第一次全国污染源普查总结表彰电视电话会近日在北京召开，中共中央政治局常委、国务院副总理、国务院第一次全国污染源普查领导小组组长李克强致信充分肯定普查工作取得的成绩，强调要开发应用好普查成果，进一步加强环境保护和污染治理，促进生态文明建设和经济社会全面协调可持续发展。

李克强在致信中说，第一次全国污染源普查2006年启动以来，各地区、各有关部门和广大普查人员团结协作，扎实苦干，高质量完成任务，获得大量翔实数据，为全面判断我国环境形势、提高环保监管水平打下了坚实基础。他向全体辛勤工作的普查工作者表示诚挚感谢，对在普查工作中做出突出贡献的先进集体和先进个人表示热烈祝贺。

李克强指出，环境问题既是发展问题，又是民生问题，也是我国现代化建设面对的重大挑战。希望大家深入贯彻落实科学发展观，按照加快经济发展方式转变的要求，进一步加强环境保护和污染治理工作，开发应用好普查成果，探索构建污染源防控体系，为推进生态文明建设、促进经济社会全面协调可持续发展做出新的贡献。

本文原载新华社北京2010年4月12日电。

曾培炎副总理在第一次全国污染源普查电视电话会议上的讲话

2008 年 1 月 4 日

同志们：

新年伊始，召开这次电视电话会议，主要是对全国污染源普查进行动员，落实各项具体措施，确保这次普查顺利开展。全国污染源普查是环境保护的一项重要基础性工作。党中央、国务院对此高度重视，国务院专门颁发了污染源普查条例。刚才，国家环保总局负责同志介绍了普查准备情况和下一步工作安排，国家统计局、财政部和江苏省、重庆市政府负责同志发了言，大家讲得都很好。下面，我讲三点意见。

一、充分认识开展污染源普查的重要意义

近年来，我们不断加大环境污染治理力度，把减少污染排放作为转变经济发展方式、调整产业结构的重要抓手，作为宏观调控的重要手段。通过结构调整、工程建设、加强管理，主要污染物减排取得了初步成效。去年前三季度，全国二氧化硫、化学需氧量排放总量由升转降，分别比上年同期减少 1.81%、0.28%，出现了重要转机。同时，应当清醒地看到，我国经济发展方式尚未实现根本性转变，节能减排形势依然十分严峻。必须动员各方面力量，继续加大力度，扎实做好污染减排工作。

进一步加强环境保护，迫切需要摸清污染状况、健全环境统计制度。我国环境统计制度建立于 1980 年，此后，在全国范围内开展了一次工业污染源调查、两次乡镇工业污染源调查，并以此为基础，逐步形成了以抽样调查为主、科学估算为辅的年度环境统计制度。随着形势的发展，污染源的状况发生了很大变化，现行的环境统计制度对许多污染源的掌握存在遗漏，不能满足加强环境保护、减少污染排放的现实需要，必须通过调查及时加以完善。

在新的形势下，对全国污染源进行一次普查，全面掌握各种污染源的情况，是做好新时期环保工作、编制环保规划的重要基础，是优化经济结构、制定环境政策的重要依据，是加强环境监管、实施污染源动态管理的重要手段，是建设环境友好型社会、维护群众环境权益的重要举措，具有十分重要的意义。

二、准确把握污染源普查的主要任务

全国污染源普查是一次重要的国情调查。做好这次普查工作，要认真学习党的十七大

精神，深入贯彻落实科学发展观，按照建设生态文明、加强生态环境保护、增强可持续发展能力的要求，坚持全面调查，科学普查，依法普查，保证质量，把普查污染源与健全环境统计、监测和评价体系结合起来，把普查数据汇总与成果开发利用结合起来，为经济社会又好又快发展提供科学、翔实、全面的环境信息。

按照国务院的部署，这次全国污染源普查于今年初正式启动；今年上半年对污染源进行全面调查，搞好数据填报、录入和审核、抽查；下半年完成普查数据的分析汇总，提供主要普查数据；2009 年上半年进行普查验收；同时，开发利用普查成果。这次普查有以下几项主要任务：

一是全面掌握各类污染源情况。要认真查清全国工业污染源、农业污染源、生活污染源、集中式污染处理设施的数量、行业和地区分布，主要污染物种类及其排放量、排放去向，各污染治理设施运行状况、污染治理水平和污染治理费用等情况，摸清全国以及各地区污染物排放的底数。同时，建立国家与地方各类重点污染源档案和各级污染源信息数据库，促进污染源信息共享。

二是严格依法进行普查。统计法和污染源普查条例是这次普查的法律依据，必须严格遵循。要动员企业、单位等普查对象，依法接受调查，主动提供资料，如实填报数据。普查取得的单个普查对象的资料，不作为考核普查对象是否完成污染物总量削减计划的依据，也不作为对普查对象实施行政处罚和征收排污费的依据。普查资料和数据中涉及的国家秘密，要严格按照国家有关规定进行保密。同时，普查机构和人员对普查对象的商业秘密，负有保密义务。对于普查过程中出现的各种干扰和弄虚作假行为，要依法严肃查处并追究有关人员的责任。

三是确保普查数据的质量。这是全国污染源普查取得成功的关键。要坚持质量第一的方针，把质量要求作为污染源普查的生命线，把质量控制贯穿于普查工作的全过程。要建立普查数据质量控制的岗位责任制，对普查过程中的每个阶段和每个环节，都必须实行严格的质量控制与核查验收，层层审核把关，确保普查数据真实可靠，经得起实践的检验，经得起历史的检验。

四是健全环境统计、监测和评价体系。国家已拨出专款，用于完善环境统计、监测和评价体系。要以这次普查为契机，深化环境统计调查体系改革，建立更加科学的环境统计制度，不断提高环境统计数据的质量。要结合普查工作，同步推进环境监测体系及检测手段建设，健全企业实时监测、江河断面监测、城市大气监测等设施，把重要污染源监测系统、环境质量监测系统全面建立起来，对污染源进行动态跟踪、及时监控。同时，找出环境监管的薄弱环节，调整监管重点，改进监管措施，提高监管能力。要在普查的基础上，形成科学的环境评价体系，完善环境信息公开发布制度。

五是开发应用普查成果。普查的目的在于应用。要总结以往普查经验，坚持边普查、边应用，尽早汇总公布有关数据，把全国污染源普查成果及时利用起来。要对普查数据进行认真梳理、全面分析、深入研究，从可持续发展的战略高度，提出有针对性的政策措施，切实解决突出的环境问题，逐步改善城乡环境质量。

三、努力提高污染源普查的工作水平

全国污染源普查是一项大规模的系统工程，技术难度大、质量要求高、时间安排紧、工作任务重。各地区、各有关部门要按照全国统一领导、部门分工协作、地方分级负责、各方共同参与的原则，周密部署，精心安排，抓紧做好各项工作，确保按时高质量地完成普查任务。在此，我提几点要求：

首先，要加强组织领导。各级地方政府要充分认识开展污染源普查的重要性和艰巨性，把普查工作摆上重要的议事日程，认真抓好组织实施。要建立必要的工作责任制，一级抓一级，层层抓落实。还没有建立普查领导机构和工作机构的县市，要尽快把机构建立起来。要加强调查研究，及时解决普查工作中可能遇到的困难和问题。

第二，要搞好协调配合。国务院各有关部门要通力协作，密切配合。环保部门要发挥牵头和普查主体的作用；统计部门要做好普查方法、技术规范的指导；发展改革、农业、商务、建设、国资、工商、公安等部门，要加强对本系统普查工作的指导和督促。普查工作办公室要加强组织协调，为污染源普查做好服务、提供保障。

第三，要保障普查经费。这次普查所需经费由中央财政和地方财政共同负担。刚才财政部负责同志已经作了说明。各级财政部门要把普查经费列入相应年度的财政预算，统筹安排。中央财政对中西部地区给予一定补助，省级财政也要对经济不发达、财政困难的县市给予经费支持。各级普查机构要加强经费管理，厉行节约，防止截留挪用。

第四，要调配普查力量。各地区、各有关部门要高度重视普查人员的配备，从机关、事业单位中抽调业务精、作风硬、能力强的干部参加普查工作，也可从社会和大专院校中招聘一些符合条件的人员。要大力加强普查人员的业务培训，切实保证普查工作的需要。基层现场普查任务繁重、条件艰苦，要关心普查人员工作和生活，对优秀人员给予鼓励、表扬和表彰。

第五，要加强宣传报道。做好宣传动员，是普查工作顺利实施的前提。各地区、各有关部门要高度重视宣传工作，针对普查的不同阶段，合理安排宣传活动。充分利用广播、电视、报刊、互联网等各种媒体，广泛深入地宣传全国污染源普查的重要意义和主要任务，宣传依法普查、确保普查质量的具体要求，动员社会各有关方面关心、支持、参与和监督这次普查，为普查工作顺利实施创造良好的社会氛围。

开展第一次全国污染源普查，责任重大，任务艰巨。我们要紧密团结在以胡锦涛同志为总书记的党中央周围，高举中国特色社会主义伟大旗帜，深入贯彻落实科学发展观，切实增强责任感、紧迫感和使命感，齐心协力、扎实工作，确保污染源普查任务圆满完成，为促进经济社会全面协调可持续发展做出新的贡献。

元旦刚过，春节将至，祝同志们新年愉快！

谢谢大家！

周生贤局长在国家环保总局第一次全国污染源普查协调小组第一次会议上的总结讲话（摘要）

2007 年 3 月 13 日

同志们：

根据《国务院开展第一次全国污染源普查的通知》（以下简称《通知》）的要求，普查的标准时点是 2007 年 12 月 31 日，也就是说我们要在 2007 年完成普查的前期工作，时间非常紧迫，任务非常艰巨。为了做好此次普查工作，下面我提几点要求：

一、加强对污染源普查意义的认识，增强工作紧迫感

国务院《通知》具有鲜明的时代背景和重大的现实意义。《通知》中明确表述了第一次全国污染源普查工作的重要意义：全国污染源普查是一项重大的国情调查，是全面掌握我国环境状况的重要手段。搞好污染源普查，准确了解污染物的排放情况，有利于正确地判断环境形势，科学制定环境保护政策和规划；有利于有效实施主要污染物排放总量控制计划，切实改善环境质量；有利于提高环境监管和执法水平，保障国家环境安全；有利于加强和改善宏观调控，促进经济结构调整，推进资源节约型、环境友好型社会建设。目前，环境保护工作进入了历史性转变的新阶段。在过去的一年里，国务院发布了《关于落实科学发展观　加强环境保护的决定》，召开了第六次全国环境保护大会，全国人大通过的《国民经济与社会发展第十一个五年规划纲要》确定了主要污染物排放总量五年减少 10%的约束性指标，在中央经济工作会议上温家宝总理明确要求："要抓紧建立科学统一的单位国内生产总值能源消耗、主要污染物排放总量的指标体系、监测体系和考核体系，以使节能降耗、污染减排这两个约束性指标的评价具有可比性。"可见任务极其艰巨，挑战更加严峻。在这样的形势下，我们迫切地感到环保基础工作薄弱，跟不上形势，已经严重影响环保事业的发展。其中比较突出地表现在环境统计和监测上。各类统计监测数据基础不牢，时效性不强，数据质量不高，难以及时说清污染物排放的总量、削减的总量，无法满足主要污染物排放总量削减 10%需要的各种数据支撑。这种状况如不尽快改变，除了直接制约环保工作的开展，还将导致政府和广大民众对环保数据失去信任，环保部门的权威性、公信力也会下降甚至丧失，我们将难有作为。

"基础不牢、地动山摇"。第一次全国污染源普查既是一项重大的国情调查，也是环保领域一项全局性、战略性、基础性的工作。因此，机关各部门及直属单位要认真学习、贯彻和落实国务院《通知》要求，认清污染源普查工作的紧迫性、艰巨性，积极参与、配合，

认真筹划，周密部署，切实抓紧抓好。

二、明确措施，举全局之力搞好第一次全国污染源普查工作

第一次全国污染源普查是一个庞大的系统工程，必须发挥中央和地方的积极性、主观能动性，中央和地方要共同努力，做好污染源普查这项基础性工作，为全面完成主要污染物减排任务创造条件，为提升环境保护工作水平打下坚实基础。

第一，要加强对第一次全国污染源普查工作的组织领导。党中央、国务院高度重视这次普查工作，为了加强对普查工作的领导，国务院成立了第一次全国污染源普查领导小组，根据国务院《通知》要求，总局已经组建了领导小组办公室，并成立了领导小组办公室的办事机构，即第一次全国污染源普查工作办公室。搞好污染源普查工作，总局的作用非常关键，为加强总局内部的协调，举全局之力搞好第一次全国污染源普查工作，总局决定成立第一次全国污染源普查协调小组，由我担任组长，李干杰同志、王玉庆同志担任副组长，有关司（办）、直属单位主要负责人参加。

各司（办）、直属单位要把普查工作作为本部门分内的重点工作，把它摆上重要议事日程，要一把手亲自抓。总局机关的日常工作要与污染源普查等工作密切结合，达到事半功倍的目的，使普查工作更加卓有成效。特别是要将宣传教育工作作为污染源普查、环境宏观战略研究、水专项等三大工程的重中之重，要通过普查宣传振奋环保队伍士气，重振环保事业雄风。普查办要督促地方抓紧成立以主管副省长牵头的普查领导小组和办事机构，明确责任，加强联系，形成联动。

第二，抓紧抓好文件编制、普查队伍建设等前期工作。要做好第一次全国污染源普查，必须要抓紧编制、印发普查总体方案和与之相配套的一系列技术规定、工作细则。一是充分论证和修改完善第一次全国污染源普查方案。二是要抓紧编制和印发普查的各项技术规定和工作细则。三是加强科学研究，突破技术难点，组织科技攻关，利用部门、行业的技术优势以及现有的科技成果，编制第一次全国污染源普查物料衡算及产排污系数手册、普查手册等，为普查提供技术支持。四是抓紧普查软件的开发，为普查提供数据汇总和分析手段。要发挥国家环保咨询委员会、环保总局科学技术委员会的作用。污染源普查的重要文件、主要技术规定等，要请两委的专家论证把关。

要加强普查队伍建设，通过普查工作锻炼队伍，提高干部素质。目前，普查工作办公室从机关各部门和直属单位抽调了一批优秀的干部，要关心普查办抽调干部的政治进步、生活待遇和工作中遇到的困难，使这些干部能够安心工作，更好地发挥聪明才智。

最后，要强调普查数据不与“十一五”总量削减任务、目标责任制考核及排污收费等工作挂钩，不作为对普查对象实施处罚及收费的依据，力求普查数据客观准确。总局机关各部门都要考虑普查成果的应用问题，要从国家战略层面切入，拟定加强环境保护落实科学发展观的宏观政策。普查工作结束后，要选择一批项目在资金方面重点支持。

我相信，在国务院的正确领导下，有全局各司办的努力工作及相关部门的配合，我们一定能够克服种种困难，顺利完成这次普查任务，向党中央和国务院交一份满意的答卷！

国家环保总局局长周生贤就开展污染源普查答《人民日报》记者问

2007 年 4 月 12 日[①]

为切实加强环境监督管理，提高科学决策水平，国务院决定于 2008 年初开展第一次全国污染源普查。就此次全国污染源普查有关情况，国家环保总局局长周生贤日前接受了记者的专访。

普查对象——排污的工业源、农业源、生活源和集中式污染治理设施等

记者：请您谈一谈开展全国污染源普查的必要性及重要意义？

周生贤：经过较长时间的酝酿，国务院于 2006 年 10 月 17 日下发了《关于开展第一次全国污染源普查的通知》（以下简称《通知》），决定于 2008 年初开展第一次全国污染源普查。《通知》明确表述了第一次全国污染源普查的重要意义。

具体地说，通过这次普查，我们可以全面掌握各类污染源的数量、行业和地区分布，主要污染物及其排放量、排放去向、污染治理设施运行状况、污染治理水平和污染治理费用等情况，为污染治理和产业结构调整提供依据；建立国家与地方各类重点污染源档案和各级污染源信息数据库，促进污染源信息共享机制的建立，为污染源的管理奠定基础；掌握污染源的总体样本，为建立科学的环境统计制度、改革环境统计调查体系、提高统计数据质量创造条件。根据普查结果，建立新的“十二五”环境统计平台；提高各级环保行政主管部门，尤其是基层环保部门的管理能力，健全各级环境统计、环境监测、环境监督和执法体系；通过普查工作的宣传与实施，动员社会各界力量广泛参与，提高全民族环境保护意识。

记者：全国污染源普查的对象和内容有哪些？

周生贤：国务院《通知》已明确规定，凡在中华人民共和国境内排放污染物的工业源、农业源、生活源和集中式污染治理设施均属普查对象。

普查内容包括：一是《国民经济行业分类》第二产业中除建筑业外的全部工业污染源排放的污染物，包括污染源的基本情况、污染物的种类、数量和浓度、污染治理设施及其运行情况等指标；二是以规模化的养殖场和农业面源为主的农业污染源排放的污染物，包括污染来源、主要污染物排放量、污染治理设施及其运行情况等指标；三是以城镇生活污

① 本文原载《人民日报》2007 年 4 月 12 日。

染源排放的污水、垃圾和医疗废物等为主的污染物，包括污染物排放量、污染治理设施及其运行情况等指标；四是集中式污染治理设施基本情况、运行状况，污染物的处理处置量等情况。

进程安排——分三个阶段进行，2009 年数据汇总并最终发布

记者：第一次全国污染源普查将何时开始，时间怎样安排？

周生贤：这次全国污染源普查的标准时点为 2007 年 12 月 31 日。本次普查共分为三个阶段进行，第一阶段，2006 年第四季度至 2007 年底，开展普查的前期准备工作，重点抓好普查方案、技术规范的编制和完善，污染源的监测，开展普查工作试点以及培训和宣传等工作。第二阶段，从 2008 年初开始，各地组织开展普查和数据库建设，年底完成普查工作。第三阶段，2009 年，组织对普查工作进行验收、数据汇总和结果发布。

记者：此次普查涉及范围广、参与部门多、普查任务重、技术要求高、工作难度大，请问如何组织实施？

周生贤：国务院已成立第一次全国污染源普查领导小组，负责普查的组织和实施工作。国务院副总理曾培炎任领导小组组长，国家环保总局、国家统计局、中宣部、国家发改委、财政部、建设部、农业部、工商总局、总后勤部等部门的负责同志任领导小组成员。普查领导小组办公室设在国家环保总局，负责普查工作的业务指导和督促检查，并会同国家统计局负责资料统计和分析方面的工作。

现在大部分地方政府已经设立了相应的普查领导小组及其办公室，具体组织实施本地区普查工作。

数据质量——设专门质控岗位，每个环节实行监控和验收

记者：全国污染源普查对象应该承担哪些义务？

周生贤：国家机关、社会团体以及与污染源普查有关的单位和个人，应当依照《中华人民共和国统计法》有关法律、法规及国务院《通知》精神，积极参与、配合污染源普查工作。

污染源普查对象有义务接受污染源普查机构和污染源普查人员依法进行的调查，应当如实、按时填报污染源普查表，不得虚报、瞒报、拒报和迟报污染源普查数据。污染源普查对象应当及时提供与污染源普查有关的资料。在县级以上各级政府普查机构派出的调查队和普查人员依法进行调查和监测时，应当积极配合，如实反映情况、提供数据，不得拒绝、推诿和阻挠检查，不得转移、隐匿、篡改、毁弃原始记录、统计台账、普查表、会计数据及其他相关数据。普查对象不履行相关义务的，将承担相应的法律责任。普查人员也应依法进行调查并为企业保守商业秘密。

记者：普查数据准确性是衡量普查成功与否的主要标准，请问如何保障污染源普查数据质量？

周生贤：污染源普查工作办公室将制定专门的普查数据质量控制文件，指导全国普查的质控工作。地方各级污染源普查机构应当根据国家的统一规定，建立污染源普查数据质量控制责任制，要设立专门的质控岗位，并对污染源普查实施中的每个环节实行质

量控制和检查验收。国家环境咨询委员会和国家环保总局科技委员会的专家，将对污染源普查方案和重要技术规定进行评审和论证，确保污染源普查各项技术方案的科学性和可操作性。

国务院和各省（自治区、直辖市）污染源普查领导小组办公室统一组织污染源普查数据的质量核查工作，在各主要环节，按一定比例抽样，抽查结果作为评估全国及各地区污染源普查数据质量的依据。数据质量达不到规定要求的，必须重新调查。要在普查宣传中特别强调，普查数据不与“十一五”总量削减任务、目标责任制考核及排污收费等工作挂钩，不作为对普查对象实施处罚及收费的依据，力求普查数据客观准确。

提高认识　周密部署　扎实推进全国污染源普查工作

——周生贤局长在环保系统污染源普查工作会议上的讲话

2007 年 4 月 29 日

同志们：

党中央、国务院高度重视污染源普查工作。温家宝总理对此次污染源普查做出重要指示，要求我们详细规划，认真做好各方面的准备工作。2007 年 4 月 11 日，国务院召开第一次全国污染源普查领导小组第一次会议，曾培炎副总理发表了重要讲话，全面分析了开展污染源普查的重要意义，进一步明确了此次污染源普查的目标和任务，对全国污染源普查工作做出全面部署；会议审议并通过了《第一次全国污染源普查方案》，这标志着第一次全国污染源普查工作全面启动。今天这个会议，就是要学习、传达曾培炎副总理的重要讲话精神，了解、掌握污染源普查方案，按照中央统一部署，安排下一阶段工作，特别要将 2007 年的各项准备工作落到实处。下面我讲三点意见：

一、统一思想，提高认识，切实增强污染源普查工作的责任感和使命感

一要深刻领会污染源普查的重要性和紧迫性。第一次全国污染源普查是国务院确定开展的一项重大的国情调查。曾培炎副总理强调指出，近年来，我国经济持续快速发展，结构调整步伐加快，企业数量快速增加而且变动频繁，资源能源消耗量大幅上升，新的工业污染源不断增多，农业源和生活源污染日益凸现，现有的环境统计调查已难以满足形势的需要。在这种形势下开展一次全面的污染源普查，弥补多年来环境统计的缺陷，把全国污染源的最新情况摸清楚，这将为提高环境监督执法的针对性和有效性、加强污染源综合管理、减少污染物排放，打下坚实的基础。开展污染源普查，是优化经济结构、科学制定经济社会政策的重要依据，是做好新时期环保工作、建设环境友好型社会的重要基础。同时，通过开展污染源普查，可以提高全民从环境意识及参与、监督环境保护的积极性。

各级环保部门一定要充分认识到第一次全国污染源普查，关系到环保工作的长远发展，同时又具有鲜明的时代特征和现实意义。我们要牢牢把握机遇，严格按照国务院的要求，把污染源普查作为一件具有全局性、基础性的工作，切实抓紧抓好，抓出实效。

二要清醒认识污染源普查的复杂性和艰巨性。这次污染源普查涉及范围广，参与部门多，技术难度大，质量要求高，工作任务重，时间要求紧。我们目前的环境统计和监测手段还相对落后，能力比较薄弱，在一些方面缺乏对普查工作的有力支撑，生活源、农业源

的普查是第一次，缺乏经验和技术支持。开展一项如此大规模的普查，对环保部门是一次严峻考验。各地区、各有关部门要充分认识开展这次普查的重要性、艰巨性和复杂性，做好充分的思想准备。“千里之堤，溃于蚁穴”，一个地区进度滞后，一批企业数据失真，一个环节疏忽错漏，都会影响污染源普查结果的整体质量。要坚决克服麻痹大意、敷衍应付的思想，高度重视，从严要求，认真筹划，在每一个工作细节精益求精。

三要正确把握污染源普查工作的有利形势。尽管任务艰巨，但也要看到，当前各种主客观条件对我们的工作是非常有利的。一是国务院领导高度重视。去年 10 月份，国务院发布了《关于开展第一次全国污染源普查的通知》（以下简称《通知》），成立了第一次全国污染源普查领导小组，曾培炎副总理亲自担任组长，负责普查的组织和实施工作。二是制定了工作方案。《第一次全国污染源普查方案》（以下简称《方案》）在反复征求各部门、地方意见和专家论证的基础上，经国务院全国污染源普查领导小组审议并通过，近日即将由国务院办公厅印发实施。可以说《方案》是各界有识之士智慧的结晶，为普查工作奠定了良好基础。三是各地已在积极进行前期准备工作。目前，已有 23 个省（自治区、直辖市）成立了污染源普查工作领导机构，落实了 2007 年部分工作经费。部分省区已经开展过污染源的调查摸底工作。四是非常重要的一点，即从国家到地方各级环保部门已经有了一支环境监测、统计和现场执法队伍，近年来监测和执法能力有了很大的提高，这支队伍是全国污染源普查的骨干和主力军。可以说，做好这次污染源普查工作的条件已经具备，时机已经成熟，只要我们真抓实干，就一定能打赢这场攻坚战。

二、明确任务，扎实推进，积极稳妥地做好污染源普查工作

这次污染源普查工作总的指导思想是：以邓小平理论和三个代表重要思想为指导，全面落实科学发展观，认真贯彻第六次全国环保大会和国务院《通知》精神，把普查工作和健全环境统计、监测、评价体系结合起来，完善方案、创新方法，全面调查、突出重点，先行试点、有序推进，严格纪律、保证质量，努力掌握更加科学、更加全面的污染源情况，为防治环境污染、促进经济社会又好又快地发展提供客观详实的环境信息。

（一）明确工作任务。这次全国污染源普查的主要任务：一是全面掌握各类污染源及污染物排放情况。要认真查清全国工业污染源、农业污染源、生活污染源、集中式污染处理设施的数量、行业和地区分布，主要污染物种类及其排放量、排放去向，各污染治理设施运行状况和污染治理水平等情况。二是完善环境统计体系。要根据普查结果，建立国家与地方各类污染源数据库，促进污染源信息共享。以此为平台，改革环境统计调查体系，建立更加科学的环境统计制度，不断提高环境统计数据质量。三是搞好普查成果的开发应用。要对普查数据进行全面分析、深入研究，着眼于经济增长和环境保护的“双赢”，提出有针对性的政策措施，切实解决危害群众健康和影响可持续发展的突出环境问题。四是推动环境监管能力提高。以全国普查为契机，找出环境监管的薄弱环节，改进监管措施，调整监管重点，健全各级环境监测、环境执法监督体系，提高各级环保部门尤其是基层环保部门的监管能力和水平。

（二）把握工作进程。这次污染源普查采取“先行试点，再全面普查”的方式，分三个阶段进行：2007 年，是普查准备阶段，也是关键时期。要组建各级普查机构，制定普

查方案，落实普查经费，开展污染源监测，搞好试点、培训和宣传动员。2008 年，是全面普查阶段，也是攻坚阶段。各级普查办公室要组织各排污单位填报普查表，组织普查数据录入、审核和抽查工作。上半年要完成普查数据的分析及汇总，下半年总的数据要出来。2009 年，是普查总结发布阶段，也是收获阶段。完成全国污染源普查数据的审核和汇总，建立污染源数据库，上报和发布普查数据，开发利用普查成果，进行工作总结、验收和评比。各地要在国家的统一部署下，制定本地的工作方案，上下要协调一致，使各项工作有条不紊地开展，不要因个别地方工作延误而影响全局。

（三）确保数据质量。数据质量是污染源普查的生命，是衡量普查成功与否的标准。获取真实准确的数据，既要克服各种客观存在的困难，更要严格依法办事，排除一切人为干扰。要严格执行普查技术规范，防范数据失真。各级普查机构、普查人员和普查对象，都必须依照法律、法规的规定和此次普查的具体要求，按时、如实填报普查数据，不得虚报、瞒报、拒报、迟报，不得伪造、篡改普查资料。各级普查机构一定要把质量控制贯穿于污染源普查工作的全过程。要建立健全普查数据质量控制的岗位责任制，要层层审核把关，严格检查验收，以确保普查数据真实可靠，经得起实践和历史的检验。

国务院和各省（自治区、直辖市）污染源普查办公室将统一组织普查数据的质量核查工作。数据质量达不到要求的，必须重新调查。

（四）加强现场监测。污染源监测是获取污染物排放信息的主要手段之一，是搞好这次污染源普查的重要基础性工作。工业源中许多重点污染源必须在今年完成现场监测，以取得 2007 年全年污染物排放数据。由于工作量大、时间集中，而且与污染源普查的各项前期工作交替进行，各地环保部门负责同志要高度重视，按照总局下发的普查监测方案，认真做好这次污染源监测的领导和组织工作，要突出抓好财力和物力的保障。今年第一季度没有完成现场监测任务的地区更要加快进度，采取措施，及时补救。

（五）做好试点工作。为总结经验，检验普查各项技术规定和软件的科学性和可行性，探索和总结污染源普查的组织实施方式。我们综合考虑城市规模、区域分布、污染源类型及地方的积极性等各种因素，确定选择 11 个地区开展普查试点工作。试点是全国污染源普查的第一场战役，其成败直接关系到整个普查工作质量，责任十分重大。试点地区一定要提早行动，与国家的普查办加强沟通，制定试点方案，把这次普查试点工作搞好、搞扎实。

（六）加强业务培训。污染源普查技术性强，普查员素质如何，直接关系到普查数据质量和整个普查工作的成败。要采取一切有效措施，抓紧从机关、事业单位中抽调业务精、作风硬、组织协调能力强的干部参加普查工作。要广开渠道，从社会上选聘责任心强、文化水平较高、有能力与企业打交道的人员加入普查队伍。要认真组织业务培训。国家将负责省、市（地）级普查办领导和骨干以及各省级普查培训教师的培训。省、市（地）要负责其他地方普查人员的培训。力争做到所有普查工作人员都经过培训。

三、强化领导，营造氛围，确保污染源普查工作圆满完成

（一）健全机构，明确责任。按照“全国统一领导、部门分工协作、地方分级负责、各方共同参与”的原则，国务院专门成立了由 10 个部委领导组成的普查领导小组，领导

小组办公室设在环保总局。年初，环保总局正式组建了“全国污染源普查工作办公室”，作为普查领导小组办公室的工作机构，具体负责普查工作。各地也要抓紧成立普查工作领导机构和协调办事机构，切实加强领导，明确各部门的职责。《第一次全国污染源普查方案》印发后，各地应结合本地实际，抓紧制定本地区普查工作方案。环保部门是这次全国污染源普查的牵头部门，也是普查工作的主力军。各级环保部门要积极主动，多向政府有关领导汇报情况，争取在人、财、物上得到有力支持。

（二）密切配合，强化监督。这次污染源普查，不仅包括环保、统计、发展改革（经贸）、公安、财政、工商、农业、建设等部门，而且涉及到党委宣传部门、军队、武警等系统。能否组织好这次普查工作，是对各级环保部门工作效率、组织协调能力的一次检验。各级环保部门要发挥牵头作用，多与有关业务部门协调沟通，建立高效的工作机制。

这次会后，国务院全国污染源普查领导小组办公室各成员将带队，对各地区污染源普查准备工作情况进行一次督促检查。省级普查机构也要派出工作组，对市（地）、县普查前期工作落实情况进行督查，要确保机构、人员、经费三落实。

（三）扩大宣传，营造氛围。污染源普查涉及面广，需要社会各方面的关注和支持。认真做好宣传动员工作，是切实做好污染源普查工作的前提。总局与中宣部联合下发了《第一次全国污染源普查宣传工作方案》和今年的宣传方案，对普查宣传工作提出了要求。各级普查机构、环保部门要高度重视，明确重点，充分利用各种媒体，采取多种形式，广泛深入地开展宣传动员。一是向各级政府、普查相关部门和人员做好宣传动员，大力宣传全国污染源普查的重要意义和有关政策，要求地方政府重视普查工作，普查机构和人员依法普查，实事求是。二是在普查对象中做好宣传。要讲清普查的目的、作用、内容和普查对象的义务及权利，动员普查对象自觉地接受调查，如实申报调查数据。宣传工作中要强调，此次普查得到的普查对象资料严格限定用于污染源普查的目的，不与其完成“十一五”总量削减计划挂钩，不作为对普查对象实施处罚和收费的依据；但对不如实申报的也要依据有关法律、法规的规定予以处罚。尽可能避免普查对象因各种顾虑而造假。三是向社会公众做好宣传。宣传普查的目的、意义和主要任务，为普查工作的顺利实施创造良好的氛围，动员群众参与和支持普查工作。

同志们，“阳春布德泽，万物生光辉”，全国污染源普查工作在这个大好的季节开局，必将在同志们的辛勤耕耘下收获累累硕果。让我们在以胡锦涛同志为总书记的党中央领导下，以邓小平理论和“三个代表”重要思想为指导，全面落实科学发展观，切实增强责任感和紧迫感，坚定信心，齐心协力，扎实做好各项准备工作，确保第一次全国污染源普查任务圆满完成！

谢谢大家！

举全局之力做好全国污染源普查

——周生贤局长在环保总局第一次全国污染源普查协调小组第二次会议上的总结讲话

2007 年 10 月 25 日

今天第二次协调小组会议开得很好，同志们都充分发表了意见，不清楚的问题也清楚了，需要各部门明确的责任也都明确了，应该说达到了预期的目的。特别是最后王玉庆和周建同志讲的这些意见都非常重要，我都同意。会后普查办根据今天大家讨论的情况和王玉庆、周建同志讲的意见，很好地整理和吸收一下，我们就算把它定下来。

关于污染源普查工作的重要性和前一段工作开展情况，前面我都讲了，大家都很辛苦，工作做得很好。在时间紧、任务重、人手不足的情况下，没有影响工作，取得现在的成果，这说明大家确实是努力了。这是一个层次，再一个层次呢，就是有些困难、问题我们通过今天这个会议，属于总局的总局解决，属于各司局的要全力配合。需要请示国务院的，我们向总理汇报。利用这个机会，我再强调几个问题：

第一，要把污染源普查工作的推进和学习十七大精神结合起来。

党中央、国务院高度重视污染源普查工作，做出了全面部署。全国污染源普查是重大的国情调查。开展全国污染源普查是优化经济结构、科学制定经济社会政策的重要依据，也是做好新时期环保工作、建设环境友好型社会的重要基础。国务院办公厅印发了《第一次全国污染源普查方案》，对污染源普查工作进行了规范。环保系统要结合学习十七大精神，进一步提高对全国污染源普查的认识，增强使命感与责任感，加强协作，积极创新，举全局之力把这项环境保护基础性工作切实抓紧抓好抓出成效。

今天的会是十七大后总局召开的第一个会议，普查工作很重要，怎么样去强调都是应该的，要广泛宣传、造势、造舆论。同志们下去以后，也都要讲一讲污染源普查的问题。因为这件事情太重要了，重要到什么程度呢，就是作为党和国家的一项重要工作。总书记在报告里面都讲了，我们没有理由不讲，总书记都强调，足以说明污染源普查的重要性。这是第一个问题。

第二，污染源普查即将全面启动，大战在即，要举全局之力做好这项工作。

根据《国务院关于开展第一次全国污染源普查的通知》，普查的标准时点是 2007 年 12 月 31 日，也就是说离开展全国污染源普查还有不到两个月的时间。时间紧、任务重，根据目前的工作来看，已经做好了前期准备。一是《全国污染源普查条例》已经发布，这个是非常重要和关键的。为普查工作提供了法制保障。二是制定了各种普查技术规定和工作细则。编制开发了普查表格和数据处理软件。这个工作做得也不错，这项工作量很大。三是完成了十四个试点城市（县）的试点普查工作。通过试点摸索出了一套工作经验，也发现了不少的问题，为我们全面展开普查提供和积累了一些经验。

第三，中央财政已经安排了普查经费，解决了当前的问题。

第四，地方的普查准备工作也已经全面启动。所以整个全面启动普查的工作也已经具备了条件。在这样的情况下，还要特别注意做好以下几个方面的工作：

（一）各司办和直属单位要加强对全国污染源普查工作的支持。一定要当作分内的事情，不要当作分外的事情，更不能当成负担。所以普查办交办的任务大家应该是竭尽全力予以支持和配合，并且把它看成是我们的本职工作，不要成为负担。

（二）要充分调动、发挥中央各个部门和地方政府两个方面的积极性。这一方面刚才周建同志已经讲了非常好的意见。希望大家认真地去落实。

（三）关于几项具体工作。一是要认真筹备第一次全国污染源普查电视电话会议，这次会议也是一次很重要的会议，整个会议的方案和领导讲话材料各方面都还行，原则通过，就按方案抓紧准备、认真落实。二是要做好全国污染源普查的培训工作。培训工作我们已经有了整个方案，等这个协调小组会议后，就启动正式批准培训的方案和计划工作，希望抓紧进行。三是关于大家提出的问题。都很好，普查办要根据大多数同志的意见再进行修改，其中浓度和流量的问题，我考虑还是能做补救的赶紧做一些补救工作。尽管有个年际之间的差距，总是显得比较准确一点。第二个就是 POPs 和 ODS 是否纳入这次普查范围的问题，我觉得应该还是要纳入进去，因为这个问题在国际上已经很受关注，要跟国际上接轨，不能显得被动，应该有超前性、预见性。其他的事情大家都已经有了意见，普查办在好好修改的基础上认真吸纳就行了。

总之，污染源普查工作非常重要，我已经讲了很多，普查办的同志还有各司局的同志，一定要高度重视，这是一项战略性基础性的工程，同时它跟宏观战略研究、水专项这都是配套的。今后中央环保政策怎么定，今后我们工作怎么干等这三项工程完成以后，底子都清楚了，方向明确了，肯定跟我们现在的干法、做法有一个新的方面，有一个创新。所以当推行这些工作的时候，我们回过头来看，污染源普查它起的作用实在是太大了。参与这项工作也是很光荣的，在这么一个基础工作当中，大家有所作为，做了工作你心里踏实，作为一个环保工作者，参与了这样一件大事情。通过这次会议，我们该明确的问题都明确了，然后通过国务院召开的电视电话会议，再进行安排部署，这个工作在原来的基础上就可以进一步开创新的局面。

国家环境保护总局局长周生贤致全国污染源普查对象的公开信

2007年12月14日

为深入贯彻科学发展观，加快建设资源节约型、环境友好型社会，使人民群众在良好环境中生产生活，国务院决定于2008年初开展第一次全国污染源普查。普查的范围包括我国境内排放污染物的所有工业源、农业源、生活源和集中式污染治理设施。

胡锦涛总书记在党的十七大报告中指出，经济增长的资源环境代价过大，是当前党和国家事业前进中面临的突出困难和问题。刚刚闭幕的中央经济工作会议强调，要切实加强节能减排和生态环境保护，坚持好字优先，不断开创经济社会又好又快发展新局面。在这样一个时刻，开展全国污染源普查有重大的现实意义和长远的历史意义。

污染源普查是一项重大的国情调查，与人民群众的生活生产、与企事业单位的发展息息相关。搞好普查工作，可以全面掌握各类污染源的数量、行业和地区分布，有利于各级政府制订有效的环境保护规划和政策，有针对性地解决危害群众健康和影响可持续发展的突出环境问题，促进社会和谐；搞好普查工作，可以全面掌握各地区、各行业主要污染物排放情况和治理水平，有利于各企业和个体经营户加强污染治理，改善生产经营，提高市场竞争力；搞好普查工作，可以全面掌握各行各业的环境影响和各地区的环境承载能力，有利于各级政府科学制订经济社会发展规划和政策，推动可持续发展。

所有普查对象积极参与、如实填报是搞好污染源普查工作的根本保证。我希望，凡在污染源普查范围内的所有单位和个体经营户，都严格按照《中华人民共和国统计法》、《全国污染源普查条例》的规定和此次普查工作的具体要求，按时、如实填报普查数据，确保基础数据真实可靠；不虚报、瞒报、拒报、迟报、伪造、篡改普查资料，不推诿、拒绝和阻挠调查，不转移、隐匿、篡改、毁弃各种与污染源产生和排放有关的原始记录及资料。

依法开展污染源普查是党和国家对我们做好这项工作的根本要求。我相信，普查员和各级污染源普查机构将会严格遵守保密原则，自觉为普查对象保密，不泄露普查对象的涉密情况，保护所有普查对象的正当合法权益。根据《全国污染源普查条例》规定，这次污染源普查获得单个普查对象的资料严格限定用于污染源普查目的，不作为考核普查对象是否完成污染源总量削减计划的依据，不作为依照其他法律、行政法规对普查对象实施行政处罚和征收排污费的依据。各级普查机构和环境保护部门将严格执行这一规定，依法开展普查。

环境保护是功在当代、利在千秋的伟大事业。希望所有普查对象积极行动起来，关心普查、参与普查，配合普查机构，高质量完成第一次全国污染源普查任务，为祖国享有蓝天碧水、为人民享受美好生活做出更大贡献！

周生贤局长在第一次全国污染源普查电视电话会议上的发言

2008年1月4日

今天，国务院召开第一次全国污染源普查电视电话会议，曾培炎副总理出席会议并将作重要讲话，就污染源普查进行动员、部署。会后，我们一定要认真学习培炎副总理的重要讲话精神，抓好各项工作落实。下面，我简要汇报第一次全国污染源普查准备工作情况和下一阶段工作安排。

一、普查准备工作情况

2006年10月，国务院决定从2008年年初起开展第一次全国污染源普查，印发了《关于开展第一次全国污染源普查的通知》（以下简称《通知》），成立了由曾培炎副总理亲自担任组长的第一次全国污染源普查领导小组（以下简称“普查领导小组”），发布了《全国污染源普查条例》。各地区、各有关部门认真贯彻落实国务院《通知》精神，扎实开展全国污染源普查前期工作，到目前为止，各项准备工作基本到位，为按时启动和全面开展普查打下了良好的工作基础。

（一）组建污染源普查机构，全面启动前期工作。环保总局会同普查领导小组各成员单位，组建了第一次全国污染源普查领导小组办公室，环保总局、农业部选调工作人员成立办事机构——全国污染源普查工作办公室。中宣部、环保总局、统计局、农业部等分别向省级宣传部门、环保、统计、农业等系统发出通知，要求根据国务院《通知》精神，抓紧组织开展污染源普查的相关工作。建设部召集有关科研单位专题研究了城镇污水集中处理设施普查工作。全军环办研究部署了军队和武警部队的污染源普查工作。全国31个省、自治区、直辖市均成立了第一次污染源普查领导小组，组建了普查办公室，转发了国务院《通知》或印发了文件，对开展第一次全国污染源普查进行了全面部署。

（二）编制普查方案，落实普查经费。在广泛征求意见和充分咨询论证的基础上，环保总局会同有关部门组织编制了《第一次全国污染源普查方案》，明确了普查的工作目标、普查的对象范围和主要内容、普查的技术路线和步骤、普查的组织和实施、普查的经费安排、普查资料的填报和管理等。普查方案经普查领导小组第一次会议审议通过，国务院办公厅于2007年5月17日正式印发。根据全国污染源普查工作办公室提出的普查经费预算方案，财政部审核下达了2007年普查经费7.37亿元，其中中央部门4.53亿元，补助中西部困难地区2.84亿元。各省、自治区、直辖市人民政府也对普查经费作了不同程度的安排。落实经费为普查工作提供了有力的保障。

（三）制定普查工作规范，编制普查表式和处理软件。按照《第一次全国污染源普查方案》，全国污染源普查工作办公室组织各有关部门、科研单位，经反复研究，制定了一系列普查工作所需要的技术规定和工作细则，包括工业污染源、集中式污染治理设施、农业污染源、生活污染源普查，普查质量管理、数据审核、数据录入与传输等 9 项普查技术规定，以及数据处理、清查、普查员管理等多项工作细则。使得普查各个步骤、各个环节的工作，都有技术规范和程序规定可供遵循，提高了普查的科学性和规范性。经多次征求意见和专家论证，并通过试点验证，针对工业、农业、生活及集中式污染治理设施等四类普查对象，全国污染源普查工作办公室组织编制了整套 66 张普查表式及指标解释，开发了与之配套的计算机软件，今年 1 月底前可全部发送到基层。

（四）开展重点污染源实地监测，组织进行产排污系数测算。环保总局部署以地级市环境监测站为主，对全国近 3 万家重点工业污染源和集中式污染治理设施 2007 年的排污状况进行了实地监测；在财政部的支持下会同农业部、建设部，组织上百家全国工业行业协会、科研机构、大专院校及地方环境监测站、农业环保站等开展了大规模的工业、农业、生活及集中式污染治理设施的产排污系数测算工作。预计可制定近 3 万个产排污系数，能基本涵盖一、二、三产业中对环境排放污染物的 300 余个小类行业，可满足此次普查工作的需要。这次组织产排污系数测算工作，是充分发挥各行业科研机构的作用、利用最新的科研成果、结合实地监测进行的，为保证污染源普查中污染物排放数据的准确性打下了坚实的基础。

（五）完成普查试点工作，获得宝贵的实战经验。从 2007 年 8 月开始，全国污染源普查工作办公室和有关地方普查机构，共同组织在 3 个地级市、11 个县（市、区）开展了全国污染源普查试点，到 2007 年 10 月上旬，试点工作顺利结束。通过试点，验证了普查技术规定和工作细则的可行性，普查表格和计算机软件的适用性，检验了普查的组织动员体制和工作机制，发现了不足之处，为开展全面普查积累了宝贵的实战经验。通过总结经验，查找差距，对普查的相关制度和表式已作了进一步修改、完善。

（六）启动普查宣传工作，开展业务培训。中宣部、环保总局联合印发了《关于做好第一次全国污染源普查宣传工作的通知》，对普查宣传工作做了全面部署和安排。在前期准备阶段，中央和各地新闻机构陆续安排了有关普查的宣传报道活动。普查领导小组办公室组织编印了宣传手册、招贴画，制作了公益广告。目前，35 万份宣传手册、60 万套招贴画已印发各地；对宣传普查的公益广告，中央电视台已作了安排，为进一步加大宣传力度作好了准备。全国污染源普查工作办公室已组织了 5 000 多人次的业务骨干培训，为基层培训积累了经验，准备了教材。

二、下一阶段工作安排

我们要进一步学习领会国务院《通知》要求和曾培炎副总理重要讲话精神，提高对全国污染源普查工作重要意义的认识，认真做好以下工作：

（一）开展普查准备阶段工作质量的核查。这次会后，各地要对本地普查准备工作进行一次全面检查，切实做到人员、经费、任务和责任落实，各项技术准备到位。同时，各地要按规定尽快完成单位清查工作，确定本次普查的总体样本数量，确保普查对象不遗漏。普查领导小组办公室将派出核查组，于 1 月 10 日至 25 日对普查准备阶段工作质量进行核查。

（二）加大宣传和培训力度。这次会后，全国和各地污染源普查机构要集中一段时间，运用各种宣传手段，采取多种宣传形式，广泛深入地开展全国污染源普查的目的、意义、方法和内容及相关法律法规和规章制度的宣传活动，使各级领导干部、各类企业和公众充分认识污染源普查的重要性，了解普查工作的责任和义务，积极支持和配合污染源普查。各地要抓紧完成普查员和普查指导员的选聘，组织开展培训工作，保证每名普查人员都能全面掌握污染源普查的各项政策和技术要求。

（三）重点搞好现场调查和普查表的填报。普查员入户调查，指导普查对象填报普查表是整个普查工作中最关键、最重要的环节。各地要制定周密详细的工作计划，将普查任务按范围、对象，逐一分解落实，建立责任制。从 2008 年 2 月中旬开始，在两个月内，集中人力、物力打攻坚战，力争在 2008 年 4 月底前全部完成普查表的填报与初审工作。

（四）强化数据审核。为确保数据质量，各级普查机构都必须高度重视数据审核工作，要根据普查方案和技术规定要求，严格依照普查数据审核程序，从现场调查开始，对每张普查表，每项关键指标，都要经过普查对象内部审核、普查员审核、普查指导员审核和普查机构审核等 4 个关口审查确认，之后才能进行数据录入。同时，上级普查机构还要对下一级普查机构汇集的数据进行逐级随机抽样复核。普查数据质量达不到规定要求的，应在规定时间内重新填报或重新进行调查。

（五）严格普查数据的填报和管理。为力求此次全国污染源普查数据客观准确，排除各种人为干扰，《全国污染源普查条例》及《第一次全国污染源普查方案》都已明确，普查数据严格限定用于污染源普查目的，不与“十一五”总量削减任务、目标责任制考核及排污收费等工作挂钩，不作为对普查对象实施处罚性收费的依据。所以，各地政府及有关部门领导同志、有关工作人员都应解除思想顾虑。一方面要在普查工作中坚决贯彻执行这一规定，动员各地普查对象如实填报；另一方面要采取有效措施，严把质量关，对本地区的污染源普查结果负责，切实保证普查数据客观、准确。普查领导小组办公室将分别于 2008 年 4 月和 7 月派出核查组，对普查表填报、数据审核阶段和普查数据录入、抽查阶段工作质量进行核查。对虚报、瞒报、伪造、篡改普查资料的，要依法追究相关人员的责任。

环境保护部部长周生贤在第一次全国污染源普查总结表彰电视电话会议上的讲话

2010年4月9日

同志们：

今天，第一次全国污染源普查总结表彰电视电话会议在京隆重召开。克强副总理在百忙中专门致信这次会议，强调指出："第一次全国污染源普查2006年启动以来，各地区、各有关部门和广大普查人员团结协作，扎实苦干，高质量完成任务，获得大量翔实数据，为全面判断我国环境形势、提高环保监管水平打下了坚实基础。谨向大家表示诚挚感谢，对先进集体和先进个人表示热烈祝贺。环境问题既是发展问题，又是民生问题，也是我国现代化建设面对的重大挑战。希望同志们深入贯彻落实科学发展观，按照加快经济发展方式转变的要求，进一步加强环境保护和污染治理工作，开发应用好普查成果，探索构建污染源防控体系，为推进生态文明建设、促进经济社会全面协调可持续发展做出新的贡献！"这是对广大普查人员卓有成效工作的充分肯定和巨大鼓舞，也为今后开发应用好普查成果指明了方向。我们一定要认真学习，深刻领会，全面贯彻落实。

这里，我代表领导小组向受到表彰的先进集体和先进个人表示热烈祝贺！向全体普查人员表示诚挚问候！向给予大力支持的有关部门、地方各级政府和社会各界表示衷心感谢！下面，我讲三点意见。

一、充分肯定第一次污染源普查的丰硕成果

全国污染源普查是新时期一项重大的国情调查。在党中央、国务院的领导下，各级普查机构从环保、农业系统及有关单位抽调精兵强将和业务骨干，组成57万多名普查员和普查指导员，对157.6万家工业源、289.9万家农业源、144.6万家生活源和4 790家集中式污染治理设施，进行规模空前的入户登记、调查、核实，获得各类污染源第一手环境污染数据11亿个，总信息量310万兆字节，建立全国污染源普查数据库，形成以数据为主、文字为辅、形象图表三位一体的普查技术报告，综合反映各类污染源的污染现状和污染防治情况。

经国务院批准，2010年2月初，环境保护部、国家统计局、农业部联合发布第一次污染源普查公报，得到社会各界的关注和认可。污染源普查取得的成果，主要体现在以下五个方面。

（一）全面掌握了我国污染源排放的基本情况。查清了全国工业、农业、生活以及集中式污染处理设施四大类污染源的数量、行业和地区分布，主要污染物种类及其排放量、排放去向、污染治理等情况，较为全面准确地反映了现阶段我国环境污染状况、污染对环境影响范围和程度、污染变化趋势，以及污染的治理能力和现状。

（二）初步建立了统一的全国污染源信息数据库。全国 590 多万家有污染源的单位和个体经营户与环境保护有关的基本数据，已录入污染源普查信息数据库，建立起全国污染源基本单位台账和国家、省、市、县四级数据库。可根据需求按行业、地区、指标等不同类型分组，进行数据检索和查询。这是目前全国污染源最全面、最准确、最权威的信息数据。

（三）逐步完善了环境统计方式方法。普查的组织方式、技术方法以及新编制的产排污系数，有助于更加客观真实地反映各类污染源主要污染物排放的实际情况。普查获得的污染源信息，弥补了以往常规抽样调查的不足。这些为改革原有环境统计调查体系、建立新的环境统计制度、提高环境统计数据质量提供了难得契机。

（四）培养锻炼了人才队伍。普查工作者通过系统的实用培训、经历普查现场的实际操作，在把握环境政策、掌握监管手段、熟悉监测技术规范、了解主要产污生产工艺以及获取污染源信息方法等方面，得到全面学习和提高。普查工作培养了一批有高度责任心、熟悉政策、精通业务的综合型人才。

（五）进一步提高了全民环境意识。通过各类媒体、多种方式的普查宣传，广泛动员社会各界关心、参与普查和环境保护，全社会的环境意识大大提高，创造了更好的社会氛围。

二、认真总结第一次污染源普查的宝贵经验

这次污染源普查规模之大、调查项目之多、涉及范围之广、组织之复杂、工作难度之大前所未有，且无任何经验可以借鉴。这项工作既是检验能力的挑战，更是探索创新的过程。我认为，第一次污染源普查至少有五个方面的宝贵经验。

（一）党中央、国务院的正确领导，是引领普查工作顺利开展的根本指针。开展污染源普查，是党中央、国务院立足我国经济社会发展全局作出的一项重大决策。温家宝总理签署第 508 号国务院令，公布施行《全国污染源普查条例》，国务院办公厅印发《第一次全国污染源普查方案》。国务院成立了普查领导小组，李克强副总理、曾培炎副总理担任组长，领导普查的组织和实施工作。普查实施期间，国务院多次召开会议进行研究部署。2010 年 1 月，温家宝总理主持召开国务院第 99 次常务会议，专门听取第一次全国污染源普查情况汇报，对普查工作和成果给予充分肯定。党中央、国务院的正确领导，始终为普查工作顺利有序开展指明了方向。

（二）坚持统一领导、共同参与的原则，是推动普查任务全面完成的重要保障。按照“全国统一领导、部门分工协作、地方分级负责、各方共同参与”的原则，各部门各地方自觉服从大局，主动开展工作，群策群力，通力协作。各级环保部门担当了普查工作的主力军，有效发挥日常组织和综合协调的作用；财政、发展改革等部门在财力和物力上给予保障；统计、工商提供大量的基础信息和经验；农业、军队、公安、住房建设等部门很好

地完成了本部门、本单位的普查任务；宣传部门和新闻单位广泛深入开展社会宣传动员。地方各级党政领导高度重视，纷纷成立普查工作领导机构和协调办事机构，结合本地实际，抓紧制定本地区普查工作方案。一些分管负责同志深入一线，现场调研、指导，及时解决实际问题，保证了污染源普查的顺利实施。只要坚持统一领导、共同参与的原则，推动环保事业发展，就能无往而不胜。

（三）推行尊重科学、求真务实的工作方法，是确保普查取得实效的基本要求。这次普查在方案设计上，立足中国国情，借鉴国际经验，广泛征求各部门、地方的意见，经过专家严密论证，并在试点检验的基础上加以修改完善。在普查实施过程中，结合地方实践，建立了五级数据审核与逐级质量核查制度；各地也结合实际从组织动员、入户普查、质量把关等方面建章立制，将严格执行规章制度贯穿整个普查过程。在普查手段上，运用现代信息技术，统一开发数据处理软件，对数据录入、审核、汇总、传输和存储，全部进行电子化处理。普查工作体现的科学性，应当成为今后各项环保工作的立足之本。

（四）强化精益求精、注重质量的扎实作风，是普查成功的关键所在。数据质量是污染源普查的生命，是衡量普查成功与否的标准。各级普查机构始终把质量控制贯穿于全过程。建立健全普查数据质量控制的岗位责任制，对每个阶段和每个环节，实行严格的质量控制和检查验收，层层审核把关，确保普查数据真实可靠、经得起实践和历史检验。每个普查人员都坚持质量第一的方针，严格执行普查技术规范，依照法律法规的规定和普查的具体要求，按时、如实填报普查数据，不虚报、不瞒报、不拒报、不迟报，不伪造、不篡改，保证了普查数据的质量。正是这种严谨求实的作风，克服了工作任务繁重、技术要求复杂等重重困难，保证了污染源普查数据的真实性和数据处理手段的有效性。

（五）弘扬中国环保精神，是凝聚力量攻坚克难的强大动力。人是要有一点精神的。在抗击 2005 年松花江重大水环境污染事件中，环保系统广大干部职工形成了“忠于职守、造福人民，科学严谨、求实创新，不畏艰难、无私奉献，团结协作、众志成城”的中国环保精神，一直激励着环保人迎接各种挑战。

这次污染源普查，环保和各有关部门广泛动员各方力量，组建了一支经过系统培训、熟悉业务、有战斗力的队伍，走过了不平凡历程。特别是 2008 年，广大普查工作人员克服年初雨雪冰冻灾害对普查工作的影响，经历了“5·12”汶川大地震的洗礼，勇敢面对各种挑战与考验，主动出击，迎难而上，兢兢业业，始终奋战在普查第一线，做了大量卓有成效的工作，出色地完成了普查任务。正是有这样一支队伍作为坚强后盾，正是有这样一股精神作为力量源泉，才赢得了污染源普查任务的圆满完成。

三、进一步做好污染源成果开发转化应用工作

这次污染源普查成果来之不易，凝聚着几十万参与人员的智慧和心血，是全社会共同的宝贵财富。我们要按照克强副总理的重要指示精神，切实把普查成果开发好、转化好、应用好，全面掌握环境污染的新情况和新特征，准确把握环境状况的新变化和新趋势，统筹处理好经济发展与环境保护、全面推进与重点突破的关系，探寻新思路，谋划新举措，积极探索中国环境保护新道路，努力推进生态文明建设，不断开创环保工作新局面。这里，我再提几点要求。

第一，全面分析普查数据，综合判断我国面临的环境形势

近年来，各地区、各部门认真贯彻落实科学发展观，积极探索中国环境保护新道路，环境保护取得一定成效。但随着我国经济持续快速发展，经济结构调整步伐加快，环境形势日趋复杂。长期积累的环境矛盾尚未解决，新的环境问题又不断出现。

这次污染源普查，对全国污染源的数量和区域分布情况进行了全面摸底，有利于统一思想、准确把握环境形势。我们不能满足于对污染源数据的简单汇总，不能停留在对数据的感性认识，要对普查数据进行认真梳理、全面分析、深入研究，从经济社会全面协调可持续发展的战略高度，分析后金融危机时代面临的环境形势，分析各地环境承载能力和目前的环境质量，分析各类产业、企业对环境状况的影响，充分发挥环境保护作为转变经济发展方式重要抓手的作用，着眼于实现经济发展和环境保护的“双赢”，正确制定法规政策标准，促进国民经济又好又快发展。

第二，牢牢抓住普查反映的突出问题，集中力量加以解决

污染源普查更加清晰地凸显当前我国突出的环境问题，要有序出台一批有针对性的污染防治措施，切实有效地加以解决，赢得人民群众的理解、信任与支持。一是集中整治重金属污染。目前全国重金属（镉、总铬、砷、汞、铅）排放量 0.09 万吨，绝大部分为工业源排放，主要集中在湖南、浙江等 10 个省区，占排放总量的 74.4%。要把防治重金属污染摆上环境保护的突出位置，确定重金属污染的行业、重点企业和地区，制定重金属污染综合防治规划，有计划、分步骤地推动解决。二是深化农业源污染防治。目前全国主要水污染物排放量已有四成以上来自农业污染源。从根本上解决水污染问题，必须把农业源污染防治列入环境保护的重要议程。要加大畜禽、水产养殖污染控制力度，加强对农业生产的环境监管和土壤污染防治。落实好“以奖促治”、“以奖代补”政策措施，推进农村环境综合整治。三是加强饮用水水源地环境保护。结合污染源普查成果地理信息系统的应用和各地水源地保护区划定以及核查工作，对各地特别是城市的集中式饮用水水源地，再进行一次污染源及污染物排放情况的排查，确保人民群众的饮水安全。四是研究潜在环境风险防范预案。根据部分污染物的区域和行业分布特点，研究提出潜在环境风险的应对方案，更加自觉主动地化解一些突发环境事件。

第三，深入研究运用普查成果反映出的客观规律，谋划好“十二五”环保工作

要充分吸收利用普查成果，扎实谋划好“十二五”环境保护规划。通过分析研究普查成果，进一步完善、强化环境保护政策和措施。重点包括：科学评估节能减排潜力，制定可行的节能减排方案，合理确定区域减排目标与排污总量控制计划；分析当前污染排放和污染治理设施运行状况及污染治理水平，加快环保基础设施建设，推进工程减排；正确判断主要行业产能与能耗水平，制定完善有利于推动清洁生产、关停淘汰落后工艺的政策和产业准入制度。

第四，以普查成果的开发应用为契机，努力完善环境统计体系

这次普查也反映出当前统计工作的不足。要在总结普查经验的基础上，认真研究借鉴国内外好的做法，深化统计制度改革，完善统计体制，健全指标体系，理顺数据采集渠道，改进统计手段和方法。一是建立健全环境统计制度。加快填补统计数据审核制度空缺，完善统计数据使用、开发等配套制度，实现统计工作科学化、程序化、标准化。二是完善环

境统计指标体系。认真研究农业源统计问题，扩大环境统计的覆盖面。利用普查开发产排污系数，提高污染物产排量的测算精度。三是加强环境统计能力建设。加大投入，加强统计信息化的设施建设，努力实现环境统计的现代化。

同志们，第一次全国污染源普查的圆满结束，为环保事业长远发展打下了更加牢固的基础。希望大家站在新的起点上，奋发有为，开拓进取，推进生态文明建设，积极探索中国环境保护新道路，为实现经济社会与环境保护全面协调可持续发展做出更大贡献！

财政部张少春副部长在第一次全国污染源普查电视电话会议上的发言

2008 年 1 月 4 日

尊敬的培炎副总理，各位领导、同志们：

国务院召开这次电视电话会议，对全国污染源普查工作进行动员和部署，曾培炎副总理出席会议并将作重要讲话，这对各地区、各部门统一思想、提高认识，扎实做好相关工作具有重要意义。下面，我结合财政工作谈三点意见：

一、各级财政部门要统一思想，提高认识，把污染源普查列入财政保障的重点

全国污染源普查是一项重要的环境国情调查，是政府履行环境保护职责的重要基础性工作。在当前推进节能减排的关键时期，开展全国污染源普查，准确掌握各类企事业单位与环境有关的基本信息，建立健全各类重点污染源档案和污染源信息数据库，不仅有利于正确判断环境形势，科学制定环境保护政策、规划，而且对有效实施主要污染物削减计划，实现节能减排目标具有更加重要和紧迫的现实意义。各级财政部门要按照党的十七大精神，加快推进各项改革，不断完善公共财政体系，切实加大环保资金投入，引导形成政府、企业和社会共同参与的多元化环保资金投入机制；同时中央财政将继续深化财税政策改革，推进建立有利于环境保护的长效机制。当前，各级财政部门要把全国污染源普查工作当作环保投入的重中之重予以保障，切实保障全国污染源普查各项工作顺利实施。

二、各级财政部门要按照预算管理程序认真核定经费，切实加强预算管理，确保经费按时足额到位

全国污染源普查时间紧、任务重，为确保各项工作按质按量完成，各级财政部门要主动研究经费保障问题，并切实加强预算管理。按照《全国污染源普查条例》和《国务院关于开展第一次全国污染源普查的通知》的要求，污染源普查所需经费，由中央和地方各级人民政府共同负担，并列入相应年度的财政预算，按时拨付，确保足额到位。中央财政主要负担全国污染源普查方案和技术文件的制定，普查报表编制，软件及信息系统开发建设，宣传及对省级的人员培训，全国普查数据的汇总、加工和建档等方面的经费。地方政府是污染源普查的主要承担者，地方财政要负担各地普查方案的制定、组织动员、省级以下普查人员培训、入户调查与现场监测、设备购置、数据处理等其他相关工作经费。为确保污

染源普查顺利实施，中央财政还将对中西部困难地区给予适当补助，同时要求省级财政对财政困难的市、县给予经费支持。2006 年中央财政安排 500 万元启动了污染源普查工作，2007 年我们已安排 7.37 亿元，其中补助地方 2.84 亿元。下一步，我们将商有关部门研究制定资金管理办法，管好、用好资金，提高资金使用效率，并将根据工作进展需要及时拨付资金，确保足额到位。各级地方财政也要切实加强预算管理，拟定具体办法，及时拨付资金，并加强经费执行的监督检查。

三、各级财政部门要结合全国污染源普查工作，将推进污染减排财政政策落到实处

当前，我国经济快速发展，但长期以来形成的结构性矛盾和粗放型增长方式尚未得到根本改变，进一步加重了环境压力，实现“十一五”期间污染减排目标面临严峻挑战。各级财政部门要结合污染源普查工作，调整支出结构，切实加大对污染减排工作的资金投入，尤其是要加大污染源普查等属于政府职责范围内有关工作的资金保障力度。2007 年中央财政除安排 7.37 亿元用于支持污染源普查外，还安排 20 亿元用于主要污染物减排的监测、指标和考核体系建设，安排 65 亿元用于补助中西部地区城镇污水管网配套建设，安排 50 亿元用于“三河三湖”及松花江流域治理等。这将极大地提升我国环境基础监管能力，对实现减排目标具有重要意义。各级地方财政要管好、用好资金，避免重复投入。在此基础上要调整支出结构，完善税费政策，抓住当前的有利时机，把污染源普查工作做好，加快推进节能减排目标的实现。

国家统计局谢伏瞻局长在第一次全国污染源普查电视电话会议上的发言

2008年1月4日

尊敬的培炎副总理，同志们：

开展全国污染源普查，准确系统地搜集、整理和分析污染源普查数据，是有效控制主要污染物排放、切实改善环境质量的基础性工作，对于贯彻落实党的十七大报告中提出的建设生态文明的要求，深入贯彻落实科学发展观，具有十分重要的意义。为做好这次普查工作，国务院发布了《全国污染源普查条例》，印发了《关于开展第一次全国污染源普查的通知》，曾培炎副总理还将发表重要讲话。各级统计部门一定要充分认识这次普查的重要意义，坚决贯彻落实国务院的各项部署，恪尽职守，认真做好普查的有关工作。在普查准备工作前期，统计部门已就普查方案设计、有关标准划分、普查试点表的审定等方面做了一些工作。下面，我就统计部门在下一阶段普查中的有关工作讲几点意见。

一、积极配合做好普查的基础性工作

这次全国污染源普查，主要目的在于了解主要污染物的产生、排放和处理情况，掌握各类污染源的数量、行业和地区分布，建立健全污染源信息数据库和环境统计平台，涉及面很广，专业技术性很强。各级统计部门要按照国务院的统一部署和各地普查领导机构的安排，积极参与和配合环保部门做好这次普查的基础性工作。要按照有关要求，派员参与本地区普查领导小组及其办公室的工作，并发挥统计部门在普查技术方面的优势；积极配合普查工作的组织和人员培训工作；同时，在不违反《统计法》有关规定的前提下，积极向环保部门提供有关统计资料。2007年5月，我局与环保总局联合印发了《关于省级统计局在第一次全国污染源普查中工作职责的通知》，请各省、自治区、直辖市统计局认真执行。

二、积极协同做好普查数据统计和分析工作

各级统计部门要在环保部门的统一组织下，认真参与普查相关数据的审核、普查结果的公布、普查资料的分析开发等工作。在工作中，要坚持实事求是，严格执行《统计法》、《全国污染源普查条例》和普查方案的规定，不得伪造、篡改普查资料，不得强令、授意普查对象提供虚假普查资料，不得泄露普查对象的商业秘密。

三、严肃查处普查活动中的违法行为

《全国污染源普查条例》对地方、部门、单位的负责人、普查人员和普查对象在污染源普查活动中的违法行为，规定了相应的法律责任，并授权县级以上人民政府统计机构予以责令改正、行政处罚和通报批评。各级统计部门一定要认真履行好这一法定职权，坚持依法执法，做到严格、公正、规范执法，坚决查处普查活动中的违法行为，切实维护普查工作秩序，保障普查数据质量。对典型案件，还要通过新闻媒体进行曝光，发挥好舆论监督和社会监督的作用。

全国污染源普查已进入实战阶段，希望各级统计部门在国务院和地方各级人民政府的统一领导下，以高度的责任感和求真务实的工作作风，与相关部门密切配合，扎实工作，争取第一次全国污染源普查的圆满成功，为深入落实科学发展观、推进生态文明建设做出新贡献！

江苏省何权副省长在第一次全国污染源普查电视电话会议上的汇报发言

2008年1月4日

在第一次全国污染源普查由准备阶段转向全面普查阶段的关键时刻，国务院召开电视电话会议，这充分表明国家对贯彻落实科学发展观、倡导生态文明的高度重视，必将有力地夯实环保基础工作，推动环境保护各项措施的落实。2007年以来，江苏省根据国家的统一部署，认真学习《全国污染源普查条例》，做到早发动、早准备、早落实，确保普查工作全面开展，重点抓好以下四项工作。

一、加强领导，完善方案

江苏省十分重视污染源普查的组织领导，成立了由分管副省长任组长的污染源普查领导小组及其办公室，办公室下设综合组、技术组、农业组和渔业组，负责普查的组织和实施工作。按照《第一次全国污染源普查方案》，结合江苏省实际，制订了《江苏省第一次全国污染源普查实施方案》，进一步明确了污染源普查的具体任务、技术方法、工作步骤、完成时限及相应工作要求。先后下发了《关于成立省污染源普查领导小组的通知》、《关于加快全省污染源普查工作机构建设的通知》、《关于全省污染源普查工作进展情况的通报》，按照"政府统一领导、部门分工协作、地方分级负责、各方共同参与"的原则，切实加强组织领导和协调合作，确保机构落实、经费投入、协调配合、宣传发动、质量控制和监督检查"六个到位"。目前，江苏省县（市、区）以上人民政府均已成立了领导小组及其办公室，部分地区的街道、乡镇也成立了普查机构，形成了省、市、县三级普查领导组织网络。有613位专职人员和1 132位兼职人员从事污染源普查工作，一批懂业务、会管理、有经验的人员充实到普查队伍；建立了岗位责任制，开设了网站或专题网页，设立咨询热线，形成了较为系统、运作良好的工作体系。

二、明确职责，制定规范

形成紧密配合、高效运转的工作机制，是保证普查质量的关键。江苏省政府多次召开领导小组会议，明确了各成员单位参与编制和审议污染源普查方案、技术规定及各阶段工作方案，并按照部门职责分工，负责指导和督促检查地方污染源普查工作。在横向上，不仅做好环保、统计、农业、渔业等政府部门组织工作，而且也做好与宣传部门和军队、武警等单位的协调工作，做到既各司其职、各尽其力，又相互配合、协同作战。在纵向上，按照分级负责的原则，省级普查机构重点开展组织领导、工作协调、业务指导、人员培训、督察督办等各项工作，建立工作目标管理制度，及时通报各项工作的进展情况。市、县级普查机构重点开展组织实施、技术准备、人员选聘、摸底清查、硬件建设等工作，制定各项工作的实施计划、考核办法、工作细则和岗位责任制，确保责任落实、任务落实。

为确保普查质量，根据国家统一规范和标准，江苏省编制了《江苏省污染源普查监测工作方案》等技术规范，进一步细化了总体与单项普查的具体工作办法与程序，完成了集中填报、现场审核、数据审查、质量抽查、质量管理、质量考核与评比办法以及技术报告编制提纲的制订工作，建立健全了普查的技术支撑和服务体系。目前，各项技术规定与办法已在试点工作中得到检验，735 家工业污染源的监测已经完成；在调查了 300 多家、初测了 172 家放射源的基础上，监测了其中 27 家重点源。

三、摸清家底，拓宽范围

近年来，江苏省经济持续快速发展，新的工业污染源不断增加，工业企业法人单位已超过 30 万家，但列入环境统计的重点企业才有 5 928 家。面广量大的农业面源和服务业污染排放情况，还没有纳入环境统计范围。污染源数量说不清，排污总量说不准，已经成为影响我们正确判断环境形势，科学决策，有效开展节能减排工作的重要制约因素。借此普查机遇，一方面，全面启动清查工作，正确界定普查对象，扩大普查范围，随时掌握数据填报类型，确保普查对象不漏、不错、不重，全面覆盖，不留死角，共清查出近 38 万个工业源、46 万个农业源、21 万个生活源、700 个集中式污染治理设施；另一方面，根据江苏省情特点，补充了调查的项目，增加了普查内容。不仅要摸清江苏境内所有排放污染物的工业源，还要对农业源、生活源、集中式污染治理设施和农机污染进行全面调查；不仅要掌握各类污染源排放的污染物种类、浓度和总量，还要了解污染排放的规律、去向、区域分布以及污染源周边环境的功能定位与保护目标等情况；不仅要对污染治理设施的治理和运行情况进行普查，还要掌握重点污染源自动在线监控设施的安装、运行情况；不仅要对重点流域农村生活总磷、总氮进行调查，还要对重点流域的工业、生活源总磷、总氮排放强度进行普查；不仅要对国控重点污染源进行监测，还要对省控、市控重点污染源进行监测。

四、先行试点，全面推进

我们借鉴国家的做法，综合考虑县市规模、区域分布、污染源类型及环保基础工作等情况，确定在县级市江都开展了综合试点工作，对普查的组织实施进行了实战演练。经过一个多月紧张、有序的试点，完成了 2 582 个工业源、5 601 个农业源、1 029 个生活源、4 个集中式污染治理设施，17 万辆机动车和近 1.4 万辆农用车污染普查工作。摸索出“政府领导、部门协作，条管块包、集中填报，现场审核、严把质量”科学高效的普查组织实施方法，发现和解决了一批普查工作中的重点、难点问题，培训和锻炼了一批具有实战经验的普查业务骨干，检验了地方政府的普查组织能力，验证了普查组织方式和操作程序的科学性及有效性，总结了一整套行之有效的普查工作机制，为江苏省污染源普查工作的顺利开展打下了扎实的基础。

会后，我们将认真贯彻落实这次会议和曾培炎副总理重要讲话精神，学习和宣传《全国污染源普查条例》，动员社会各界力量广泛参与污染源普查，提高环保意识，为普查工作顺利开展营造良好的舆论氛围；完成具有科学性、可行性和操作性的各种方案、计划、办法、程序、技术规定的编制工作；全面完成污染源普查清查工作，正确界定各普查对象填报类型；尽快完成数据库的硬件建设，构建数据库信息平台，形成省级网络体系，加强信息数据库综合分析的二次开发与利用；组织好各层面的技术培训，重点培训普查员、普查指导员，提高普查能力与水平，确保全面普查顺利实施，圆满完成第一次全国污染源普查任务。

重庆市余远牧副市长在第一次全国污染源普查电视电话会议上的汇报发言

2008 年 1 月 4 日

污染源普查是一项重大国情调查，关系到环境保护工作的长远发展，是环境保护全局性、战略性、基础性重大工程。重庆市高度重视污染源普查工作，将其纳入市委、市政府的重要议事日程，按照“统一领导、分工协作、分级负责、共同参与”的原则，积极推进污染源普查各项工作。目前，全市 40 个区县均成立了普查领导小组和工作机构，配备了专职或兼职工作人员 758 名，落实普查启动经费 1 897.05 万元；实施了 398 个普查重点污染源监测工作，采集数据近 10 万个；完成了全市约 29 万家污染源普查对象的清查摸底工作；参与承担了全国生活污染源、农业污染源、水生产行业、摩托车生产行业、涂料生产行业等多项污染源产排污系数的测算工作。我们结合重庆实际，制订了《重庆市污染源普查实施方案》。在环保、农业等部门的努力推动和相关企事业单位的积极配合下，普查准备工作进展比较顺利。

2007 年 4 月，国家决定将重庆市渝北区作为全国污染源普查综合试点单位，这既是中央对重庆市的信任，也是对重庆普查工作的有力推动和激励。重庆市承担普查试点任务以来，按照普查试点工作的安排部署和综合试点的各项要求，精心组织、周密部署、全面动员，严格按照国家规定的普查“八步骤”程序，在渝北区选聘了 838 名普查员和普查指导员，对清查确定的全区 8 474 个普查对象进行了入户调查，全面掌握了渝北区污染物排放状况，圆满地完成了试点任务。我们总结了三点经验和体会：

一是加强领导，健全机构是搞好普查工作的前提。污染源普查是一个庞大的系统工程，量大面广，涉及部门多，普查范围宽，技术要求高，工作难度大，离不开强有力的组织领导和高效的工作机构，必须建立各级各部门、普查对象共同参与机制。重庆市政府成立了污染源普查领导小组，将“争创西部领先、全国一流的污染源普查工作”作为工作目标。渝北区在试点中成立了以区长为组长，区政府办公室等 19 个部门负责人为成员的污染源普查领导小组，普查办公室下设 6 个工作组，各镇、街道、园区和有关部门、单位也建立了相应的组织机构。为强化目标责任，从 2007 年起，重庆市将污染源普查列为各区县政府及市级相关部门党政一把手环保实绩考核的内容，同时加强督察，确保普查各项工作任务的落实。渝北区委、区政府把普查试点工作列为全区重点环保工作，明确要求试点工作实行一把手负责制，并签订了目标责任书。

二是广泛宣传，深入发动是搞好普查工作的先导。重庆市制定了《污染源普查试点工作宣传活动方案》，召开宣传工作专题会议部署落实。为了推进试点工作，渝北区加大了宣传动员力度，召开了渝北区污染源普查动员大会，在城区制作了 10 块宣传广告牌，印发了《致全区污染源普查单位的一封信》、《污染源普查宣传手册》等宣传资料；市区新闻社、电视台、政府信息中心、政府网站等集中 2 个月时间进行全方位的宣传报道。渝北区共制作宣传标语 1 300 余条（幅），出动宣传车 17 台次，形成了强大的舆论氛围。

三是周密部署，精心组织是搞好普查工作的关键。第一，普查方案要周密完备。渝北区制定了《污染源普查试点工作方案》、《普查员、普查指导员实施工作细则》、《农业污染源普查试点工作方案》、《污染源普查宣传手册》等普查试点指导性文件，使整个普查工作按要求、按程序、按步骤规范实施，确保工作进度和质量。第二，清查摸底要全面准确。清查摸底工作是搞好污染源普查工作的基础。重庆市清查农业源是按照镇不漏村、村不漏组、组不漏户、户不漏项的原则开展清查摸底。其他污染源则分三步进行清查：第一步是依据统计、税务、工商、环保等相关部门提供的数据，建立普查基本名录；第二步是组织普查员以基本名录为基础，逐一进行清查、核实，建立清查名录；第三步是对清查名录逐一进行审查筛选，最后确定普查名录。第三，普查培训要扎实有效。污染源普查的操作程序多，技术要求高，培训工作必须到位。渝北区分 5 批对 1 000 多名基层普查干部和重点企业负责人、普查员和普查指导员进行了系统的培训，培训后还开展了模拟填表、讨论和考试，为普查工作奠定了坚实的基础。第四，入户调查要仔细准确。渝北区用半个月时间对确定的 8 474 个普查对象进行了入户调查登记，对回收的普查表分类进行了集中会审，对存在的具有代表性的问题采取了相应措施。第五，质量控制要严格细致。一是严把现场关。普查指导员要到现场监督指导，对普查中出现的问题及时进行处理或更正，不能现场解决的要及时上报处理；二是严把数据关。对于普查表格和数据，从草表到正式表，从填表到汇总都要进行认真的校核，不能出现差错；三是严把审查关。对填报和入户调查的数据信息，在普查员和普查指导员两级审查后，必须再组织技术骨干、行业专家为主体的质量控制组集中进行审查，确保普查质量。

2007 年以来，重庆市污染源普查已经开展了大量的前期工作，特别是通过试点积累了不少经验，建立了行之有效的工作机制，这必将对全面普查发挥积极重要的作用。在接下来的工作中，我们将按照这次会议的统一部署和工作要求，进一步动员全市各方面力量，克服困难，真抓实干，扎实推进污染源普查工作，保质保量地完成我市的普查任务，为做好新时期的环境保护工作奠定坚实的基础，向党中央、国务院交出满意的答卷！

环保部张力军副部长在2009年全国污染源普查总结发布阶段工作会议上的讲话

2009年2月18日

同志们：

大家上午好，元宵节刚过不久，我们就在江苏召开全国污染源普查总结发布阶段工作会议，充分说明了环保部对普查工作的高度重视。春节前召开的全国环境保护工作会议上，周生贤部长在工作报告中对污染源普查工作给予了充分肯定，把污染源普查列为今年的重点工作之一，提出了明确要求。召开这次会议，主要目的就是要认真总结前一阶段的普查工作，贯彻周生贤部长在全国环保工作会议上关于污染源普查工作的讲话精神，研究部署2009年的普查工作。下面我讲几点意见。

一、普查工作的进展和成效

两年来，在国务院第一次全国污染源普查领导小组的正确领导和统一部署下，在全国各级地方政府的大力支持下，各级普查机构精心组织，广大普查人员共同努力，克服时间紧、任务重、难度大、要求高等困难，顺利完成了普查入户填报、数据录入、质量核查、上报汇总、审核整改等工作，目前进入了整个普查工作的第三阶段“总结发布阶段”，应该说普查工作已经取得了重大成果。周生贤部长在全国环境保护工作会议上指出：三大基础性战略性工程进展顺利，指导当前谋划长远的作用初步显现，对全国污染源普查工作给予了充分肯定。总体来看，主要是在以下9个方面采取的有效措施，保证了普查准备阶段、全面普查阶段各项工作的顺利完成。

（一）领导重视、机构健全，为做好污染源普查提供组织保障。温家宝总理在普查初期就做出重要指示，要求详细规划，认真做好各方面的准备工作。曾培炎副总理两次召开会议，专门研究部署污染源普查工作。国务院还成立了第一次全国污染源普查领导小组和领导小组办公室，以加强污染源普查工作的领导和协调。为落实国务院领导讲话和《国务院关于开展第一次全国污染源普查的通知》（国发[2006]36 号）精神，我部成立了以周生贤部长任组长的协调小组和第一次全国污染源普查工作办公室（以下简称“普查办”），并把污染源普查列为新时期环保三大基础性战略性工程之一，强化领导，周密部署，多次召开专门会议研究和部署污染源普查工作。周生贤部长就做好普查各项工作多次做出重要批示和指示，亲赴基层调研普查工作，慰问普查人员，凡在全国性和部内重要会议上，必须强调普查的重要意义，明确要求按照中央统一部署，举全局之力圆满完成普查任务。环保部其他部领导也都很重视和关心普查工作，结合各自分管工作，在不同的会议和场合强调污染源普查工作的重要性，对普查工作提出要求，周建和干杰副部长亲自参与了普查的核查和重点源监测的动员工作。按照全国统一部署，共有 31 个省、自治区、直辖市和新疆生产建设兵团，326 个市（州、盟），2 166 个县（市、区、旗）成立了污染源普查领导小组，组建了污染源普查办事机构，为污染源普查工作的顺利开展提供了组织保障。

（二）加强协调、落实经费，为污染源普查提供经费支撑。落实普查经费是开展全国污染源普查的重要前提，为此，重点开展了两方面的工作。一是努力争取，积极主动协调，申请中央财政经费。经过协调落实，财政部审核下达 2007 年普查专项经费 7.37 亿元，其中中央部门 4.53 亿元，补助中西部困难地区 2.84 亿元，中央财政安排的经费在第四季度全额拨付到位；2008 年财政部又安排普查专项经费 9 521 万元，其中：中央 6 000 万元，补助地方 3 521 万元，目前均已拨付到位。2009 年财政部已核定普查专项经费 1 100 万元。二是指导地方及时申请普查经费。普查办编制印发了《第一次全国污染源普查经费预算编制指南》（国污普办[2007]1 号），督促地方开展经费申报工作。国务院第一次全国污染源普查电视电话会议召开后，地方各级财政进一步加大对普查工作的经费支持力度，初步统计，截至 2008 年 9 月底，地方各级财政部门共安排污染源普查经费 23 亿元，其中河北、辽宁、吉林、上海、江苏、浙江、安徽、福建、山东、河南、湖南和广东等 12 个省、市的经费到账均在 8 000 万元以上。经费基本落实为普查工作提供了有力保障。

（三）制定方案、颁布条例，进一步规范污染源普查工作。按照国务院第一次全国污染源普查领导小组第一次会议的审议要求，对《第一次全国污染源普查方案》进行了修改完善，并由国务院办公厅于 2007 年 5 月 17 日下发《关于第一次全国污染源普查方案的通知》（国办发[2007]37 号）。在全国诸多普查工作中，由国务院办公厅印发普查方案尚属首次。按照周生贤部长在领导小组第一次会议上的建议，普查办会同国务院法制办、国家统计局起草了《全国污染源普查条例（送审稿）》，并由温家宝总理于 2007 年 10 月 9 日签发颁布。方案和条例的发布，进一步明确了普查的工作任务及要求，为全国污染源普查各项工作提供了法律保障和制度约束。

（四）做好技术准备，为污染源普查提供技术指导。同其他普查（经济、人口等）相比，污染源普查工作专业性强，技术更加复杂。做好污染源普查的各项技术准备工作显得尤其重要。为此，着重从以下几个方面入手，开展了普查技术准备工作。

1．开展重点污染源普查监测工作。2007 年 2 月 14 日，原国家环保总局召开了“第一次全国污染源普查监测及有关工作视频会议”，布置全国重点工业污染源和集中式污染治理设施排污情况的现场监测工作。根据汇总结果，实际进行普查监测的工业源共有 68 022 家，实际采用普查监测数据核算并填报污染物排放量的工业源 42 518 家。各地对 11 000 多家伴生放射性污染源进行了初测，完成了 1 897 家伴生放射性污染源的取样监测工作，认定伴生放射性污染源 1 100 多家。普查监测工作的完成，为重点污染源产排污量核算提供了重要支撑。

2．组织普查试点工作。2007 年 6 月到 10 月，国务院第一次全国污染源普查领导小组办公室组织 14 个地区开展了普查试点工作。包括 1 个省会城市——太原市，3 个地级市——黑龙江省齐齐哈尔市、湖北省襄樊市、广东省珠海市和 10 个县（区、市）。通过试点，进一步验证了普查方案、各项技术规定和工作细则的可行性，改进了普查表格和计算机软件的适用性，检验了普查的组织动员机制和工作程序，发现了准备工作中存在的问题或缺陷。经过试点，普查的相关制度和表式进一步得到完善，为在全国范围开展全面普查积累了宝贵的实战经验。部分地区在国家试点的基础上，自行开展试点工作，探索了适合本地特点的普查组织方式，为做好全面普查工作提供了良好借鉴。

3．制定普查技术规定、工作细则、普查表和数据处理软件。按照《第一次全国污染源普查方案》的要求，在反复征求意见和专家评审的基础上，制定了 9 项技术规定和 5 项工作细则，包括工业污染源及集中式污染治理设施、农业污染源、生活污染源、普查质量管理、数据审核、数据录入与传输等 9 项技术规定，以及普查员管理、普查对象清查、数据处理、质量核查 4 项工作细则。编制了全套 66 张普查表式及指标解释，开发了普查数据录入、汇总和分析软件。编写印发了三种普查培训教材和一本普查手册。仅国家层面就编印并向各地发送普查培训教材 77 万册。为节省地方经费和减少工作量，在 2008 年 1 月底以前，原国家环保总局将统一印制的各类普查表共 2 634.5 万份、《第一次全国污染源普查手册》50 万册直接递送至县级普查机构，既节省了时间，又保证了工作进度。上述工作提高了普查的科学性和规范性，保证普查各个步骤、各个环节都有技术规范和程序规定来支持，为县级普查机构 2 月下旬陆续开展现场填报打下坚实的基础。

4．组织产排污系数测算工作。在财政部的支持下，由 30 家国家级科研单位和全国性行业协会（联合会）牵头，组织约 450 多家科研、监测单位参与，开展了工业、农业、生活及集中式污染治理设施产排污系数测算工作，制定 2.7 万多个产排污系数，编制印发《工业源产排污系数手册》35 000 套（每套 10 分册）、《集中式污染治理设施系数手册》1 万册、《生活源产排污系数手册》1 万册，为普查污染物核算提供了重要基础。

（五）加大宣传力度，努力营造良好的普查氛围。为做好普查宣传工作，原国家环保总局和中宣部联合印发了《关于做好第一次全国污染源普查宣传工作的通知》，对普查宣传工作进行了统筹安排。根据安排，中央和各地新闻机构结合领导小组电视电话会议等重要活动和关键环节，通过专栏、公益广告、有奖问答、手机短信等多种形式，开展了有针对性的普查宣传报道。同时，普查办还制作印发了 60 万套宣传画、35 万本宣传手册，1 000 万份《国家环保总局周生贤局长致全国污染源普查对象的公开信》，在《中国环境报》开设每周一个整版的普查专题报道；地方各级普查机构也组织了形式多样、内容丰富的普查宣传活动，制作、印刷了大量的普查广告和宣传品。宣传工作的良好开展，提高了普查的社会认知度，保证了入户调查的顺利进行。

（六）做好人员选聘与业务培训工作，为普查工作奠定人员基础。人员选聘工作从普查试点的时候就已经展开，业务培训贯穿普查工作始终，两年多来，全国环保系统不辞辛劳，创新方法，通过各种渠道，组织普查人员选聘，开展业务培训，规模之大，工作量之大，在环保系统历史上都是前所未有的。两年来，仅国家层面就组织了上万人次的骨干培训，各地普查机构也组织了几十万人的普查人员培训，据统计，全国共培训普查员、普查指导员、数据录入员等 50 余万名，培训涉及普查表的指标解释及填报说明、数据处理软件、产排污系数的使用、后期成果开发等内容。人员选聘到位和培训的有效开展，为普查提供了良好的人力资源保障，进一步提高了环保队伍的素质。

（七）做好协调配合，保证现场调查、数据处理工作进度。现场调查和数据处理是污染源普查的数据采集阶段，是普查的关键环节。在此过程中，各地结合实际，采取多种措施，做好部门间协调和部门内协调，采取宣传引路、社会参与、技术指导、法律保障等措施，保证了普查填报的顺利进行。面对时间紧、录入工作量大的压力，数据录入人员加班加点，放弃休息时间，保证了数据录入工作和数据上报工作的顺利完成。各级普查机构采取电话答疑，网络答疑、现场指导，互相帮扶等手段，解决了现场填报和数据处理过程存在的各种困难，有力地推动了普查工作的开展。

（八）强化监督检查，为保障全国普查工作质量打下较好基础。质量控制是污染源普查的生命线，直接关系到普查工作的好坏。为做好质量控制，制定了质量管理技术规定和普查质量核查工作细则，开展全过程质量控制。按照《第一次全国污染源普查质量核查工作细则》要求，针对准备阶段的质量、普查表的填报质量、上报数据质量组织了三次质量核查，同时开展基层调研，及时发现、解决问题，进一步提高普查工作质量。

1．准备阶段质量核查。2008 年年初，国务院第一次全国污染源普查领导小组办公室各成员单位组成 10 个核查组，对各省（自治区、直辖市）普查准备阶段的工作进行了核查，并形成 3 165 万字的《普查准备阶段全国核查情况总结报告》。各地根据国家核查反馈的意见进行了核实整改。在国家核查结束后，各地也陆续开展了质量核查。核查期间，尤其是南方大部分地区恰逢雨雪冰冻灾害，广大普查工作人员克服重重困难，顺利完成了准备阶段的各项工作任务。

2．填报质量核查。2008 年 6 月至 8 月，国务院第一次全国污染源普查领导小组有关成员单位组成 16 个核查组，陆续对全国开展了普查表填报数据质量核查工作，全国共抽查了 63 个样本地（县、市、区、旗），核查各类污染源（样本单位）8 257 家，其中工业源 1 274 家，农业源 3 871 家，生活源 2 946 家，集中式污染治理设施 166 家。参照国家的做法，各地也相继组织了普查表填报质量核查工作。各省、市共抽取 900 个样本区（县、市、区、旗），对总计 93 672 家普查对象（样本单位）进行了核查，其中，工业源 20 908 家，生活源 46 056 家，农业源 25 494 家，集中式污染治理设施 1 214 家，并形成 6 036 万字的《第一次全国污染源普查表填报质量核查工作总结报告》。在此期间，广大普查人员尤其是地震灾区广大普查工作人员，克服特大地震灾害等因素对普查工作带来的困难和影响，迎难而上，较为出色地完成了填报和核查任务。

3．数据录入及汇总审核质量核查。2008 年 10 月至 11 月，国家普查办在河北审核试点经验的基础上，组织了 4 个核查小组赴 31 个地区（省、自治区、直辖市和新疆生产建设兵团）对数据录入及汇总审核质量进行了核查。各地对本次审核反馈的问题或疑似问题认真做了校正。在省级普查机构终报汇总数据前，又对各地整改情况进行了第二轮审核。省级数据汇总前后，各地采取交叉审核、专家评审和部门会审等多种形式，对本辖区普查汇总数据进行了两轮以上的审查核对。通过审核整改，数据质量进一步提高。

4．不定期调研调度。为及时掌握各地普查工作进度和质量状况，研究解决工作中存在的问题与困难，各级普查办建立了定期信息调度与报告制度，有针对性地开展调研和业务指导。自 2008 年 3 月起普查办建立地方工作进展调度制度，采取分片包干，分区负责，定点联系，及时了解地方存在的困难和进展。国家先后派出 21 个调研组，对全国 23 个省（自治区、直辖市）的普查表填报与审核工作进行了指导和调研，取得了很好的成绩。

（九）普查工作锻炼了队伍，培养了人才。普查工作开展的这两年，也是我国环境保护事业发展不平凡的两年，尤其是 2008 年，更是我国发展过程中很不寻常、很不平凡的一年。雨雪冰冻灾害、地震特大灾害，奥运会的举办、经济危机，带给我们各种各样的挑战和考验，给普查工作带来意想不到的困难，面对这些挑战和考验，广大普查工作人员没有畏首畏尾，裹足不前，而是主动出击，迎难而上。克服条件有限、人员不足、经费缺乏、技术支持薄弱等各种困难，埋头苦干、任劳任怨，放弃休息，加班加点，充分发挥主观能动性，取得了出色的工作业绩，较为圆满地完成了前两个阶段的工作任务。事实证明，我们经受住了考验，广大环保战线的同志是一支能战斗、能打硬仗的队伍。在普查工作过程中，涌现出一批敢于克服困难、勇挑重担、带病工作、舍小家顾大家的普查先进典型；涌现出一批结合自身实际、主动思考、开拓进取、推动本地普查工作顺利开展的优秀干部。可以说，庞杂繁重的普查工作，为我们锻炼了一支能战斗的环保队伍，培养了一批熟悉环保业务的环保人才，发现了一批勇挑重担的干部队伍，进一步深入宣传了环保理念，使普查影响范围进一步扩展，社会认知度进一步提高，全社会环境意识进一步增强。这些都是普查带给我们的宝贵财富，值得我们在总结发布阶段好好总结。

这是对我们前两个阶段工作的总结，当然这个总结还是不够全面的，没有把地方的一些经验特点全部包括进来。今后要把同志们一些好的做法、好的经验推广开来。

二、普查工作还需要注意的一些问题

在肯定成绩的同时，还有很多工作需要进一步做好，做实。一是个别地区普查数据还需要进一步核实。比如部分地区个别污染物排放量还存在明显不合理的情况，部分地区存在普查第一次上报数据与第二次上报数据中个别指标差异大且原因不清的情况；部分地区的工业源和生活源，还存在个别污染物产排量与处理削减量关系不合理的情况等。这些均需要进一步组织专家对部分地区及重点行业进行审核。二是水泥制造、砖瓦制造以及火力发电（高硫煤）等行业污染物产排系数调整后，还存在重新核算的问题。三是农业源产排污（流失）系数测算和军队的普查还需要加强协调，抓紧完成后续工作。近期要抓紧协调农业部和承担农业源产排污（流失）系数测算任务的科研单位，尽快落实系数论证和系数导入普查数据库计算产排污（流失）量的相关工作。与解放军环保局商议，确定军队普查数据纳入全国污染源普查数据库的具体办法。争取尽快把全部数据拿出来，然后再呈报普查领导小组。四是部分基层地区还存在领导重视不够、普查队伍人心不稳的情况，需要采取措施，避免影响普查总结发布阶段工作的顺利完成。还有一件重要的事情就是在总结发布阶段一定要稳定普查队伍，要做到任务没有完成，队伍绝对不能散。不要认为工作都做得差不多了，人员也都抽回去了。

三、2009 年普查工作总体安排

2009 年是新中国成立 60 周年，也是污染源普查的收官年，周生贤部长在全国环保工作会议上讲话强调："充分运用得之不易的成果，认真谋划好'十二五'环保工作思路，切实抓好全国污染源普查总结发布阶段的各项工作”。越到收尾阶段，我们的工作越要认真，越要抓好。今年我们要认真贯彻落实，着力做好以下六个方面的工作。

第一，做好组织协调，完成第一次全国污染源普查技术报告和工作报告编写工作。技术报告和工作报告是普查成果的重要体现，各地要尽早组织技术力量，成立编写小组。结合下发的《技术报告编写大纲》和《工作报告编写大纲》，收集整理普查资料，采取适合本地特点的编写方式，完成普查技术报告和工作报告。争取在 2009 年 3 月底前各地完成报告并报送国务院第一次全国污染源普查领导小组办公室。报告编写要结合实际、把握重点、突出特色，既要归纳经验，也要总结教训。

第二，合理组织，有序开展总结验收工作。国家要制定下发普查工作验收、表彰办法，制定具体量化的验收标准，明确验收工作程序，普查办要抓紧下发。各地要按照国家下发的程序和方法，采取逐级验收、表彰，在此基础上，省（自治区、直辖市）组织所辖市（地）的验收、表彰工作，市（地）验收、表彰所辖县（区、市）。总结验收和表彰工作可以同步进行，地方各级总结验收工作应在 2009 年 5 月底前完成。2009 年 6 月上旬国家将对各省（自治区、直辖市）污染源普查工作进行验收。

2009 年 4 月上旬，国家将向各省下达全国污染源普查工作先进个人、先进集体（暂命名）的分配名额。各地在做好总结验收的基础上组织好全国污染源普查工作先进个人、先进集体的评选推荐和资料审核工作。

第三，严把质量关，搞好普查档案与数据库建设。普查档案是普查工作的第一手资料，是普查的宝贵财富。各地要结合《污染源普查档案管理办法》，做好普查档案建设与管理，建立责任制，明确专人负责和一把手负总责。档案管理要做到：分类收集、认真审核、及时整理、真实完整、安全存放，做好装订、编目、立卷、归档工作，确保档案的完整、准确、系统、安全。可以说我们花了二三十亿元，动员了五十多万人进行的全国普查，历经两年半的时间，最后的“成果”就在这些档案中，所以普查档案管理工作是非常重要的。档案管理是普查工作总结验收的重要内容，档案收集整理不符合要求的，普查工作不能通过验收。总结验收完成后，全部档案要及时完整地移交环保（厅）局档案管理职能部门。建立污染源信息数据库是这次普查的重要内容，也是最主要的成果，各级普查机构要高度重视，要在已有各类普查对象基本信息电子文档的基础上，以方便管理部门乃至全社会共享普查成果为目标，建立覆盖污染源普查各行业的基本单位名录库、基础信息数据库，有条件的地区还可以开发电子地理信息系统，建设各类应用平台。

第四，科学论证选题，推进普查数据的开发利用。各级污染源普查机构，特别是省、市一级，要将普查数据开发利用作为上半年工作重点加以推进，结合各地实际，以满足环境管理需要和解决突出环境问题为目标，制定开发应用计划，科学论证选题，系统分析研究，提高普查数据应用价值，体现普查工作效益。开发利用可从三个方面入手：一是开展污染源普查的系统性分析研究（从制定普查方案到编制普查报告）；二是探索研究建立环境统计新的技术平台；三是从提高环境管理能力和监督执法水平入手，开发污染源信息系统和各类决策支持系统。另外，要以普查档案整理和数据开发研究为基础，编辑出版普查成果专辑，为政府、有关部门和社会提供服务。国家的开发利用计划，由普查办会同有关单位制定计划，2009 年 7 月前要完成初步分析成果。也就是说我们的数据出来了怎么用？

我们普查最后的目的不是要数据，数据是要用于管理，是要开发利用数据。

第五，理清主要成果，依法及时发布普查公报。普查公报是普查主要成果的概括，是普查工作结果的社会公告，意义十分重大。普查公告应简明扼要，描述普查的主要成果。国家要制定和下发普查公告的提纲和具体要求。《全国污染源普查公报》经国务院第一次全国污染源普查领导小组批准后，拟于2009年5月发布，各地应在2009年6月底前发布本地区污染源普查公报，发布前要按照《全国污染源普查条例》要求报全国污染源普查办公室核准，核准以后才可以发布。这条要解释一下，有几点要求：首先，除了向领导汇报数据，不得以任何形式对外发布；因为国务院还没有审批，等审批后，国家发布了，各省才可以自己发布。其次，地区间各省普查办之间的数据要等审核批准之后才可以交换。大家要认真遵守。

第六，抓好关键环节，继续做好普查宣传。在发布普查公报等关键环节，要制定普查宣传报道主题，组织开展多种形式的专题宣传活动，广泛宣传第一次全国污染源普查所取得的重大成果，进一步提高全社会科学发展、环境保护的意识。

普查总结发布阶段的工作不仅关系普查工作的成败，也是2009年环保系统的重点工作，这一阶段的工作成效决定着能否留下宝贵的历史财富，决定着我们两三年辛苦汗水换来的成果能否得到正确充分的展示。虽然前面的工作已经有了坚实的基础，但如果我们不重视后期工作，技术报告编写不到位、工作总结没特色；或者数据分析错误、成果开发肤浅、展示平庸，凡此种种，必然导致整个普查工作功亏一篑。因此，对于今年的各项工作，各地必须高度重视，制定切实可行的计划，做好组织协调，落实工作经费，统筹安排、有序推进。要结合总结发布阶段工作，动员各方力量积极研究，要认真提炼、充分开发运用普查成果，探索“十二五”环保规划编制工作。

同志们，虽然前两个阶段的普查工作已经完成，但剩余的工作任务还很重，希望大家继续发扬连续作战、奋力拼搏、无私奉献的精神，再接再厉，做好最后一个阶段的工作，确保第一次全国污染源普查任务的圆满完成。

谢谢大家！

第一次全国污染源普查总体情况

——环境保护部副部长张力军在国务院新闻办公室新闻发布会上的讲话

2010 年 2 月 9 日

女士们、先生们、新闻界的朋友们：

大家上午好！

第一次全国污染源普查是一次重大的国情调查。两年多来，在国务院的统一领导和部署下，各地、各有关部门狠抓落实，密切配合，普查工作进展顺利，主要任务已基本完成。

今天召开新闻发布会的主要内容是：发布《第一次全国污染源普查公报》，公报和有关材料已经发给大家了，我在这儿就不全面重复了。下面，我就普查总体情况作一简要介绍。

此次普查标准时点为 2007 年 12 月 31 日，时期为 2007 年度。两年多来，全国共组织动员 57 万人，辛勤工作，克服时间紧、任务重、难度大、要求高等困难，先后开展了普查前期准备、普查试点、普查监测、宣传和培训、清查摸底、普查表格入户填报、数据录入、质量控制、数据审核和汇总分析、普查成果发布等工作，共调查工业源、农业源、生活源和集中式污染治理设施 4 大类普查对象 592.56 万个，获得各类污染源填报基本数据 11 亿个。

普查工作成果主要体现在以下四个方面：

一是查实了全国主要污染物排放总量。普查首次将农业源、县级政府所在地以外全部城镇的生活源以及垃圾处理厂的渗滤液等纳入调查范围，在科学制定污染物产排核算方法的基础上，更加客观真实地反映了各类污染源主要污染物排放情况。根据普查结果，2007 年全国主要污染物排放总量：废水中化学需氧量为 3 028.96 万吨（含农业源 1 324.09 万吨），氨氮为 172.91 万吨，重金属（镉、铬、砷、汞、铅）0.09 万吨，总磷为 42.32 万吨，总氮为 472.89 万吨；废气中二氧化硫为 2 320.00 万吨，氮氧化物为 1 797.70 万吨，烟尘为 1 166.64 万吨，工业粉尘为 764.68 万吨；工业固体废物为 4 914.87 万吨；工业危险废物 3.94 万吨。

二是摸清了污染源的流域、区域和行业特征以及治理情况。淮河、海河、辽河、太湖、滇池、巢湖等水污染防治重点流域接纳主要水污染物数量大，工业污染物排放主要集中在少数行业和局部地区，污染结构性问题突出。经济较为发达、人口相对密集的地区工业源化学需氧量、氨氮、二氧化硫、氮氧化物等 4 项主要污染物排放量均位于全国前列；造纸、纺织等 8 个行业化学需氧量、氨氮排放量分别占工业排放总量的 83%和 73%，电力热力、非金属矿物制品等 6 个行业二氧化硫、氮氧化物排放量分别占工业排放总量的 89%和 93%。

机动车氮氧化物排放量占排放总量的 30%，对城市空气污染影响很大。本次普查还首次系统掌握了我国第三产业主要污染行业、污染源及其污染物排放情况。

三是掌握了农业源污染物排放状况。农业源污染物排放对水环境的影响较大，其化学需氧量排放量为 1 324.09 万吨，占化学需氧量排放总量的 43.7%。农业源也是总氮、总磷排放的主要来源，其排放量分别为 270.46 万吨和 28.47 万吨，分别占排放总量的 57.2%和 67.4%。要从根本上解决我国的水污染问题，必须把农业源污染防治纳入环境保护的重要议程。

四是强化了环境保护基础工作。建立了污染源信息数据库，将全国 592.56 万个普查对象与环境有关的基本数据录入普查信息数据库，并编制了统一的编号代码，可根据需求按行业、地区、指标等不同类型分组进行数据检索和查询，为管理和决策提供了重要依据；为改革现行环境统计调查体系，进一步完善主要污染物总量减排指标体系、监测体系和考核体系奠定了基础。同时，通过普查，提出了核定主要污染物产生和排放的系统方法，锻炼了环境保护队伍。

基本情况我就简单介绍到这里。谢谢！

科学调度　全力推进　圆满完成普查任务

——国家环保总局副局长周建在普查办年终总结会上的讲话

2008 年 1 月 11 日

第一次全国污染源普查工作办公室（以下简称“普查办”）2007 年的工作总结报告，从 12 个方面全面、具体地展现了这一个时期以来的工作，听了很令人振奋，很受鼓舞。普查办提出并实施的这些可操作性强的方案、措施，所取得的业绩，充分表明这个新组建的机构有统一意志，有敬业、奉献、向上、开拓的精神，有团结、振奋的工作状态。在新的领域，普查办的全体人员都做出了自己的业绩，不容易，不简单。再过 10 年、20 年，再回头看，会感觉到今天的努力是很有意义的，将会终身难忘。能够专门来从事这个伟大的事业，一定会留下永久的记忆。下面我谈谈关于进一步做好第一次全国污染源普查工作的几点想法。

一、对普查重大意义的认识要进一步深化，对工作取得的成绩应给予客观、充分的肯定

污染源普查工作是一项开创性、基础性、战略性的宏大工程。说开创性，因为这是中国环保历史上的第一次；说基础性，是因为环保工作非常需要比较真实、客观、准确的数据及其开发成果。1987 年，当时曲格平局长召开一个带有战略研讨性质的会议，提出要研究一批重大战略问题，其中一项就是要解决环境保护底数不清的问题。目前，环境保护已融入国家社会、经济、政治和文化建设及外交领域，环境保护进入历史性转变的战略机遇期。如何正确评价环境形势和参与综合决策，如何把握环境质量的宏观趋势，并采取相应的重大举措，如何落实“十一五”环保规划目标和谋划“十二五”环境战略政策等等，都离不开此次污染源普查的成果。抓好污染源普查工作显得非常重要。国务院、各省市、各部委非常重视，党中央、国务院领导同志给予关注，社会各方面也相当关切。所以说这次污染源普查是战略性工程，是国家行为，不是环保总局或普查办的行为。要搞好这一重大工程，有必要进一步统一思想，充分认识这次普查的现实及长远意义。

对前一阶段的工作要给予充分肯定，普查办的全体同志要有自信。领导班子是好的，普查办做了大量的卓有成效的工作，10 个月，取得了既扎扎实实也惊天动地的业绩，如报告中的这些数字，以及普查办的运行机制、规章制度及职责都非常明确等等。这些好的成绩、业绩的取得，归功于国务院及各部委的高度重视，归功于总局党组的领导和王玉庆

同志的亲自指挥，归功于同志们的勤奋工作和付出的心血、汗水。下阶段任务更加繁重，希望大家坚定信心、振奋精神、科学调度、全力推进，圆满完成这次普查任务，达到预期目标。

二、下一阶段应着重抓好的几项工作

污染源普查的组织机构要进一步健全，要做到全面覆盖。所有县市都要成立污染源普查的组织机构，不能有空白。到目前还没有成立的地区应予通报。

要进一步组织宣传、贯彻好《全国污染源普查条例》。普查办更要学习好、贯彻好、执行好《全国污染源普查条例》，要在严肃法纪上下功夫，求实效。

普查办要依据“第一次全国污染源普查方案”的要求指导、协调、督导各地的普查工作，注重节奏和效率，增强工作的计划性和协调性。

普查表式及各种规定、细则的实施要尊重科学，探索规律，确有必要时依法定程序予以校正和调整；普查试点、普查调查的全面展开都要与环境保护长远需求相衔接。

重点源监测不能一劳永逸，要重点开展进一步的实地监测。这也是一种核查手段，因此要统筹安排，突出重点，摸索经验，以点带面。

产排污系数是重中之重，是今后环境统计的基础，要经得起实践检验。一定要借鉴国外的成功经验，不断深化对产排污系数的认识，不断拓展、延续产排污系数的研究测算工作，对一些好的建议可立专项予以支持。

普查试点情况要做好总结工作，要上报具体材料。内容要丰富、准确；具体怎么操作的，数据来源及途径的可靠性，数据的采集和归档等；要综合评估、客观分析数据准确性，尽量排除人为干扰。对重点试点城市，要集中人力下去验收，验收的过程也是核查的过程。

要做出 2008 年、2009 年经费预算。对于特殊的贫困县，应考虑列个名单，向国务院主管部门申请紧急补助，不能有经费缺口。

继续深化业务培训，对中西部和一些重点地区的培训可追加几期。要利用普查工作的推进培训出一批干部、一批骨干。

要筹划好普查办最近要进行的几项工作：一是做好国务院电视电话会议的准备工作；二是组织好随后的领导小组办公室会议或协调小组会议；三是开好全国的污染源普查办公室主任会议；四是搞好全国巡视督导，到实地调研，指导、推动、检查各地工作。

关于解决普查办提出的其他问题：由总局考虑的问题，普查办可列出具体内容上报；福利待遇等具体问题能自己解决的，普查办尽量、尽快解决；党、团组织生活要正常进行。总之，具体问题具体处理，把握原则，注重实际。

三、求真务实、统筹协调、完善机制，切实保证普查质量

一是充分认识普查工作的复杂性、敏感性。工作中遇到的矛盾和困难不会少，有些还是非常敏感的，不要掉以轻心，要做好准备。对于普查办的要求就是 4 个字：“求真务实”。同志们的任务是保证数据可靠，这也是《全国污染源普查条例》确定的原则。

二是精心组织，统筹协调。这是普查办的责任，要协调各部门，尊重各部门意见；协调好地方各部门的关系，该通报就通报，有困难应帮助解决；协调好总局内部的关系，

一定把方方面面力量有机地整合起来，发挥各方面的积极性，体现综合资源效用，形成整体合力。

三是强化手段，完善机制。要充分运用各种手段予以调控。重点是督导部署、检查进度、核实数据。关键是保证质量。关于进度安排要统筹考虑。总之一定要实事求是，切实保证普查质量。

四是要谋划好普查数据成果的再开发利用。要高度重视此项工作，充分认识成果开发及应用的重要性。在整个普查过程中都要贯穿成果开发这项内容。这对于环境保护事业发展规律的摸索，对于环境政策、规划、科研等各方面工作的深化都具有重大的实践意义。普查工作本身也要出成果、出人才、出业绩。

举全局之力，推动污染源普查全面普查阶段工作深入开展

——国家环保总局副局长周建在第一次全国污染源普查全面普查阶段工作会议上的讲话

2008年2月26日

同志们：

第一次全国污染源普查经过2007年近一年的精心准备，目前已进入了全面普查阶段。全面普查阶段是整个污染源普查的核心阶段，时间紧、任务重、影响深远，关乎普查工作的最终进度和效果。总局决定召开这次工作会议，就是要认真总结普查准备阶段的工作，进一步明确全面普查阶段的目标和任务，具体部署普查表填报、数据审核、录入工作，以确保圆满完成全面普查阶段的工作。

下面，我讲三个方面的意见。

一、普查准备阶段工作的情况

第一次全国污染源普查准备阶段工作，从2007年1月开始到2007年12月底结束。在国务院的正确领导下，在国务院第一次全国污染源普查领导小组及办公室的精心组织、各成员单位通力协作和全国各级污染源普查机构的共同努力下，目前，污染源普查的各项准备工作基本就绪。国务院先后下发了《全国污染源普查条例》（国务院第508号令）、《国务院关于开展第一次全国污染源普查的通知》（国发[2006]36 号）、《第一次全国污染源普查方案》（国办发[2007]37号）3个文件，并于2008年1月4日召开了全国污染源普查电视电话会议，对普查工作进行了动员部署。国家普查办下发了近 40 个文件或通知，制定了 9 个普查技术规定及 4 项工作细则，编制了 67 张普查表式及指标解释；组织开发了与之配套的数据处理软件；国家财政安排了 7.37 亿元的普查经费；组织完成了普查试点工作，开展了业务培训，制作了宣传手册和宣传招贴画、公益广告。目前，涉及 32 个行业，351 个小类，共23 000余个工业污染源产排污系数已编制完成，即正式印发；农业源、生活源的产排污系数也在按计划制订。可以说，国家有关污染源普查法律、制度和技术文件的准备已全部就绪。

各省（自治区、直辖市）对污染源普查工作高度重视，按照国家统一部署，结合自身实际积极开展有关准备工作，基本完成了普查机构组建，落实了普查经费，组织了普查员和普查指导员选聘及培训，开展了工业重点污染源和伴生放射性污染源监测、普查宣传和单位入户清查等工作，为全面普查阶段工作开展奠定了基础。

2008 年 1 月 10 日至 25 日，全国污染源普查工作办公室联络中宣部、建设部、农业部、环保总局、工商总局、国家统计局等部门组成 10 个质量核查组，赴全国 30 个省（自治区、直辖市）和新疆生产建设兵团对各地 2007 年污染源普查准备阶段的工作质量进行了核查，西藏自治区开展了自查。这次质量核查时间上提前到各省市质量核查之前，就是要起到及时发现问题，推动工作，指导地方的作用。针对质量核查发现的问题，"国务院普查办"发出了通报，并下发了《关于加快完成第一次全国污染源普查准备阶段工作的通知》，提出了进一步的整改要求。目前，全国 24 个省（自治区、直辖市）已基本完成准备阶段工作，其中，北京、河北、江苏、浙江、福建、湖南、重庆、云南和宁夏等 9 地质量较高；其他地区的普查准备阶段工作也均在收尾中。具体情况为：

（一）健全机构，加强领导

各地政府对污染源普查高度重视，全国 31 个省（自治区、直辖市）和新疆生产建设兵团，均成立了省级普查领导小组及工作办公室。有 28 个省（自治区、直辖市）的所有市、县两级政府也均成立了由政府主管领导担任组长的污染源普查领导小组，并组建了专门的工作机构。其中 16 个省（自治区、直辖市）上报了地方各级普查办工作人员的数量，约有专、兼职工作人员 18 377 人。全职的工作机构、得力的工作班子为污染源普查的顺利开展奠定了组织基础。

（二）筹措经费，保障工作

经费是普查工作正常开展的重要保障，各地在 2007 年度经费预算没有列支的情况下，普遍采取了垫支、预支等方法，多方筹措准备工作经费。截至 2007 年底，全国有 24 个省（自治区、直辖市）已落实 2007 年度普查经费约 4.78 亿元。各省级普查办编制 2008 年度省级经费预算共 13.2 亿元，各地经费目前尚在落实中。

（三）加强宣传，形成氛围

各省（自治区、直辖市）利用媒体报刊播（刊）发普查宣传公益广告，开设污染源普查专题网页，设立普查宣传栏、张贴宣传画、宣传标语和海报、悬挂横幅等形式，积极开展污染源普查宣传工作。不少地方还结合各自特点开展了丰富的宣传活动，如设立大型广告牌，利用手机短信发送普查知识信息，开展知识竞赛、有奖竞答等，初步形成了全社会关心、支持污染源普查的工作氛围。

（四）重点源和伴生放射性污染源的监测工作基本完成

各地按照污染源普查监测工作电视电话会议精神和《工业污染源及集中式污染治理设施普查监测技术规定》、《伴生放射性污染源普查监测技术规定》的要求，及时安排部署重点污染源和伴生放射性污染源的监测。目前，全国有 25 个省（自治区、直辖市）基本完成了对国控重点源的监测任务，为污染源普查的开展奠定了技术基础。

（五）普查员选聘和培训工作基本完成

普查员和普查指导员选聘质量是普查工作的生命，也是准备阶段工作的重点。各省（自治区、直辖市）按照《第一次全国污染源普查普查员和普查指导员工作细则》的要求，基本完成了普查员和普查指导员选调工作，已上报统计数据的 29 个地区普查员和普查指导员总人数为 401 834 人。全国有 31 个省（自治区、直辖市）已开展了省级普查员和普查指导员培训工作。

（六）单位清查工作全面展开

单位清查是普查工作的基础，也是准备阶段的基本环节。全国有 25 个省（自治区、直辖市）基本完成了单位入户清查工作，12 个省上报了确定的各类普查对象的数量 362.242 0 万家（其中：工业源 110.426 7 万家、生活源 80.658 1 万家、农业源 155.519 7 万家、集中式污染治理设施 2 070 家；河北省只有总数没有分类）；山西、河南、湖北、广东、广西、西藏、青海等 7 地正在进行单位入户清查工作。

近一年来，地方各级政府和污染源普查机构在准备阶段工作中，求真务实，克服困难，勇于实践，积极探索，在推动各项工作有序进行的同时，摸索积累了很多宝贵经验。这些经验，既是普查准备阶段工作的成功总结，也是下一步全面普查阶段顺利开展的宝贵财富。

首先，领导重视是普查工作顺利进行的关键。如北京市及各区县政府对污染源普查工作非常重视，主管副市长亲自过问普查工作，一同研究制定北京市的普查工作方案，并高度关注普查进展；西城区污染源普查领导小组组成单位多达 27 个，顾及到了方方面面；朝阳区所有的领导小组成员均由各成员单位的一把手组成。云南省的主管副省长及相关部门负责人亲自检查普查工作，走访普查对象，看望普查工作人员。全国还有不少地区把普查工作列入了政府目标责任制中，强化了普查工作的组织保障和领导，有力地推动了普查工作按步骤开展，具体情况已反映到已下发各地的核查情况通报中。

其次，普查经费及时落实到位是普查工作开展的物质保障。核查发现，普查工作进展较快的地区，大多是普查经费到位及时的地区。如重庆市财政已先期拨付启动经费 907 万元，各区县财政也已拨付 2007 年普查经费或安排了启动经费共计约 1 758 万元，正是由于有了充足的普查资金，重庆市在普查各方面的工作质量较高，进度才有了保证；湖南省各级已到位的普查经费达 9 456.44 万元，为普查提供了强有力的财政支持。

第三，宣传工作得力是普查工作有效推进的基础。本次普查涉及面广，范围大。因此搞好宣传工作，使群众了解普查，支持普查，有利于普查的高效推进，如：浙江省 2007 年 12 月 30 日在杭州市武林广场，举行“同在蓝天下——浙江省暨杭州市第一次污染源普查启动仪式”，全面吹响了浙江省第一次全国污染源普查的号角，省、市普查领导小组成员单位的 7 位厅局长、杭州市副市长、浙江日报、浙江卫视、浙江在线等 13 家主要新闻媒体、社区普查人员、普查对象代表和社会各界人士参加了这次启动仪式。福建省厦门市的宣传工作成绩突出，宣传攻势铺天盖地，因此厦门市的普查工作也顺利开展。这次会议，我们安排了一些地区的典型发言，介绍他们各自工作的经验。厦门市也在其中，这里我就不展开说了。

第四，有一个得力的、全职的工作班子，抓好基础工作是普查工作扎实有效开展的根本。普查工作是一项阶段性工作，又是涉及长远的基础性工作，需要有得力、全职的工作班子集中精力抓，才能有序有效地开展。前一段工作凡是做得好的，都是领导重视、工作班子比较得力的。同时普查的各个阶段是一个循序渐进的过程，环环相扣。前一个阶段的基础工作，主要是建立规章制度、落实质量控制责任制、加强普查人员管理，开展全面清查等工作。这些环节的工作做得深入扎实，质量过关，后一个阶段的工作才能顺利有序地持续下去。如上海市长宁区结合实际制定了普查员工作和责任制度，建立每周一次的清查信息沟通例会，对清查工作实行四级审核制度和审核把关的交接记录制度。由于制度完善和管理的到位，该区的清查质量才得以保证。重庆市在 2008 年 1 月国家核查之前，开展了辖区内各区县普查机构及人员、普查员培训、质量控制、普查宣传、档案管理、普查经费落实和入户清查等 7 个方面的质量核查，工作力度大，使普查准备阶段的工作质量更有保障。

同时，通过质量核查也发现一些不容忽视的问题。一是个别地区对普查工作不重视、认识不到位，把污染源普查当作是“揭伤疤”行为，导致整体进度缓慢；二是部门间沟通协作不够，个别地方普查机构与其他成员单位尚未形成默契，缺乏沟通，环保部门只是摸着石头过河，影响工作进度和质量；三是普查经费落实难，缺乏基本的物质条件，导致工作质量不佳或是进度缓慢；四是单位入户清查质量较低，个别地区存在单位漏查、错查，甚至不查的现象；五是质量控制机制不健全，缺乏有效监管，导致工作发生错误。这些问题需要各地各级普查机构在今后的工作中采取更为有力的措施，尽快解决，以免影响普查的整体进度和质量。

二、进一步明确全面普查阶段的目标和任务

《全国污染源普查条例》和《第一次全国污染源普查方案》中明确指出：污染源数据是重要的基础环境数据。开展污染源普查是为了了解各类企事业单位与环境有关的基本信息，掌握各类污染源主要污染物的产生、排放和处理情况，建立健全重点污染源档案、污染源信息数据库和环境统计平台，为制定经济社会发展和环境保护政策、规划提供依据，因此污染源普查是一次开创性、基础性、战略性的宏大工程。全面普查阶段是普查整个过程中最重要的一个环节，这一阶段的工作目标是：全面贯彻《全国污染源普查条例》和《第一次全国污染源普查方案》，落实 2008 年全国环保厅局长会议精神，全面开展污染源入户调查，完成普查数据审核，确保数据质量，完成数据录入、上报工作，建立污染源档案，为全面完成污染源普查工作奠定坚实的基础。

如果把污染源普查工作比喻成一场战役的话，全面普查阶段就是一个主体战役、攻坚战役和决定战役，这个阶段任务最重，质量要求高，压力也最大。要完成以上复杂而艰巨的任务，必须充分认识普查工作的复杂性和敏感性，对这一阶段的工作实行统筹安排，分步推进。今年上半年，是全面普查阶段的重点时期，这阶段重点抓好以下几个关键步骤。

（一）全面发放普查表，指导普查对象准确填报

各地要利用这次会议后的一段时间，对普查员与普查指导员进行集中动员，做好入户调查的一切准备工作。2008 年 3 月 10 日之前，将普查表按照入户清查后确定的普查对象名单，分类发放到每个普查对象，做到不错、不漏。在发放普查表时，若发现遗漏或分类错误的排污单位，要及时更正普查对象名录，并补发或换发相应的普查表。

要组织广大普查员在发放普查表的过程中，向普查对象进一步宣传普查的重要意义，讲清普查工作要求，阐明对普查数据使用的政策规定，明确纪律义务，增强普查对象如实、准确填报的自觉性。要指导、协助普查对象正确填报普查表，力争 2008 年 4 月底前完成普查对象填报工作。

（二）采取多种形式，加强普查表的审核把关

基层的全面普查工作（县级）要在2008年4月30日之前，完成本地区普查数据的审核工作。审核工作要按照《数据审核技术规定》的要求进行。全国污染源普查数据审核实行五级审核制度，即普查对象内部审核、普查员审核、普查指导员审核、普查机构会审和抽查审核，确保数据的可靠性。这里要特别强调的是普查员和普查指导员的审核要入门入户，要对照普查表实地查看企业普查数据出处的原始资料和生产工艺及处理设备，确保填报的数据可靠、有出处。要充分发挥环境监察、监测、科研、管理等部门人员的职能作用，开展会审。普查机构应按《第一次全国污染源普查表指标解释与填报规定》对普查表的每一个调查项目以及每一个指标和代码进行详细审查，保证填写内容有根有据，无逻辑性和技术性差错，对有问题的普查表要提出审核意见，返回填报单位进行核实，核实后如有修改要重新上报。

（三）依法履行程序，落实普查责任

普查对象的负责人对填报数据负责，填报人员、审核人及负责人要对本单位填报的普查数据信息进行审核把关后，逐一签章；普查对象与普查员、普查员与普查机构之间普查表的交接要做好交接记录，逐一签名认可。

普查数据经过审核，需要更改普查数据，如普查对象对核实的情况拒绝更正，普查机构要将核定的污染物产、排污量另行填写污染物产、排污量普查表，并与普查对象填报的普查表一同录入上报，并做出说明。

对于部分小型普查对象，如部分第三产业的个体工商户填报普查表有困难的，可由普查员经询问了解情况后，协助填报，但要经普查对象认可。

（四）集中人力物力，完成数据录入及原始数据上报（初报）

基层污染源普查机构（县级）要在2008年5月31日之前，集中人力、物力完成数据录入并将原始数据同时报送全国污染源普查工作办公室和上级污染源普查机构。在数据录入工作正式开始前，要加强对数据录入人员的培训，保证所有录入人员培训合格，持证上岗。

数据录入时，一定要进行计算机审核操作；对于计算机审核出的提示信息须查明原因，进行校正或上报时附加说明。如为填表错误，则需进一步核实，更正普查表，重新录入。

（五）积极开展普查数据汇总、验收数据上报工作（终报）

各省对各地上报普查数据审核确认后，要在2008年7月31日之前完成对普查数据的汇总工作，并将汇总结果和基层数据一并报送全国污染源普查工作办公室。

三、全面普查阶段工作的几点要求

（一）进一步强化领导，加强协调，使全面普查工作切实落到实处

全面普查阶段是整个污染源普查工作的重中之重，各级环保部门的领导，特别是一把手，要进一步加强领导，深入实际，切实解决关键问题。要把普查作为环境保护目标考核的重要内容，采取更加有力的协调措施，将普查经费落实到位。要加强各部门间的相互协调，使全面普查阶段工作有序高效地推进。要做到“三同步”，即做到各地进度与国家要求同步，工业源、农业源、生活源和集中式污染治理设施普查的进度同步，宣传

工作与普查工作同步。完善各级普查工作调度制度，设立每半月各省上报一次工作进展情况的制度，及时掌握各地普查工作的进展，做到心中有数。加强层层推动，对工作进展快、质量高的地区，要予以表扬，典型引路；对工作不力，进展缓慢，质量控制不严的地区要通报批评。

（二）集中精力，密切配合，举全局之力做好全面普查阶段工作

周生贤局长在 2008 年全国环保厅局长会议上指出：当前，要集中力量搞好污染源普查。“2～4 月份是污染源普查的数据采集期，成败在此一举，地方各级环保部门要把污染源普查作为阶段性的中心工作，一把手亲自抓，分管领导具体抓，集中力量完成入户调查任务。”各地环保机构要举全局之力，在各级污染源普查领导小组办公室的统一组织和监督下，各地环保部门要加强组织协调，计财、监察、监测、宣传、污管和审批等部门要集中力量，密切配合为普查工作提供人力、物力和财力上的支持，打好全面普查的攻坚战。

（三）进一步加大普查宣传力度

经过 2007 年地方各级对普查工作的宣传，使污染源普查在社会上有了一定的认知度。全面普查阶段，要进一步加大普查的宣传力度，要在一段时间里对普查工作进行集中报道，务必使广大普查对象深入了解普查的目的和意义，以取得普查对象更多的理解与支持，从而保证普查数据的真实。

（四）加强普查员队伍的管理与监督，确保普查工作顺利推进

普查员作为污染源普查的具体承担者和宣传者，他们在普查工作中连结着千家万户，同时也代表着政府的形象。普查员队伍具有临时性、松散性、关联性、独立性和务实性，因此要通过为其制定详尽的工作计划，建立出勤制度、业务学习制度、工作情况报告制度、工作目标管理制度、普查证件使用制度和考核奖惩制度等，规范其工作行为；并关心和帮助解决工作与生活中的实际困难，保持普查员队伍的稳定，从而使他们高质量、高效率地完成普查任务。

（五）做好质量控制工作，保证普查数据的准确

2008 年 1 月份核查期间发现的一些问题，应当说如果各地能加强质量控制，这些错误还是可以避免的。全面普查阶段工作任务更繁重，各地应逐级组织质量核查，加强对普查的质量控制，建立质量控制岗位责任制，层层把关，避免普查工作中出现遗漏和错误，保证普查数据的准确性和真实性。要加强督查督办，“国务院普查办”将对各省全面普查阶段的工作质量进行核查，各省、各市也要对普查工作层层开展工作质量核查。要坚持质量核查制度，各省、各市对区县全面普查阶段工作质量核查要按照国家下发的《质量核查工作细则》要求，确保抽样数量和覆盖面，重点是进行入户现场核查，主要查阅普查对象的原材料消耗记录、原辅材料凭证、生产记录、污染物排放监测记录以及其他与污染物产生与排放有关的原始资料。对于抽查合格率达不到要求的，依法责令其重新填报（普查）。“国务院普查办”将于 2008 年 5 月对各地进行普查表填报和数据审核工作质量的核查，2008 年 7 月进行普查数据录入工作质量的核查。

（六）严肃查处普查中出现的弄虚作假行为

全面普查阶段的工作涉及面广，数据量大，数据的真实性至关重要。在国家普查办 2007 年年终总结会上，我曾经提到过，对于普查我们要本着“求真务实”的四字方针，

我们的任务就有保证数据可靠真实。要做到这一点，首要的问题是绝不允许弄虚作假。弄虚作假行为不仅是对普查真实性的严重干扰，也是一种严重的违法行为，必须采取切实措施，加以预防，要严格执行不挂钩的政策。（条例第 35 条规定：污染源普查取得的单个普查对象的资料严格限定用于污染源普查目的，不得作为考核普查对象是否完成污染物总量削减计划的依据，不得作为依照其他法律、行政法规对普查对象实施行政处罚和征收排污费的依据。）

在全面普查工作展开之后，国家将组织各种形式的抽查，不仅要对普查数据的准确性进行比对检查，更要加强对弄虚作假行为的查处，一旦发现弄虚作假行为的，要抓住典型，举行新闻发布，利用各类媒体进行曝光，予以通报，并落实查处情况。“国务院普查办”已经设立了举报电话和举报信箱，电话是 010-84665110、010-84665176。地方各级普查机构也要设立举报电话，并向社会公布。加强对本地普查工作质量的监督，各地查处的典型案件，要及时上报国家普查办。

同志们，第一次全国污染源普查已进入关键的决战阶段，让我们以对国家和人民高度负责的态度，恪尽职守，知难而进，团结协作，求真务实，以我们的实际行动圆满完成第一次全国污染源普查的任务，为落实科学发展观，构建环境友好型社会做出应有的贡献！

环保部周建副部长在国务院第一次全国污染源普查领导小组办公室第三次会议上的讲话

2008 年 5 月 26 日

同志们：

大家下午好。

欢迎领导小组各成员单位的代表来环保部参加此次会议。我代表环保部对普查工作提几点建议，表述一下环保部的态度。

当前，抗震救灾是全党、全军和全国各族人民的头等大事，正处于最紧迫、最关键的阶段。任务艰巨，形势也非常严峻；抢治伤员、防范灾害及灾后重建工作，具有持久性和长期性，也加大了抗震救灾的难度。全国上下都在努力，环保部和全国环保系统也在全力以赴。目前，我们已完成了 1.2 万个企业的污染源隐患排查工作。当前的核与辐射安全，饮水安全，危废、医废与土壤污染，以及灾后风险评估及环境规划等一系列环境问题是当前及今后一段时间内环保系统工作的重点，是第一位的任务，环保系统面临很大压力。灾区环保部门的损失非常严重，伤亡了一些同志，环境监测能力（监测仪器、装备、车辆、房屋）也几乎毁于一旦。

做好日常工作就是支援抗震救灾，就是支援灾区人民。污染源普查是国务院布置的任务，作为领导小组成员单位，大家都有履行职责、完成普查任务的责任，都要以实际行动履行职责来支持灾区重建，这也是抗震救灾工作的组成部分。污染源普查关系国家长远利益，关系到国家经济建设以及社会稳定发展的大局。大家一定要统一认识，这也是贯彻、落实党中央、国务院的要求，抗震救灾和日常工作都要推向前进，以保证经济持续繁荣、社会持续稳定、国家长治久安，这也是灾区人民对我们的期待。

根据刚才汇报，普查总体进展比较好，符合国家计划进度要求。在各成员部门的共同努力下，各项工作得到了落实。发改委统筹协调，财政部提供资金保障，农业部承担的普查任务非常重要、很艰巨，部队的普查进展总体顺利，其他各有关单位对普查工作也都非常重视，进展态势总体良好。特别是“普查办”的工作很出色，工作人员夜以继日，指导、组织全国 70 万人的普查队伍进行全面、细致、艰苦的工作。基层普查机构和一线普查员更是付出了艰辛的努力。在目前这个攻坚阶段，我们更要持之以恒，不能前功尽弃，要做到有始有终。

在此，我代表环保部表个态，环保部作为领导小组成员部门之一，必将全力支持普查办的工作，履行职责和义务，搞好此次普查。周生贤部长也多次指出要举全局之力搞好普查，全国环保系统按照这个要求也进行了多次动员。这是个基本的态度。

刚才，大家对“普查办”提请审议的几个文件提出了很多建设性的意见，也对当前的普查工作进展提出了一些好的建议，会后，建议请普查办认真梳理，对审议文件做进一步的修改、完善，对成员单位提出的工作建议认真考虑。

我也在这里对当前的普查工作提几点建议：

1．继续加强工作调度，抓紧抓好现场调查和普查表的填报工作，均衡进度，重点推进。

抓好现场调查和普查表的填报，是普查工作的关键。要注意工作调度，及时发现问题，及时协调解决、要均衡进度、重点推进，这不只是环保部的事，各有关成员单位都有这个职责。要结合抗震救灾、污染源隐患排查，强化基层工作，强化基础工作，做好日常工作。我认为这也是抗震救灾工作的组成部分。灾后重建也好，救灾期间对污染事故的防范也好，保证灾区人民生命和财产安全也好，污染源普查工作都可以结合进去，这不是一个孤立的事情。对国务院领导小组其他成员单位而言，也可结合自身管理工作来强化污染源普查工作。基础工作不扎实，基本情况不清楚，就容易出现形式主义，搞表面文章，难以解决实际问题。因此抓好现场调查和保证普查表填报数据的准确是当前工作的关键。当然也要把握好普查的进展，要均衡进度，重点推进。无论是工业源、农业源、生活源，还是部队的特种源，都有全面推进、突出重点的问题，都要把握好。建议“普查办”加紧协调。

2．建议加强技术指导和质量控制，及时协调解决基层普查工作遇到的实际困难。

“普查办”一定要加强协调指导、质量控制的监管，一定要注重过程、注重细节、注重关键环节。

“加强协调”有 3 个含义：一是要协调解决基层普查工作中遇到的实际困难；二是要加强技术指导协调，这项工作的专业性、综合性、技术性都非常强；三是要加强质量控制协调，质量第一，真实性、准确性第一，要层层落实数据质量控制责任制。解决了困难，就会得到实际效果，加强了质量控制，就能保证责任制的落实。不断加强技术指导，才能真正保证获取数据的可靠、完整、准确和真实。

3．建议各成员单位的分管部长、领导小组办公室成员参加核查。

核查是必要的，是一个非常关键的环节，也是代表领导小组前去督导。环保部将认真参加此次核查，我建议，各成员单位同志会后向各自分管部长报告一下，请他们结合本部门的工作最好到某两个省看一看，哪怕用半天时间，到现场听听地方上普查工作的汇报，可以结合自己本部门的工作，处理一下自己单位的事情。司局长一定要带队。我们都是领导小组成员单位，这是国务院布置的工作，不是环保部一家的事情。你们司局长不一定要参加核查的全过程。当然此次核查还有督导的任务，是代表领导小组前去督导。我认为，现在各部门的任何工作都不能与抗震救灾割裂开来。请你们向各自部长汇报，尽可能参加核查。组织好核查，是提高数据质量、加强全国动员和推进的一个重要环节，也是为最终数据能做到完整性、真实性、准确性把好关。此次核查完毕后，领导小组还要认真研究如何向国务院报送数据和向社会公开数据的问题，要将政府意志、专家能力与技术方法结合起来。

当然，此次核查的目的要非常明确，核查方法要非常清晰，核查结果要非常准确，这是核查效果能否真正达到的关键、前提和基础。我也赞成大家的意见，此次核查要以技术层面为主。

4．建议领导小组办公室加强协调，充分发挥各部门优势和专长，共同推进普查工作。

普查工作本身要和各部门工作密切结合起来，相互融合，共同协调推进。比如，统计局进行过多次人口、经济普查，具有丰富的普查工作经验与技术专长，在核查、数据汇总与综合分析等方面可提供宝贵的经验和技术支持；公安部掌管全国的机动车权威信息，也能在机动车污染源普查及数据审核方面发挥优势；农业部是普查的一支重要力量，工作很出色，农业部也掌握大量的专业人力资源，在数据核查等阶段也可继续提供技术和人力支持；发改委也可以结合当前的节能普查多提指导意见和支持。请各部门多给予指导和支持，形成合力，全面贯彻国务院的既定部署。

5．建议地震重灾区的污染源普查、核查工作延期进行。重灾区的工厂大部夷为平地，普查工作该延期就要延期。当前抗震救灾、灾区重建、社会稳定是第一位的，重灾区要有特殊性。建议普查办提出具体建议向国务院请示，然后发个文告。

6．关于经费问题，建议各成员部门继续加强协调，共同解决，尽可能地为基层地区、农垦系统，特别是贫困地区协调解决普查经费问题。

再次感谢大家对环保工作的支持。

国家环保总局李干杰副局长在第一次全国污染源普查监测及有关工作视频会议上的总结讲话

2007年2月14日

同志们：

刚才陈斌同志通报了第一次全国污染源普查工作的进展，并就抓紧开展污染源普查监测工作进行了部署。玉庆同志围绕贯彻国务院《关于开展第一次全国污染源普查的通知》（以下简称《通知》）要求，就开展污染源普查监测进行了全面动员。他们俩讲得都非常好，非常到位。道理讲得清清楚楚，工作要求部署非常明确。大家一定要领会好、把握好、落实好。

目前，国家污染源普查工作机构已组建完成，前期各项准备正有序展开，国务院第一次全国污染源普查领导小组办公室召开了第一次会议，讨论了普查方案纲要等文件；召开了专家论证会；普查经费预算也正在与财政部协商落实。根据国务院《通知》要求，普查的标准时点是2007年12月31日。要在2007年完成普查的前期准备和试点工作，现在看来，只有不到一年的时间，时间非常紧迫。为了把污染源普查这项环境保护基础性、战略性工作做好，我就环保部门如何贯彻国务院《通知》，做好污染源普查工作，强调三点要求。

一、认真学习文件，统一思想认识

各地环保部门要进一步认真、深入学习国务院《通知》等文件，深刻体会和充分认识这项工作的极端重要性和紧迫性、极为重大的现实意义，以及这项工作的基本特性。污染源普查是掌握环境基本状况和信息的基本手段，是制定环境决策、加强环境监管、提高管理水平的重要支撑，是做好未来环境保护工作的基础和关键。同时，污染源普查作为一项重要的基本国情调查，牵涉到大量的社会动员工作，涉及范围广、参与部门多、技术要求高、工作难度大。各地务必按照“全国统一领导、部门分工协作、地方分级负责、各方共同参与”的原则，增强做好污染源普查工作的责任感、使命感和紧迫感，把思想和行动统一到国务院和总局的要求上来。会后，各地要抓紧召开有关会议，进一步学习领会和传达会议精神，切实做好各项准备和实施工作。

二、根据动员部署，迅速行动起来

时不我待，机不可失。各地要按照国务院和总局的要求，迅即成立污染源普查领导机构和办事机构，并配备业务精通、作风过硬、组织协调能力强的干部。环保部门作为污染源普查工作的牵头部门，工作要积极主动，多向有关政府领导汇报情况；多与有关业务部门协调；多与财政部门沟通，落实地方普查所需经费，以推动地方污染源普查各项工作。同时，要精心组织，周密部署，确保普查监测和前期各项准备工作顺利实施。当前，尤其是要结合国家监测技术方案，迅速组织有关监测队伍，立即开展相关监测工作。

三、纳入工作重点，按时高质完成

各地要切实将此项工作列为未来三年的环保工作重点，做到领导重视，措施得力，从人、财、物上提供强力支持。另外，污染源普查涉及面广，技术性强，不同于其他普查工作，且工作时间紧、任务重、要求高，一定要做到安排细致、论证深入、培训系统，要让大家很好地掌握技术方法和实施步骤，并按要求开展工作。另外，一定要实事求是、科学客观。只有如此，才能确保这项事关重大的战略性、基础性工作按时高质完成。

我相信，在国务院的正确领导下，有全国环保系统广大干部职工的努力工作，有相关部门的密切配合，我们一定能够克服种种困难，顺利完成这次普查任务，向党中央和国务院交一份满意的答卷！

最后，我代表总局向参加污染源普查工作的同志们，向全国环保系统广大干部职工，致以诚挚的问候，衷心祝大家新春佳节愉快！身体健康！家庭幸福！万事如意！

“国务院普查办”①王玉庆主任在第一次全国污染源普查监测及有关工作视频会议上的动员讲话

2007 年 2 月 14 日

同志们，早上好！

首先欢迎并感谢同志们参加第一次全国污染源普查监测及有关工作会议，这是为全国污染源普查召开的第一个环保系统全国性会议。考虑到春节前大家工作都比较繁忙，交通不便，我们采用了视频会议的形式。下面，我讲五点意见。

一、要充分认识第一次全国污染源普查工作的重要意义，高度重视这项工作

过去的一年，对从事环保工作的同志们来说，是不平凡的一年。国务院发布了《关于落实科学发展观加强环境保护的决定》，召开了第六次全国环境保护大会，家宝总理到会发表了重要讲话。各省也先后召开了环保大会，并推出了相应的加强环境保护的决定。全国人大通过的《国民经济与社会发展第十一个五年规划纲要》，确定了主要污染物排放总量五年减少 10%的约束性指标。环境保护工作进入了历史性转变的新时段，工作的形势大好，任务极其艰巨，挑战更加严峻。在这样的形势下，我们迫切地感到环保基础工作薄弱，跟不上形势，已经严重影响环保事业的发展，其中比较突出地表现在环境统计和监测上。各类统计监测数据基础不牢，时效性不强，质量不高，难以及时说清污染物排放的总量、削减的总量，无法满足主要污染物排放总量削减 10%需要的各种数据支撑。经过较长时间的酝酿，国务院于 2006 年 10 月 12 日下发了《关于开展第一次全国污染源普查的通知》，即国发[2006]36 号文，决定于 2008 年初开展第一次全国污染源普查。这个文件有鲜明的时代背景和重大的现实意义。党中央、国务院高度重视，为此专门设立了以曾培炎副总理为组长的普查领导小组。

我们需要一起学习一下这个文件。国务院通知明确指出，全国污染源普查是一项重大的国情调查，是全面掌握我国环境状况的重要手段。搞好污染源普查，准确了解污染物的排放情况，有利于正确地判断环境形势，科学制定环境保护政策和规划；有利于有效实施主要污染物排放总量控制计划，切实改善环境质量；有利于提高环境监管和执法水平，保障国家环境安全；有利于加强和改善宏观调控，促进经济结构调整，推进资源节约型、环

① “国务院普查办”即“国务院第一次全国污染源普查领导小组办公室”的简称，以下同。

境友好型社会建设。

国务院通知是今后几年指导我们开展污染源普查工作的纲领性文件，文件中明确提出了本次污染源普查的目的、意义，以及普查的对象和内容。这既是一项重大的国情调查，也是环保领域一项全局性、战略性、基础性的工作。生贤局长在今年1月的厅局长会上，对环保部门开展普查工作做了部署，提出了明确的要求。他说，全国污染源普查、环境宏观战略研究、水专项，关系到环境保护的长远发展，是我国环境保护史无前例的三大基础性、战略性宏大工程，一定要认真筹划，周密部署，切实抓紧抓好。要做好第一次全国污染源普查的各项准备工作，广泛动员宣传，完善普查方案，全面开展监测，启动试点示范，组织开展培训，为2008年全面普查奠定基础。大家要认真领会国务院通知的精神，按照生贤同志的批示：此事要整体设计、分步实施、精心安排、务求圆满，做好这次全国污染源普查工作。

为使普查工作尽快落到实处，2007年1月29日，环保总局正式组建了“全国污染源普查工作办公室”，作为国务院第一次全国污染源普查领导小组及其办公室的工作机构，具体负责普查工作。由陈斌同志任办公室主任，办公室25人组成，设4个工作组，分别为综合协调组、监测与技术组、现场调查组和数据处理组。目前，办公室的人员基本到位并正常开展工作。已召开了由9部门同志参加的普查领导小组办公室第一次会议，为全国污染源普查开了个好头。

二、要充分认识到污染源普查监测工作的重要意义，统一思想，明确任务

监测工作是获取第一手污染源排放信息的主要方式和手段，是我们搞好这次污染源普查的重要基础性工作，也是环境普查不同于经济普查、人口普查的特点所在。我们这次确定的普查技术路线，即是对重点污染源采取现场监测与企业物料衡称及排污系数计算相结合的方式进行。搞好全国污染源普查的监测工作，准确地了解污染物的排放情况，可以为我们普查工作提供良好的数据保障，确保明年普查数据收集工作的顺利开展。通过监测，可以从一个方面查清全国重点污染源排放污染物的基本情况，弥补单纯环境统计的缺陷，校正统计数据的误差。这是普查工作的第一步，既是全面调查的重要前期工作，也是污染源普查中不可缺少的组成部分。

三、要充分认识到污染源普查监测工作的艰巨性，统一组织，精心安排

多年来，各级环保部门包括环境监测部门在污染源监测方面做了大量工作，取得了很大的成绩，为环境管理提供了科学依据，应充分予以肯定。但是也应该看到，从全国来讲，这方面基础还比较薄弱，许多市、县级环境监测站仪器设备不足，技术指标达不到要求，缺乏良好素质的技术人员，这些情况在中西部地区显得更加突出。近年来，不少地方环境监测部门由于受经费等条件困扰，放松了对污染源的监测。有些地方环保部门对污染源的监测也重视不够，使得对污染源的监督性监测成为环境监测乃至整个环保系统对企业环境监管中的薄弱环节。

这次普查监测工作必须在今年内完成，是一项涉及范围广、覆盖污染源面大的工作，

不仅要对目前纳入统计范围的一些企事业单位进行监测，同时还要涉及到城市集中的污染处理设施等单位，无论从监测频率、监测对象和监测难度上都比以往有所增加。而我们在许多方面还准备不足，因此任务是非常艰巨的。

由于工作量大，时间集中，而且与污染源普查的各项前期工作交替进行，各地环保部门的负责同志对其艰巨性要有充分认识，认真做好这次污染源监测的领导、组织和协调工作，充分发挥各级监测人员的主动性，调动监测人员的积极性，确保各级环境监测机构全力投入到这次监测工作当中。同时，要充分利用企业和社会其他方面的资源和力量，统一组织，精心安排，形成合力，做好财力和物力的保障，使普查监测工作有序进行。

四、要充分认识到污染源普查监测工作的紧迫性，抓紧落实，确保完成

按照国务院通知要求，此次全国污染源普查的时点为 2007 年 12 月 31 日，普查的时期为 2007 年全年，也就是要查清 2007 年全年全国不同污染源的排污情况。全面普查工作将从 2008 年开始，届时各类污染源要填报 2007 年的排污数据。而 2007 年的污染源监测数据，既是 2008 年初企业填报也是我们审核排污数据的重要依据。按照这次普查监测工作的安排，各地重点污染源的监测频次不少于四次，也就是说要每个季度至少监测一次。现在已经是 2007 年 2 月中旬，春节后马上就要进入三月份，第一季度即将过去，因此，普查的监测工作已经迫在眉睫，刻不容缓，稍有延误，将无法弥补，严重影响普查工作的质量，甚至难以完成普查任务。

为此，请大家务必充分认识到这次普查监测工作时间上的要求，认识普查监测工作的紧迫性。会后，要按照会议精神立即研究做出安排，春节后在接到总局下发的普查监测方案后，要马上进行部署，落实这项工作，必要的时候采取一些应急的措施，确保在三月份完成第一季度的监测任务，为完成今年全年的监测任务奠定基础。

五、要确保污染源普查监测工作的科学性，保证监测数据质量

前面我已经讲到，监测是掌握污染源排放污染物信息的重要手段和主要途径之一，是完成普查任务一项非常重要的基础性工作。普查监测质量的好坏，不仅直接关系到这次污染源普查任务的完成情况和数据质量，而且会影响有关排污系数的测算工作，甚至对日后的环境监管带来一定影响。上面谈了许多这次监测工作所面临的困难和存在的问题，但是时间再紧、任务再重、再难，也要严格按照监测规范开展工作，确保监测的科学性、数据的准确性。

近日，环保总局印发的《国家重点监控企业名单》和正在布置的为完成总量削减目标服务的减排监测体系，都对污染源监测提出了要求。各地环保部门可以统筹考虑，做出符合实际情况的安排。但普查监测工作必须坚持实事求是，坚持科学精神，要排除各种干扰，不管是来自企业的，来自基层政府的，甚至是来自环保部门内部的，不得弄虚作假。为了确保监测数据客观、真实，建议普查监测得到的数据不与完成总量削减任务挂钩，不与完成目标责任制及排污收费等工作挂钩。

关于普查监测的费用问题，按照国务院通知要求，此次普查的经费由中央和地方共同负担，我们已经向中央财政提交了预算申请，并把污染源普查监测补助费作为重点，特别

是对国控重点污染源的监测，但财政尚未批复，我们无法做任何承诺。有些地方已经向财政部门申请了本地开展污染源普查的经费预算，并落实了部分资金。考虑到这次普查监测的工作量大、任务重、时间紧，各地应将普查监测经费纳入污染源普查整体经费预算。现阶段开展工作所需经费，尚未申请到专项经费的，请省、市两级先行想办法解决，务必保证普查监测工作顺利开展。

最后，我代表国务院第一次全国污染源普查领导小组办公室及普查工作办公室的全体同志对大家的出席再次表示感谢，希望我们在今后的污染源普查工作中相互支持、团结协作，共同把党中央、国务院交给我们的任务完成好，不辜负环保系统同志们对我们寄予的希望。

再过几天就是我国人民的传统节日春节了，在此祝同志们春节愉快、身体健康、阖家幸福、工作顺利，谢谢！

贯彻国务院领导小组会议精神
切实做好污染源普查准备工作

——“国务院普查办”王玉庆主任在环保系统第一次全国污染源普查工作会议上的讲话

2007年4月27日

同志们，这次会是全国污染源普查第一次正式的工作会议，标志着污染源普查工作全面启动。会议主要有四项内容，一是传达学习曾培炎副总理在国务院第一次全国污染源普查领导小组第一次会议（以下简称“国务院领导小组会议”）上的讲话精神。二是了解、掌握《第一次全国污染源普查方案》（以下简称《普查方案》）。《普查方案》正由国办最后审定稿子。三是征求大家对普查表的修改意见。四是贯彻国务院领导小组会议精神，对普查工作做出部署。总局周生贤局长在29日的会议上要专门讲这个问题。这个会有实有虚，希望大家集中精力开好会。我讲三个方面的内容。

一、关于全国污染源普查前期工作的简要回顾

2006年10月12日，国务院下发《关于开展第一次全国污染源普查的通知》（以下简称《通知》）；2006年11月1日，总局向地方转发国务院《通知》。2007年2月4日，总局正式成立了普查工作办公室。2007年2月7日，国务院污染源普查领导小组办公室召开了第一次会议，审议并原则通过“污染源普查方案”（报送稿）；2007年2月14日，总局召开了全国普查监测工作视频会议，对今年重点污染源监测工作做了部署。2007年3月13日总局周生贤局长主持召开了“环保总局第一次全国污染源普查协调小组第一次会议”，审议并原则通过了修改后的“污染源普查方案”（送审稿）。2007年4月11日，曾培炎副总理主持召开了国务院污染源普查领导小组第一次会议，国务院普查领导小组组成部门及法制办、国研室、公安部等12个部门的负责同志出席会议。会议审议并原则通过了“污染源普查方案”和下一步的工作部署。国务院《通知》下发已半年了，有必要作一个简要回顾，以便加紧推进当前的普查工作。

二、关于国务院领导小组会议的主要精神（摘要）

国务院普查领导小组会议有四项议程。先是周局长的工作汇报和下一步工作安排的建议；第二项内容是我对普查方案做的说明；第三项议程是领导小组成员讨论工作安排和普

查方案；第四项议程是曾培炎副总理讲话。我重点把曾培炎副总理的重要讲话精神给大家传达一下。

曾培炎副总理充分肯定了周生贤局长的工作汇报和我对方案的说明，表示会议同意普查工作三年的总体安排和 2007 年的工作计划，原则通过普查方案。接着讲了三个方面的问题。

第一，提高对普查工作重要性的认识。开展普查是优化经济结构、科学制定经济社会政策的重要依据。污染源普查不仅是一般意义上的一项环保基础工作或者重大工程，曾培炎副总理强调污染源普查是对国家经济社会发展非常重要的基础工作。通过普查对研究制定经济社会发展战略，调整优化经济结构，转变经济增长方式，都具有十分重要的意义。

这次污染源普查是做好新时期环保工作，建设环境友好型社会的重要基础。这几年污染源变化很大，农业源污染也日益凸现，通过普查掌握最新情况，对于环境保护科学决策极为重要。同时是实施污染源动态管理，加强环境监管的重要途径。通过开展污染源普查，可以弘扬环境文化，提高全社会支持、参与、监督环境保护的积极性。

第二，明确污染源普查的目标和任务。一是全面掌握各类污染源的情况，包括各类污染物的排放情况。二是建立相关的数据库和完善环境统计制度。三是推动环境监管能力的提高，健全环境监测、监管体系。四是搞好普查成果的开发和应用，提出解决突出环境问题的针对性措施。五是建立环境的综合评价体系，完善信息发布制度。

第三，做好污染源普查的各项工作。污染源普查是一项大规模的系统工程，技术难度大，质量要求高，工作任务重，时间安排紧。各地区、各部门要加强领导，密切配合。各级政府都要成立相应的机构，各有关部门要互相配合，共同搞好污染源普查工作。要强化监督，确保数据质量。国家和省都要对普查的工作进行监督检查，要采取一系列措施，得到真实可靠的数据。要抓好培训，加强宣传动员。要抽调业务精、能力强的干部充实到普查队伍。要广泛深入地开展宣传活动，使社会各方面能关心和参与普查。

到会的各部门领导在发言中都表示支持普查工作，赞成普查方案，并提出了一些很好的修改意见。

2007 年 4 月 18 日，国务院办公厅印发了《国务院第一次全国污染源普查领导小组第一次会议纪要》。会议纪要一共八条。主要内容有：

原则通过了《普查方案》和工作安排，《普查方案》根据会议意见修改后由国办印发；抓紧制定污染源普查的行政法规，由环保总局会同统计局、法制办抓紧起草全国污染源普查条例，按程序报国务院批准发布；要加快普查工作的进度，2008 年上半年基本完成全面普查工作，下半年进行数据汇报，年底前向国务院提供主要普查数据，2009 年上半年完成普查的总结验收；强调各级财政要确保普查经费到位，中央对中西部困难地区给予补助，省级财政对本省困难地县要进行补贴。此外，纪要要求抓好普查工作的宣传培训、监督检查和组织领导。

以上是会议的主要精神。这次会议在地方、各部委的支持下，准备比较充分，开得非常好，为全面普查工作打下了良好的基础。

三、为做好污染源普查工作强调几点

会议闭幕时，周生贤局长将对全国环保系统污染源普查工作进行动员部署，各地要遵照生贤局长的讲话精神和提出的工作要求，认真抓好落实。我这里仅想强调三点意见。

第一，要尽快落实普查的机构、人员、经费。做到机构、人员、经费三落实，这是近期各地普查工作的当务之急。到目前，我们了解已有 22 个省、自治区、直辖市成立了普查机构，但有些还只是停留在文件上，真正的工作班子没有搭起来，当前要抓紧落实。在这里，把国家和总局成立的普查机构及职责向大家作一介绍：

一是国务院成立了以曾培炎为组长的第一次全国污染源普查领导小组，国办张平副秘书长、总局周生贤局长、国家统计局的谢伏瞻局长是副组长。成员包括 10 个部门分管环保的负责同志。领导小组领导和组织全国污染源普查工作。领导小组办公室设在环保总局，由领导小组 10 个成员部门的司局级干部组成。办公室也是个组织协调机构，以便协调相关部门共同推进污染源普查工作。二是总局成立工作班子，主要从总局机关和直属单位选调干部专职从事普查工作。现在这个班子已经到位近 30 人，分成 5 个组。从实际情况看，不论是环保总局还是领导小组办公室，不可能要求这些司局长们天天专职干普查工作。所以建立工作班子很重要，它是主要执行者。三是总局成立了内部的普查工作协调小组，由周生贤局长挂帅，分管规划财务的副局长干杰同志和我为副组长。总局有关司（办）、直属单位一把手为成员。涉及普查的重大问题在提交各部门审议前，要先由这个协调小组讨论决定。要真正体现举全局之力抓普查工作。比如说，工业源普查，到底普查什么，这不是普查办公室说了算，污控司要有明确的意见。监测到底怎么搞，监测总站要拿出方案来。排污系数，需要科技司、环科院拿出意见来。普查办公室是个具体工作机构，解决一些重大问题，需要整个总局机关和主要技术支持单位都要行动起来。普查工作是总局的一件大事，不是普查办几个人能完成的。

我想强调的是，各地普查机构的设置，可以参考国家的模式，也可根据本地实际情况办。关键是要把工作机构建立起来，落实职责和任务，抓紧开展工作。关于各部委的职责和任务，普查方案写得比较清楚，地方各有关部门也应切实落实责任。工作班子不能弄虚了，干部要脱产、专职搞，至少需要两年半时间。但是可以根据工作量大小，适时增减人员。但总要有几个人从头到尾坚持下来。各地方环保局普查工作的总体协调，一定要一把手挂帅，分管领导具体抓。

除了领导机构和工作人员要落实外，普查员的选调也要落实。各地需要测算一下工作量，到底需要多少普查员。我们没有经验，可以请教统计局。我这个省调查需要多少普查员，要进行测算。这些普查员从哪来？从街道、企业、学校抽？从环保系统和各部门抽？能抽多少人？需要不需要动用学校的力量？大规模的普查，今年年底、明年初一两个月企业清查，紧接着两三个月的入户调查，大致三四个月时间。现在就要做出计划，以便为培训做准备。

再一个就是落实经费。大家也非常关心。这件事国务院的文件和普查方案说得很明确，由各级财政分别负责。国家对贫困地区给予补助。给多少钱，我们正在向财政争取。再有普查工作中国家能够统一办的事，尽量由国家解决，减少地方负担。省财政要给本省困难地区补助，特别是中西部，基层县市很困难。省里做预算时给这些县买台像样的计算机是需要的。

第二，确保普查数据的质量。影响普查质量主要是两方面的问题，一个是技术手段的问题，包括人员的素质；一个是思想认识的问题，包括体制机制。技术手段方面的问题主要体现在，监测的频次和质量问题，排污系数覆盖面和准确度的问题，普查表涉及的科学性和可行性问题，普查人员包括监测人员素质问题等。

关于重点源的监测工作。首先，要保证监测站所需要的污染源监测经费，要调动监测系统的力量，也可适当利用社会上的监测力量。魏山峰站长多次呼吁，要保证监测站污染源监督性监测的费用。各省要抽出一定的费用来支持监测。国家集中的排污费一部分返回去支持地市监测站建设，去年力度是比较大的。省里的排污费也应该用于支持监测工作。其次，要保证必要的监测频次和监测质量。现在重点源的水监测改成一个季度监测一次，废气改成半年监测一次。这是最基本的要求，要力保。条件好的地区可多监测几次。同时注意收集分析历史的监测资料，对监测数据能有更好的把握。重点源监测的采样和分析要严格按国家技术规范执行，省站要对市、县的监测工作予以指导和检查。近期总局从几个渠道都布置了重点源的监测工作，你们可以统筹安排。监测要力保，2008 年调查的是 2007 年的数，如果重点源都没有监测数，就很难说清楚污染物到底排了多少。

关于排污系数的研究。环科院组织华南所、南京所已经开展快一年的工作了。仅工业源就联合了 22 个行业协会在做，将来可能解决近百个行业的排污系数问题。这是环科院科研工作为总局重点工作服务最直接的体现，要努力做好，满足普查需要。有些小行业排污系数课题涵盖不了的怎么处理，普查办要拿出具体技术规定来。

关于普查表。这次会上拿出来是个初稿，供大家讨论的。表格要紧紧围绕普查方案，突出重点，精简可行。在表格和普查软件设计上，尽可能对一些相关数据进行逻辑的校核，通过一些技术手段解决数据不准和偏差的问题。总局颁布一系列综合排放标准，特别是行业排放标准，可作为数据校核的依据。这是保证数据准确性的重要基础。

关于普查工作人员的素质和业务熟悉问题，这非常重要。要通过抽调得力的干部和组织有效的培训来解决。为了确保普查数据的准确，整个工作的质量控制是非常重要的系统，在普查方案中分 4 个方面对质控提出了明确要求。地方各级普查办要有专门的质量控制部门，要找一个熟悉业务、认真负责的同志来把质量控制关。总局和省级环保局“普查办”将加强督察、抽查。但重要的是市、县普查工作人员要把好关。

第二方面，关于从思想认识和管理体制机制上，要重视和着力解决企业虚报、瞒报的问题，也要解决一些地方政府有意弄虚作假的问题。各级环保部门的同志，首先要端正思想，要从环保事业的发展、从国家的长远利益出发，坚决反对弄虚作假。一旦发现，要严厉处理。这不仅针对企业，也是针对政府。国家和省、市一级的同志更要眼光看得远一点，站得高一点。

我想做到这点主要靠自觉，但在普查方案的设计上也做了一些考虑。这次方案专门加上了普查资料的填报和管理一章。除强调所有普查对象都必须按时、如实申报外，还明确提出，虚报、瞒报、拒报、迟报或伪造、篡改普查资料的，将依据有关法律法规予以处罚。处罚的重要依据是统计法，也包括环保法。这从一个方面堵塞漏洞，明确告知，瞒报、虚报、伪造篡改即是违法。另一方面，为鼓励企业如实申报、地方如实汇总，方案也明确规定，普查得到的普查资料严格限定用于污染源普查目的，不与其完成“十一五”总量削减计划挂钩，不作为对普查对象实施处罚和收费的依据。总之，在制度上从正反两方面对企业如实申报做了规定，希望能通过这样的设计，有利于解决企业或一些地方政府弄虚作假的问题，以保证普查数据质量。但关键还是要解决思想认识问题，特别是环保系统的思想认识问题。

第三，坚定圆满完成普查工作的信心。我想强调的是，既要看到污染源普查工作的艰巨性，不能掉以轻心，也要看到有利条件，树立必胜的信心。各方面反映普查工作的困难，我归纳了 9 个方面：一是时间紧。现在离真正开始普查仅半年多的时间，技术准备、培训、试点都需要抓紧进行。二是任务重。这次普查范围不仅是工业，还包括第三产业和农业。三是缺乏经验。四是经费不足。五是涉及部门多，需要协调。六是技术难度高，手段跟不上。七是基层设备条件不行。八是人员素质不适应。九是普查要求质量高。这 9 大困难说明这次普查工作确实非常艰巨。经济普查结果 GDP 多一点大家都高兴，是好事。污染源普查结果排污量增加了，总不是好事。这也是我们的难点。技术上难度大，思想认识上也难度大。为此，各级环保部门一定要把它当作一件大事，绝不能敷衍应付。

但是我们也不能只看到困难，畏缩不前，更应该看到有利条件，首先是环保的大好形势，党和国家对环保工作的高度重视，搞好污染源普查是国家形势发展的需要。周局长 29 日上午讲话，要专门介绍这一点。我们要立足于全国环保的大形势，胸有全局。其次是环保部门实际工作中迫切需要这样一次普查，以摸清污染源和污染物排放的家底。现在每年环保部门发布个数真费劲，心里没有把握。基础不打牢，环保事业越发展，工作越被动。这是环保部门决心搞好普查的内在动力。再有，近三十年来环保系统已经有了一支经过锻炼的 17 万人队伍，有科研所、监测站、监察大队、支队等，环境统计工作也有了一定的基础。把这支队伍积极性调动起来，是能够打硬仗的。毛主席说得好，世界上的事怕就怕“认真”二字，共产党员就最讲认真。只要我们认真对待这件事，上下一心，就一定能够完成全国污染源普查这项光荣而艰巨的任务。

“国务院普查办”王玉庆主任在第一次全国污染源普查农业源普查工作启动会议上的讲话（摘要）

2007 年 6 月 10 日

一、深刻领会国务院第一次全国污染源普查领导小组会议精神（略）

详见“王玉庆主任在环保系统第一次全国污染源普查工作会议上的讲话”第二部分。

二、全国污染源普查形势大好（略）

详见“王玉庆主任在环保系统第一次全国污染源普查工作会议上的讲话”第一部分。

三、农业污染源普查的有关情况

（一）农业污染源普查工作的重要性

近年来，随着我国农业和农村经济的快速发展，化肥、农药等农用化学品投入逐年增加，养殖业数量和规模不断扩大，农业面源污染问题日益突出，对农业可持续发展及对生态环境安全的威胁受到全社会广泛关注，已经成为我国继工业点源污染之后最重要的环境问题之一，严重制约着农业和农村经济的可持续发展。主要表现为：一是农业化学品投入不合理；二是畜禽养殖业废弃物处理利用滞后；三是水产养殖密度高、结构不合理、饵料投放量大；四是农村生活废弃物随意排放。农业面源污染已经成为我国经济可持续发展的重大隐患。

开展农业污染源普查，是摸清农业污染底数的最直接、最有效的途径，是做好农业环境管理、防治农业面源污染的重要基础工作，为科学防治农业源污染提供基础数据和决策依据。

（二）农业污染源普查面临的困难

1．农业污染源普查任务十分艰巨

农业源污染具有随机性大、分布范围广、形成机理复杂、产生影响滞后等特点。种植业污染源、畜禽养殖业污染源和水产养殖业污染源等三大类农业污染源特点鲜明，普查面对的是数以十万计的普通农民，由于文化素质参差不齐，加之地块零散，交通不便，这就使得农业污染源普查是一项复杂和艰巨的任务。

2．农业污染源普查基础薄弱

农业部曾经在部分省份、重点流域（如滇池流域、太湖流域、三峡库区等），开展过一些农业面源污染监测与污染防治工作，积累了一些经验和技术成果。但总体来看，全国范围内的农业源普查和监测工作还从未有过，相关工作基础仍较为薄弱，特别是有关种植业污染源、畜禽养殖业污染源、水产养殖业污染源的产排污系数研究还非常缺乏，这就迫切需要农业和环保部门通力合作，克服困难。

3．时间紧迫

农业污染源普查，尤其是种植业，有其生产周期性特点，必须以一个周年为普查周期才能得到有说服力的普查数据，生产周期性特点决定了农业源普查必须有特定的时间周期，这个周期本身较长；农业普查不仅涉及面广、内容多，而且技术复杂，基础差，任务显得格外繁重，农业污染源普查排（流失）污系数制定需要的时间又长。所以要跟上全国普查时间进度，从总体看时间显得非常紧迫。

（三）已有的工作基础

1．已经有一支农业和环境保护监测管理队伍

多年来，农业部十分重视农业环境污染防治体系建设，通过不断拓宽资金渠道，加大资金投入力度，已逐步建立了以农业部环境监测总站为网头，包括 34 个省级站 1 000 多个地（县）级站的农业环境管理、监测、预警体系，开展了大量的污水灌区、城市郊区、工矿区、重点流域、优势农产品区域、无公害农产品基地等环境质量调查、监测与评价工作，为各级政府提供了决策依据。

2．具备了一定技术研究基础

通过资源整合，建立协同攻关、联合运作机制，目前基本形成了由农业部环境保护科研监测所、中国农科院农业环境与可持续发展研究所、农业部能源环保技术开发中心等科研事业单位组成的技术研究体系，已具备了较强的研究基础和实力，承担了大量的农业灌溉水、农田大气、土壤的污染防治研究，为治理农业环境污染提供了技术支撑。

3．取得了一些成功经验

2005 年，农业部在三峡库区、太湖、滇池、巢湖、淮河等重点流域开展了面源污染调查，建立了农业面源污染控制技术示范区。2006 年，农业部在全国启动“百县千村”乡村清洁工程试点，收到了显著的成效。同年，环保总局出台了《关于加强农村环境保护工作的意见》，编制印发了《国家农村小康环保行动计划》，并开展了“国家级生态村”创建行动。多年来通过农村环保工作的试点，试点村镇的生态环境显著改善，为我国在农村环境保护方面积累了许多成功经验。

（四）农业污染源普查工作的进展

根据国务院办公厅印发的《第一次全国污染源普查方案》中关于“农业部门、环保部门负责农业源的普查”的精神，2007 年 4 月 9 日，由农业部和国家环保总局联合成立的农业组正式加入全国污染源普查工作办公室，具体负责农业普查技术规定和工作细则的制定、组织农业源产排污系数的测算、对农业源普查进行指导及对普查数据进行分析和审核等。农业组组长是中国农业科学院刘宏斌博士，副组长是国家环保总局南京环境科学研究所江希流研究员。目前已编制了《农业污染源普查技术规定》和各项监测技术规定，初步征求了农业和环保系统的意见。另外，农业源产排污系数的研究工作也在抓紧进行。

四、做好农业污染源普查工作的几点意见（提纲）

第一，尽快在地方各级普查办中设立农业组，确保其正常、高效运转；
第二，尽快编制省级污染源普查技术规定；
第三，抓紧、落实编制省级普查经费预算；
第四，抓紧试点落实和启动工作，验证技术流程，为全面普查奠定基础。

“国务院普查办”王玉庆主任在全国污染源普查试点工作现场会议上的讲话

2007年7月19日

作为全国污染源普查试点地区，大家首先要对第一次全国污染源普查有正确了解和认识。这次普查是全国第一次有机会真正全面摸清污染源和污染物排放的家底，既是影响长远的基础性工作，又是当前迫切需要、有重大现实意义的工程。

普查的重要意义和作用周生贤局长在2007年初厅局长会议上和2007年4月底召开的全国污染源普查工作会议上多次讲过。

国务院2006年10月份印发的《关于开展第一次全国污染源普查的通知》中明确，此次普查是一次重大的国情调查。经济、人口、农业普查和这次全国污染源普查都是重大的国情调查。作为重大的国情调查，国务院除了印发通知，国办还印发了《第一次全国污染源普查方案》，而且按计划2007年10月份还将由国务院发布《全国污染源普查条例》。为这次普查国务院共印发了3个文件。说明中央非常重视这次普查。

周生贤局长在今年厅局长会上讲了三大基础性、战略性、长远性工程分别是污染源普查、宏观战略研究、重大水科研专项。这三项工作中和全国地方环保部门关系最密切的是污染源普查。普查涉及的面之广、动员的人力之多、联系的部门之多在环保系统也是史无前例的。

从2005年底松花江水污染事件、国务院印发《落实科学发展观　加强环境保护的决定》，到去年国务院召开第六次全国环保大会，我国的环保工作进入了新的历史阶段。特别是全国人大通过的第十一个五年规划纲要，把节能减排作为约束性指标列入。党中央、国务院非常重视环保工作，当前环保形势非常好。

形势大好、工作上新台阶的时候，越发感觉到基础工作非常薄弱，改变这种状况迫在眉睫。2010年完成SO_2、COD在2005年基础上削减10%的任务，制定“十二五”规划，都需要确切摸清我国污染源及污染物排放的家底。在此形势下，中央决定开展全国污染源普查既有长远意义又有迫切的现实意义。

下面，我结合这次试点会议，讲三个问题。

一、试点普查工作的作用和意义

如果用一句话概括，此次普查试点是第一次全国污染源普查的演习，就像准备打仗一样，部队要进行演练。既然是第一次普查就没有经验，所以要通过试点摸索全国污染源普查的经验。

这次普查各级环保部门、农业部门都要动员起来，需要相当数量的普查员、指导员。具体需要多少普查员、指导员目前还没有数，正在进行测算。真正开始普查也就五六个月的时间，包括填写报表、审核、录入数据等，工作非常不容易。虽然统计局搞过多次普查，但是环境方面的普查有很多的不同，技术要求更高、难度更大。如此大规模的战役如果没有经过试点就全面铺开，谁也没有底。简单地说：

（一）通过试点摸索经验。试点工作搞得好，普查工作就会顺利一些，质量就更有保证。否则会给全国普查工作造成许多困难，会遇到很多想不到的问题。那时再调查解决这些问题，困难就很大，甚至影响全面普查的实施或者质量无法保证。

（二）通过试点验证一系列技术规范、普查表格、污染物排放量核算方法、数据处理软件等的科学性、可行性和便利性。需要制定至少十几个技术规定和工作细则。将来会发给大家的普查表格、排污测算系数手册、计算机数据处理软件等，都需要通过试点验证其科学性、可行性和是否方便使用，这些文件本身既有技术含量，完成它又需要相当的组织工作。从试点单位名单看，有很多是基层的单位，你们普查试点搞得好，对全国普查工作是个贡献，也给未来环保工作打下基础。

（三）摸索普查组织动员的体制、机制和工作的程序。这样大的系统工程，普查表、计算机软件、各种技术规范等相当于硬件，但这些技术工作要通过强有力的组织去实施，要有组织保障和解决体制机制问题。国务院成立的领导小组涉及 10 个部门，各地也这样，具体实施涉及多个部门。在这个过程中怎么把大家组织起来，形成合力开展工作，这相当于软件。还有工作程序，整个普查程序，在试点中都要走一遍，这些程序对于普查工作的质量保障非常重要，这方面我们更缺乏经验。本次试点也肩负探索工作程序的任务。

总的来说，试点搞得好心里就有底，试点搞得好坏决定全国污染源普查的质量。希望大家能认真对待。

二、普查试点的主要内容

普查试点的内容在试点工作细则中已有明确规定。就是要仿照拟议中的全国污染源普查的全过程，进行一次实地真枪实弹的演练。包括制定工作方案，宣传动员，选聘普查员及指导员，培训，单位清查，填报普查表，审核录入，处理上报，总结提出建议等，下面普查办的同志还要向大家介绍，这里就不展开了。

三、提几点要求

（一）省、市、试点区县环保、农业部门和普查机构负责人要高度重视试点工作

如何体现重视，从以下几点可以看出：

1．把试点工作列上议事日程。各省市、试点的区县普查机构负责人，环保局、农业局的领导要把这次试点既作为国家的试点，也作为试点区县所在省、市的试点，对全省（市）的普查工作也是一个推动。尽管各地环保局现在工作非常忙，也要把这项工作列入议事日程，周局长表示他到地方检查工作要把普查作为一项重要内容。总局要举全局之力做好这次普查。

2．选派得力的干部。体现领导重视，关键要派得力干部，且要专职从事这项工作。各地普查办都设在环保局，但很多普查办的领导都是兼职的，要抽得力干部专职抓这个工作。兼职太多，闲的时候才管这不行。现在总局普查办 5 个组 30 多人专职做这项工作，工作量非常大。

3．指导监督试点工作，同时要帮助试点的基层普查机构解决困难。首先要经费到位，财政部已安排试点的部分经费，除个别省和农业源新增加的几个点稍微困难外，原计划的试点地区，特别中西部经费是能保证的。经费直接下到各省财政，再逐级下发，国家经费要及时到位。个别经费有缺口的，省市要予以保证。其次人员上、技术上遇到的一些困难，要加强指导，帮助他们解决实际困难。

4．宣传动员到位。试点地区要大力开展宣传动员工作，比如开动员会，政府领导出席讲话，组织各类媒体开展多种形式的宣传，搞公益广告等。拟颁布的《全国污染源普查条例》中有一条，各级普查机构要公布普查办举报电话，要受理群众的来信来电，包括举报等，如不公布电话或不认真处理，属行政不作为要进行处分。总之通过宣传动员，要让广大群众能够了解这项普查，增加透明度，让普查对象能够理解和支持。

（二）要以认真负责的态度进行普查试点

1．真刀真枪实战。不要因为是演习就走过场，要特别注意防止这种思想，否则起不到作用，发现不了问题。一定要当作实战去打。

2．严格按国家统一确定的各项技术规范、普查表格、计算机软件的要求进行，要一丝不苟，不能打折扣，不能想当然。严格执行程序来验证其科学性和可行性。不好使也得使，使不通提出建议将来改，不能偷懒。包括将来印发的系数手册，按手册上的方法得出结果，不能自行想办法算。这样才能起到对这些东西实际验证的作用。

3．严把质量关。质量是普查工作的生命线，这次污染源普查是全国环保系统一次史无前例的大行动，不能、也不允许出现重大反复。为此，这次试点单位应当从领导到普查员、从开始普查到上报数据总结，每个工作人员要始终树立质量第一的观念。整个普查过程都要严格遵守普查数据质量保障的工作细则，万万不可以掉以轻心。

（三）充分发挥主动性和创造性，努力摸索出经验

这与刚才说得不矛盾，那些相当于硬件，必须认真做，认真练，执行技术规定不能走样，不能随便改。但是组织体制、动员、协调工作等如何做得更好，还看不清楚，执行各项技术规定的工作程序也写得比较原则，这时候需要在实践中摸索经验，充分发挥主动性、积极性。比如，普查表的填写，普查对象、普查员和政府部门等谁来填是有规定的，但是填报的时候实际情况可能复杂得多。过去惯例，一些普查活动、普查表是普查员代替填的，但是真实性还是由普查对象负责，这些还需摸索经验。再如，企业排污量的测算涉及排污系数法、物料核算法和环境监测法等。而污染源监测数据又包括环保部门的监测，企业的自测，自动监测等多套，如何准确核定排污量，企业填写与我们核算数据不一致怎么处理等，这些都需要试点单位发挥主动性、创造性。遇到问题、即使已有规定也可以积极提出建议。这也是试点的要义所在，只有努力发挥主动性，才能总结出有价值的经验来。

（四）认真做好总结

普查试点的各阶段都要作出小结，重要工作都要有记录。比如普查员如何选聘，工作中间遇到哪些问题以及如何解决的，要有详细的记录和小结，便于最终的总结和提出建议。从一开始就进行积累，这样才能总结出来一些有实际价值的东西。

最后，我想强调的是，试点地区的省、市、县区政府、环保局、农业部门和有关单位勇于承担试点工作，你们自加压力，为全国普查工作做出贡献。借此，我代表环保总局，也代表国务院第一次全国污染源普查领导小组办公室向你们表示衷心感谢。还要特别感谢黑龙江省环保局、齐齐哈尔市委、市政府和市环保局为这次会议提供热情周到的服务。

《第一次全国污染源普查方案》是指导普查工作的纲领性文件

——"国务院普查办"王玉庆主任在第一次全国污染源普查试点培训班上的讲话

2007 年 8 月 14 日

同志们，早上好：

参加这次培训班的同志绝大多数来自于基层，同志们应该了解整个普查工作的总体部署，这便于在实际工作中把握住大的方向，把握住国家关于普查工作的总体要求。

这次培训班开班意味着三点：

第一点，既然是试点培训，这就说明普查的试点即将正式开始，计划在今年 9 月。所以这次培训也是当务之急。

第二点，从全国的角度来看，普查工作的重点已经从国家转移到地方。《国务院关于开展第一次全国污染源普查的通知》（以下简称《通知》）是在 2006 年 10 月印发的，到现在已经有 10 个月了，这 10 个月大量的工作主要集中在国家层面。当然各省（自治区、直辖市）也已经启动了，比如机构的建设、经费的申请、前期的准备，等等。但据我了解，大多数地（市）县除了试点地区之外，基本还没有动。

国家层面主要做了三件事：第一件事是组织机构的建设，包括规章制度、工作秩序的建立、工作条件的建设等。第二件事是编制财政预算，申请财政资金。目前今年中央预算安排用于普查的经费基本定下来了。第三件事是各项技术准备工作，环保部门过去搞过普查，但是仅限于工业源，而且面比较窄，时间也比较久了。现在搞全面的普查，技术基础比较弱，大量的技术准备工作在过去 10 个月一直在紧锣密鼓地开展，这次发给大家的 3 本书就体现了前期技术准备工作劳动的结晶。

第三点，从现在开始普查试点，既要把国家的准备继续深化，又要求地方工作尽快开展起来，也意味着全国的污染源普查大战在即，地方的各项准备工作必须抓紧进行。这次我们请各省市普查机构的同志来参加培训班，也是希望大家，一个是了解一下这次试点的主要内容，将来在全国普查工作中基本上要按这个方案做；另一个是想让大家感受一下，全国的普查现在到了一个非常重要的时刻，都需要有紧迫感，需要有充分的思想准备，不仅仅是普查的试点地区。

我在这里简要回顾一下从国务院通知发布以后全国关于普查工作的一些重要会议。

2007 年 1 月，周生贤局长在全国环保厅局长会上，就对污染源普查提出了要求；2007 年 4 月 11 日国务院召开了领导小组会，讨论并原则通过了普查方案和普查工作的总体部署；4 月底国家环保总局召开了污染源普查环保系统的工作会议，周局长在会上作了报告，对全国污染源普查工作做了部署；2007 年 5 月 17 日国务院办公厅印发了《第一次全国污染源普查方案》；2007 年 6 月 9 日在甘肃召开了农业污染源普查工作会议，对农业污染源普查进行了动员部署；2007 年 7 月上旬在齐齐哈尔市召开了试点工作会；今天，2007 年 8 月 14 日试点的培训班正式开班。可以看出各次会议间隔的时间越来越短了，从试点来讲已经进入临战阶段，全国普查工作也已进入重要的时期。

在各项准备中，最重要的就是全体从事普查的同志要认真学习和领会国务院批准的《第一次全国污染源普查方案》（以下简称《普查方案》）。今天我准备围绕普查方案讲 3 个问题，算是培训班的第一课。第一，简单地介绍一下全国污染源普查的背景、目的和意义；第二，说明《普查方案》是指导普查工作纲领性的文件；第三，讲解《普查方案》的具体内容。

一、全国污染源普查工作的背景、目的和意义

为什么要讲这个问题，因为普查方案是根据环保工作大的背景和总的目标来确定的。我们了解什么事都应该从总体到局部，从宏观到微观，从大的方面再到小的方面，这样就能胸有全局，能够站得高，看得远，有利于把具体工作做好。

（一）开展全国污染源普查的背景

污染源普查的背景实际上两句话就可以概括，一句话就是“底数不清”，全国环保工作如果从 1973 年开始，至今已搞了 30 多年了，但是对全国污染源底数并不清楚。“底数不清”就要弄清底数，要弄清底数怎么办呢？普查是最有效的方法。再一个背景就是因为“底数不清”，已经严重影响了当前的环保工作和将来环保事业的发展。正是由于这两条非常简单的原因，国家决定要开展这次普查工作。

（1）“底数不清”可以从两方面来看，一方面过去环境统计调查的主要是工业企业，如每年的污染物排放量、治理情况等。全国环境统计重点调查的企业不过 8 万家左右，测算的工业企业大概在三四十万家。这次开展普查，据国家统计局和相关部门提供的数据，仅是第二产业，也就是工业源这块，大约有 150 万家。可想而知，原来环境统计的范围远远不能适应当前经济发展的现状。当然，我们不能否认几十年开展的环境统计工作所发挥的作用，在环保历史上它的作用还是很大的，虽然现在纳入统计范围的企业数量不多，但是大企业、排污大户还是在环境统计范围内的。

另一个方面就是农业污染源是个空白，生活污染源基本上也是空白，没有纳入我们的环境统计范畴。而农业污染源在环境污染中占的比重越来越大，影响也越来越大。生活污染源，过去只是做了一些测算，比如说，一个县、一个区、一个市人口有多少、燃煤量有多少、供水有多少，然后乘一下人均排污系数，得出来生活污水排放量、烟尘排放量，等等。真正的第三产业给环境带来污染的确切情况，我们并不清楚。所以从整体看，可以说污染源的底数不清。

（2）“影响工作”，包括三个方面。一个就是影响对环境形势的判断。大家知道现在一

分析环境形势或看环境状况报告，就那么几句话，如：环境状况基本稳定，污染物排放变化不大，有些地方有点改善，有些地方可能有些恶化等。十几年几乎都是这个调子。但实际的环境状况老百姓并不满意，有的地方大家看到污染还在发展，包括这次太湖蓝藻的爆发等。很明显，农业污染源状况不清楚，只是说农业源排放的氮、磷对湖泊有影响，但到底排了多少？影响有多少？没有一个确切的答案。生活源污染也是如此，我们只知道废水排放量、COD 都在增加，但到底增加到怎样一个程度，也不太清楚。这种状况直接影响到对形势的判断。形势判断不准确，相关的决策就不好作。

第二个就是影响到环境规划、环境政策的制定，甚至影响到国家的宏观调控政策。编制规划的基础首先要搞清楚现状，然后根据现状预测未来的发展，才能确定规划的目标，才能制定相关的政策和措施。前提基础不牢，规划制定就会产生问题。这次制定“十一五”规划，落实到最后就两项指标是国家严格控制的，一个是 SO_2、另一个是 COD，为什么就这两项指标？实际影响到环境状况的远远不只这两项指标。比如说氨氮影响水环境质量状况很明显；大气污染指标除了 SO_2，还有氮氧化物，还有其他许多，包括 $PM_{2.5}$、PM_{10} 都是影响环境质量非常重要的因素。为什么没定在规划里面？内行的人就会提出这个问题。外行的人不清楚，这两项能完成就已经很不错了。实际上那些指标我们自己都说不明白，怎么制订计划，氨氮排放量很明显跟生活污染、农业污染关系密切，但没有这方面数据，没有这个基础，制定规划就无法把它列进去。其他这方面例子还很多，制定各项政策也是这样。

第三个就是影响环境保护任务的完成，或者是影响环保目标的实现。全国人大通过的国民经济和社会发展第十一个五年规划，明确指出 SO_2、COD 削减 10%的约束性指标必须完成。当时就为了这两个指标的 2005 年基数到底是多少，到 2010 年确定多少，是经过很多次反复的。目前也没有把握说 2005 年基数就很准。基数不清，削减 10%也很难说非常准确。这次普查结束后基数有可能要做调整，当然“十一五”任务已确实并分解下达，不能再动了，调整基数是为了将来制定“十二五”规划。作为环保部门，给中央、给全国人民提供确切的环境基础数据，是应尽的职责。所以说这种状况已经严重影响到我们的工作，迫切需要开展这次全国污染源普查工作。

（二）污染源普查的目的和意义

2006 年 10 月 12 日，国务院下发了《国务院关于开展第一次全国污染源普查的通知》（国发[2006]36 号）（以下简称“通知”）。在这个“通知”里关于这次普查的目的和意义讲得非常清楚，而且讲得也很深刻。其中第一部分讲的就是普查的目的和意义，有这么几段话：“污染源数据是重要的基础环境数据，全国污染源普查是重大的国情调查，是全面掌握我国环境状况的重要手段。开展污染源普查是为了了解各类企事业单位与环境有关的基本信息，建立健全各类重点污染源档案和各级污染源信息数据库，为制定经济社会政策提供依据”。这段话讲明了普查的目的。接着，“通知”里讲了 4 个“有利于”，即“搞好全国污染源普查，准确地了解污染物排放情况，有利于正确判断环境形势，科学制定环境保护的政策和规划；有利于有效实施主要污染物排放总量控制计划，切实改善环境质量状况；有利于提高环境监管和执法水平，保障国家环境安全；有利于加强和改善宏观调控，促进经济结构的调整，推进资源节约型、环境友好型社会建设。”4 个有利于讲清了普查工作的重要意义。

二、《全国污染源普查方案》是指导普查工作的纲领性文件

（一）《全国污染源普查方案》的重要性

首先介绍一下《全国污染源普查方案》（以下简称“普查方案”）和国务院“通知”的关系。应该说指导普查工作纲领性文件有两个：一个是国务院的“通知”，另一个是国务院办公厅印发的“普查方案”。“普查方案”是“通知”的具体化，“通知”一共 6 个部分，“普查方案”也是 6 个部分。“通知”的第一部分讲的是普查的目的和意义，而“普查方案”第一部分讲的是普查的工作目标，实际上这个工作目标就是在普查目的和意义基础上，根据普查目的明确为 5 个具体目标。“通知”第二部分是普查的对象和内容，第三部分是时间安排。“普查方案”第二部分是普查的时点、对象范围和内容。实际上把“通知”的第二和第三两个部分合在了一起，并且具体化了。“普查方案”的第三部分是普查的技术路线和步骤，这在国务院“通知”里没有，是增加的内容，是普查方案必需的组成部分。后面的 3 部分从标题到主要内容“普查方案”和“通知”几乎是一致的，只是 “普查方案”内容上更加具体、更加详尽。这两个文件精神是一致的，“普查方案”是根据国务院“通知”精神制定的，但更加深入细致，更加明确具体，更加全面完整。

污染源普查是一项复杂的系统工程，如何能够保证质量，按时完成普查任务是一个重大课题。作为环保部门来讲，要协调全国各个地区、各个部门、几十万人的普查队伍一致行动，就需要有一个科学的、完整的、严密的、可行的行动方案。“普查方案”就是要发挥这个作用。

下面介绍“普查方案”产生的背景。“普查方案”的产生是一个很长的过程，应该说从 2006 年下半年就开始着手，反复修改了至少几十个稿子，经历过五个阶段。第一个阶段是起草工作，从 2006 年 10 月到 2007 年 1 月。第二个阶段是征求意见和反复论证，大概从 2007 年 2 月份到 3 月份。先后召开了地方环保部门的座谈会，在工作会议上发给大家，听取意见。然后召开了专家论证会，包括总局环境咨询委员会和科技顾问委员会的专家，以及各部委相关的同志听取了意见，并在局内各司办、直属机关征求了意见。这次征求意见和专家论证阶段经过了约 2 个月。第三个阶段是多方审议阶段，先后经过了总局局务会审议、国务院普查领导小组办公室的审议、总局普查协调小组的审议，先后在 2007 年 3、4 月完成。第四个阶段是领导决策阶段，就是 2007 年 4 月 11 日曾培炎同志主持召开国务院全国污染源普查领导小组会，各有关部门负责同志参加，在会上原则通过了这个方案。第五个阶段是文字的修改完善阶段，差不多花了一个月时间。从国务院领导小组会后，从 2007 年 4 月中旬到 5 月中旬一个月时间，反复修改文字。作为普发文件，国办要求很严格。此次污染源普查，国务院下发通知后，还专门由国办下发“方案”，这在国家组织的全国性普查中很少有，所以对“方案”从内容到文字都要求很高。周生贤局长在全国环保普查工作会议上说，“这个方案是各界有识之士智慧的结晶。”这个“方案”思路清晰、层次分明、概念明确、内容全面、文字简洁，值得我们认真学习。

（二）“普查方案”是指导普查工作纲领性的文件

主要体现在以下四个方面：

（1）“普查方案”是制订普查各项工作细则和各项技术规定的依据。整个普查除了工作的部署、领导讲话这些工作文件之外，从技术文档体系上是这样设计的：国务院“通知”下是“普查方案”，“普查方案”下是工作细则和技术规定两大体系。最后再落实到普查表式和指标解释上。工作细则现已出台 5 个，技术规定现在已完成了 9 个。细则和规定都是依据“普查方案”来制订的，把它具体化。

（2）“普查方案”是普查工作各个环节、各项工作的行动指南。在“普查方案”中对培训就有要求，包括培训的分工、培训的内容等。我们组织培训就按“普查方案”的要求来做的。国务院发布了《全国污染源普查条例》，这个条例很多内容都是根据“普查方案”来制订的。“条例”发布为什么这么快，除了国务院领导的重视，在很大程度上因为有了“普查方案”这个基础。我们编制经费预算，都是依据“方案”的规定。此次普查试点的东部地区国家没有给经费补助，照理说给国家当试点，国家应该拿点钱，但是由于“普查方案”中明确规定，中央财政的经费只补助中西部贫困地区，没有东部，所以就没有申请到。东部试点地区的同志有大局观念，试点工作搞得不错，应充分肯定。

（3）“普查方案”是组织协调各部门参与普查工作的政策根据。普查工作涉及 10 个部门，需要各部门分工合作。环保局作为牵头单位，普查办设在环保局，各部门的职责任务是什么，负责什么，参与什么，协调什么？“普查方案”中都写得很明确。普查工作中要协调组织各部门开展工作，这是个重要的政策根据。

（4）“普查方案”是统一全国普查工作步调的进度表。“普查方案”明确了普查的步骤分三个阶段，以及每个阶段的大致时间安排和主要工作内容。目前就是按这个时间表开展工作的。

从以上四个方面看，“普查方案”是指导我们普查工作的纲领性文件。环保系统和农业系统及有关部门，特别是全体参与和负责普查工作的同志，包括普查员、普查指导员，都要认真学习“普查方案”，深刻理解“普查方案”，正确把握和运用“普查方案”，这是做好普查工作的基础和前提。

三、《全国污染源普查方案》的具体内容

“普查方案”共分六个部分。

（一）普查的工作目标

“普查方案”第一部分讲工作目标，共有 5 项：第一项，全面掌握各类污染源的数量、行业和地区分布，主要污染物及其排放量、排放去向，污染治理设施的运行状况，污染治理水平和费用情况，为污染治理和产业结构调整提供依据。简单来说，就一句话：掌握污染源及污染物的排放和治理情况。为污染治理和产业结构调整提供依据。第二项，建立国家和地方各类重点污染源的档案和各级污染源信息数据库，促进污染源信息库共享机制的建立，为污染源的管理奠定基础。第三项，掌握污染源的总体样本，为建立科学的环境统计制度、改革环境统计调查体系、提高统计数据质量创造条件，根据普查结果，建立新的“十二五”环境统计平台。概括起来就是，掌握污染源总体样本，建立新的“十二五”环境统计平台。第四项，提高各级环境保护主管部门，尤其是基层环保部门的管理能力，健全各级环境统计、监测、监督和执法体系。第五项，通过普查工作的宣传和实施，动员社

会各界力量广泛参与污染源普查，提高全民的环境保护意识。普查工作的 5 项目标，从污染源污染物的排放、治理到建立污染源的数据库，从加强污染源的监管到建立新的环境统计平台，从加强环保系统的能力建设，到提高全民的环境意识，是很全面的，从宏观到微观，从国家到环保部门，都涵盖了。

《全国污染源普查条例》（以下简称“条例”）没有用工作目标，而是用普查的任务来表述，“条例”第二条规定：污染源普查的任务是，掌握各类污染源的数量、行业和地区分布情况，了解主要污染物的产生、排放和处理情况，建立健全重点污染源档案、污染源信息数据库和环境统计平台，为制定经济社会发展和环境保护政策、规划提供依据。这些内容是从“普查方案”中来，与它的目标内容是一致的，只是更加概括精练了。

（二）普查时点、对象、范围和内容

（1）关于时点“普查方案”写得很清楚，2007 年 12 月 31 日，时期资料是 2007 年度。时点的概念是就某一点来统计的，时期资料就是这个统计资料包括多长时间的。将来普查中污染源的企业数量，就是时点资料，全国一共多少个污染源，就是 12 月 31 日那个时候一共有多少污染源，可能到了 2008 年 1 月或者是 2007 年 11 月就不是这个数据。而污染物的排放量就是时期资料，是 2007 年一年的。普查从 2008 年初开始，但查的是 2007 年的数据，而要想把 2007 年的数据搞清楚，监测工作必须从 2007 年年初就开始，这就是为什么在 2 月份普查方案还没有批准、工作会也没召开，就布置了重点源的监测。但现在看来完成得并不理想，希望 2007 年剩下的时间把重点源的监测工作补一补。

国务院“条例”明确了，以后每 10 年搞一次普查，也就说这次普查要管 10 年。说明普查的工作量是非常大的，不能轻易做，也说明这次普查的重要性。

（2）关于对象范围，对象分 4 个方面，工业源、农业源、生活源、集中式污染治理设施，每一类都有明确的范围界定。先说一下集中式污染治理设施，这一类在国务院的通知中没有单列，虽然对这一类调查是有要求的，这是在“普查方案”新增加的。为什么后来单独列为一类，主要在方案反复研究过程中，听取了建设部门同志的意见，集中式污染治理设施还不完全是一个污染源，比如说污水处理厂、垃圾处理厂，包括危险废物处理厂，建设的目的就是为了处理污染物，虽然处理后依然有污染物排放，但跟其他污染源有本质区别。将其当一般污染源来对待不太合情理。为此，单独列了一个集中式污染治理设施，和工业源、农业源、生活源并列。

“普查方案”中明确普查对象为中华人民共和国境内所有排放污染物的工业源、农业源、生活源和集中式污染治理设施。“所有”这两个字并不是指每一个污染源，而是指这次普查工作覆盖的方面，就是把产生环境污染的污染源所有方面都覆盖到了，但是在每一个方面又突出了重点。所以这次普查叫“全面普查、突出重点”。每一方面都有重点，因为不可能第一次这么短的时间就把所有大小源都查了。例如机动车，讨论再三是否列到这次全国污染源普查范围里面，最早的方案是没有的，后来考虑它对城市特别是大中城市的环境影响越来越大，而且呈发展趋势，如果这次没有列入，要等 10 年以后再搞就晚了，最后下决心把它列进去了。但大家知道流动污染源不只有机动车，还有火车、船舶污染、飞机噪声污染等，为什么只列了机动车？这就突出了重点。

“条例”考虑长远，不止适用于本次普查，在第十条规定的污染源普查范围是“工业污染源，农业污染源，生活污染源，集中式污染治理设施和其他产生、排放污染物的设施。”显然比这次普查范围更宽，但它在第十二条又明确“每次污染源普查的具体范围和内容，由国务院批准的普查方案确定。”这样就与国务院批准这次的普查方案协调一致了。

工业源是这次普查的重点，即使工业源是重点，也没有全部包括，工业源主要是第二产业，第二产业包括 43 个大的行业。第一，建筑业的 4 个行业没有包括在普查对象中。除了建筑行业的 4 个行业外，还剩 39 个，39 个行业又分为两种情况，一种叫重点源，另一种叫一般源。重点源又分三类，有重金属、放射性物质、有毒有害物质排放是第一类；第二类是 11 个行业，即通常所说的排放污染物比较多的行业，这些行业中所有企业都属于重点源；第三类是 16 个行业规模以上的企业。实际上重点源第一类污染源和第二、第三类污染源是有交叉的。总和起来初步测算全国约有 72 万家。这里大家注意，有的行业是全部的，有的行业是规模以上的。除了重点源之外其他就是一般污染源，包括 16 个行业规模以下的企业及其他 12 个行业。一般源估计有 80 万家。工业源合计测算约 150 万家，数量是非常大的。

在征求地方意见过程中，又通过试点，发现有些划为重点源的行业如细分成小类，许多小类的企业污染物排放量很少，作为一般污染源调查即可。为了实事求是，减轻普查工作量，又把重点源中某些行业中的一些小类划为一般污染源进行调查。

农业源主要是讲第一产业中的，但是第一产业中间我们确定了 3 个方面，不是第一产业的所有方面都包含其中，比如说林业就没有列进去。主要考虑植树造林对环境有益，虽然它施一些农药和化肥对环境有影响，但不是主要的。现在列的是农业、畜牧业和渔业。在农业里头也不是把农业所有的行业都列进去，我们只选择了种植业，农业里头还有农业、服务业等就没有列进去。

这次普查在各方面都体现了突出重点，而且是很明确的。比如养殖业，第一，要是人工养殖的，不包括自然放养的，也不包括自然捕捞等；第二，它是具有一定规模的。在种植业中，我们紧紧抓住和环境关系密切的农药、化肥、地膜和秸秆这四大项进行调查。

生活源面更宽了，这次确定的有三个方面。第一个大的方面就是第三产业，农业源是属于第一产业的，工业源是属于第二产业的，第三产业列到生活源里面。第三产业在行业分类里仅是中等分类就有几十种，比第二产业还要多。我们只选择了其中有污染物排放的 6 个行业或方面作为普查范围。一个是住宿业，第二个是餐饮业，这些都有污水、废气、垃圾的排放。第三个是居民服务和其他服务业。这个行业中又分很多小类，我们只选择了 5 个：洗染、理发和美容、洗浴、彩印、汽车的洗车和保养。这些都可能会有污水或其他污染物排放。第四个是医院。第五个是有独立燃烧设施的机关事业单位，这个是很特殊的。机关事业单位只要有锅炉就在普查范围内，没有就不查。虽然金融业不在普查范围，但如果这个银行有单独的锅炉就要列入普查范围。第六是民用核技术利用单位，这是指三产中有污染物排放的行业。

再一个大的方面是城镇居民生活污染。不可能一家一户地调查，也没有这个必要。就以区、县、建制镇为单位调查用水量、排水量和能源的消耗量来测算生活污染物排放。这与以前环境统计的方法类似，只不过用新的、更细的排污系数来核算。还有一个比较特殊的方面即机动车，它不是一个单独的产业，现在把它列在生活源里头。生活源中有些是真正有普查对象的，比如三产中有污染物排放的宾馆、餐馆、理发店等。有些如居民生活污染，不是针对每个具体普查对象进行调查，而它是针对一个区域，向某个部门，甚至是政府作调查。所以普查对象是有区别的。这是生活源的一个特殊情况。

集中污染处理设施包括污水处理厂、垃圾处理厂、危险废物处置厂，比较明确。

关于农村生活污染，在国务院的文件和国办转发的方案中都没有明确。这部分在最初讨论中是有点分歧的，包括环保系统内部。没有列入方案作为普查对象主要的考虑是，农村农民的生活污染情况差别大，对环境的直接影响还看不清楚，普查的技术难度非常大，工作量也非常大。

第一，农村一家一户用水量不好统计，很多地方没有统一的上水，他自己设有井或者去山沟里挑点水。

第二，大部分没有统一的下水，也没有直接进入水环境，有些粪便自己用了，有些排到环境里了，情况千差万别。所以这部分考虑再三总体没有列进去，我们认为这是正确的。但是考虑到国家重点治理的水域，特别是湖泊和水库周边，农村生活污染影响又比较大，特别是在一些经济发达地区。根据大家共同研究的意见，在这次全国污染源普查的基础上再搞几个专项调查，即太湖、巢湖、滇池和三峡库区农村生活源调查，并把它们列在农业源中间。

（3）关于内容。方案列得比较具体，对工业源、农业源、生活源调查内容都列出来了。如何考虑具体调查内容，基本原则就是紧紧围绕对环境有影响的、与污染物排放相关的一些因素进行调查。比如说工业源，除了企业基本登记信息外，主要要了解企业排水的去向，原材料消耗情况，包括水的消耗量和使用情况，能源的消耗量和使用情况，燃料中的含硫量，有毒有害原辅材料的使用量等等，还有产生污染物的设施，污染物的治理，污染物的监测和排放等。“条例”第十一条对各类污染源普查的内容作了原则规定。

关于普查污染物的种类，“普查方案”中写得很清楚。一般普查包括哪些污染物，哪些行业普查增加哪些污染物，水增加哪些污染物、大气增加哪些污染物，说得很明确。从环境标准来看，环境质量标准、污染物综合排放标准和各个行业的污染物排放标准，合起来大概有 200 多种污染物，如果都作为普查对象，那工作量就大得不得了，调查时间也很长。这次只选择了 34 种对环境影响较大、对污染防治具有普遍意义的污染物，这样就排除了一些行业特征污染物，排除了一些局部地区比较突出的污染物。对某一地区来说可能某种污染物影响较大，省里可以决定自己单独搞，不作为全国污染物普查，这样就可以抓住一些重点。34 项中还包括农药。农药有很多品种，名称各不相同，很复杂，但是这次普查只选取对环境危害大、持久性存在的那些农药。34 种污染物包括：水 13 种、气 7 种、固体废物 10 种、放射性 2 种，农业是 4 种，其中 2 种是重复的。

“条例”第十八条规定“全国污染源普查领导小组办公室根据全国污染源普查方案拟订污染源普查表，报国家统计局审定。省、自治区、直辖市人民政府污染源普查领导小组办公室，可以根据需要增设本行政区域污染源普查附表，报全国污染源普查领导小组办公室批准后使用。”给了省级政府一定的自主权，增加调查当地一些对环境有影响的污染物。这样既考虑了全国，突出重点，又考虑到地方一些特殊需要。

（三）普查的技术路线和步骤

“普查方案”在考虑技术路线时，提了三条基本原则：第一条是现场监测与物料衡算及排污系数计算相结合，第二条是技术手段与统计手段相结合，第三条是国家指导、地方调查和企业自报相结合。第一个结合是讲方法。环境普查和其他各项普查相比难度大、技术要求高，就在于污染物排放量测算有它的特殊性。其他普查很多内容都是看得见、摸得着的，或者说在企业的台账或在相关部门的资料中可以查到。然而在污染源普查中，污染物的排放量看不见、摸不着，随着废水、废气就走了。准确地填报这些数据是很困难的，技术性也很强。现在要想得到排污量无非是监测的方法、物料衡算的方法、排污系数的方法。我们需要做的是，如何把这三种方法很好地结合起来运用，力争比较准确地得到污染物的排放量。

第二个结合是在手段上，即技术手段和统计手段相结合。有些普查看台账、看企业自己的记录，登记一下或经过计算就完了，这是一般统计的方法；有些就要实际监测，使用技术手段，要很好结合起来。第三个结合就是国家指导、地方调查和企业自报相结合。方案初稿时，只有国家指导和地方调查相结合，后来听取了多方面意见。考虑到环保有排污申报这个基础，加上了企业自报。实际上这个结合也是一种工作方式，是各类普查主体在普查中发挥的作用。国家是指导，体现国家统一部署工作，方案和各种技术规定都是国家统一制定；实际调查工作是地方做，国家并不自己做调查，而是由地方市县区做调查；每个企业有责任、有义务申报排污情况。这 3 个主体都说得很清楚。这样，从方法上、从手段上、从工作方式上把确定普查技术路线的原则明确了。

对各类源具体技术路线，各专题课程里将会讲到。这里仅想强调一点，“普查方案”中明确对工业源中占各省市污染物排放量 65%的污染源、集中式污染处理设施，同时采取现场监测和物料衡算与排污系数相结合的方法。这里出现一个 65%，这是指全省工业污染源按排放量大小顺序排队，当企业排放量加合起来达到全省工业污染物排放总量的 65%时，这些企业要同时采用几种方法核算排放量。有的同志会问污染源都没有普查呢，省的排放总量是怎么来的？总量没有怎么来的 65%？国家环保总局在向国务院汇报的时候说清楚了，“65%”是指在现有的环境统计基础上测算的 65%。这个 65%是省工业污染物排放总量的 65%，同时包括国家的 65%。初步测算全国大概在 3 万多家。这 3 万多家都要求开展监测，然后用监测和排污系数法相互验证来得到它的排污量。大家要注意，这与“普查方案”里写的工业源中要重点调查的重点污染源不是一个概念。

农业源采取面上调查，然后采用分类抽样实地监测得到的排污系数来测算污染物的流失量。生活源也是采取面上普查和用排污系数法来测算排污量。这里需要说明一下，各类污染源的排污系数，国家统一布置，有关省市协助，正在抓紧做。国家拿钱请科研单位牵头，动员了很多行业协会和研究监测单位参加。“普查方案”里讲的抽样监测，主要是国家搞排污系数需要做的，实际上在现场普查时，来不及再去抽样监测了。当然不排斥一些地方有能力，在普查过程中进行一些补测，又或进行一些验证性的抽测，但是在大范围普查过程中不再搞实际监测了。

关于普查的步骤，“方案”中是这样写的：先行试点，再全面普查，分三阶段进行。就是说，试点是一大步，然后再全面普查，从这个角度来讲也可以说分为两步，试点是非常重要的一步，第二步就是全面普查。“三个阶段”就是准备试点阶段、全面普查阶段、总结发布阶段，准备试点阶段就是到2007年年底，实际上也包括2008年的1月。全面普查阶段就是从2008年的2月份开始，过了春节以后，也可能是过了正月十五，普查员、指导员就要下到普查对象，开展全面普查，包括数据的审核、录入等工作，大约5个月时间，然后进行汇总、检查、抽验、地方上报等，到2008年年底。2009年上半年，即总结发布阶段，包括全国汇总、发布普查数据、总结验收等。

强调一下这三个阶段中几个重要的节点。一个就是到2007年10月初试点工作基本结束；第二个就是2008年2月份开始的全面普查；第三个节点就是2008年7月底之前各省要把普查的主要数据汇总上报给国家。

（四）普查的组织和实施

第一是基本原则：全国统一领导，部门分工协作，地方分级负责，各方共同参与。总之就是大家共同协作来搞好这项工作。每级政府都有各自的职责。“普查条例”在总则的第四条对此也作了同样的规定。

第二就是组织机构。“普查方案”明确要求，国务院设立由曾培炎同志任组长（2008年3月后由李克强同志任组长）、10个部门领导同志参加的领导小组，负责普查的组织和实施。领导小组办公室设在环保总局。这是方案中明确的国家机构框架。环保总局根据需要，专门设立了全国污染源普查工作办公室，是个正司级单位，是实际工作机构。“普查方案”也要求地方各级政府设立领导小组，领导小组下设办公室，放在环保部门，可吸纳各部门代表参加，这是组织机构的框架。注意各级污染源普查领导小组及其办公室是政府的，而不是某个部门的，所以国家级机构的牌子叫“国务院第一次全国污染源普查领导小组办公室”，不是代表环保总局一家的。地方也是这样，这是工作需要。办公室设在环保局，但要注意发挥各个部门的积极性。关于领导小组和办公室的职责任务，“普查方案”中写了6条，规定很明确。全国污染源普查不是中央一家的事，是各级政府共同的任务，既是国家任务也是地方的任务，但是要按国家统一要求来做。普查员可以从有关单位抽调，也可以临时聘用。

第三讲的是部门分工，写得很清楚。

第四讲的是培训，“普查方案”中关于培训有两段。第一段讲的是培训的分工，国家培训什么人，省、市培训什么人。这里只讲了省、市培训什么人，没有讲县。我们强调省、市要负责培训县里需要的普查员和普查指导员，原则上县级不要单独搞培训了，因为培训的层次越多，到后面的效果越差。一个市管几个县，市就应该把培训任务承担起来，省里就应该把市里和县里的骨干培训任务承担起来，国家、省、市三级承担培训任务。“普查方案”规定经过培训才能上岗。第二段讲培训内容。

根据“普查方案”，我们制定了很多技术规定和工作细则，要想把这些东西变成环保系统也包括各个部门以及将来招聘的普查员，合起来几十万大军的统一行动，实现普查的目标，培训是个重要的转换过程。技术文件已经发了两大本，将来还有，这些东西变成普查的实际行动，最后形成普查的数据，培训是个非常重要的转换环节。要把这些让大家理解掌握，实际上是一种精神变物质、一种软的东西变成实际成果（硬的数据）这样一个重要的过程。所以说这个环节至关重要。把培训抓住，这是提高普查的质量、搞好普查的基础。

第五讲的是质量保证。质量保证讲了 4 个方面。这样大的一个工程，质量保证非常重要，凡是谈到工程，特别是系统工程都应该有一个质量保证体系，它从另一个角度来确保我们普查的顺利完成，确保普查数据的质量。在“普查方案”中从 4 个方面强调控制质量，建立一个质保系统。

第一个，国家要制定质量保证文件，确定普查工作的评价标准。国家制定了质量管理的技术规定和普查数据审核技术规定，确定了不同阶段的质量管理要求，确定了普查数据审核的程序、方法和要求。这些技术规定来指导全国普查质量保证工作。

第二个，地方普查工作中要建立普查质量保证责任制，要设立专门的质量保证岗位，并对污染源普查过程中的每一个环节施行质量控制和检查验收。各省的普查办一定要按“普查方案”去落实，要明确各个部门、每个同志的质量责任，要专门有同志负责质量保证工作。

第三个，国家在制定各项技术规定和工作细则的时候，要增加科学性和可行性。为了做到这一点，要组织专家论证，要反复征求意见，要使用最新的科研成果，要经过试点的验证，从这些方面来保证技术方案的质量和科学性。例如，国家拿了近一个亿的投资来专门做工业污染源的排污系数，组织了 20 多个行业及中央一级科研机构来搞，就是要利用最新成果来保证普查质量。同时农业源也在做，生活源也在做，都是用最新的科研成果来武装这次污染源普查工作。

第四个，要组织抽样核查。为此，技术规定中有专门的要求，普查第一步工作完了，上级普查机构要按照百分比抽样核查，看普查质量到底如何，不合格的还要重新查，这样才能确保质量。

从上述 4 个方面加强普查的质量管理，但是关键是各级普查机构、每一个普查人员的责任心强不强，定了那么多东西，如果普查机构领导人和普查人员责任心不强，这些东西很难实施，质量保证也很难落实。当然有制度约束和没有制度约束还是有区别的。

关于质量保证问题，“条例”中第二十九条、第三十条作了明确规定，特别是第三十条规定还是很严格的。

第六个讲的是宣传动员。关于动员在“普查方案”中有这几点明确要求：第一，重点普查对象要有专门的机构来负责普查。大中型污染源企业一定要有专门的机构，或者新设机构，或者指定现有机构来负责普查。第二，对其他不是调查重点的各类普查对象，应当指定相关人员负责本单位污染源普查表的填报工作，重点的要有机构，一般的要有专人负责，要明确责任。这一点要求各地的普查机构都要落实到普查对象，要他们明确负责的机构或者人员。第三，各有关单位应该积极推荐符合条件的人担任普查员，这是对各部门提要求了。这些内容在“条例”第二十条、第二十一条第一款都有明确的规定，这是法定的义务。

（五）普查的经费

一共分 4 段，每段都有含义。第一段讲原则，就三点，第一是共同负担，中央、省、市、县各级共同负担；第二按时拨付；第三确保到位。第二段讲中央经费怎么用，写得很清楚，每一句话都经过财政部门和环保局反复斟酌。地方比较关心的是，国家承诺对中西部贫苦地区给予适当补助。地方经费也有一个说法，省里要对财政较困难的市县给予支持。国家给中西部地区，省里给省内贫困市县支持，这样就可以保证各级普查的工作经费了。

（六）普查资料的填报和管理

这里讲两层意思，都非常重要。第一层就是污染源普查对象必须按时、如实填报普查数据，确保基础数据真实可靠。如果虚报、瞒报、漏报、拒报、迟报或者伪造篡改普查资料的应当依据有关法律、法规予以处罚。这里需要解释两点，一是这个处罚是指依据国家的“统计法”进行处罚，而不是依据环境保护法进行处罚，因为“统计法”有明确规定，国家制定有统计文号的普查报表，所有普查对象都必须如实报，不然就要接受法律处罚。二是伪造和篡改普查资料，不完全针对普查对象，还包括我们各级普查部门，包括各级政府的有关部门，如发现这些问题都要受处罚。

第二层就是此次普查得到的普查对象资料严格限定用于污染源普查目的，不得与完成“十一五”总量削减计划挂钩，不作为对普查对象实施处罚和收费的依据。这条对环保部门非常重要，为的是避免完成污染削减计划过高的压力使这次普查数据变形，避免给企业、地方造成巨大的压力。调查是为国家和省、市政府的宏观决策服务的，为今后建立新的统计平台服务，不能因小失大。环保部门要记住，不能拿普查数据说事儿，不能拿这个压企业，这是确保普查取得成功的关键一环。

上述两点在“条例”第九条、第二十四条、第二十六条、第三十五条中都有明确、严格的规定，并对违反第九条、第二十四条、第二十六条的，明确了相应的法律责任。

国务院发布的《全国污染源普查条例》属于法规性文件，体例上与“普查方案”稍有不同，但内容和精神是一致的。“条例”更侧重于普查实施过程中各责任主体的责任、权利和义务，并对普查中一些重大问题作出原则规定。对普查中一些技术性问题或属于第一次普查特有的事项，“条例”中一般不涉及，而由“方案”作出具体规定。这两者都非常重要，要认真学习，深刻领会，贯彻落实，并加以宣传。

“国务院普查办”王玉庆主任在第一次全国污染源普查试点工作总结会议上的讲话

2007 年 10 月 13 日

今天听大家讲了一天，讲得都不错。特别是很多发言的同志来自污染源普查试点工作第一线，讲的体会比较深刻。我对有些同志不熟，像浙江瑞安的林昌森副局长，声音洪亮，虽然个别话讲快了听不懂，但他是用心准备了，提了很多非常好的建议。还有最后发言的河北沧州黄骅市农业环保监测站站长于荣艳，发言最短，没讲工作成绩，主要讲了意见，我看很好，咱们既然是工作总结，就要好话坏话都听、经验教训都要总结。其他很多同志也讲得很好，特别是一些大的市，像山西太原、重庆渝北、广东珠海、湖北襄樊、黑龙江齐齐哈尔、内蒙古包头，试点工作全面扎实，取得了很多典型经验，非常具有借鉴意义。十四个试点地区代表先后发了言，既有共性的东西，也有地方的特点。

总的来说，试点工作取得了很大成绩，应该充分肯定。通过试点，验证了我们的技术规范、工作细则、普查表式和计算机软件等，检验了污染源普查的组织体制和工作机制。这样使我们在开展全国污染源普查的时候心里有了底。下面，我准备讲三个问题：一是试点工作达到了预期目的，成果丰硕；二是试点工作取得的成功经验和存在的不足；三是下一步工作的安排和要求。

一、试点工作达到了预期的目的，成果丰硕

（一）实现了普查试点三项预期目的

试点工作细则里对普查试点的目的有明确阐述。在试点工作动员会上，我就试点目的说了三点。第一个目的就是摸索经验，因为是全国第一次，很多方面没有做过，需要我们摸索经验；第二个目的是，验证普查的一系列技术规范、普查表格，包括指标解释、排污量的核算方法、数据软件等的科学性、可行性和便利性；第三个目的是，摸索污染源普查的体制机制和工作程序。我们这次试点实现了这三个目的。

（二）按照试点实施步骤要求，完整地实施了污染源普查全过程

实施方案规定试点工作分 8 个步骤，这 8 个步骤和全国将要进行的普查工作实施步骤是一致的。这 8 个步骤分别是编制方案，宣传动员，选聘普查员和普查指导员，开展培训，单位清查，普查表的填报，表格及数据审核、录入、上报，经验总结。这 8 个步骤的全过程 14 个试点地区都基本完成了。今天总结会召开之后，污染源普查试点工作就告一段落，但是各地的代表回去还要继续总结经验，将试点成果发扬光大。普查全过程的摸索非常重

要，为我们实现试点工作预期的三项目的奠定了坚实的基础。

（三）14 份工作总结和技术报告是全国污染源普查的宝贵财富

大家要充分认识这次普查试点的重要意义，试点工作达到了预期的目的，取得了成功。不包括地方配套资金，国家花了 2 800 万元试点经费得到这些报告是值得的。这里不说钱多少，全国明年初将有几十万人或者更多的人、数百万的企业及其他普查对象都要投入普查工作。试点地区的普查办是开拓者，是开路先锋。这些总结和报告中有很多非常好的经验、非常好的建议、非常好的做法，为全国普查打下了坚实的基础。

首先，14 个单位的工作总结和技术报告内容丰富，代表了普查范围 4 个大方面：工业源、生活源、农业源、集中式污染处理设施。生活源里面又分了很多类型，工业源分重点源和一般源，农业源也有水产、畜牧、种植等多种类型。内容很丰富、非常有代表性。

第二，这些工作总结中有许多工作实例，非常具体，切合工作实际，对于全面开展普查工作具有重要指导意义。这既得益于国家污染源普查办公室的工作要求，更与参加试点的同志们高度重视和辛勤努力分不开。

第三，技术报告中有很多意见、建议非常有针对性，比如对各项技术规定、细则、表格等提的意见，这就跟一般工作总结不一样。试点就是对这些具体内容去验证、去实践，然后提出意见。这些意见和建议便于改正原先的各种技术文件。

第四，全国第一批普查试点的污染源，工业源有 10 254 家，生活源 16 011 家，农业源有 6 646 家，集中治理设施有 19 个，加起来 32 000 多个各类污染源，这些都有报表，是首批进入数据库的污染源。但实事求是地讲，各地报的工作总结和技术报告还不能完全反映试点工作的问题，还要看普查表到底填得怎么样。因为这是实实在在的东西，我们要分析这些表、分析这些报告，才能够看出试点工作中，哪些地方做得比较细致、哪些地方做得稍微粗了一点。但是在这么短的时间内，在没有经验的情况下，完成了这么大的工作量，已经是了不起的成绩。当然这些是 2006 年的数据，不代表 2007 年全国普查的情况，全国普查的时候大家还要再做一遍。但通过这次试点，我们已经选拔、培训了 4 067 位普查员和普查指导员。我想这都是这次试点取得的重要成果，是全国污染源普查的宝贵财富。

（四）高度重视普查试点成果，充分发挥试点成果的作用

我们花这么大力量投入普查试点，要充分重视这次试点成果，发挥试点成果的作用。

第一，这次试点是国务院批准的普查方案中确定的普查工作中一个重大步骤。最初的普查方案是这样写的，这次普查分为两步走，第一步就是试点，第二步是全面普查。然后又说，普查分为三个阶段，准备阶段、普查阶段、总结发布阶段。最后文字定稿时，没有把两步走突出出来。因为又是两步走，又是三个阶段，容易搞混淆。实际上你们从方案文字上看，还是分两步走，试点是其中非常重大的一个步骤。如果从两个步骤来说，我们已经走了一步了，而且走了非常关键的一步。这次普查试点是全国污染源普查的重要组成部分。虽然说全国普查明年年初开始，但是全面普查主要是指入户填普查表，前期、后期的一系列工作都应该是全国污染源普查的组成部分。应该说没有试点，就没有全面的普查。普查是一个大的系统工程，没经过试点就全面铺开会有很大风险。这次试点反映出不少问题，很多地方要做修改，如果全面普查的时候才发现这些问题，改起来就很困难了。所以国家非常重视这次试点，并且给试点地区安排了经费。广东珠海和浙江瑞安是沿海较发达

地区，国家没有给补助经费，但他们坚持做了，而且做得很好。这里要特别感谢珠海和瑞安这种奉献精神。

第二，“国务院普查办”和各地方要认真研究试点地区的工作总结和技术报告，分门别类地加以整理。一类是属于工作的经验、比较好的一些做法；第二类属于工作上的一些建议和意见；第三类是关于工作细则、技术规定中存在的一些问题；第四类是普查表式和指标解释存在的问题。可以分四类进行归纳，然后再分三种情况处理：第一种可以采纳的我们尽量要吸收进来；第二种就是难以采纳的，意见虽然对，但是考虑到全国的情况或者各方面条件的限制，包括普查工作本身的负担等，我们难以采纳，这点希望大家理解，也不可能一一给大家反馈了；第三种情况就是部分采纳。属于工作经验或者好的做法，将来要在全国推广，要在以后的工作会议上进行宣传。我想请国家普查办把这些总结报告汇编成册，最迟在全国普查培训的时候印出来供大家参考。你们如果对报上来的材料有什么文字需要修改的，尽快改出一个稿子来。试点成果要更大范围共享，这也是试点的目的。各省的代表都来了，回去要认真学习这些总结和报告，结合各地实际发扬这些经验，汲取教训。

二、试点工作取得成功的经验和存在的不足

（一）工作经验

一是领导重视、机构健全是普查试点成功的前提。试点的时间很短，从动员到总结只有两个多月时间。我们于 2007 年 7 月 19 日在齐齐哈尔开会做动员，2007 年 7 月 25 日国务院普查领导小组办公室正式发文布置了普查试点工作，2007 年 8 月 14 日在太原举办的培训班，2007 年 9 月 10 日试点普查表到了各地，地方开始进行入户调查，到今天的总结不到 3 个月。时间不长，但较好地完成了任务，领导的重视是非常关键的。

这方面有几个地方比较突出。以往成立这种领导小组都是主管领导同志负责，但是重庆渝北区是区长一把手挂帅，这很难得。我想今后全国普查时有些重点、难点地区是不是可以考虑请一把手出来挂帅。再有一些地方，试点地区只有一个，但在全省进行动员。如浙江省在全省进行动员，引起了大家的重视，营造了良好的氛围。有的地方“举全局之力”，普查工作不是普查办几个人的事，而是环保局总动员。如山西太原，各项任务如监测、现场调查、数据录入等各相关处室和直属单位都参与。普查工作量大面广，时间紧任务重，仅靠普查办的同志很难完成。但如果整合力量，就能够顺利推进。比如数据录入，如果各省信息中心能够投入力量，比“普查办”一两个人来办，会做得更细更好。而且“普查办”只是临时机构，普查完了你还得有人来承担这些东西。所以举全局之力开展普查是非常重要的。还有一些试点地区很有特点，比如说陕西户县、广西平果、包头昆区等，专门成立了后勤保障组，保证交通、通讯、食宿等，为普查试点工作提供后勤服务保障。将来普查员的管理也需要这些事，可以供大家参考。

二是加大普查宣传动员力度、营造良好的舆论氛围是搞好普查工作的重要条件。这点是重要的普查经验。各试点地区充分利用新闻宣传媒体（报纸、电台、电视台、横幅标语、宣传画等），采取多种形式（专版、专题栏、电视动员、讲座、公益广告等）开展宣传动员，营造普查氛围。刚才我们看了重庆渝北区拍的宣传普查片：他们张贴各种广告、大幅标语，拍宣传片等；使社会各界、广大群众了解普查的重大意义，增加透明度，让公众关心参与

普查工作。通过宣传动员，得到普查对象的理解，支持填报普查表，配合普查员工作，提高普查数据质量。宣传动员有三个作用：第一就是营造一种氛围，一个大型的社会活动要有众多单位、个人参与进来，需要有一个社会氛围；第二就是要广大群众了解，增加透明度，能够关心和支持这件事；第三就是使普查对象能够理解普查的目的，支持搞好普查。在宣传中也有几个地方做得比较突出。一个是主要领导亲自在电视上讲话：如齐齐哈尔市，主要领导在黄金时间讲话，大家一看县长、市长、省长都重视此项工作，老百姓和普查对象也就会认真对待了。其次，就是集中宣传，如：太原市采用各种形式集中一段时间宣传，有领导讲话、答疑、发表一些专门的文章等等。再有一个比较成功的经验就是发公开信，有很多地方普查领导小组都是这样做的，很不错。还有好的办法，比如说广西平果县召开大会，500 多人参加，县长出面讲话，进行动员。这种方式比较适于基层，行之有效。

三是重视普查员和普查指导员的选聘培训是搞好普查工作的保障。普查员和普查指导员是第一线工作的人员，他们的素质、责任心和工作质量如何，决定了普查工作的成败。在普查员选聘工作中，各地均注重质量，在选聘方式上主要有五种：（1）结合污染源分类和部门职责，通过部门选聘。如：迁安市从环保系统选聘普查员负责工业源和集中式污染治理设施，从工商系统选聘普查员负责生活源中的第三产业，从统计系统选聘普查员负责具有独立燃烧设施的机关事业单位和城镇居民的生活源，从卫生系统选聘普查员负责医院等污染源。（2）以环保部门为主、结合地方特点。如：山西太原市组建了市级普查指导员。从太原市环保局机关、监测中心站、监察支队抽调 7 名在职人员，从环保系统返聘了刚刚退休的 7 名人员，共 14 人组成市级普查试点指导员。这些同志均长期从事环保工作，既有丰富的环保知识和经验，又有一定的组织能力。（3）区分普查需求，注重素质选聘。如：广东珠海市充分发挥各方优势，选聘大学生、排污收费人员、重点工业污染源企业专职环保人员等充实普查员队伍。（4）建立责任制，搞好培训。各地从实际出发，主要采取了分级（国家、市、县区）、分类（指导员、普查员）培训和集中培训与普查实践相结合的方式，基本实现普查员培训上岗。如：河北迁安市 2007 年 8 月 25 日组织为期两天的污染源普查试点培训会，来自环保系统的全体同志和工商、统计、卫生部门的所有普查员、普查指导员、重点企业环保负责人及相关工作人员 300 多人参加了培训会。2007 年 9 月 3 日，该市又组织召开了普查指导员培训会，对清查表和普查表的填报要求进行了再培训。（5）注重培训质量。如：陕西户县由参加国家培训学习的同志对选聘的普查员、普查指导员进行了 3 天封闭式集训，并进行测试、试填普查表格等模拟演练。这些都是很好的经验，使培训工作做得更扎实。

四是认真做好清查工作是确保普查对象不遗漏的基础。这次全国污染源普查之所以叫做普查，就是因为它的面非常广，凡作为普查对象的都应该包括进来，这才叫普查。如果很多单位都遗漏了，就不叫普查而叫抽查了，确保普查的面和普查的对象不遗漏非常关键，所以清查工作很重要。清查工作有许多很好的做法，比如说采取部门协作、准确掌握普查对象的方式和分区划片、拉网式清查核实方法，结合补漏拾遗，建立健全全面、准确的普查对象名录等。如：山西太原协调统计、工商部门提供全市工业源和生活源的单位名称，再与环保部门掌握的企业核对汇总，形成全面的清查名录。陕西户县组织普查员对辖区内的工业源和生活源实行拉网式的全面清查核实，补漏拾遗。对重复的、破产的、关闭的进行剔除，对暂时停产的逐一甄别摸清。有的地方采取分部门包干清查，比如河北的迁安，工商局以全市 10 个工商所为支撑负责生活源的清查，统计局以及统计站负责具有独立燃烧设施的有关单位的清查，工业源由环保局负责清查。还有像齐齐哈尔的龙江、浙江的瑞安、包头的昆区，都采取了划小区的方式。分成调查小组进行清查等等。

五是认真填报、强化审核是确保普查质量的中心环节。前面讲了很多工作包括普查员的选聘、清查、培训等等，都是为最终填报普查表做准备的。填报普查表、核定普查表、最后录入，是普查工作的中心环节，也是最核心的部分。对这部分工作一定要认真负责，特别要强化各个环节的审核。各试点地区都制定了审核奖励制度、制定了抽样核查措施，有的设立质量监督员，强化质量管理。如太原：为确保质量，先进行试填，然后再进行正式填报；有的建立了奖励制度，报酬与质量挂钩；有的建立了谁清查谁负责填报制度。还有的地方如齐齐哈尔，入户调查，讲、问、查、看，坚持入户调查 6 个到位。我看到一些材料，反映有些单位拒绝接受清查，个别的还有拒绝接受普查的，这样的事一定要认真对待。为什么拒绝普查，这个普查不是哪个部门、哪个单位心血来潮搞的，国务院发了通知，这是有法律效力的。个别企业的这种问题一定要解决，地方政府要负起责任来，在你管辖的区域内有企业拒不执行中央政府的指令该怎么办？从法律上讲，试点的报表是国家批准，有统计文号的，统计法有明确规定，你不填就属于违法。这不是给他们增加额外负担，而是法律规定必须履行的义务。发现这种情况就要坚决处理，处理完了就通报，媒体还要曝光，不能开这种先例。

这是五条比较重要的经验，不能全部概括，只是对比较有特点的地方重点说了一下。

（二）存在的不足

再讲讲试点中存在的不足。首先国家污染源普查办应该总结的：一是宣传不够，目前中央主要媒体基本没有动起来，国家也没有采取措施组织宣传，只是在每次开会时强调重要性，但是光听声音，没看到人下楼。这方面确实存在不足。2007 年 2、3 月份我们和中宣部联合下发了一个普查宣传计划，包括整个三年的宣传计划和 2007 年的计划。有些省还转发到了下面。国家是有一个总体安排的。另外国务院普查领导小组会前后，人民日报、电视新闻上发了一些消息和报道。但整体看，普查的新闻报道少，声音很弱。二是排污系数测算滞后的问题：排污系数手册没有发到大家手中，使试点地区填报排污量遇到问题。这项工作难度很大，涉及 3 个方面的排污系数。工业源方面是中国环科院牵头，组织了 20 多个单位包括各工业行业协会，在全国选了 2 000 多家企业进行实测；生活源和集中式污染治理设施由总局华南所牵头组织了 30 多个城市进行实测工作；农业源由农科院牵头，总局南京所参加，还有水产科学研究院和各地的农业环保站，工作已经铺开。这三大项目国家投资约 3 个亿，这也是一项专门的研究，为普查做准备。尽管动作慢了点，但是我们有把握能按照工作进度给国务院交账。再一个不足是表格到位晚，2007 年 9 月 10 日左右才到各个试点地区，这样 9 月又短了 10 天，时间紧就会增加工作的难度。

从试点单位的反映来看：各地试点工作有好的地方也有不足的地方，我这里讲一点共性的不足。大家其他方面讲得比较多，但是关于普查表的填报、入户调查，特别是普查员和指导员对负责调查的企业实际资料、设施的核查工作介绍得很少。这是个很重要的环节。不少地方介绍普查表的发放工作，有的是开会发下去，以会代训，有的是委托街道等。发表形式如何并不重要，但是普查员、普查指导员一定要到企业去，到普查对象去，要去核对处理设施及其运行情况、原料的使用情况、数据的历史记录、监测原始记录等，要去查企业相关的台账。这部分内容大家讲得不多，也不知道是不是真正做了这项工作。表都可以填出来，但是否属实需要核查，这是普查员和指导员的重要职责。这里面有些什么问题和困难，大家反映得还不够充分。这里我再强调一点，不管普查表怎么发，试点中好的经验都可以学，但是一定要到企业去。不能说这 10 个企业我都挺熟的，发给这些企业，一个礼拜给我交回来，看看没问题就行了。这不叫普查，还不如发个调查表调查一下。为什么要入门入户，就是普查员一定要到现场去看、去查。为什么大企业普查员安排的时间要多一些，因为普查员要仔细看，特别是一些关键的数、主要的数，需要去核，要核原始数据、核台账、看处理设备。国务院即将印发的《全国污染源普查条例》以及已印发的《普查方案》里面都有明确的要求。我不是说大家都没有做，只是大家在这方面的反映不充分，也是试点工作中的不足吧，希望大家能够重视。

三、下一步工作安排和要求

先简单介绍一下“国务院普查办”从 2007 年 10 月到 2008 年 1 月大体的工作时间安排，可能实际执行有些变动，但不会有太大变化。一是今天会议结束后，“国务院普查办”要集中力量根据试点的成果修改普查文件、工作细则、技术规定、普查表和指标解释。除了你们的意见，在此之前我们召开了专家论证会，对相关的技术规范、普查表格等内容进行了全面论证。参加会议的同志都是对环保非常有经验的老同志和专家。我相信，有专家的意见，有试点的经验，我们会把各项技术文件改得更完善，争取 2007 年 10 月中旬改完。二是在 2007 年 10 月中旬将召开国务院领导小组办公室会议，审查普查表，听取领导小组各成员单位的意见，在本月底将召开总局的协调小组会议，审查各项技术规定和普查表式，协调解决试点工作中反映的一些问题。三是印发宣传挂图、手册，发布公益广告，时间安排在 2007 年 11 月初。四是在 2007 年 11 月中旬，争取召开国务院第一次全国污染源普查电视电话动员会。会议将推荐两个省代表发言，一个搞过试点的，一个没搞过试点的。五是在 2007 年 11 月中旬到下旬，国家用 20 天或者多一点的时间，分期分批对地方普查骨干进行培训。我们争取把培训的内容制成光盘，让大家共享。六是 2008 年 1 月中下旬所有的普查技术规定和表格等下发到各地。大体是这样一个时间进度，时间还是很紧的。

最后提几点工作要求：普查工作时间紧，工作非常繁重。为完成党中央、国务院交给我们的任务，确保普查工作顺利实施，第一要继续强调机构、人、财、物的落实。为什么每次会都讲，因为根据我们掌握的情况，有的地方还没有落实，省一级问题不大，重点是地市和县的问题。各地要特别重视一下农业组，省环保部门的同志回去要加强和农业部门的沟通，各省“普查办”的农业组（包括农业、畜牧、水产和一些国营农场管理部门）一定要建立起来，因为农业普查任务很重，农业部门必须动起来，才能适应工作需要。环保局要在整个普查工作中起到牵头作用，要搞好沟通和协调，要支持农业部门，把农业普查工作抓好，要落实责任制。大家会后回去要汇报，全国电视电话会议上我们要报告情况，有多少省成立了专门机构、落实了普查经费，对没有落实的要通报。

关于经费问题，2007 年预算各地“普查办”要配合财政部门尽快下达。中央财政在一个月前补助经费就到位了，地方没有理由不到位。2008 年的预算要尽快做，不要耽误，现在都10月份了，不报上去，明年又是个问题。

第二件事，要组织开展宣传，为全国污染源普查的宣传高潮做好准备。我讲一下国家的安排。一是在中央电视台播出全国污染源普查的公益广告，目前正在争取黄金时段能多播一些。中央电视台播了，希望省里、市里电视台都得有，省里要早点准备。二是宣传画，设计了一套共四张，准备印30万套，直接发到基层，不需要你们再印了，你们就管张贴、发放。三是印制宣传手册发给你们，手册已经定稿了，正准备印刷。此外，我们选了25条普查宣传口号发布在网上供大家参考。这里介绍的是国家的准备，也希望地方省、市、县都要着手准备，如果国家有，地方也有，就形成气候了。这项工作不要等，希望上下配合，掀起两个高潮。11月份配合全国的电视电话动员会掀起个高潮。国家动员了，省里要动员，市里也要动员，这个阶段就要掀起个高潮。你一点一滴搞，大家印象不深刻，这样集中搞可能效果好。明年二月份入户调查时再掀起一个高潮，这两个高潮把普查宣传工作推动起来。

第三件事，要加紧普查员、普查指导员的选聘工作和培训计划的制定。普查员的选聘关系到整个普查队伍的建设。一个是要根据普查工作的任务来确定人员数量，第二是要注重队伍的素质，要适应工作的需要。希望在11月中旬基本完成普查员的选聘工作。关于普查员的数量问题，国家发过一个指导意见，各类污染源配多少普查员、多少普查指导员等，你们可根据实际情况掌握。但是我想提醒大家，人员数量不能太少，因为时间进度大体是一致的，在规定的时间里你必须完成任务，又要确保质量，人员太少，工作就可能粗糙。所以人员除了质量要求外，数量也要有保证。地方要做好培训计划，测算一下人数，包括计算机设备、培训教师、培训地点、经费的准备等等，都要做好工作。国家要培训几千人，地方的数量可能更大，预计地方大规模培训应该在11月下旬至12月下旬，要把省、市的培训计划制定出来。

第四，要抓好企业的清查工作，清查工作比较早就做了部署，印发了清查工作的细则，在各种会上也强调过，要求在12月中旬能结束清查。为什么定这样一个时间？因为普查表册的最终印刷12月中下旬开始，一月份发放到基层，发到大家手里。到底各类普查表印多少份？应该有一个大体准确的数，不能太多印，造成浪费，少了不够也不行。12月中旬清查工作完成后，各地要把需要各类普查表的数报给国家。不要把这件事看简单了，国家安排的事要认真落实，将来你报出了数，国家就以此为基数开印了。清查工作和普查员的选聘、培训有关，选聘的普查员可以帮你到企业去搞清查。各地要制定清查的方案、清查的计划。清查一共分5个阶段，最重要的是前三个阶段，请大家按清查工作细则实施。农业源的养殖业清查，包括水产、畜禽养殖场的清查一定要到位，农户的清查是抽样，在清查阶段大体把抽样的范围定下来，调查哪些农户要有数，农户都在哪些乡、哪些村，真正普查时就进到农户家去了，这就是农业源清查要明确的。总之，清查是普查的基础，有大量的工作要做，12月中旬要完成清查。

最后需要强调的是，各省环保部门要处理好普查工作和当前各项环保工作的关系，一个时期有一个时期的重点，太原的经验可以借鉴，环保局工作很多，重点任务也很多，在普查的关键时刻要集中力量，处理好各种关系，把普查工作抓好。

“国务院普查办”王玉庆主任《致普查员和普查指导员的一封信》①

2007 年 12 月

普查员和普查指导员同志们：

国务院决定以 2007 年 12 月 31 日为普查时点，于 2008 年初开展第一次全国污染源普查。这是一次重大的国情调查。搞好全国污染源普查，准确了解污染源及污染物的排放情况，有利于正确判断环境形势，科学制定环境保护政策和规划，切实改善环境质量，解决影响人民群众健康的突出环境问题，促进经济又好又快地发展。

在这次污染源普查中，各位普查员和普查指导员受政府的委托，肩负着收集污染源普查基础数据的重任。你们的工作是整个污染源普查最重要、最基础的环节，是能否获得准确数据的关键所在。数据的准确性直接关系到全国污染源普查工作的质量，乃至这项工作的成败。你们的工作十分重要，责任很重大，也十分光荣。

这次污染源普查涉及范围广、普查内容多、技术要求高，任务十分艰巨。我殷切希望各位普查员和普查指导员要本着对国家负责、对人民负责、对历史负责的高度政治责任感，全身心地投入到污染源普查工作中，忠于职守，认真负责，坚持原则，依法普查。

——要认真学习《全国污染源普查条例》，积极参加培训，熟悉每个普查项目，掌握污染源普查的各项技能。

——要做好宣传工作，礼貌待人，耐心和善，争取广大普查对象的信任和积极配合。工作中要注意安全。

——要严格执行普查方案，实事求是，客观反映情况，指导普查对象准确无误填写《普查表》，坚决反对和制止弄虚作假，确保普查质量。

——要切实履行保密义务，不得泄露普查对象的技术和商业秘密。

长风破浪会有时，直挂云帆济沧海。在即将开始的紧张繁忙日子里，全体普查员和普查指导员一定不会辜负国家和人民的重托，在各级普查机构组织领导下，尽职尽责，圆满完成第一次全国污染源普查的重任，为人民献上一份合格的答卷。为此，中国环境保护的历史将记住你们。

充满希望的 2008 年即将来临，在此我代表国务院第一次全国污染源普查领导小组办公室及全国污染源普查工作办公室的全体同事，祝你们新年快乐，身体健康，阖家幸福！

① 发表于 2007 年 12 月，国务院第一次全国污染源普查领导小组办公室编发的《第一次全国污染源普查工作手册》中。

全面推进　狠抓落实　保证质量
按期完成全面普查阶段工作

——“国务院普查办”王玉庆主任在第一次全国污染源普查全面普查阶段工作会议上的总结讲话

2008年2月27日

同志们：

这次会议十分重要，非常及时，是在第一次全国污染源普查进入关键阶段，进入决战时期召开的一次重要会议。昨天，周建同志对普查准备阶段的工作做了全面总结，对全面普查阶段工作，特别是2008年上半年的工作进行了总体部署，并提出了明确要求。云南、浙江、福建厦门、湖南益阳、宁夏吴忠和重庆开县等6个地方的代表在大会上作了典型发言，介绍了各自在普查准备阶段的工作和经验，并提出了下一步全面普查阶段的工作设想。讲得都很好。各地还有许多好的做法和经验，也都取得了明显进展，没有来得及在大会上讲，发言的仅仅是几个方面的代表。下午，同志们进行分组讨论和交流，围绕落实周建同志的讲话精神，发表了不少好的意见和建议。一会儿，我们还要进行第一次全国污染源普查普查员入户调查出发仪式。

下面，我对会议做一个简要总结。先讲一下会议的主要成果，再强调几个问题。

一、会议取得的主要成果

同志们反映这次会议开得很紧凑，时间不长，但目的明确，针对性强，收获很大。通过这次会议，特别是学习了周建同志的讲话，进一步统一了认识，认清了形势，明确了任务，增强了信心，达到了预期的效果。

（一）进一步认清了污染源普查工作的形势

周建同志的讲话，即站得高，又具体明确，对普查准备阶段工作做了总结，指出了存在的问题，再次强调了普查工作的重要意义，阐述了全面普查阶段的总体要求。通过学习，各地同志进一步认清了全国普查工作的总体形势和工作进度，认识到普查进入了攻坚阶段，现在开始打一场主体战役，增强了大家的责任感和紧迫感。同志们表示回去后要进一步加强对普查工作的组织与指导，保证又好又快地完成全面普查阶段的工作。

（二）进一步明确了全面普查阶段的任务

这次会议重点对下一阶段（全面普查阶段）的工作任务进行了部署。大家反映，通过这次会议，地方同志对下一阶段工作心中有数，能够做到统筹安排，有序管理，形成合力，确保全面普查阶段工作的进度和质量。

（三）进一步增强了做好全面普查阶段工作的信心

大家反映，正月十五刚过就召开这样全国性的会议，说明了环保总局党组对普查工作的重视和搞好普查工作的决心。2008 年 1 月 4 日，国务院就召开了全国的普查动员会，曾培炎副总理作了重要讲话，周生贤局长也作了发言，对普查工作提出了要求；2008 年 1 月 22 日，周生贤局长在全国环保厅局长会议上的报告和闭幕式上的讲话，都强调了污染源普查工作；2008 年 2 月 26 日我们又召开了全国的普查工作会议，周建同志到会并讲话。他在讲话中重申，坚持一把手亲自抓，主管局长具体抓，要举全局之力搞好普查；同时，针对各项任务提出了切实可行的措施。大家表示，各级领导对普查工作是重视的，只要团结一致，狠抓落实，我们的目标就一定能够实现。

（四）各地交流了信息，反映了下一阶段普查可能出现的问题

通过 6 个地方的典型发言、各省主管局长和“普查办”负责人的分组讨论，给大家提供一个交流工作情况的平台。大家普遍认为，在推动污染源普查的过程中，如何将国家的统一要求和当地的实际紧密结合起来，认真负责地开展工作，是顺利完成全面普查阶段工作任务的关键。通过这次交流，各地互相启发，同时也反映了下一阶段应该注意的一些问题，便于我们进一步改进工作。

二、会议精神的贯彻和对下一步工作再强调几点

对全面普查阶段的工作，周建同志的讲话已经做了详细部署，并提出了明确的要求，概括起来就是四项任务，六点要求，明确具体。我结合同志们讨论反映的问题，再从普查办角度强调几点。

（一）会议的贯彻问题

各地要认真学习和及时传达这次会议的精神，重点做好以下几项工作：

1．做好汇报。与会代表回去后，要向环保局（厅）一把手、省政府分管领导汇报。重点汇报周建同志的讲话精神。

2．制订计划。要研究提出落实这次会议的意见，就本地贯彻落实会议精神，做好计划和安排。

3．召开会议。一是召开污染源普查领导小组会议，或领导小组办公室会议，请相关部门的领导参加，把各部门的力量调动起来，形成合力；二是召开各省“普查办”工作会议，进行具体部署；三是召开环保局（厅）局务会，或专题会，协调推进。

4．建立责任制。要根据周建同志的讲话和本地制定的落实计划，明确分工，明确责任。

（二）准备试点阶段的工作收尾及下一阶的工作准备问题

周建同志讲话中对准备试点阶段的工作做了全面总结。目前大部分地区已经按国家要求基本完成了准备试点阶段的工作，但还有少数省市和基层单位没有全面完成，需要尽快整改。完成的地方也还要进一步梳理。重点梳理以下几点：

1．是否有一套完整的普查对象目录。这是全面普查的基础，也是清查工作的基本要求。各地到底有哪些源，有多少源，一定要说清楚。从核查和调度的情况看，许多省还说

不清楚，说明清查工作做得还不到位。没有目录的要尽快完成，保证做到不漏、不错。普查对象目录要作为将来核查清查工作质量的一个重要条件。

2．是否有一份适应工作需要的普查员、普查指导员名单，要确信是否都经过培训。各省、各市、各县都要掌握，到底有多少普查员和普查指导员，哪些是从单位抽调的，哪些是从社会招聘的，发证之前要核对清单；要明确工作任务和职责，制定有关普查员的管理制度；社会招聘的普查员和指导员要落实相关的经费。

关于工业源产排污系数的培训，国家正在组织。各省的培训要直接到地市去办，直接培训县里的骨干，省里下去指导，一次到位。每个县都要重点培训一批会使用排污系数手册的指导员。

3．全面普查所需要的文件资料是否全部下发到了基层。要检查国家下发的各项技术规定、各种工作细则、各种普查表格及其解释、工业源产排污系数手册等是否都齐全了，是否都到了县、区的普查办；《周生贤局长致全国污染源普查对象的公开信》和《普查员工作手册》也要发到普查对象和普查员手中。要一个县一个县地检查落实，特别是交通不方便的地区，没到位的，要尽快到位。

4．数据审核工作的准备是否到位。普查表填报完成后，马上就要组织审核。要检查各级环境监测站是否把重点源的监测数据，包括历史的数据进行了汇总；统计部门和排污申报部门是否作好了参与审核的相应准备。

5．数据录入工作的准备是否到位。要检查各地的数据录入员是否确定了、培训了；计算机的软硬件条件是否到位。

总之，要把全面入户调查所需的各项工作认真梳理一下，列出清单，认真检查落实。没有落实的要抓紧落实，有困难的要想办法解决。大战在即，兵马未动，粮草先行，各地的保障工作要及早到位。

（三）保证普查工作顺利进行，加强对基层普查工作的指导问题

周建同志的讲话已经强调了工作指导问题，同志们在讨论中也认为这点非常重要。我们对普查工作还缺乏经验，这项工作时间紧、任务重、技术要求高，而人员素质参差不齐，加强普查工作指导是顺利完成普查任务、出高质量成果的重要关键环节。国家、省、地市三级要全力以赴支持和加强基层的普查工作。加强指导实际也是服务，特别是国家和省两级要努力做好指导、督促和协调工作，为基层提供尽可能好的条件和环境。

“国务院普查办”拟采取的措施。一是加强指导。2008 年 3 月中旬派出指导组，争取每个省都到，在省、市的配合下指导普查工作。指导组将直接到基层，边看，边了解情况，边解决问题；二是办好网站。要畅通网上答疑解惑的专栏，确定专人负责解答地方反映的问题；三是加强调度。周建同志在讲话中已强调，“国务院普查办”要建立半月一次的信息调度制度。各省、市也要建立相应的信息调度制度，及时了解情况，解决问题；四是加强交流。将分小片召开交流会，搞短平快的交流，以便互相取长补短。

需要强调的是，各省、自治区、直辖市环保局是承上启下的关键环节，要发挥主观能动性。国家的信息主要是通过省里传达下去，各省要及时将国家的要求、信息、技术规定等传达给地方，及时将基层的问题反映上来。各省要加强对基层的指导和帮助，要制定具体的措施加以落实。

（四）如何举全局之力做好全面普查阶段工作的问题

生贤局长在 2007 年 10 月份召开的环保总局污染源普查协调小组会议上明确指出，要举全局之力，集中力量搞好污染源普查。在 2008 年全国环保厅局长会议上再次提出了明确要求。这些讲话都在中国环境报上全文发表过。周建同志这次再次强调了这一点，提出了明确要求。2008 年 2～5 月份要举全局之力做好普查，作为阶段性的中心工作，这是普查性质决定的，全国必须统一行动。

如何举全局之力，各地有不少好的经验。一是从机关有关处室、直属单位抽调一批业务骨干，下去支持基层普查工作。抽调半个月、一个月的时间是可以做到的。二是动员环境监察队伍参与污染源普查工作。环境监察队伍对企业情况比较了解，这个阶段主要投入普查工作。环保总局办公厅 2007 年 12 月 29 日印发的《关于配合做好第一次全国污染源普查工作的通知》（[2007]144 号文），提出了明确的要求。三是对普查数据进行会审。“普查办”要组织环境监察、监测、统计、污控、规划部门共同参与。特别是重点污染源的普查数据，要按照有关技术规定进行会审。在此特别强调，本次工业污染源产排污系数目前只能用于普查；同时审核工业源产排污量也只能用普查办开发的这套系数。四是数据录入问题。各级环保局的信息中心要积极配合，尤其在录入员的培训和质量监督上要发挥职能作用。五是经费落实问题。各地环保局计财处要发挥作用，计财处长要协调落实经费。六是宣传工作，各省环保局的宣教中心要积极配合，出面协调。总之，要在各级环保局的统一部署下，举全局之力抓好污染源普查工作。

国务院污染源普查领导小组办公室计划近期召开领导小组办公室会议，动员成员单位的领导参加普查质量核查工作。地方各级环保局也要举全局之力，同时动用普查领导小组各成员单位的力量，齐心合力来推动普查工作深入开展。

（五）加强普查资料档案管理问题

污染源普查已进入了关键时期，大量的普查报表和众多的原始数据将会陆续产生。环保总局和国家档案局 2007 年 12 月 12 日印发了《污染源普查档案管理办法》（以下简称《办法》）（[2007]187 号文）。周建同志讲话中也明确了这项要求。希望各省严格按照两局《办法》，管理好档案。将来核查、评比工作中，这也是重要的一环。

要重视普查资料的开发利用问题。周建同志对普查数据的科学使用和动态管理提出了要求，污染源普查为环境统计、环境监管建立新的平台打下坚实基础。本次普查数据与“十一五”节能减排指标不挂钩，但是要为制订“十二五”规划服务。因此，这次普查能否取得真实结果，直接关系“十二五”规划制订的水平。

档案管理中要特别注意，企业填报的普查表都要签字盖章，都要存档。具体污染物排放量数据，如果环保局核定数和企业上报数不一致，企业坚持不更改，环保局要单独列表录入计算机。这两张表都要保存，并作为核查的重要证据。

（六）关于工作进度问题

一些地方讨论中反映四个步骤的时间安排比较紧，我们经过认真研究，意见是两句话。一是不能变。制定这个计划已经考虑各种因素。目前总体的时间进度已经推迟。绝大多数地方基本完成了前期工作，国家已经进行了动员部署。在这种形势下，迟迟没有行动，反而造成被动。中国有句古话：“一鼓作气，再而衰，三而竭”，值得大家深思。

二是能完成。第一，目前已有地方开始试填，企业填报加上初步审查，50天时间差不多。其次，我们有试点的经验，这个时间安排基本可以保证普查表的填报和初审工作。在工作中肯定会遇到困难，关键在我们的工作力度。要在确保质量的前提下，按进度完成任务，没有退路。

（七）关于经费问题

按照《全国污染源普查条例》和《第一次全国污染源普查方案》，污染源普查所需经费由中央和地方财政共同负担。我们还在争取中央财政继续对地方，特别是贫困县给予适当补助。各省财政也要对财政困难的市县给予必要的经费补助。希望中央和省能够共同努力，一起帮助困难县，无论如何都要解决他们开展普查所必要的、最基本的工作经费。在经费未到之前，有些地方提出了适当借用的办法。总之，要通过共同努力，保证经费落实。

（八）关于下半年的工作

周建同志的讲话对污染源普查全面普查阶段工作进行了全面部署。为了突出重点，主要强调了上半年的工作，这是污染源普查的主体战役、关键战役。讨论中有的地方提出下半年普查机构稳定性的问题，即是否保留普查机构，保留到何时。对此，要认真考虑下半年的工作：一是各省在 2008 年 7 月底完成普查数据汇总上报后，国家还要组织核查，开展数据分析，还需要各地配合做好核查和分析工作。在此过程中需要对各地的普查数据反复校对，必要时进行调整。二是地方也要开展数据分析工作，并向政府报告。按照《全国污染源普查条例》，各地发布污染源普查数据需要经过国家批准。三是要组织普查成果的开发、利用工作，并实现动态化的管理。曾培炎副总理在 2008 年 1 月 4 日的动员会上就提出了这一要求。周建同志的讲话也强调了这一点。所以，2008 年下半年的工作任务还十分繁重，2009 年全国还要组织检查验收，并开展评比表彰活动。各地的普查机构不能撤、不能散。

“国务院普查办”将尽快将周建同志的讲话和会议总结印发各地。各地要按照会议精神，尽快安排部署。各地的准备工作就绪就可以入户调查。地方可以自主决定入户调查的时间。国家的统一要求是：2008 年 3 月 10 日前将普查表发到每一个企业。各地可以结合当地实际，举办一些必要的活动和仪式，造成一定的声势，增进各级政府、各有关部门和全社会对污染源普查的了解和支持，把全面普查的头开好。

同志们，我们已经进入了污染源普查的主体战役和攻坚阶段，成败在此一举。希望你们在国家统一领导和部署下，充分发挥主动性和积极性，坚决打赢全面普查这一战役，为夺取第一次全国污染源普查的最终胜利打下坚实的基础。

谢谢大家！

产排污系数核算项目的意义和作用*

——“国务院普查办”王玉庆主任在工业污染源产排污系数核算及应用研讨会上的讲话

2008 年 4 月 11 日

国务院决定于 2008 年开展第一次全国污染源普查。这是一项重大的国情调查。开展全国污染源普查，摸清各类污染源的家底，为制定切实可行的环境保护政策和规划、提高环境监督执法的针对性和有效性、减少污染物排放打下坚实的基础；为优化经济结构、科学制定经济社会发展政策提供重要依据。

一、工业污染源产排污系数核算项目概况

作为第一次全国污染源普查的重要技术支撑，从 2006 年 4 月开始，在原国家环保总局的安排下，中国环境科学研究院组织科研力量，开展了污染源产排污系数核算的前期研究。2007 年，在第一次全国污染源普查工作办公室的指导下，工业污染源产排污系数核算工作全面展开。

这一研究项目由中国环科院牵头，充分发挥了行业协会、行业研究院等单位的专业优势，中国轻工业联合会等 25 家行业协会（联合会）、科研单位、总公司、高校作为分课题承担单位参与项目研究。在企业环境历史数据收集和排污现场实测中，地方环保部门给予了很大支持，发挥了重要作用。项目研究中实测企业（装置）数共计 2 524 个。

项目初步提出了重点行业工业污染源产排污系数体系，包括 32 个大类行业、351 个小类行业、1 344 种原料、8 367 种产品、1 026 种工艺、10 504 个产污系数、12 891 个排污系数。其中，通过实测得出产排污系数的小类行业 259 个，可以参照实测小类行业得出产排污系数的小类行业共 92 个。以上 32 个大类行业各类污染物排放量合计约占全部工业行业污染物排放总量的 95%以上，基本上反映了我国工业行业污染排放规律的整体状况，具有较好的代表性。

二、工业污染源产排污系数核算项目的意义和作用

（一）产排污系数核算是第一次全国污染源普查的基础性工作，对工业污染源产排污量科学核定具有决定意义

第一次全国污染源普查方案和相关技术文件规定，工业源产排污量的计算有 3 种方

* 本文系国务院第一次全国污染源普查领导小组办公室主任王玉庆 2008 年 3 月 27 日在工业污染源产排污系数核算及应用研讨会上的讲话摘要。

法：一是现场监测法，考虑到可行性，国家要求省控和国控重点工业源，应采用 2007 年现场监测数据来计算企业产排污量。二是物料衡算方法，对于没有现场监测数据和产排污系数的工业源，在当地普查机构组织下采用物料衡算方法计算企业产排污量。三是产排污系数法。

我国现有注册的工业企业 100 多万家（2004 年为 160 万家）。纳入重点工业源（包括国控和省控）的污染源数量约 3 万余家，加上其他有规范监测数据的企业，总数也极为有限。能够采用物料衡算法测算污染物产生量和排放量的工业源仅局限于少数几个行业及少数污染物，所占比例很小。也就是说此次普查中，全国绝大多数工业源将采用产排污系数法进行污染物产排量的测算和核定。工业源产排污系数的科学性和准确性在很大程度上决定了普查中工业源污染物产生及排放量数据的准确性和可靠性，在一定意义上也决定了这次工业源普查工作的成败。其重要性在污染源普查中是不言而喻的。

（二）产排污系数是今后环境管理一种重要工具

这次研究项目提供的产排污系数，经过试用、修改和进一步完善，将作为环境管理的重要工具，在环境统计、排污申报、环境监理、总量控制等各项工作中将发挥重要作用。

（三）正确认识产排污系数在普查中的作用

产排污系数项目研究给出了同一产品、同一原材料、同一工艺、同一规模（即“四同”）下的单位产品（原料）的污染物产排污系数。工业源产排污系数反映了工业企业在相对规范的生产管理条件下污染物排放的规律，既是理论上计算推导的值，又是实测大量企业得到的平均数。既然是平均水平，就不可能是每个具体企业严格意义上的实际排放量。但它能在一定样本数的基础上，较为客观反映各地、各类污染源总体上的排污状况。这对于国家，包括省一级掌握宏观情况，做出科学决策是非常重要的。搞清楚某个具体污染源污染物真实排放的情况固然重要，但普查的主要目的不在于此，而是要求从总体上能够准确把握污染物的排放状况，当然还包括分类、分区污染物的排放及污染源的结构、数量等各种有用的信息。所以对排污系数在这次普查中的意义和作用要有正确、清醒、统一的认识。对在普查中使用产排污系数手册遇到的困难和问题，要采取积极的态度加以研究和解决。

三、下一步需要开展的工作

（一）工业污染源产排污系数体系的完善

为了使工业污染源产排污系数更好地服务于污染源普查和今后的环境管理，应在现有的基础上，更加全面地分析各行各业的特点及影响污染物产生和排放的各种因素。虽然 259 个行业小类，按“四同”原则互相组合出 12 800 多个排污系数，但现实是企业的情况千差万别，系数适用的条件总有涵盖不了的情况。就要根据实际，对各行业的系数进一步细化和完善，使其更具有可操作性和实用性。对尚缺少系数但可能有污染物产生的行业、产品，应尽快补充核算相关系数。

中国环境科学研究院和各项目参加单位应密切配合这次工业源的普查，随时解答各级普查机构工作中发现的问题，加强技术指导。这也是进一步完善工业源产排污系数体系最好的实践机会。

（二）深化工业污染源产排污系数的应用研究

环境统计工作长期以来一直以 96 版的《产排污系数手册》为基础。此次产排污系数研究成果，从质和量方面看，比 96 版有了很大提高。需要结合新的环境统计平台的建立，研究新的产排污系数如何应用到环境统计中去。此外，环境监理、排污申报等如何应用最新的产排污系数的成果，都需要进行研究。

作为科研单位，还应就这项涉及工业源污染物排放规律的研究工作进一步深入，从理论和实践上开展产排污系数和污染物行业排放标准、产排污系数和清洁生产、产排污系数和总量控制等的关系研究，以提高环境科研和技术管理的水平。

“国务院普查办”王玉庆主任在第一次全国污染源普查数据审核工作会议上的总结讲话

2008年9月12日

2008年9月11日在江苏南通参加全国政协关于城镇污水处理的专题调研，赶过来参加这个会，也是想跟大家见个面。我抓普查工作从2006年10月份开始，到现在有近两年的时间。在座大部分同志干普查工作也有一年多了，确实很辛苦，大家对普查工作非常有感情。昨天晚上听了陈斌、建平和曹东同志介绍会议情况，又看了5个地方发言，这些发言讲得都很好，也使我很有感触。

现在进入到普查的最后阶段，也是非常关键阶段，我们召开这个会议，是一次重要的会议，希望大家把会议精神带回去，贯彻到下一步普查工作中。陈斌同志在开幕式上讲话，讲了开会的目的，对一些大家反映的问题做了说明，他的发言我都赞成。刚才建平同志、许振成同志、曹东同志就一些数据审核、“三产”排污系数应用和下一步有关工作，谈了些具体建议，可以供大家参考。下面讲两个问题。

一、当前的普查形势和前一段的工作

会上3个省以及两个市的经验介绍，充分说明了这次普查工作在各级污染源普查领导机构、在各级环保局和污染源普查工作机构的努力下，取得了重大的进展，成绩是非常显著的，应该充分加以肯定；但是要全面完成普查工作，还需要继续努力。山东省这次没有作为经验介绍，但是我听有关同志讲，山东省从2008年5月1日以后，普查办同志就取消了节假日，集中进行普查数据的审核，加强对基层的指导，逐县、逐市、重点企业一个个地过，这种认真负责、精益求精、确保质量、连续奋战的精神就是我们普查的精神。我想除了山东之外，全国各地都会有一批勤勤恳恳、任劳任怨、放弃节假日休息、加班加点、克服各种困难、努力工作的好同志，应向他们致敬。

普查工作对于环保系统来讲是一项全新的工作，没有经验，时间比较紧，技术准备虽然做了不少工作，但总体来讲，还是比较仓促，这给大家带来很多困难。再加上当前环保中心工作非常繁忙，所以同志们抽出来搞普查，压力是可想而知的。正是因为各级“普查办”同志们的努力，特别像今天来参加会的各位，你们都是“普查办”的负责人或者技术骨干，起着非常重要的作用，凭着你们工作的责任感、事业心，充分发挥主观能动性，普查工作才取得了今天的成绩。

2008年初在云南开会动员时强调，基层普查表的填报和初步审核是非常重要的，是一项攻坚的工作，也是整个普查工作是否搞得好的基础的基础。应该说我们比较圆满地完成了这一阶段工作，但也仅是取得了阶段性进展。现在是进入了最后冲刺阶段，需要大家咬紧牙关，坚持到最后，取得最终的胜利。

关于前一段的工作将来还要全面总结，我这里仅就这次会上介绍的经验谈点体会，也是大家一些好的做法。首先领导重视、措施得力是保证普查数据质量的前提。这点各地都有经验，辽宁省的汇报特别提到一把手王秉杰局长亲自抓，提出要求，举全局之力，动员了 16 个处室的负责人，抽调了 150 多个人组成 14 个督导组，局长分片包干，处长包市，组内人员包县、区的方式进行督察。广东、重庆也有这样的例子，广东李清局长非常重视，亲自介绍情况，探讨一些问题。这点体会中“措施得力”很关键，大家想了很多非常好的办法，来确保普查工作质量。这次普查工作全面开展之前虽然做了试点，但是实际情况千差万别，国家统一的技术规范、排污系数、普查表格下发后，到各地遇到的情况是不一样的，这就要靠每个地方主动性、积极性的发挥，采取一些得力的措施来应对，才能确保普查工作质量。这是第一。

第二，就是求真务实、讲求实效是普查核查工作的基本要求。这次会上介绍的许多做法是确保普查数据质量方面做的工作，各地都有非常好的经验：像南通市注重基础数据的审核，抓基础抓自查，注重逻辑数据的审核，抓细节抓复查，注重数据的深度审核，抓会审抓完善等；像新疆建立的数据质量核查的自查、互查、抽查、会查“四查制度”；像浙江湖州对普查数据进行了宏观分析、四项微观审核，等等。

第三，就是抓好宣传，为提高普查质量创造良好的舆论氛围。昨天到这儿以后，看到发给我的材料里有辽宁省编的关于普查条例的一部漫画，还有卡片，还有环保袋，这都是用心的人真正把它当作一件事来办，想出这些生动活泼的方式。辽宁省会上介绍了宣传工作，讲得非常好，也实实在在干得不错。我上次去河南，那儿的宣传工作也做得不错。天津、湖北的襄樊、江西的九江在这方面也做了一些工作，宣传工作各地都有一些高招、一些好办法。各方面重视了对提高普查工作质量非常有利。辽宁还要为普查搞一个雕塑园，为首次全国污染源普查工作留下个长久的纪念物，很有意义。

再一条就是大家能够增加交流、取长补短，对促进普查数据审核工作很有帮助。关于前段工作，我就简单说几点，因为时间关系，没来得及认真考虑。希望大家回去好好总结，有些工作做过不能重新来，但是对于今后的环保工作都是很好的经验，也是这次普查工作的一笔宝贵财富。

二、关于普查下一阶段的工作

下面我想重点就下一段的工作谈几点意见，这也是大家比较关心的。

中国有句老话，叫“行百里者半九十”，虽然污染源普查大部分工作量已经完成，特别是基层表的填报、初步的核查工作已经结束，但整个普查工作还没完成，而且下一段的工作任务还相当艰巨，我们从思想上应该给予足够重视，不能有一点松懈的情绪。要明确任务，扎扎实实做好下一步工作，这对普查取得全面、最终的胜利是非常关键的。

（一）加强普查数据的汇总、综合分析和进一步审核工作，确保普查工作圆满胜利地完成

第二阶段的初报工作已经有 23 个省、自治区、直辖市报上来，还有 9 个省市正在报，下一步需要集中做的事有以下几点：

1．“国务院普查办”的数据组及各组共同努力，就已经汇总上报的 23 个省（区、市）初步数据提出了一些问题，已经返还给大家。同志们回去一定要认真看看，昨天听曹东同志和陈斌同志介绍，他们还是作了很细的工作。重点工业源，跟原来的环境统计相对照，发现中间有很多问题，仅从名称、代码上看，差不多十万家只有六万家对的上。汇总初报和第一次上报对比，两次上报不一样，发现一些从一般道理上讲不通的问题。所以大家首先要认真地把“国务院普查办”发现的问题进行分析、审核，把错误的加以改正，这是普查中间的一道非常重要的程序。

分初报和终报，现在看来是非常重要的。如果这次就是终报，那很多问题发现不了，现在通过初报，发现了，大家回去要做这项工作。怎么做，曹东同志已经做了说明，将来还会在网上跟大家交流。

2．把普查汇总数据做更深入的分析，跟当地的社会经济发展情况及宏观统计数据作对比分析，比如说能源消耗、人口分布、水资源的消耗，等等。和我们历来的环境统计数据，包括节能减排的各种数据，进行对比分析。这项工作在辽宁汇报里有一段，我念一下：“组织各级普查机构结合本地 2007 年经济社会发展和产业结构情况，历来环境统计的数据，紧紧围绕废水、废气涉及的各项污染物展开综合分析；与 2007 年环境统计的污水排放量、煤炭消耗量以及相关污染物排放量数据寻找差异，从产排污系数的选取、取值范围、普查对象类别划分、人口数量变化、统计口径、统计范围等方面入手，查找数据差异的原因，整体评估普查数据的合理性和逻辑性。”这段写得很好。大家要有个明确的概念，就是“普查办”不是简单的查数、填数，还应该发挥一些综合分析和评价的作用，而且越到后期越重要。这是从整体上把握普查工作的准确性和普查工作质量的重要环节，也是普查机构工作水平的重要体现。这项工作希望大家抓紧进行。这项工作仅利用现有的人员可能有困难，可以吸收环保局的有关处室、特别是有关科研单位，他们有这方面研究的经验，请一些专家来帮助我们。做得比较好的省在这方面已经有经验了，但是要继续分析。这也是将来编写技术报告的一个重要内容。

这里要明确一点，作这种分析绝不是把普查数据向环境统计数据或其他环境数据靠拢、看齐，我们一定要尊重普查数据的事实，不能随便改，这跟第一个问题有差异。第一个是把很多逻辑上存在矛盾的问题，或者从形式上就不合适的问题提出来，比如名称、编码填错了总需要改，第一次上报有这个单位第二次初报没有了，系数使用错误等等，这些情况就需要说明和改正。普查数据由于范围、采用的排污系数和其他有关口径与原环境统计及其他来源的环境数据有差异，得到的产、排污数据肯定不同，即使同一企业也会如此，大家应该清醒地认识这一点。宏观分析，重要的是看普查本身存在哪些系统性误差。比如大家反映，有些地方一些主导产业的排污系数上有问题，还比如说生活源的产排污系数，对有些城市可能不是很适用。像这些系统问题，通过分析可以反映出来，我们就要采取措施来解决。如何调整？将来国家普查工作办公室要专门有说法，但绝不是随便修改那些基

层数据，也不是向统计数据靠。

这次会议的重要内容是数据审核，我的理解是做这两方面的审核，一方面是针对发现的问题进行审核修改；第二个是从宏观上进行分析，对我们的数据进行系统性审查。

3．“国务院普查办”过了中秋节要组织小组下去和省里一起做工作，目的是检查原来提出的问题是否得到纠正或说明；第二项就是对地方汇总初报的数据，经分析后发现的问题跟地方交流。国家普查办带着意见下去，跟大家讨论。你们也要有个综合分析的基础，和国家分析结果进行对比。比如某省二氧化硫排放汇总上来是×××万吨，我们通过分析认为这个数可能有较大的偏差，我们讲出理由和存在问题的地方，跟你们商量，到底应该怎么得出更准确的结果。但我想说的是，这些分析最终都要找出原因来。一个要从基层报表中查，到底是哪些企业带来这些误差，当然是指影响总量的一些排污量大的企业；再一个就是从排污系数的使用上，或者其他方面查找原因。这是国家指导组要做的工作，大约在 2008 年 9 月下旬一直到 2008 年 10 月份，用一个半月甚至更长的时间完成这项工作。希望大家做好准备。这样经过上下商量以后，形成的最后结果再进行终报。

这是我想讲的第一项工作。

（二）树立大局观念，加强与农业部门的沟通协调，保证普查数据全面按时上报

我现在把上报情况跟大家反馈一下，可能点到一些省、市，你们也不要在意，因为问题确实存在，提醒一下有好处。

先说第一次上报，第一次上报到现在为止，工业源和生活源共有 25 个县区没有报，就是最原始的基层报表没报。农业源尚有 125 个县区没有报，我先不说农业源，因为数量比较大，而且也比较集中在几个省，个别省是有特殊情况，包括四川、甘肃受地震灾害的影响。我说一下工业源和生活源，有福建、山东、河南、广西、贵州、云南，这几个省都有一个县或一个区，到现在第一阶段数据还没报。有些省工作做得不错，过去也是抓得很紧的，回去查一查，每个县区都有名单，为什么到现在数据库里还是空的，问题在哪？四川、甘肃、青海还有 4 个县（区）没报，四川、甘肃因为地震灾害的影响，但是青海应该抓紧回去查一下这几个县，为什么没有工业源、生活源的数。我不相信一个县没有一个生活源，没有也要说明情况，相信他们都做工作，为什么没报？回去查一查，这件事要尽快落实。

第二次已完成初报的 23 个省区市也还有一批区县数据缺失。“普查办”整理出来有 10 个省市，其中有些县、区缺数据。这个单子给大家，回去抓紧核对，如果个别县区有特殊情况要做一下说明。还有 9 个省区市没有报：北京、天津、山西、内蒙古、浙江、福建、贵州、青海、宁夏。各省有各自的情况，有具体困难，也希望能够抓紧，争取在 2008 年 9 月底前把初报工作完成。

这里我想说一下，因为有些省市领导有这个要求，报之前要送有关领导审。你们给领导报，但要跟领导说清楚，这是初报，将来由国家审核，与地方商议后还要经领导审核最终报国家。另外不管报给哪位领导，哪位领导都不能随便改数，或者指示普查机构调整数字。我到过的一些省市，省的领导包括环保局的一把手都跟我表态，说不会随意调整数字，了解真实情况对工作只有好处没有坏处，相信他们都会这样做。这次全国大规模的调查，

污染源的数字跟过去肯定是不一样的，要建一个新的数据平台。从国务院领导同志到环保部周生贤部长在多次会议中强调，要认真执行国务院的《全国污染源普查条例》，实事求是，不弄虚作假。地方有要求的，按照组织纪律该报的报，该送领导的送领导，但要跟领导说明白，目前的初报只是普查工作中的一个过程。

这里我想重点说一下和农业部门的合作问题，这次来参加会的绝大部分都是环保部门的，我想强调几点：

1．这次污染源普查从国务院发的文件、条例，到国务院批准的方案，到国务院领导同志讲话，都明确污染源普查是各级政府的事情，但是办公室设在环保局，普查的主要职责就由环保部门负责。各级环保部门要把责任负起来，普查搞不好首先拿环保局问罪，其次农业源普查有些滞后，才考虑与农业部门有关的问题。完不成任务，国务院打板子，首先打环境保护部，地方也一样。农业源普查搞不好，首先你环保局没有组织协调好。国务院把这件事就是交给环保局办的，其他部门是配合你、协助你，至于配合得好不好是另一回事。大家对此一定要有清醒的认识。办公室设在环保局，你就要把工作抓起来，就要按照国家要求完成任务。

2．农业源产生的污染物对环境状况的影响越来越大，摸清农业源污染的家底也是环保工作迫切的需要。而摸清农业源家底要靠农业部门的支持，也要靠我们的努力。大家可以好好回忆一下，环保搞了这么多年，工业源多少还有些数，心里也有些底，生活源不管怎么说还有一些宏观测算的东西，大体有些基础，唯一最薄弱就是农业源。现在对水环境影响比较大的，特别是对相对封闭水体，农业污染可能占非常大的比重，但是我们说不清楚。而这次普查是一个重要的契机，你离开这次普查，再搞这么大规模的农业污染源调查不太可能，至少近两三年不大可能。下一步要改善水环境质量，你对农业源情况不清，就要影响决策和工作部署。通过抓节能减排，工业源的监管力度加强了，城镇污水处理厂建设也大大加快，现在唯一瘸腿的还是农业源这一块。到“十二五”这些就是重点，最近召开了农业环境保护工作会议，李克强同志做了重要讲话，强调农业环保的重要性。农业源普查是给农业环保打基础的，大家一定要从工作需要出发，有强烈的责任感和迫切性，把农业源普查抓好。

3．在农业源普查中农业部门是很努力的，据我们跟农业部门的接触，他们的有关研究单位、环境监测单位都在积极工作。这对他们来讲也是一项完全新的工作，困难也很大，由于各种主客观因素，农业源普查部分地方有些滞后，从环保局来讲，要主动积极地配合。目前还有 125 个县、区的农业源的数据没有上来，各个省级“普查办”要回去跟负责农业普查的同志商议，到这些县去一趟，看看什么原因？是数据没有录入呢？还是表没有汇总？要一个一个县解决，农业部门如果有一些难处，我们要尽量协助和促进它。农业源数据录入工作，如果农业部门已经做了，鼓励把它完成，并汇总到“普查办”里；没有做的，就由县一级的普查机构把它接过来做好。各级普查机构将来向同级政府交代，不能只交代一部分数据，那说明你没完成任务。将来环保部门的数据库也应该是全面的，不能三条腿缺一条腿，缺一条腿就站不住了。所以这件事我特别强调一下，到最后工作的沟通配合更加重要，我们是牵头单位，应该姿态更高一些，责任心更强一些，工作应该更主动一些。

（三）高水平建设污染源普查的数据库，做好普查数据的开发利用工作

我们普查工作的成果，多以数据来表示。我们不仅要确保数据质量，还要对这些数据进行开发和利用，提供一批重要普查成果，为各级政府和环保部门服务，在进行环境决策、制定环境政策和规划时参考。普查数据的开发利用，当然是一项长远性工作，不是说 1 个月 2 个月或者 1 年 2 年能完成的，可能需要持续很长时间。但是目前“普查办”要做的是一项最基础的、初步的、也是最重要的开发利用工作。普查结束了，你要向各级政府提供一些普查成果和报告，不能光说几个数就完了，还要做些分析，这些分析就要靠对这些普查数据进行开发。

按照国务院发布的污染源普查条例和普查方案的要求，普查目的之一是建立各级污染源普查的数据库。现在省里数据已经汇总上来了，有一个初步的库，这个库还需要加大完善，需要开发一批应用软件，等等。这方面有些省搞得比较好，大家可以广泛交流一下。

国家已经做了部署，我们在 2008 年 9 月初专门研究了这个问题，请环境规划院和国家的环境信息中心，两家联手就全国的普查数据组织开发利用，提出了一整套方案，并且委托有关公司正在开发相应的软件。“国务院普查办”要下发一个关于普查成果开发利用的指导性意见给地方。因为这涉及到一些费用，所以希望你们回去抓紧制定一个计划，提出需求，然后列入各级财政预算，明年上半年争取安排一点经费，这样经费到位数据库的建设和成果开发利用才有保障。总之全面完成普查工作，目前即将进入最后一个阶段，也是为最终出成果抓好基础的时期。成果开发利用得好坏，数据库建设得好坏，决定了这些成果有没有分量，也可以看出各地普查办的水平，希望大家重视这件事。

（四）要及时按照规定上报和发布污染源普查成果

按照普查工作进度安排，“国务院普查办”年底前要向国务院提交主要数据成果，到明年适当时候，经过国务院普查领导小组批准，要对外发布普查的公告。这项工作地方也要在 2008 年 11、12 月份着手谋划。这里我想强调在数据上报和批准发布之前，要注意保密。这点陈斌同志已经强调了，我再说一下。除了加强保密，地方普查机构要发布普查数据，必须报上一级政府的普查机构核准，这是国务院污染源普查条例里明确规定的。所以省级普查机构要对外发布全省的普查数据，要报“国务院普查办”核准才可以发布，不然就是违规了，这点要说清楚。

（五）认真完成技术报告的编写，做好工作的总结和普查档案的整理归档工作，组织普查工作的验收和评比

到 2008 年年底和 2009 年年初，这几项工作要陆续展开。首先我们希望在 2008 年 9 月底，能够给大家下发关于技术报告编写的一个规范。按照国家的技术规范，各地需要组织编写技术报告。我想除了国家、省里需要编，可能市里也需要编，至于县里需不需要编，待技术规范出来再定。希望省普查机构认真组织、做好这项工作。技术报告是普查工作一项非常重要的成果，也为今后国家再搞二次普查或其他类似的调查，提供一份重要参考。

关于普查工作全面的总结，我们会有专门的布置，但是否要发一份指导总结的提纲？我们还在研究。工作的总结也应包括一些文件、资料的汇编、出版，包括编写一些年鉴等。关于各类档案的整理归档，国家档案局和原环保总局专门发有文件，有明确要求，各

地“普查办”要严格按文件要求办。总之，善后工作做得好，普查工作就可以在历史上留下精彩的一笔。要防止前头大家辛辛苦苦努力了两年，最后工作毛毛糙糙，该做的都没做到位或没做好，该留下的都没留下来，或者留下的也给人印象不深刻，那真是事倍功半。你们都还年轻，也可能将来十年后你们会参加下一次全国普查，所以最后出彩的地方要下点工夫，给后人留下一点我们的遗产，留下一点有分量的成果。在各地工作总结的基础上，明年我们还要组织全国污染源普查工作的验收和评比。

我想讲的主要内容就这些，希望大家回去以后，把会议的精神和要求认真传达和贯彻，思想不能放松，队伍不能散，特别是骨干队伍不能散。我们的各级领导，还要坚守岗位。希望大家发挥连续作战精神，再接再厉，力争向党中央和国务院，也向全国人民，向全国环保系统，交上一份满意的答卷，谢谢大家。

"国务院普查办"王玉庆主任在全国污染源普查总结发布阶段工作会议上的总结讲话

2009 年 2 月 19 日

刚才三个小组组长的发言非常好，简明扼要，基本反映了大家的意见。讨论中同志们充分肯定了这次会议的重要性、必要性，是一次统一思想、提高认识、明确任务的会议，也是在普查收官之际，强调善始善终，圆满完成党中央、国务院交办任务的重要会议。

全国污染源普查工作从 2007 年初开始到现在整整两年时间了，原总局的筹备工作还要早一点。在此期间，一共召开了三次比较大的全国性普查工作会议。第一次是 2007 年 4 月份在北京召开的普查总体动员部署会议，是在国务院污染源普查领导小组会后召开的，周生贤部长在会上作了重要讲话；第二次是 2008 年 2 月份的昆明会议，是普查工作进入第二阶段、开展入户调查之前的一次动员大会，周建副部长出席会议并作了重要讲话；两次会议各省都是主管副局长和"普查办"负责同志参加。这次会议就是我们普查工作的第三次全国性会议，张力军副部长到会讲话，为普查总结发布阶段进行动员和部署。三次会议都有环保部领导到会讲话，都对每个阶段的工作任务做了动员和部署，提出了总体要求，脉络非常清楚。这个总体安排体现了环保部对污染源普查工作的重视和关心。

张力军副部长的讲话，对前两个阶段工作做了全面总结，提出了当前存在的突出问题，对下一步工作进行了部署。这个讲话非常重要，要认真学习贯彻。在分组讨论过程中，我感觉到各省级环保局领导对普查工作都非常重视、非常关心，很受鼓舞。会上，江苏、辽宁、广东、湖北四省同志做了典型发言，介绍了各自在污染源普查数据动态管理、成果开发、档案管理等方面的经验和做法。发言都不错，也很有特点，这些经验可以供大家借鉴。从分组讨论发言中可以看出来，各省都做了大量工作，也都有自己一些好的做法和经验，比如山东、重庆、新疆等。

听大家发言，感到我们对地方前阶段好的工作经验、比较鲜活的做法总结还不够，下一步在全国全面总结时候要特别加强这方面工作。也希望大家把一些好的做法、经验通过各种形式向我们反映。会上大家也提出许多好的意见和建议，"普查办"将认真研究，在一些技术问题上进一步沟通，并提出指导性意见。

2009 年的工作主要是在上半年，张力军副部长已经做了具体部署，提出了明确要求，我就不再讲了。下面，我就贯彻落实会议精神和同志们讨论反映的问题，重点讲五个方面的意见：

一、及时传达、认真贯彻落实会议精神

各位同志都是各省、自治区、直辖市普查工作的主要负责人，通过学习讨论力军同志讲话，大家对这次会议的重要性有了更深刻认识。希望各位回去后把讲话和会议精神结合《关于印发第一次全国污染源普查 2009 年度工作要点的通知》（国污普办[2008]30 号）一起贯彻落实。重点做好以下几项：

一是做好汇报。首先向环保局的党组和一把手汇报。污染源普查工作不只是普查办的事，涉及到整个环保局和有关部门，希望一把手和党组要了解、要关心、要支持。其次是向省里的分管领导汇报。“国务院普查办”发的文件、环保部领导的讲话也是代表国务院污染源普查领导小组的精神。如果分管领导工作确实很忙，也可以采取书面的形式，让省领导知道全国普查已经进入最后阶段，国家要求做什么事，省里要有个态度。

二是组织召开会议，传达贯彻会议精神。还没有召开普查工作会议的省，建议尽快召开本省的普查工作会议，把精神贯彻下去；已经开过普查工作会议的，也应该结合本省情况，及时把力军同志讲话和有关会议精神，采取适当形式进行贯彻、落实。再者，希望环保局内部也召开一些通气会或者专题会，对会议精神进行介绍和落实。还应召开本省的领导小组办公室会议，或者领导小组会议，请相关成员部门参加，通报情况，形成合力。

三是制定计划，落实责任和任务。要根据力军同志讲话和“国务院普查办”印发的文件，制定普查总结发布阶段各项工作的具体实施方案，要明确分工，落实责任，扎扎实实地把普查最后阶段工作做好。

二、要在思想上高度重视污染源普查总结发布阶段的工作

整个污染源普查工作的重要性在多次会议上都讲过了，这里我再强调一下。周生贤部长在第一次全国普查工作会议上和以后的多次会议上都反复强调，污染源普查是一项基础性、战略性、全局性的工作。在讨论中大家反映，这次普查工作动员人数之多（50 多万人）、时间之长（两年半）、工作量之大（调查了 600 多万家污染源，其中工业源 157 万，生活源 140 万，还有 300 多万个农业源）、数据量之丰富（统计报表 66 张，2 500 多个指标），对环保系统来讲是前所未有的。

加强沟通和上下密切配合是搞好普查的重要基础。大家反映，全国污染源普查是一项大的系统工程，是上下配合最紧密、工作协调非常好的一次范例。两年多来，“国务院普查办”、省级“普查办”、包括市县搞普查的同志密切合作，通过各种方式积极沟通，较圆满地完成了前阶段的工作。

收官阶段工作很重要，张力军副部长用了一句比较通俗的话“编筐扎篓，全在收口”，形象地反映了这个阶段在普查三个阶段中的重要性。古语也有“行百里者半九十”的说法。前面大量的基础工作已经完成了，但最后出彩的还是在总结发布阶段。2007 年国务院办公厅印发的《第一次全国污染源普查方案》（以下简称《普查方案》）将第一次全国污染源普查工作分为三个阶段，最后就是总结发布阶段。共四句话，“建立污染源数据库，上报和发布普查数据，开发利用普查成果，总结验收普查工作。”现阶段工作都是以国务院的文件为依据围绕这四个方面安排的。

为什么要特别强调这一阶段的工作呢？至少有三点。一是总结发布阶段的各项工作是两年来所有普查工作的最终体现，普查的各项成果都将通过最后阶段的工作来形成，这些成果对环境管理、污染治理的支持，以及满足各级政府决策需要，成果转化工作都是在这个阶段实现。污染源普查数据库不能仅仅是一大堆数，我们要把它转化成政府、环境管理部门和有关部门能够用得上、能够看得见摸得着的东西。

二是普查工作技术难度比较大，这半年工作质量的好坏，直接决定普查工作的成效大小和水平高低。如果前两阶段做得很好，这一阶段做得一般，那么整个普查工作就只能说一般。前阶段做得有不足地方，最后一个阶段把它干好了，数据进一步检查更准确了，分析也深入，成果开发很出色，同时就一些领导关注、社会关心的问题，提出了有价值的建议，对普查整体工作的评价就会不同。整个普查工作成效，是好、是一般、是差；水平是高、是中、是低，很大程度上，在于这半年的工作质量。如果技术报告编写不到位，工作总结又没有特色，数据的分析又不全面、不深刻，成果开发又很肤浅，等等，就会导致整个普查工作功亏一篑。

再者，凡是一项大的工程，特别是系统工程，在最后阶段，如果不抓紧不重视，就容易产生松懈思想。一松懈就可能耽误很多事情，时间就可能拖，质量就可能不高。大家反映的一些问题，从一个侧面也体现了对懈怠思想的担忧，反映比较多的就是队伍稳定问题，力军同志在讲话中特别强调了这个问题，我再多说几句。

各省分管局领导都参加了这次会议，你们应该积极为参加普查工作的同志争取一个好结果。在这次机构改革中，“普查办”抽调的同志，都应该在相应单位有一个岗位，有一个合理的安排。机构增加或者合并，这些同志原来在那个岗位受到影响，都应该保留一个同等岗位，该晋升的晋升、该参加竞聘的竞聘。希望参加会议的局领导，回去跟一把手汇报，就说国家有这个要求和希望。主管局长参会，很重要一个目的就是希望你们维护队伍稳定，从环保局全局工作考虑这也是非常必要的。当然参加普查同志也应该爱岗敬业，在最后阶段要体现我们的思想境界、我们的道德品格，人生一辈子干成、干好几件有影响的事不容易，要踏踏实实在这个岗位上把最后阶段的工作做好。

总之，思想上要高度重视污染源普查总结发布阶段的各项工作，希望全国各地环保局要举全局之力，动员普查领导小组各成员单位力量，抽调精兵强将，齐心合力，保证最后阶段工作圆满完成。

三、要认真编写、按时提交省级污染源普查技术报告和工作总结，做好普查档案整理归档工作

关于这两个报告的编写大纲已经印发了，在广西北海也组织了培训，有关要求都很具体了，希望各省及时组织、认真编写。上报时间，原则上要求在 2009 年 3 月 30 日以前完成这两项工作，工作总结的上报时间可以适当放宽。在此，就大家提出的一些问题做些说明：

（一）关于两个报告的编写

影响报告编写进度的客观因素概括起来有 5 个。

一是关于地方数据的确认。按照普查的要求，地方最终上报的汇总数据国家应当确认。

前一段，我们跟有些省反复交换意见，在地方积极配合下，对一些明显有差错的数据做了调整修改。同时，“国务院普查办”召开了一系列分行业专家咨询会。这项工作很重要，也非常关键。与一些行业专家和这些行业的权威部门共同商量，从总体上对普查中一些主要行业数据的可靠性进行咨询。咨询结果，除少数几个行业外，绝大多数大的行业都反映不错，认为普查数据是可信的，这是很大的欣慰。

作为全国的普查数据，不仅要向环保部门交账，还要向国务院交账，向全国公布，而且社会也很关注。涉及到各个行业的发展，各个行业也很关注，还有很多专家学者、研究单位也很关心，所以我们拿出来的普查数据，要对全社会负责。现在看来主要行业都能站住。剩余的几个问题我们也会尽快完成。关于地方数据确认问题，争取在 2009 年 2 月底前完成。需要说明的是还有个别省，数据差异比较大，问题在哪还需要跟地方再做一次沟通，希望得到你们的支持。

二是个别行业系数调整后数据修改问题。数据的修改，由国家直接从基础库调出来进行修改，然后再通知你们。当然在修改个别企业时，因填报的一些参数有问题或者不全，可能还需要地方协助，总的原则是尽量不给地方增加负担。这项工作也力争在 2009 年 2 月底前结束。

三是生活源系数的调整问题，其中包括有化粪池的住宅占整个住宅面积的百分比问题。华南所将尽快拿出建议，希望在 2009 年 2 月底之前有个结论。

四是军队的普查数据。国家已经进行协调，军队全力配合，需要做的是保密工作和与各省的数据衔接问题。2009 年 2 月底应该有个说法。

五是农业源产排污系数。农业源系数没出来，产排污量无法计算，在 2009 年 3 月底要完成报告，其中农业源又是一大部分，困难很大。我主要想强调几点。

农业源产排污系数结果出来以后，抓紧计算各类农业源的产排污量或流失量、渗滤量，力争三月中旬确定。原则上由国家直接操作，系数手册都会印发，各省各市也都可以算。需要说明的是，农业源产排污系数测算工作整体滞后，在一定程度上影响了污染源普查的进度。责任主要还是在国家有关部门，在“国务院普查办”。地方在沟通协调方面，做了大量工作，绝大多数地方合作是好的。

农业源产排污系数测算有它的难处，一是在全国是首次。工业源、生活源环保系统搞了三十年，还是有些经验的。可是农业源产排污系数测算这项工作，过去个别的农科院（所）做过少量的典型研究，但是全国普查需要的系数不是典型地区的，必须要采取几百个样本，东南西北不同的地形、不同的土壤条件、不同的气候条件、不同的种植条件，等等。时间就一年多，难度之大可想而知。再有，农业分季节，需要四个季节完整数据才能有说服力，最终采集的数据到 2008 年 11 月才取到样本，然后再汇总分析。现在是 2009 年 2 月中旬，应该说农业部门还是很努力的。农业源产排污系数现在正在专家论证阶段，除了个别指标外，其他大部分都还能站得住，我们争取在 2009 年 3 月中旬确定下来。因此，可以考虑先分开写技术报告、工作总结，把农业源暂时先切出去，其他的可以先动手。但是综合分析还是离不开农业的产排污量，比如整个污染源普查数据对环境的影响，这部分可以先放一放。技术报告可以先做起来，有些地区已经做得差不多了。大多数省一些大数不会变了，我们上下共同努力就能把这个事情向前推进。如果农业源系数又遇到新的困难，我们再跟大家商量，技术报告编写是否适当推迟。国家的技术报告 2009 年 5 月份应该完成，还要向国务院汇报，还有一系列程序要走，所以必须抓紧。

关于国家印发的报告编写大纲，各地参照执行，主体内容要有，其他深入的东西可以根据各地实际有所不同。需要注意的有两点，首先是报告要注意地方特色，往往越有特色的东西才越有价值。其次就是这个大纲是国家对省、自治区、直辖市提出的要求，市县由省级去布置，可按照国家总体要求，根据实际情况决定对所辖地市的要求。

（二）关于档案工作

档案工作是体现普查成果的窗口，也是评比表彰、验收工作中的重要内容。污染源普查产生了大量普查报表和众多原始数据以及其他各种档案材料，是宝贵历史资料。原国家环保总局和国家档案局 2007 年 12 月印发了《污染源普查档案管理办法》（[2007]187 号文），“普查办”也编印了《污染源普查文件材料归档整理办法》，并进行了相关培训。国家档案局已将污染源普查档案管理工作作为 2009 年的工作重点，已与“国务院普查办”有过多次沟通。力军副部长的讲话中也明确了这方面的要求。湖北省介绍的经验很好。昨天赵建中副主任去江苏扬中就档案管理建设工作进行调研，反映扬中的档案管理非常出色。各省都有好的经验，希望各省严格按照要求，做到专人管理、真实完整、分类有序、安全存放、顺利移交。

这里涉及到两个问题。一是部分企业填报的普查报表经过多次修改后，是否还需要企业盖章。重新盖章的工作量很大，有些企业还会有些想法和意见，甚至可能拒绝盖章。初步有个想法，还需要和国家档案局进行沟通。如果同意，就作为正式的意见：凡是“普查办”已经认定的数就不需要企业再重新盖章了，但是要把原始表附在后面，两个都不能丢，也就是原来企业填报的表，再附一个后来修改后的表，盖上“普查办”的章，并说明修改原因，修改哪些指标，两份都存入档案。二是地方档案和国家档案有些地方要求不统一的问题。“国务院普查办”和国家档案局将会联合到地方调研，并现场加强指导。

四、努力推进普查数据的开发利用，充分发挥普查数据在环保工作和政府决策中的基础性作用

周生贤部长在年初的全国环保工作会上指出，污染源普查作为环保系统的三大基础性战略性工程之一，“要充分运用得之不易的成果，认真谋划好‘十二五’环保工作思路”，“特别是要推动各级污染源普查数据库建设和成果开发应用，为推进科学管理和宏观决策提供数据支持”。这里，我想强调三点。

第一，关于普查数据的动态化。首先普查数据动态化要和建立“十二五”新的环境统计平台紧密结合起来，两者是一码事。普查就是普查，国务院通知说得很清楚，普查数据 2007 年 12 月 31 日是时间节点，时期资料就是 2007 年一年的。所以说污染源普查数据就是 2007 年的数据。2008 年、2009 年都不是此次普查数据。普查数据本身不存在动态化的问题，只是为了环境管理的需要，这个数据必须是活的，这是从另一个意义上来讲的。但是普查数据的开发利用和数据的动态化是不是此次普查范围应该做的事，还是要追根溯源。国务院办公厅印发的《普查方案》首先提及的就是普查工作目标，一共有 5 项，其中

第三个目标是“掌握污染源的总体样本，为建立科学的环境统计制度、改革环境统计调查体系、提高数据统计质量创造条件；根据普查结果，建立新的‘十二五’环境统计平台”。因此，数据的动态就要靠新的“十二五”环境统计平台来完成，这是客观实际，普查是阶段性工作，统计是年年搞的，是日常工作。

其次是如何使普查数据与新的“十二五”环境统计平台合理衔接。首先要从国家这个层次衔接好，也希望各地把这个事情做好。做好衔接有四个问题要处理好：

一是新的环境统计平台污染源覆盖面的问题。如工业源，普查大概是 150 多万家。原来环境统计发放的统计表不到 10 万家，还有二三十万家企业是估算的。因此需要考虑以这次普查的污染源数为样本总数，环境统计样本多少为好，需要多大覆盖面，如何明确覆盖范围。在行政成本可以维持、从整体上不会有大的数据偏差情况下确定一个合理的统计样本数，是第一个需要研究解决的问题。

二是指标的覆盖面。普查指标相应的比较全，详表大概 600 多项指标。环境统计到底是哪些指标，全部还是取其中一部分？当然环境统计根据管理的需要会增添一些指标，这是第二个需要研究的。

三是需要研究污染源统计中产排污量如何得到的问题。用监测数据、用产排污系数计算或用其他方法？这次污染源普查产排污量的计算有一个技术规定，可作为环境统计制度参考。如果用产排污系数法，应该用最新的即这次普查用的一套系数。当然还可以继续开发，进一步细化。我认为在污染源覆盖面上、在指标覆盖上、在产排污量计算上，都应该有一套基于污染源普查技术规定的新的统计制度。通过这套制度，开发新的统计软件，把普查工作过渡到建立一个新的环境统计平台上，然后按照新的环境统计制度让普查数据不断得到更新。

四是时间安排的考虑。“十二五”的环境统计严格意义上来讲应该是从 2011 年开始的，可是此次普查数据要为制定“十二五”规划服务。但目前只有 2007 年的数，如果制定“十二五”规划以 2007 年为基数，主要污染物排放量的数就显得老了些，最理想的是 2009 年的数。2007 年、2008 年的环统数据，还是用老的方法，这个没问题，2009 年、2010 年还要继续用，为“十一五”规划，为减排服务。但是要争取今年一年把新的环境统计制度制定出来，拿出新的环境统计平台。然后，2010 年初统计 2009 年的数就可以用新的统计平台做试验，得到一个新的 2009 年的数，为制定“十二五”规划服务，为建立新的“十二五”环境统计平台打下基础。这是一个设想，国家和各省都要抓紧研究。这就是此次全国污染源普查为国家环境管理工作做出的一项重大贡献，也是最基础的一项贡献，是这次普查主要目的之一。

第二，关于建立污染源普查数据库及开发利用应用软件问题。污染源普查数据库的建立和应用软件的开发利用深度不同，是分层次的，是随着人们认识和技术水平的提高，随着工作的需要，而不断深化的一个过程。研发工作是没有尽头的，它既不是我们普查不应该做的工作，也不是普查能够全部完成的事情。各研究单位都可以做。这是第一个原则。第二个原则是，普查是一项阶段性的工作，开发利用对普查来讲既是一项重要任务，又是一个目标有限的任务。第三个原则是，全国可以提出统一的要求，但这是一个基本指导性的要求，不能束缚大家，有条件的地方可以走得更快一些，做得更深一些、更好一些。国家的要求是针对省里的，省里也可以根据本省情况对市县提出要求，普查数据的研发工作各地有很大自主权。前天下午我去江苏常州市看了一下，常州把污染源普查成果和地理信息系统结合起来，开发的成果非常好。大家可以再看看“国务院普查办”下发的《第一次全国污染源普查数据分析和成果开发工作指导意见》，要求不是很高的，可供各地参考。

关于普查数据的开发利用再提点建议，就是最好不要一般化，要抓住环境保护中政府和群众关心的热点问题、敏感问题，为政府提出建议。如在水源地等环境敏感地点，有害污染源分布的资料及相关分析报告等。

第三，关于污染源普查数据汇总分析软件问题。“国务院普查办”将无偿给地方提供软件。国家现用的软件对系统软硬件要求比较高，大部分省可能不具备条件。国家准备再开发一套适合大家计算机条件的软件，或者商重庆市环保局，把重庆的软件进行推广，无偿提供给大家使用。

五、关于会议期间反映的其他几个问题

一是少数几个省的数据还有些问题需要进一步核定，希望这些省配合。普查最后阶段凡是质量上发现问题的，一定还要做工作，以质量为前提，进度服从质量，确保质量的前提下抓进度。希望这项工作地方也要做，所有重大隐患都消灭在数据发布之前。

二是关于验收表彰。这次全国污染源普查的表彰是依据国务院发布的《全国污染源普查条例》（以下简称《条例》）和《普查方案》开展的，大家发表了许多很好的意见。我们建议还是以领导小组和与普查工作有关部门联合的名义表彰。因为和人事部联合进行表彰是国家省部级劳动模范的待遇，要求比较高，名额有限。全国经济普查和人口普查等都是以领导小组办公室名义表彰的。各省、市以什么名义表彰，可以根据自己情况进行，我们都支持。

三是经费问题。2009 年国家财政预算安排的污染源普查经费不可能再给地方了。2008 年谈的时候就封顶了，2009 年国家一共才安排预算 1 100 万元，都是中央预算。主要的外部调查工作前两年基本完成了，最后阶段大都是一些室内分析汇总工作，这多是日常行政工作应该做的，可能应用软件开发需要点钱，地方应该适当安排。由于经济下行压力大，财政减收和增支的压力都很大，今年中央财政特别困难，各单位都要紧缩开支。这点希望中西部困难地区能够理解，希望各省能够统筹安排好。

各级“普查办”都要注意普查经费的使用问题，国家审计署已经开始对“国务院普查办”的经费使用进行审计了，各地方都会陆续开展。我们一定要本着勤俭办事的原则，按照财务规定使用经费，花好每一分钱。有的地方经费不少，但不能乱花，一定要合理使用。

四是队伍稳定。第一，国家规定的普查工作就是两年半，没有说入户调查完了就结束了，现在还在两年半之内，名正言顺地开展普查工作。《条例》和《普查方案》都规定各地成立普查机构，机构设在环保部门，这些都有明确要求。第二，各省市要保留一部分骨干，特别是汇总分析需要一些高层次的、业务熟悉的人才。县一级的普查机构可以酌情处理，留少数同志坚守岗位，开展后面的验收工作，把应该做的工作完成。省市一级的骨干要坚持到底。还有就是，机构改革要为“普查办”的同志留好岗位，拜托在座的各位副局长，希望你们回去能够做些努力。

普查已经经过两年了，最后的半年时间，要上下齐心，各级普查机构的主动性和创造性非常重要。国家的领导或指导只是帮助性的，我们会尽量做好服务工作，你们的主观努力和创造性地开展工作是做好工作的基础和前提，也是根本保障。同志们充分发挥主动性、创造性，很多工作就能够落实，许多事就能够办好。国家大，各地的客观条件有差异，我们提出的一些原则，各省要根据情况贯彻落实，各地的主观努力是非常重要的。

同志们，我们已经进入了污染源普查最后攻坚阶段，污染源普查成果的好坏在此一举。生贤部长和力军副部长都对污染源普查工作做出重要指示，大家按照部领导的讲话和《国务院关于开展第一次全国污染源普查的通知》（国发[2006]36 号）、《第一次全国污染源普查方案》的要求，充分发挥主动性和创造性，站好最后一班岗，坚决打赢这一战役，为夺取第一次全国污染源普查的最终胜利贡献我们的聪明才智，用普查优异成果体现我们的人生价值！

第二部分　综合性文件

国务院关于开展第一次全国污染源普查的通知

国发[2006]36号

各省、自治区、直辖市人民政府，国务院各部委、各直属机构：

为全面落实科学发展观，切实加强环境监督管理，提高科学决策水平，实现《国民经济和社会发展第十一个五年规划纲要》确定的主要污染物排放总量减少10%的目标，国务院决定于2008年初开展第一次全国污染源普查。现将有关事项通知如下：

一、普查的目的和意义

污染源数据是重要的基础环境数据。全国污染源普查是重大的国情调查，是全面掌握我国环境状况的重要手段。开展污染源普查是为了了解各类企事业单位与环境有关的基本信息，建立健全各类重点污染源档案和各级污染源信息数据库，为制定经济社会政策提供依据。搞好全国污染源普查，准确了解污染物的排放情况，有利于正确判断环境形势，科学制定环境保护政策和规划；有利于有效实施主要污染物排放总量控制计划，切实改善环境质量；有利于提高环境监管和执法水平，保障国家环境安全；有利于加强和改善宏观调控，促进经济结构调整，推进资源节约型、环境友好型社会建设。

二、普查的对象和内容

普查对象：凡在我国境内排放污染物的工业源、农业源、生活源单位均属普查对象。

普查内容：一是全部工业污染源（《国民经济行业分类（GB/T 4754—2002）》中的采矿业、制造业、电力、燃气及水的生产和供应业）排放的污染物，包括污染源的基本情况、污染物的种类、数量和浓度、污染治理设施及其运行情况等指标；二是以规模化养殖场和农业面源为主的农业污染源排放的污染物，包括污染来源、主要污染物排放量、排放规律、污染治理设施及其运行情况等指标；三是城镇生活污染源排放的以污水、垃圾和医疗废物等为主的污染物，包括污染物排放量、污染治理设施及其运行情况等指标。

三、普查的时间安排

普查标准时点为2007年12月31日。2006年第四季度至2007年底，开展普查的前期准备工作，重点抓好普查方案、技术规范的编制和完善，开展普查工作试点以及培训和宣传等工作。从2008年初开始，各地组织开展普查和数据库建设，年底完成普查工作。2009年，环保总局组织对普查工作进行验收、数据汇总和结果发布。

四、普查的组织和实施

在全国范围内开展污染源普查，涉及范围广、参与部门多、普查任务重、技术要求高、工作难度大。各地区、各部门要按照“全国统一领导、部门分工协作、地方分级负责、各方共同参与”的原则，认真做好相关的宣传动员和组织实施工作。对普查工作中遇到的各种困难和问题，要及时采取措施，切实予以解决。

为了加强对此项工作的领导，国务院决定成立第一次全国污染源普查领导小组，负责普查的组织和实施工作。普查领导小组办公室设在环保总局，负责普查工作的业务指导和督促检查，并会同统计局负责数据统计和分析方面的工作。领导小组成员单位要按照各自职责协调落实相关事项。

地方各级人民政府要设立相应的普查领导小组及其办公室，根据污染源普查的特点和要求，认真组织实施本地区普查工作，做好调查员的培训，充分动员和组织社会各方面力量积极参与。要充分利用广播、电视、报刊等各种媒体，广泛深入地宣传全国污染源普查的重要意义和有关要求，为普查工作的顺利实施创造良好的社会氛围。

五、普查的经费

全国污染源普查所需经费由中央和地方各级人民政府共同负担，并列入相应年度的财政预算，按时拨付，确保到位。

六、普查资料的填报和管理

凡在我国境内污染源普查范围内的单位，都必须严格按照《中华人民共和国统计法》的有关规定和此次普查的具体要求，按时、如实地填报普查数据，确保基础数据真实可靠。任何地方、部门、单位和个人都不得虚报、瞒报、拒报、迟报，不得伪造、篡改普查资料。

各级普查机构及其工作人员，对普查对象的技术和商业秘密，必须履行保密义务。

附件：国务院第一次全国污染源普查领导小组人员名单

国务院

二〇〇六年十月十二日

附件：

国务院第一次全国污染源普查
领导小组人员名单

组　长：曾培炎　国务院副总理

副组长：张　平　国务院副秘书长

周生贤　环保总局局长

谢伏瞻　统计局局长

成　员：李东生　中宣部副部长

姜伟新　发展改革委副主任

朱志刚　财政部副部长

仇保兴　建设部副部长

危朝安　农业部副部长

刘玉亭　工商总局副局长

王玉庆　环保总局副局长兼领导小组办公室主任

李买富　总后勤部副部长

国务院办公厅关于印发
第一次全国污染源普查方案的通知

国办发[2007]37 号

各省、自治区、直辖市人民政府，国务院各部委、各直属机构：

《第一次全国污染源普查方案》已经国务院同意，现印发给你们，请认真组织实施。

国务院办公厅
二〇〇七年五月十七日

第一次全国污染源普查方案

根据《国务院关于开展第一次全国污染源普查的通知》（国发[2006]36 号，以下简称《通知》）精神，为指导开展第一次全国污染源普查工作，制订本方案。

一、普查工作目标

全面掌握各类污染源的数量、行业和地区分布，主要污染物及其排放量、排放去向、污染治理设施运行状况、污染治理水平和治理费用等情况，为污染治理和产业结构调整提供依据。建立国家与地方各类重点污染源档案和各级污染源信息数据库，促进污染源信息共享机制的建立，为污染源的管理奠定基础。掌握污染源的总体样本，为建立科学的环境统计制度、改革环境统计调查体系、提高统计数据质量创造条件；根据普查结果，建立新的“十二五”环境统计平台。提高各级环境保护主管部门，尤其是基层环保部门的管理能力，健全各级环境统计、监测、监督和执法体系。通过普查工作的宣传与实施，动员社会各界力量广泛参与污染源普查，提高全民环境保护意识。

二、普查时点、对象、范围和内容

（一）普查时点

普查时点：2007 年 12 月 31 日。

时期资料：2007 年度。

（二）普查对象与范围

污染源普查对象为中华人民共和国境内所有排放污染物的工业源、农业源、生活源和集中式污染治理设施。

1. 工业源。主要普查《国民经济行业分类》第二产业中除建筑业（含 4 个行业）外 39 个行业中的所有产业活动单位。工业源普查对象划分为重点污染源和一般污染源，分别进行详细调查和简要调查。

重点污染源范围是：（1）有重金属、危险废物、放射性物质排放的所有产业活动单位；（2）11 个重污染行业（造纸及纸制品业、农副食品加工业、化学原料及化学制品制造业、纺织业、黑色金属冶炼及压延加工业、食品制造业、电力/热力的生产和供应业、皮革毛皮羽毛（绒）及其制品业、石油加工/炼焦及核燃料加工业、非金属矿物制品业、有色金属冶炼及压延加工业）中的所有产业活动单位；（3）16 个重点行业（饮料制造业、医药制造业、化学纤维制造业、交通运输设备制造业、煤炭开采和洗选业、有色金属矿采选业、木材加工及木竹藤棕草制品业、石油和天然气开采业、通用设备制造业、黑色金属矿采选业、非金属矿采选业、纺织服装/鞋/帽制造业、水的生产和供应业、金属制品业、专用设备制造业、计算机及其他电子设备制造业）中规模以上企业。

一般污染源是指工业源中除重点污染源以外的工业企业。

2. 农业源。主要普查第一产业中的农业、畜牧业和渔业。

农业源普查范围主要是结合优势农产品区划，针对谷物种植业、油料和豆类作物种植业、棉麻等种植业、蔬菜及花卉种植业、茶果类及中药材种植业的主要产区开展肥料、农药和农膜污染调查。

畜牧业和渔业源普查范围是人工饲养的规模化畜禽养殖场、养殖小区和养殖专业户、淡水及近海滩涂养殖场。

3. 生活源。主要普查第三产业中有污染物排放的单位和城镇居民生活污染。

第三产业普查范围主要是具有一定规模的住宿业、餐饮业、居民服务和其他服务业（包括洗染、理发及美容保健、洗浴、摄影扩印、汽车与摩托车维修与保养业）、医院、具有独立燃烧设施的机关事业单位、机动车、民用核技术利用和大型电磁辐射设施使用单位。

城镇居民生活污染普查以城市市区、县城、建制镇为单位（不包括村庄和集镇）进行生活能源消耗量和生活污水、生活垃圾排放量的调查。

4. 集中式污染治理设施。集中式污染治理设施普查范围是城镇污水处理厂、垃圾处理厂（场）和危险废物处置厂等。

（三）普查内容

1. 工业源。

（1）企业的基本登记信息及其他相关情况，包括企业排污口情况、排水去向等；

（2）原材料消耗情况，包括水的使用和消耗量，能源（煤、油、电、气等）结构和消耗量，燃料含硫量，主要有毒有害原辅材料消耗量等；

（3）生产产品情况，包括该企业主要产品的种类、产量等；

（4）产生污染的设施情况，包括排放大气污染物的锅炉、窑炉等设施，产生废水、固体废物的设施，以及这些设施的种类、数量和规模；

（5）各类污染物产生、治理、排放、综合利用情况，各类污染治理设施建设、运行及投入情况等；

（6）污染物排放监测情况，包括监测点位、时间、频次，污染物种类和排放浓度、排放量等。

2. 农业源。

（1）样本的基本情况，包括经济规模及用水排水情况等；

（2）产、排污情况，包括肥料、农药施用情况，农膜使用和秸秆处理情况，饲料饵料投放情况，畜禽养殖粪便及其他主要污染物产生、残留和排放情况等；

（3）养殖业污染治理情况，各种污染治理设施的治理效率、污染物去除情况、投入和运行情况等。

3. 生活源。

（1）排污单位基本情况，包括第三产业单位注册的基本登记信息，各类污染物的产生、排放情况，污染治理情况等；

（2）以城市（地区）为单位的机动车排气污染情况等；

（3）城市（镇）生活能源结构及其消费量、污染物排放情况，生活供水量、排水量及污染物浓度等。

4. 集中式污染治理设施。

单位基本情况，污染治理设施情况和运行状况，污染物的处理处置量等情况，渗滤液、污泥、焚烧残渣的产生、处置及利用情况等。

（四）普查污染物种类

按照全面普查、突出重点的原则，本次污染源普查的污染物种类为对环境影响较大、对污染防治具有普遍意义的污染物。具体是：

1. 废水：化学需氧量（COD）、氨氮、石油类、挥发酚、汞、镉、铅、砷、六价铬、氰化物；造纸、农副食品加工、食品制造、饮料制造业废水中增加五日生化需氧量（BOD_5）；城镇污水处理厂增加总磷、总氮、五日生化需氧量（BOD_5）。

2. 废气：烟尘、工业粉尘、二氧化硫、氮氧化物；电解铝、水泥、陶瓷、磨砂玻璃行业废气中增加氟化物；机动车排气污染普查增加一氧化碳和碳氢化合物。

3. 工业固体废物：包括危险废物（按照国家危险废物名录分类调查）、冶炼废渣、粉煤灰、炉渣、煤矸石、尾矿、放射性废渣等类别。

4. 脱硫设施产生的石膏、污水处理厂产生的污泥和危险废物焚烧的残渣。

5. 伴生放射性矿物开发利用和民用核技术利用企业产生的放射性污染物，放射源。

6. 农业源中还包括：总磷、总氮、总铜、总锌及毒性高、用量大且难降解的农药和鱼药。

三、普查技术路线和步骤

（一）普查技术路线

按照现场监测与物料衡算及排污系数计算相结合，技术手段与统计手段相结合，国家指导、地方调查和企业自报相结合的原则确定普查的技术路线。

1. 对工业源中占各省（区、市）污染物排放量65%的污染源、集中式污染治理设施，同时采用现场监测和物料衡算与排污系数等方法，并按照规定程序核定污染源排放量。

对其他工业源，采用分类抽样监测的方式，核对物料衡算与排污系数测算的污染物排放量。对污染物排放量小、排放形式简单的，也可以用排污系数法直接计算排污量。

2. 对农业源，采取面上调查和分类抽样实地监测相结合的方式，结合全国农业普查结果和有关农业统计资料，测算全国的农业面源污染情况。

3. 对生活源，第三产业中的调查单位采取面上对基本情况进行调查，结合分类抽样监测与排污系数测算的方法核定污染物排放量。

居民生活污染调查根据统计人口、生活用水量、能源结构和消耗量，通过排污系数测算污染物的排放量。

（二）普查步骤

本次污染源普查采取“先行试点、再全面普查”的方式，分三个阶段进行。

1. 准备试点阶段（2006.10—2007.12）：成立机构，落实经费，开展宣传，进行组织动员；制订普查方案和各类技术规范，编制普查表，开发相应的软件和数据库；组织普查试点；开展普查培训。

确定试点的原则：试点地区有条件和能力验证普查工作方案的操作性；试点地区有一定的区域分布代表性；试点地区有一定的产业结构和企业代表性。通过试点，验证排污系数和物料衡算方法，完善各项技术规范、普查表格及计算机软件。

2. 全面普查阶段（2008.1—2008.12）：对排污企业和单位进行清查，组织填报普查表，完成审核录入工作，建立污染源档案，省级进行审核验收等。2008 年 7 月底前，省级普查领导小组办公室负责将本地区污染源普查数据汇总，报国务院第一次全国污染源普查领导小组办公室，下半年基本完成全国污染源普查数据的审核和汇总。

3. 总结发布阶段（2009.1—2009.7）：建立全国污染源数据库，上报和发布普查数据，开发利用普查成果，总结验收普查工作。

四、普查组织及实施

（一）基本原则

全国统一领导，部门分工协作，地方分级负责，各方共同参与。

（二）组织机构

国务院第一次全国污染源普查领导小组（以下简称国务院普查领导小组）负责普查的组织和实施工作。国务院普查领导小组办公室设在环保总局，负责普查工作的业务指导和督促检查，主要职责是：

1. 组织拟订全国污染源普查方案，经国务院普查领导小组审定后组织实施；

2. 拟订全国污染源普查行政法规，按程序报国务院批准公布施行；

3. 制订和组织实施全国污染源普查各阶段工作方案；

4. 组织开展全国污染源普查工作的宣传报道和培训；

5. 对各省（区、市）污染源普查工作进行业务指导、督促检查和验收；

6. 向国务院普查领导小组提交普查报告，根据国务院普查领导小组决定发布普查数据。

地方县级以上人民政府要设立行政区域污染源普查领导小组及其办公室，按照国务院普查领导小组及其办公室的统一规定和要求，负责组织实施本地区的污染源普查工作。

普查中，可在街道办事处、乡镇政府、居民委员会、有关教育单位临时聘用部分普查员。

（三）部门分工

普查工作在国务院普查领导小组统一领导下，加强部门分工协作。环保总局牵头会同有关部门开展全国污染源普查工作，负责拟定全国污染源普查方案和不同阶段的工作方案，制订有关技术规范，组织普查工作试点和培训，负责污染源的监测，对普查数据进行汇总、分析和结果发布，组织普查工作的验收。领导小组其他成员单位参与编制和审议污染源普查方案及各阶段工作方案，并按照部门职责分工，负责指导和督促检查地方污染源普查工作，推动本系统参与污染源普查工作，协调落实相关事项：

宣传部门负责组织污染源普查的新闻宣传工作，配合办好新闻发布会及有关宣传活动；

发展改革部门（经贸部门）配合做好工业源的普查及污染源普查成果的分析、应用；

公安部门配合做好机动车排气污染的普查及相关普查成果的分析、应用；

财政部门负责普查经费预算审核、安排和拨付，并监督经费使用情况；

建设部门参与生活源普查，会同环保部门负责城镇污水处理厂和垃圾处理厂（场）普查；

农业部门、环保部门负责农业源的普查；

工商部门负责提供污染源企业的基本登记信息；

环保部门负责工业源、生活源和危险废物处置厂的普查；

统计部门负责审定污染源普查表，参与普查总体方案设计，协同环保部门做好数据统计和分析工作；

总后勤部负责按全国的统一要求组织军队、武警部队所属单位污染源和环保设施的普查。

（四）培训

国家负责省、市（地）级普查领导小组办公室负责人和骨干以及各省级普查培训教师的培训。省、市（地）分级负责其余普查人员的培训。力争做到所有普查工作人员都经过培训。

培训内容主要是：污染源普查方案的内容，普查范围和主要污染物，普查技术路线，普查方法，各类普查表格和指标的解释、填报方法，普查数据录入软件的使用，数据库的管理和普查工作中应注意的问题等。

（五）质量保证

国务院普查领导小组办公室制定专门的普查数据质量控制文件，确定普查工作评价的标准，指导全国普查质量控制工作。

地方各级污染源普查机构应当根据国家的统一规定，建立污染源普查数据质量控制责任制，设立专门的质量控制岗位，并对污染源普查实施中的每个环节实行质量控制和检查验收。

制定污染源普查各项技术规定，吸收相关行业或领域的专家参加，依托环保总局科技委员会和环境咨询委员会的专家，对污染源普查方案和重要技术规定进行评审和论证，确保污染源普查各项技术方案的科学性和可操作性。

国务院和各省（区、市）普查领导小组办公室统一组织污染源普查数据的质量核查工作，在各主要环节，按一定比例抽样，抽查结果作为评估全国及各地区污染源普查数据质量的依据。数据质量达不到规定要求的，必须重新调查。

（六）宣传动员

各级普查领导小组办公室要按照《通知》要求，深入开展污染源普查的宣传工作，为污染源普查顺利实施创造良好的舆论氛围。要根据普查不同阶段宣传的重点，加强领导，明确责任，精心策划，落实经费，采取生动活泼的形式，确保宣传效果。要突出主流新闻媒体的作用，组织开展一些有影响力的宣传活动，把宣传动员工作贯彻污染源普查工作的始终。

广泛动员和组织社会各界力量积极参与并认真做好污染源普查工作。重点调查产业活动单位应当设立污染源普查机构，负责本产业活动单位污染源普查表的填报工作。其他各类法人单位应当指定相关人员负责本单位污染源普查表的填报。各有关单位应当积极推荐符合条件的人员担任普查员。

五、普查经费

普查所需经费由中央财政和地方财政共同负担。各级人民政府均应将污染源普查所需经费列入相应年度的财政预算，按时拨付，确保到位。

中央财政安排经费主要用于：全国污染源普查方案和技术文件的制订，普查表格编制与印刷，软件及信息系统开发建设，宣传与培训，全国数据的汇总、加工与建档，对中西部贫困地区给予适当补助等。

地方经费按任务分工由各级财政部门安排，用于：各地普查方案制订，组织动员、培训，入户调查与现场监测，设备购置，数据录入、校核、加工、检查验收、总结、表彰等。省级财政要对财政较困难的市（地）县所需普查经费给予支持。

各级普查领导小组办公室根据普查工作方案编制普查总体经费预算和分年度经费使用计划，经同级财政部门审核后，作为污染源普查专项经费纳入财政预算，分别列入各相关部门的部门预算中，分年度按时拨付。各级财政部门要加强对预算编制的指导和经费使用情况的监督。

六、普查资料的填报和管理

所有污染源普查对象都必须按时、如实填报普查数据，确保基础数据真实可靠，虚报、瞒报、拒报、迟报，或伪造、篡改普查资料的，应依据有关法律法规予以处罚。

此次普查得到的普查对象资料严格限定用于污染源普查目的，不与其完成“十一五”总量削减计划挂钩，不作为对普查对象实施处罚和收费的依据。

中华人民共和国国务院令

第 508 号

现公布《全国污染源普查条例》，自公布之日起施行。

总理　温家宝
二〇〇七年十月九日

全国污染源普查条例

第一章　总　则

第一条　为了科学、有效地组织实施全国污染源普查，保障污染源普查数据的准确性和及时性，根据《中华人民共和国统计法》和《中华人民共和国环境保护法》，制定本条例。

第二条　污染源普查的任务是，掌握各类污染源的数量、行业和地区分布情况，了解主要污染物的产生、排放和处理情况，建立健全重点污染源档案、污染源信息数据库和环境统计平台，为制定经济社会发展和环境保护政策、规划提供依据。

第三条　本条例所称污染源，是指因生产、生活和其他活动向环境排放污染物或者对环境产生不良影响的场所、设施、装置以及其他污染发生源。

第四条　污染源普查按照全国统一领导、部门分工协作、地方分级负责、各方共同参与的原则组织实施。

第五条　污染源普查所需经费，由中央和地方各级人民政府共同负担，并列入相应年度的财政预算，按时拨付，确保足额到位。

污染源普查经费应当统一管理，专款专用，严格控制支出。

第六条　全国污染源普查每 10 年进行 1 次，标准时点为普查年份的 12 月 31 日。

第七条　报刊、广播、电视和互联网等新闻媒体，应当及时开展污染源普查工作的宣传报道。

第二章　污染源普查的对象、范围、内容和方法

第八条　污染源普查的对象是中华人民共和国境内有污染源的单位和个体经营户。

第九条　污染源普查对象有义务接受污染源普查领导小组办公室、普查人员依法进行的调查，并如实反映情况，提供有关资料，按照要求填报污染源普查表。

污染源普查对象不得迟报、虚报、瞒报和拒报普查数据；不得推诿、拒绝和阻挠调查；不得转移、隐匿、篡改、毁弃原材料消耗记录、生产记录、污染物治理设施运行记录、污染物排放监测记录以及其他与污染物产生和排放有关的原始资料。

第十条　污染源普查范围包括：工业污染源，农业污染源，生活污染源，集中式污染治理设施和其他产生、排放污染物的设施。

第十一条　工业污染源普查的主要内容包括：企业基本登记信息，原材料消耗情况，产品生产情况，产生污染的设施情况，各类污染物产生、治理、排放和综合利用情况，各类污染防治设施建设、运行情况等。

农业污染源普查的主要内容包括：农业生产规模，用水、排水情况，化肥、农药、饲料和饲料添加剂以及农用薄膜等农业投入品使用情况，秸秆等种植业剩余物处理情况以及养殖业污染物产生、治理情况等。

生活污染源普查的主要内容包括：从事第三产业的单位的基本情况和污染物的产生、排放、治理情况，机动车污染物排放情况，城镇生活能源结构和能源消费量，生活用水量、排水量以及污染物排放情况等。

集中式污染治理设施普查的主要内容包括：设施基本情况和运行状况，污染物的处理处置情况，渗滤液、污泥、焚烧残渣和废气的产生、处置以及利用情况等。

第十二条　每次污染源普查的具体范围和内容，由国务院批准的普查方案确定。

第十三条　污染源普查采用全面调查的方法，必要时可以采用抽样调查的方法。

污染源普查采用全国统一的标准和技术要求。

第三章　污染源普查的组织实施

第十四条　全国污染源普查领导小组负责领导和协调全国污染源普查工作。

全国污染源普查领导小组办公室设在国务院环境保护主管部门，负责全国污染源普查日常工作。

第十五条　县级以上地方人民政府污染源普查领导小组，按照全国污染源普查领导小组的统一规定和要求，领导和协调本行政区域的污染源普查工作。

县级以上地方人民政府污染源普查领导小组办公室设在同级环境保护主管部门，负责本行政区域的污染源普查日常工作。

乡（镇）人民政府、街道办事处和村（居）民委员会应当广泛动员和组织社会力量积极参与并认真做好污染源普查工作。

第十六条　县级以上人民政府环境保护主管部门和其他有关部门，按照职责分工和污染源普查领导小组的统一要求，做好污染源普查相关工作。

第十七条　全国污染源普查方案由全国污染源普查领导小组办公室拟订，经全国污染

源普查领导小组审核同意，报国务院批准。

全国污染源普查方案应当包括：普查的具体范围和内容、普查的主要污染物、普查方法、普查的组织实施以及经费预算等。

拟订全国污染源普查方案，应当充分听取有关部门和专家的意见。

第十八条 全国污染源普查领导小组办公室根据全国污染源普查方案拟订污染源普查表，报国家统计局审定。

省、自治区、直辖市人民政府污染源普查领导小组办公室，可以根据需要增设本行政区域污染源普查附表，报全国污染源普查领导小组办公室批准后使用。

第十九条 在普查启动阶段，污染源普查领导小组办公室应当进行单位清查。

县级以上人民政府机构编制、民政、工商、质检以及其他具有设立审批、登记职能的部门，应当向同级污染源普查领导小组办公室提供其审批或者登记的单位资料，并协助做好单位清查工作。

污染源普查领导小组办公室应当以本行政区域现有的基本单位名录库为基础，按照全国污染源普查方案确定的污染源普查的具体范围，结合有关部门提供的单位资料，对污染源逐一核实清查，形成污染源普查单位名录。

第二十条 列入污染源普查范围的大、中型工业企业，应当明确相关机构负责本企业污染源普查表的填报工作，其他单位应当指定人员负责本单位污染源普查表的填报工作。

第二十一条 污染源普查领导小组办公室可以根据工作需要，聘用或者从有关单位借调人员从事污染源普查工作。

污染源普查领导小组办公室应当与聘用人员依法签订劳动合同，支付劳动报酬，并为其办理社会保险。借调人员的工资由原单位支付，其福利待遇保持不变。

第二十二条 普查人员应当坚持实事求是，恪守职业道德，具有执行普查任务所需要的专业知识。

污染源普查领导小组办公室应当对普查人员进行业务培训，对考核合格的颁发全国统一的普查员工作证。

第二十三条 普查人员依法独立行使调查、报告、监督和检查的职权，有权查阅普查对象的原材料消耗记录、生产记录、污染物治理设施运行记录、污染物排放监测记录以及其他与污染物产生和排放有关的原始资料，并有权要求普查对象改正其填报的污染源普查表中不真实、不完整的内容。

第二十四条 普查人员应当严格执行全国污染源普查方案，不得伪造、篡改普查资料，不得强令、授意普查对象提供虚假普查资料。

普查人员执行污染源调查任务，不得少于 2 人，并应当出示普查员工作证；未出示普查员工作证的，普查对象可以拒绝接受调查。

第二十五条 普查人员应当依法直接访问普查对象，指导普查对象填报污染源普查表。污染源普查表填写完成后，应当由普查对象签字或者盖章确认。普查对象应当对其签字或者盖章的普查资料的真实性负责。

污染源普查领导小组办公室对其登记、录入的普查资料与普查对象填报的普查资料的一致性负责，并对其加工、整理的普查资料的准确性负责。

污染源普查领导小组办公室在登记、录入、加工和整理普查资料过程中，对普查资料有疑义的，应当向普查对象核实，普查对象应当如实说明或者改正。

第二十六条 各地方、各部门、各单位的负责人不得擅自修改污染源普查领导小组办公室、普查人员依法取得的污染源普查资料；不得强令或者授意污染源普查领导小组办公室、普查人员伪造或者篡改普查资料；不得对拒绝、抵制伪造或者篡改普查资料的普查人员打击报复。

第四章 数据处理和质量控制

第二十七条 污染源普查领导小组办公室应当按照全国污染源普查方案和有关标准、技术要求进行数据处理，并按时上报普查数据。

第二十八条 污染源普查领导小组办公室应当做好污染源普查数据备份和数据入库工作，建立健全污染源信息数据库，并加强日常管理和维护更新。

第二十九条 污染源普查领导小组办公室应当按照全国污染源普查方案，建立污染源普查数据质量控制岗位责任制，并对普查中的每个环节进行质量控制和检查验收。

污染源普查数据不符合全国污染源普查方案或者有关标准、技术要求的，上一级污染源普查领导小组办公室可以要求下一级污染源普查领导小组办公室重新调查，确保普查数据的一致性、真实性和有效性。

第三十条 全国污染源普查领导小组办公室统一组织对污染源普查数据的质量核查。核查结果作为评估全国或者各省、自治区、直辖市污染源普查数据质量的重要依据。

污染源普查数据的质量达不到规定要求的，有关污染源普查领导小组办公室应当在全国污染源普查领导小组办公室规定的时间内重新进行污染源普查。

第五章 数据发布、资料管理和开发应用

第三十一条 全国污染源普查公报，根据全国污染源普查领导小组的决定发布。

地方污染源普查公报，经上一级污染源普查领导小组办公室核准发布。

第三十二条 普查对象提供的资料和污染源普查领导小组办公室加工、整理的资料属于国家秘密的，应当注明秘密的等级，并按照国家有关保密规定处理。

污染源普查领导小组办公室、普查人员对在污染源普查中知悉的普查对象的商业秘密，负有保密义务。

第三十三条 污染源普查领导小组办公室应当建立污染源普查资料档案管理制度。污染源普查资料档案的保管、调用和移交应当遵守国家有关档案管理规定。

第三十四条 国家建立污染源普查资料信息共享制度。

污染源普查领导小组办公室应当在污染源信息数据库的基础上，建立污染源普查资料信息共享平台，促进普查成果的开发和应用。

第三十五条 污染源普查取得的单个普查对象的资料严格限定用于污染源普查目的，不得作为考核普查对象是否完成污染物总量削减计划的依据，不得作为依照其他法律、行政法规对普查对象实施行政处罚和征收排污费的依据。

第六章　表彰和处罚

第三十六条　对在污染源普查工作中做出突出贡献的集体和个人，应当给予表彰和奖励。

第三十七条　地方、部门、单位的负责人有下列行为之一的，依法给予处分，并由县级以上人民政府统计机构予以通报批评；构成犯罪的，依法追究刑事责任：

（一）擅自修改污染源普查资料的；

（二）强令、授意污染源普查领导小组办公室、普查人员伪造或者篡改普查资料的；

（三）对拒绝、抵制伪造或者篡改普查资料的普查人员打击报复的。

第三十八条　普查人员不执行普查方案，或者伪造、篡改普查资料，或者强令、授意普查对象提供虚假普查资料的，依法给予处分。

污染源普查领导小组办公室、普查人员泄露在普查中知悉的普查对象商业秘密的，对直接负责的主管人员和其他直接责任人员依法给予处分；对普查对象造成损害的，应当依法承担民事责任。

第三十九条　污染源普查对象有下列行为之一的，污染源普查领导小组办公室应当及时向同级人民政府统计机构通报有关情况，提出处理意见，由县级以上人民政府统计机构责令改正，予以通报批评；情节严重的，可以建议对直接负责的主管人员和其他直接责任人员依法给予处分：

（一）迟报、虚报、瞒报或者拒报污染源普查数据的；

（二）推诿、拒绝或者阻挠普查人员依法进行调查的；

（三）转移、隐匿、篡改、毁弃原材料消耗记录、生产记录、污染物治理设施运行记录、污染物排放监测记录以及其他与污染物产生和排放有关的原始资料的。

单位有本条第一款所列行为之一的，由县级以上人民政府统计机构予以警告，可以处5万元以下的罚款。

个体经营户有本条第一款所列行为之一的，由县级以上人民政府统计机构予以警告，可以处1万元以下的罚款。

第四十条　污染源普查领导小组办公室应当设立举报电话和信箱，接受社会各界对污染源普查工作的监督和对违法行为的检举，并对检举有功的人员依法给予奖励，对检举的违法行为，依法予以查处。

第七章　附　则

第四十一条　军队、武装警察部队的污染源普查工作，由中国人民解放军总后勤部按照国家统一规定和要求组织实施。

新疆生产建设兵团的污染源普查工作，由新疆生产建设兵团按照国家统一规定和要求组织实施。

第四十二条　本条例自公布之日起施行。

国家环保总局关于转发《国务院关于开展第一次全国污染源普查的通知》的通知

环发[2006]178 号

各省、自治区、直辖市环境保护局（厅），计划单列市环境保护局，解放军环境保护局，新疆生产建设兵团环境保护局：

2006 年 10 月 17 日，国务院印发了《国务院关于开展第一次全国污染源普查的通知》（国发[2006]36 号，以下简称《通知》）。第一次全国污染源普查是“十一五”期间一次重大的国情调查，也是环保领域的一项重要的基础性工作。总局正在抓紧制订工作方案，预计年底前将启动该项工作。现将《通知》转发给你们。请你们根据《通知》精神，认真组织、精心安排、抓紧实施。按照国家统一部署，做好以下几项工作：

一、成立本地区污染源普查工作机构。按照《通知》要求，向政府汇报污染源普查工作的重要意义和工作难度，主动协调有关部门，成立领导小组及其办公室，成员由环保、统计、宣传、发改委、财政、农业、建设、工商、解放军等部门组成。

二、申请 2007 年普查工作经费。以《通知》为依据，抓紧时机编制普查工作经费概算，重点编制 2007 年经费预算，积极争取纳入本级政府 2007 年财政支出预算。同时，及时通知和指导市（地）、县环保部门编制经费预算，争取纳入同级财政支出预算。

2007 年普查工作经费支持重点是：研究制订技术方案和规范，普查软件开发（购置），污染源监测，资料（表格）印制，人员培训（含临时聘用人员），宣传与组织动员等。

三、制订普查工作方案。按照国家总体要求，结合本地实际，研究制订本地区普查工作方案。

四、选择试点单位。按照先试点后铺开、边试点边完善的原则，总局拟在东、中、西部选择部分市（地区）、县、企业开展普查试点。请各地配合，选择 1～2 个试点市或县，于 2006 年 11 月 20 日前报送总局，以便筛选确定。

附件：国务院关于开展第一次全国污染源普查的通知（略）

国家环境保护总局

二〇〇六年十一月一日

国家环保总局关于成立第一次全国污染源普查工作办公室的通知

环函[2007]47 号

各省、自治区、直辖市环境保护局（厅），新疆生产建设兵团环境保护局：

为落实《国务院关于开展第一次全国污染源普查的通知》（国发[2006]36 号）精神，经总局局务会议同意，决定成立第一次全国污染源普查工作办公室（以下简称“普查办公室”）。现将有关事宜通知如下：

一、普查办公室的性质

普查办公室是国务院第一次全国污染源普查领导小组及其办公室的工作机构，具体负责普查工作。普查办公室为临时机构，普查工作结束后自行撤销。

二、普查办公室的职责

（一）负责拟订第一次全国污染源普查（以下简称“污染源普查”）实施方案，经国务院第一次全国污染源普查领导小组审定后组织实施。

（二）组织制定污染源普查相关的技术方案，组织开展污染源普查物料衡算和产排污系数核算等研究工作。

（三）组织实施污染源调查工作，建立污染源档案，负责相关软件的开发和数据库的建设。

（四）负责污染源普查数据的质量控制、数据处理和审核汇总工作。

（五）负责污染源普查报告编写和组织普查成果的开发应用。

（六）负责污染源普查联络工作，组织污染源普查的宣传培训活动。

（七）承办第一次全国污染源普查领导小组办公室交办的其他工作。

三、普查办公室内设机构、职责和人员

普查办公室设综合协调组、监测技术组、现场调查组和数据处理组 4 个工作组。综合协调组负责制定工作方案和规章制度、对外协调、文档管理、宣传动员及办公室事务性工作；监测与技术组负责制定各类普查技术方案，组织有关技术研究，组织污染源监测；现场调查组负责组织现场调查员培训和实施污染源调查，建立污染源档案；

数据处理组负责普查质量控制、软件开发、数据库建设、普查报告编制及普查成果的开发应用。

普查办公室工作人员暂定 25 人，从总局机关、有关直属单位选调，专职从事污染源普查工作。

经商第一次全国污染源普查领导小组各成员单位后，各成员单位可选派人员参加普查办公室工作。

国家环境保护总局
二〇〇七年二月四日

关于成立国家环保总局
第一次全国污染源普查协调小组的通知

环办函[2007]118 号

办公厅，规划司，科技司，污控司，生态司，核安全司，环监局，宣教司，中国环科院，环境监测总站，核安全中心，环境规划院，环境信息中心：

为落实《国务院关于开展第一次全国污染源普查的通知》（国发[2006]36号）要求，加强局内的协调，举全局之力搞好全国污染源普查工作，总局决定成立国家环保总局第一次全国污染源普查协调小组。现将有关事宜通知如下：

一、协调小组成员名单

组　长：周生贤　（环保总局局长）
副组长：李干杰　（环保总局副局长）
　　　　王玉庆　（第一次全国污染源普查领导小组办公室主任）
成　员：胡保林　（环保总局办公厅主任）
　　　　舒　庆　（环保总局规划与财务司司长）
　　　　赵英民　（环保总局科技司司长）
　　　　樊元生　（环保总局污控司司长）
　　　　万本太　（环保总局生态司司长）
　　　　刘　华　（环保总局核安全司副司长）
　　　　陆新元　（环保总局环监局局长）
　　　　陶德田　（环保总局宣教司司长）
　　　　陈　斌　（第一次全国污染源普查工作办公室主任）
　　　　孟　伟　（中国环境科学研究院院长）
　　　　魏山峰　（中国环境监测总站站长）
　　　　陈金元　（核安全中心主任）
　　　　邹首民　（环境规划院院长）
　　　　宋铁栋　（环境信息中心主任）

二、协调小组的主要职能

审议第一次全国污染源普查领导小组会议文件，协调审定第一次全国污染源普查重要的技术方案和工作计划，研究处理第一次全国污染源普查与有关部委分工合作问题，协调污染源普查工作需局内各司办配合的相关事务等。

协调小组具体事务由第一次全国污染源普查工作办公室负责。

国家环境保护总局办公厅
二〇〇七年二月二十六日

国家环保总局、中共中央宣传部关于做好第一次全国污染源普查宣传工作的通知

环发[2007]47 号

各省、自治区、直辖市党委宣传部，各省、自治区、直辖市人民政府污染源普查领导小组（办公室），广播电影电视局（厅），中央宣传系统各单位党委、党组：

为全面落实科学发展观，切实加强环境监督管理，提高科学决策水平，实现《国民经济和社会发展第十一个五年规划纲要》确定的主要污染物排放总量减少 10%的目标，国务院决定于 2008 年初开展第一次全国污染源普查。全国污染源普查是重大的国情调查，是全面掌握我国环境状况的重要手段。做好这项工作，有助于充分了解各类企事业单位与环境有关的基本信息，建立健全各类重点污染源档案和各级污染源信息数据库，为制定经济社会发展政策提供依据。这次污染源普查涉及面广、任务重、参与部门多、工作难度大，做好宣传工作，营造良好的舆论氛围是保证普查工作顺利开展的重要一环。现将第一次全国污染源普查宣传工作有关事项通知如下：

一、切实加强领导。确保污染源普查宣传的各项工作落实到位。各级党委宣传部门、污染源普查领导小组（办公室），要把污染源普查宣传工作纳入工作议程，根据普查工作进展，认真做好污染源普查宣传工作。要运用各种宣传手段，采取多种宣传形式，广泛深入地开展污染源普查宣传活动，为普查工作顺利开展营造良好的舆论氛围。

二、围绕工作重点。要根据《国务院关于开展第一次全国污染源普查的通知》（国发[2006]36 号）精神，广泛宣传普查的目的、意义、方法和内容，使各级领导干部和公众充分认识污染源普查的重要性，了解普查工作的责任和义务，积极支持和配合污染源普查工作。

三、突出一个原则。政府环保部门负责发布信息，新闻媒体及时报道。新闻媒体可报道污染源普查工作的进展情况，推广普查试点工作取得的好做法、好经验，但不能轻易下结论。

四、注重宣传效果。各地污染源普查领导小组（办公室）要制定周密的宣传计划。并认真组织实施。各级宣传部门和新闻单位要密切配合，有计划、有步骤地开展宣传工作，确保宣传效果。

为便于指导污染源普查宣传工作的开展，现将《第一次全国污染源普查宣传工作方案》、《2007 年全国污染源普查工作宣传方案》（见附件）一并发给你们，请遵照

执行。

附件一：第一次全国污染源普查宣传工作方案
附件二：2007年全国污染源普查工作宣传方案（略）

国家环境保护总局　中共中央宣传部
二〇〇七年四月九日

附件一：

第一次全国污染源普查宣传工作方案

为贯彻落实《国务院关于开展第一次全国污染源普查的通知》（国发[2006]36 号，以下简称《通知》），确保污染源普查工作顺利完成，根据国务院《通知》要求，制定本方案。

一、指导思想

围绕国务院《通知》精神，重点宣传普查工作的目的意义、普查对象内容、普查的时间方法，鼓励社会各阶层关心和参与普查，为普查工作顺利实施创造良好的舆论氛围，促进全民环境意识的提高和科学发展观的落实。

二、工作重点

2007 年：在普查准备工作阶段，宣传工作重点是，扩大和提高各级政府、单位以及全社会对污染源普查工作重要性及其意义的认识，突出宣传全国污染源普查是重大的国情调查，是全面掌握我国环境状况的重要手段。开展污染源普查是为了了解各类企事业单位与环境有关的基本信息，为制定经济社会政策提供依据。搞好污染源普查有利于科学制定环境保护政策和规划，改善环境质量，促进经济结构调整和环境友好型社会建设。让普查活动家喻户晓，充分动员社会各方面力量积极参与，为普查工作的顺利实施创造良好的社会氛围。

2008 年：在普查正式填报阶段，指导各地区、各部门按照“全国统一领导、部门分工协作、地方分级负责、各方共同参与”的原则，认真做好相关的宣传动员工作，保证普查工作准确有效进行。通过宣传教育普查范围内的单位，按照《统计法》的有关规定和此次普查的具体要求，按时、如实地填报普查数据，确保基础数据真实可靠。建立普查交流平台，反映普查动态，交流经验心得，发挥新闻媒体的监督作用，教育和揭露个别地方、部门、单位和个人虚报、瞒报、拒报、迟报，伪造、篡改普查资料的行为。宣传普查机构和人员应对普查对象的技术和商业秘密履行保密义务。

2009 年：在普查工作验收、数据汇总和结果发布阶段，以宣传普查工作成就为载体，利用普查成果反映环境保护工作的问题和成就，各行业所承担的艰巨任务，体现经济发展和环境保护的互动关系，让群众认知环境保护、可持续发展在全面建设小康社会中的作用和地位，引导全社会落实科学发展观，实行科学的生产和消费模式。

三、组织实施

（一）在国务院第一次全国污染源普查领导小组领导下，以中宣部、国家环保总局牵头、各有关部门参加，共同开展宣传工作，拟定具体宣传计划、发起宣传活动、编辑简报、沟通新闻单位、发布普查成果等。

（二）各级（省、市、县）普查机构应有主要领导负责普查的宣传工作，在党委宣传部的支持配合下，制定普查宣传工作方案或计划，落实宣传工作职责。

（三）省（自治区、直辖市）级普查机构须将本省（自治区、直辖市）宣传方案和计划报第一次全国污染源普查领导小组办公室备案。市、县级普查机构应将宣传工作方案计划报上级普查机构备案。

四、措施方法

鼓励各级普查机构在宣教部门的指导和配合下，采取多种形式开展丰富多彩的宣传活动。包括以下方式：

（一）召开新闻发布会或邀请新闻媒体参加各种重要活动，阐释普查意义，报道工作进展。

（二）在普查进入调查登记阶段时，通过电视、电台、报纸等重要新闻媒体向社会发布普查通知。

（三）制作电视专题节目，客观形象地反映各地普查工作所克服的困难和取得的成果。

五、工作要求

（一）提高认识，切实加强组织领导

各级环保部门、地方各新闻单位要高度重视第一次全国污染源普查宣传工作，把开展宣传活动作为落实《国务院关于落实科学发展观加强环境保护的决定》（国发[2005]39 号）和《国务院关于开展第一次全国污染源普查的通知》（国发[2006]36 号）的一项重要工作，纳入工作议程。通过运用各种宣传手段，采取多种宣传形式，多角度、多层次地宣传环境保护工作的意义以及普查工作的目的和重要性，广泛深入地开展污染源普查宣传活动。

（二）明确职责，加强宣传工作的组织协调

各级环保部门、地方各新闻单位要按方案要求，明确分工，认真组织落实宣传计划中的重点活动。上级普查机构要定期考核下级普查机构对宣传方案和计划的落实情况。各级环保部门的宣传教育机构要发挥骨干作用，有计划有步骤地开展宣传工作。各级普查机构要对新闻媒体的舆论监督给予积极配合与指导。

（三）按照普查进度逐步展开工作，确保宣传效果

要精心策划，合理安排，通力合作，在普查工作不同时期，针对不同对象，确定工作重点，逐步展开工作。目前，污染源普查正处于准备阶段，宣传的目标是广大干部，特别是各级领导干部，重点宣传普查意义与目的。对于广大群众的宣传，主要是在试点期间及普查表正式填报之前，安排重点是普查的主要内容以及被调查者的责任与义务。

（四）以普查宣传为契机，提升全社会环境意识

要紧紧围绕污染源普查这个主题，加大对环境保护工作成就和问题的宣传。通过介绍严峻的环境形势，贴近百姓的生产生活，宣传绿色生产、消费模式，增强生产者、经营者和消费者的环境意识，使广大群众树立保护环境要依靠全社会共同努力的认识。

国家统计局、国家环境保护总局关于省级统计局在第一次全国污染源普查中工作职责的通知

国统字[2007]55 号

各省、自治区、直辖市统计局、环境保护局（厅）：

根据《国务院关于开展第一次全国污染源普查的通知》（国发[2006]36 号），第一次全国污染源普查由各级环境保护部门具体组织实施，各有关部门积极参与。经研究，现将省级统计局在普查中的职责通知如下：

一、根据省级政府的要求，指定一名局领导参加本省（区、市）第一次全国污染源普查领导小组；指定一名处级干部参与本省（区、市）第一次全国污染源普查办公室的工作。

二、配合环境保护部门，参与制定本省（区、市）贯彻执行《第一次全国污染源普查方案》的实施方案和有关具体政策。

三、配合环境保护部门，做好普查所需资料的提供和有关资料的衔接工作。

四、参与普查相关数据的核定和普查结果的分析和资料开发工作（具体要求另行规定）。

各省级统计局和环境保护局（厅）应根据本通知精神和本地实际情况加强联系和沟通，相互配合和支持，保证第一次全国污染源普查的顺利进行。

国家统计局
国家环境保护总局
二〇〇七年五月九日

关于印发《第一次全国污染源普查项目经费预算编制指南》的通知

国污普办[2007]1 号

各省、自治区、直辖市环境保护局（普查办公室），计划单列市、新疆生产建设兵团环境保护局（普查办公室），解放军环保局：

为贯彻《国务院关于开展第一次全国污染源普查的通知》（国发[2006]36 号）要求，指导地方各级污染源普查领导小组办公室做好普查经费预算工作，现将《第一次全国污染源普查项目经费预算编制指南》印发给你们，请各级污染源普查领导小组办公室抓紧组织普查经费申报工作，确保本级财政普查经费到位。

附件：第一次全国污染源普查项目经费预算编制指南

国务院第一次全国污染源普查
领导小组办公室
二〇〇七年五月十日

附件：

第一次全国污染源
普查项目经费预算编制指南

按照《国务院关于开展第一次全国污染源普查的通知》（国发[2006]36 号，以下简称《通知》）有关“全国污染源普查所需经费由中央和地方各级人民政府共同负担，并列入相应年度的财政预算，按时拨付，确保到位”的要求和精神，为指导地方各级污染源普查领导小组做好普查经费申请工作，特制定《第一次全国污染源普查项目经费预算编制指南》。

一、中央财政预算申请范围

经商财政部同意，中央财政安排经费主要用于：全国污染源普查方案和技术文件的制订，普查表格、软件及信息系统开发建设，宣传与培训，全国数据的汇总、加工与建档，对中西部贫困地区给予适当补助等。

按照以上范围，环保总局（国务院第一次全国污染源普查领导小组办公室）已向财政部报送《第一次全国污染源普查项目规划》，向中央财政申请经费的主要项目内容为：

（一）全国污染源普查前期准备工作

包括：1）全国污染源普查总体方案及各类技术规定制定，调查表格设计，普查员手册制定等；2）普查数据汇总与分析方案的制定；3）全国污染源普查宣传方案的制定和实施（包括电视宣传片、户外广告、宣传画、宣传手册设计等）；4）普查软件开发与数据库软硬件配置（经费主要用于开发及编制普查数据处理软件，配置国家层面数据存储、处理系统平台需要的服务器、磁盘阵列、交换机、数据库软件、操作系统等）；5）普查网站建设与维护等。

其中方案和技术规范制定费用中人工费、专家费、资料费计费标准参照市场一般标准。软件开发和设备购置费用标准参照市场价格，通过公开招标确定。

（二）工业污染源产排污系数调查与物料衡算

包括：1）制定工业污染源产排污系数调查与物料衡算调查方法和技术规范；2）开展工业污染源与污染强度调查分析，识别重点行业及重点污染物，建立各个行业和重点污染物指标体系；3）制定监测调查方案，利用现场监测和综合分析手段确定各行业重点污染源排放情况；4）质量监控。

其中工业污染源采样、分析测试费用参照行业标准。

（三）农业污染源产排污系数调查与物料衡算

包括：1）制定农业污染源产排污系数调查与物料衡算调查方法和技术规范；2）开展种植业和养殖业污染源与污染强度调查分析，产排污系数调查方案，建立重点污染物指标体系；3）确定农药、化肥、农业生产废弃物排放情况；4）确定养殖业污染物排放情况；确定农村生活产排放情况；5）质量监控。

其中农业采样、分析测试费用参照行业标准。

（四）生活污染源与集中式污染治理设施产排污系数调查与物料衡算

包括：1）城镇居民污染源产排污系数测定；2）医疗卫生类行业产排污系数测定；3）第三产业产排污系数测定；4）城市垃圾处理处置设施系数测定；5）城镇污水处理设施系数测定；6）危险废物处理、处置设施系数测定；7）污染源普查与产排污系数校核、数据整理；8）质量控制。

其中生活源和集中式污染治理设施采样、分析测试费用参照行业标准。

（五）全国污染源普查试点工作

包括：1）开展普查试点的动员宣传，召开普查试点启动工作会议；2）举办普查试点技术培训班，培训内容包括普查工作方案和技术规范、软件使用，以及普查数据分析汇总；3）普查试点的组织实施，包括数据采集、重点工业污染源的现场监测和数据汇总分析，召开试点普查中期总结会；4）利用抽检、自检、互检等手段开展普查质量控制方案的试点，完善质量控制方案；5）试用并完善普查软件；检验各行业排污系数、物料衡算方法的精确性与适用性；6）完善普查方案，召开试点普查总结工作会议。

其中户外广告制作、宣传画和宣传手册印刷等参照市场价格，培训费用参照执行国务院机关事务管理局《中央国家机关会议费管理办法》（国管财[2006]426 号文件）规定的三类会议综合标准。

（六）全国污染源全面普查

包括：1）前期调研，污染源普查办公室房屋租用、运行经费、办公设备及交通工具购置，调研和检查费用等；2）全国普查宣传动员与材料印刷；3）国家对省级和重点城市普查骨干人员技术培训；4）培训教材及调查表格印刷、分送；5）国控污染源数据采集；6）污染源数据采集质量监控和抽查；7）普查前污染源清查（费用包括劳务费、差旅费和交通费等）；8）普查质量控制；9）总结及报告出版印刷。

其中设备及交通工具购置、房屋租用等计费标准采用市场费用。会议费用参照国务院机关事务管理局《中央国家机关会议费管理办法》（国管财[2006]426 号文件）规定的三类会议综合标准。国控污染源采样、分析测试费用标准由中国环境监测总站提供。

（七）放射性污染源普查

包括：1）全国伴生放射性污染源调查总体方案和技术规范的制定、研讨和论证；2）稀土行业（含采、选、冶及进出口）、有色金属、黑色金属和其他重点行业（如磷肥、燃煤电厂、进出口）伴生放射性污染源调查方案和技术规范制定、研讨和论证；3）全国电磁辐射污染源和放射源调查总体方案和技术规范编制及论证；4）建立交互式放射源动态管理数据库；5）放射性污染源调查手册编制；6）全国普查的组织实施，包括入户调查、审核、验收、现场监测和抽样调查和污染数据的汇总分析。

（八）全国污染源普查成果开发应用

包括：1）基于 GIS 的污染源普查信息管理系统建设（包括重点污染源空间数据库建设、污染源信息管理系统开发、GIS 软件购置等）；2）国家污染源动态管理总体方案、技术方法、标准规范制定；3）开展排污系数考察和国际学术交流活动。

其中系统开发费用和软硬件购置费用参照市场价格。

二、地方财政预算编制范围

根据财政部意见，地方污染源普查经费按任务分工由各级财政部门安排，用于：各地普查方案制定，组织动员、培训，入户调查与现场监测，设备购置，数据录入、校核、加工、检查验收、总结、表彰等。省级财政部门对财政较困难的市（地）县所需普查经费应给予支持。按照上述意见，建议地方申请经费可参照国家经费预算范围，主要内容应包括以下几个方面：

（一）各地污染源普查总体方案制定　本项工作是各地第一次污染源普查的总体规划与设计，旨在制定全省普查工作方案和技术方案，制定普查的行政法规、管理办法、技术标准、技术规范及行政组织、宣传动员方案等，完成普查前期准备工作。

主要工作内容：开展污染源普查前期调研，收集相关资料；制定普查总体规划和方案；制订组织动员方案；制作宣传材料，开展宣传教育；组建普查工作办公室，落实工作条件等。

（二）普查数据传输设备购置　主要工作内容：省级层面和地市级层面数据存储、处理系统平台需要的服务器、磁盘阵列、交换机、数据库软件、操作系统等；地方污染源普查网站建设；数据录入设备购置；经济困难地（市）和县级普查办计算机及相关设备购置等。

（三）全面普查　主要工作内容：各地污染源普查前清查；开展普查的动员宣传，召开普查启动工作会议；举办普查技术培训班，培训内容包括普查工作方案和技术规范、软件使用，以及普查数据的分析汇总；普查的组织实施，包括入户调查、审核、验收、现场监测和污染源数据汇总分析，召开普查中期总结会；对普查员、普查指导员和数据录入人员补助；组织开展“四阶段”普查质量控制；评估污染源普查数据，修正历史数据；编写工作报告，汇编普查资料；召开污染源普查新闻发布会和普查总结工作会议；开展学术交流活动等。

（四）工业源、农业源、生活源和集中式污染治理设施产排污系数调查与物料衡算工作，各省市试点普查由各地根据本地实际情况决定是否开展。对国家已经确定的试点地区，应向同级政府申请试点经费。

三、经费申请程序

各级污染源普查领导小组办公室，应根据普查工作方案编制普查总体经费预算和分年度经费使用计划，经同级财政部门审核后，作为污染源普查专项经费纳入财政预算，分别列入各相关部门预算中，分年度按时拨付。

关于申请批准《第一次全国污染源普查试点表式》的函

国污普办函[2007]16号

国家统计局：

按照《第一次全国污染源普查方案》（国办发[2007]37 号）的要求，此次污染源普查试点阶段的各项工作已基本准备就绪。为保障普查试点工作能够顺利完成，依照《中华人民共和国统计法》，现将《第一次全国污染源普查试点表式》报送你局，请予审批。

附件一：《第一次全国污染源普查试点表式》
附件二：《第一次全国污染源普查试点表指标解释与填报说明》

注：附件一、附件二具体内容见本卷第六部分，污染源普查表式。

国务院第一次全国污染源普查领导小组办公室
二〇〇七年八月九日

国家统计局关于同意开展第一次全国污染源普查试点的函

国统制[2007]51 号

国务院第一次全国污染源普查领导小组办公室：

你办《关于申请批准〈第一次全国污染源普查试点表式〉的函》（国污普办函[2007]16 号）收悉。经审核，同意进行第一次全国污染源普查试点，有效期至 2007 年 12 月底。

在实施时，请将正式文件及调查方案送我局统计设计管理司 6 份，并将调查取得的汇总资料及时提供我局社会科技统计司。

国家统计局
二〇〇七年八月三十一日

关于申请批准《第一次全国污染源普查表式》的函

国污普办[2007]15 号

国家统计局：

按照《第一次全国污染源普查方案》（国办发[2007]37 号）的要求，《第一次全国污染源普查表式》和指标解释与填报说明已编制完成，并经国务院第一次全国污染源普查领导小组办公室会议和国家环境保护总局污染源普查协调小组会议审议通过，现依照《中华人民共和国统计法》将《第一次全国污染源普查表式》报送你局，请予审批。

附件：1.《第一次全国污染源普查表式》

2.《第一次全国污染源普查表指标解释与填报说明》

注：附件 1、2 具体内容见本卷第六部分。

国务院第一次全国污染源普查领导小组办公室

二〇〇七年十一月十五日

国家统计局关于同意制发第一次全国污染源普查表式的函

国统制[2007]124 号

国务院第一次全国污染源普查领导小组办公室：

你办《关于申请批准〈第一次全国污染源普查表式〉的函》（国污普办[2007]15 号）收悉。经审核，同意你办制发第一次全国污染源普查表式，有效期至 2008 年 6 月 30 日。

在实施时，请将正式文件及调查方案报我局统计设计管理司 6 份，并将调查所取得的有关资料及时提供我局社会和科技统计司。

国家统计局

二〇〇七年十一月二十九日

关于印发《污染源普查档案管理办法》的通知

环发[2007]187 号

各省、自治区、直辖市、新疆生产建设兵团环境保护局（厅）、档案局，全军环办、总参办公厅保密档案局：

为做好第一次全国污染源普查档案管理工作，根据《中华人民共和国档案法》以及《全国污染源普查条例》的有关规定，国家环境保护总局与国家档案局联合制定了《污染源普查档案管理办法》。现印发给你们，请遵照执行。

附件：污染源普查档案管理办法

国家环境保护总局
二〇〇七年十二月十二日

附件：

污染源普查档案管理办法

第一条 为了加强对污染源普查档案的管理，确保档案的完整、准确、系统和安全，根据《中华人民共和国档案法》和《全国污染源普查条例》，结合污染源普查档案工作的特点，制定本办法。

第二条 污染源普查档案是指经国务院批准、由国务院环境保护行政主管部门组织实施的全国污染源普查工作过程中形成的、具有保存价值的文件材料，包括各种文字、图表、声像、电子及实物等形式和载体的历史记录。

第三条 各级污染源普查机构和有关单位、个人都有保护污染源普查档案的义务。凡规定应当归档的文件材料，必须按照规定集中统一管理，任何个人不得据为己有或拒绝归档。

第四条 污染源普查机构应将档案工作纳入污染源普查工作规划，建立污染源普查档案工作领导责任制和相关人员岗位责任制，与污染源普查工作实行同步部署、同步管理、同步验收。

第五条 各级污染源普查机构自普查工作开始，应建立文件材料归档制度，指定专人负责污染源普查档案的收集、整理、归档、保管等工作，并进行必要的培训。

第六条 污染源普查档案的管理，由国务院环境保护行政主管部门统一领导，实行分级管理，国家档案行政管理部门负责监督、指导。各级环境保护行政主管部门和污染源普查机构的污染源普查档案业务工作，接受上级环境保护行政主管部门和同级档案行政管理部门的监督和指导。

各级档案行政管理部门要加强对同级环境保护行政主管部门污染源普查档案工作的监督、指导。

第七条 污染源普查文件材料归档范围

（一）文件类

1．各级党政机关有关污染源普查工作的通知、意见及批复；各级党政领导同志的重要讲话、批示；

2．各级污染源普查机构的请示、报告、通知等；污染源普查工作会议、宣传、检查、验收、总结、表彰等形成的文件材料；

3．污染源普查办法、意见、工作方案、工作细则、技术规定等；

4．各级普查机构设置、人事任免、工作人员名册；

5．污染源普查培训文件材料；

6．污染源普查公报。

（二） 表册、资料类

1．污染源普查原始登记表和汇总表的样表及填表说明；污染源普查使用的计算机应用程序软件及说明等；

2．污染源普查原始登记表、汇总表以及相应的电子数据；

3．污染源普查监测数据表册，记录污染源普查数据的文件材料；

4．污染源普查分析报告及资料汇编。

（三）音像、实物类

1．污染源普查宣传材料、宣传画等；

2．污染源普查工作照片、录音录像资料，印章、证书、标志、奖牌等。

（四）污染源普查工作的其他重要相关材料

第八条 污染源普查文件材料归档要求

（一）归档的文件材料应为原件，如归档复制件必须有相应的说明；

（二）归档的文件材料应做到字迹工整、数据准确、图样清晰，签字盖章、日期等标识完整齐备；

（三）归档文件材料的书写和装订材料应符合档案保护的要求；

（四）归档的电子文件数据应与相应纸质文件数据保持一致，电子文件应物理归档，一式三套；

（五）归档的照片、音像、实物要有相应的文字说明。

第九条 污染源普查档案的整理应符合档案工作的相关标准和要求。污染源普查原始登记表按污染源的种类和行政区域进行分类，按一个普查登记对象为一件进行整理编目。污染源普查档案分类整理后，应编制档案检索目录或建立档案信息检索系统。

第十条 污染源普查档案的保管期限定为永久、定期两种，定期分为 10 年、30 年。具体的保管期限划分应参照《污染源普查档案保管期限表》（见附）。

第十一条 污染源普查机构应根据工作需要，配备档案专柜及相应的设施设备，做好防火、防盗、防潮、防污染、防虫害等工作，确保污染源普查档案的安全。

第十二条 地（市）、县级污染源普查机构应在污染源普查工作完成后四个月内，国家和省级污染源普查机构应在污染源普查工作完成后一年内，将污染源普查档案向同级环境保护行政主管部门移交，移交时双方应进行检查验收并办理移交手续。

各级环境保护行政主管部门应按有关规定，将到期的污染源普查档案向同级国家综合档案馆移交。

第十三条 各级人民政府的污染源普查领导机构安排的污染源普查档案管理经费应专款专用，保证污染源普查档案的整理、保管以及购置必要档案设备、用品等所需的支出。

第十四条 污染源普查档案管理的机构和个人必须按照《中华人民共和国保密法》的规定，加强对污染源普查档案的保密管理。凡涉及国家秘密或商业秘密的普查资料，必须保密。

第十五条 凡违反本办法造成污染源普查档案丢失、损毁，或不按规定归档、玩忽职守造成档案损失者，或泄露污染源普查档案秘密者，按照有关法律法规移交相关部门予以查处。

第十六条 本办法由国家环境保护总局、国家档案局负责解释。

第十七条 本办法自发布之日起实施。

附：污染源普查档案保管期限表

1．党政机关有关污染源普查工作的通知、意见及批复	永久
2．党政领导同志的重要讲话、批示	永久
3．污染源普查工作会议	
会议报告、讲话、总结、决议、纪要	永久
会议典型材料、发言材料、交流材料	30 年
4．污染源普查办法、意见、工作方案、工作细则、技术规定、标准等	永久
5．污染源普查机构形成的请示、批复、通知、报告等业务文件材料	
重要的	永久
一般的	30 年
污染源普查机构设置、人事任免、工作人员名册	永久
6．污染源普查培训文件材料	10 年
7．污染源普查工作检查、验收、总结、表彰等文件材料	
重要的	永久
一般的	30 年
8．污染源普查先进集体和先进人员名单	永久
9．污染源普查登记表样表及填表说明	永久
10．污染源普查原始登记表及相应的电子数据	10 年
11．污染源普查汇总表及相应的电子数据	永久
12．污染源普查监测数据表册、记录污染源普查数据的文件材料	永久
13．污染源普查分析报告、资料汇编	30 年
14．污染源普查公报	永久
15．污染源普查宣传材料、宣传画	10 年
16．污染源普查工作照片、录音录像资料	
重要的	永久
一般的	10 年
17．污染源普查工作证书、标志、奖牌等	10 年
18．污染源普查机构印章	30 年
19．污染源普查工作的其他重要相关材料	10 年

表中未列入的相关文件材料，参照《机关文件材料归档范围和文书档案保管期限规定》（国家档案局第 8 号令）规定执行，污染源普查机构的财务会计文件材料依照《会计档案管理办法》执行。

财政部　环境保护部关于印发《第一次全国污染源普查专项资金使用管理办法》的通知

财建[2008]144 号

农业部，总后勤部，新疆生产建设兵团，有关省（自治区、直辖市、计划单列市）财政厅（局）、环境保护局：

为加强第一次全国污染源普查专项资金管理，提高资金使用效益，确保第一次全国污染源普查顺利实施，根据《全国污染源普查条例》（国务院令第 508 号）及有关法律法规，我们制定了《第一次全国污染源普查专项资金使用管理办法》。现印发给你们，请遵照执行。

附件：《第一次全国污染源普查专项资金使用管理办法》

财政部　环境保护部
二〇〇八年四月十五日

附件：

第一次全国污染源普查专项资金使用管理办法

第一章 总 则

第一条 为保障第一次全国污染源普查（以下简称“污染源普查”）各项工作顺利实施，加强第一次全国污染源普查专项资金（以下简称“普查资金”）管理，提高资金使用效益，根据《全国污染源普查条例》（国务院令第 508 号）、《国务院关于开展第一次全国污染源普查的通知》（国发[2006]36 号）以及有关法律法规，制定本办法。

第二条 普查资金是指中央财政为支持开展污染源普查设立的专项资金。

第三条 普查专项资金实行项目管理，单独核算，专款专用，任何单位和个人不得挤占、截留和挪用。

第二章 支出范围

第四条 普查资金主要用于以下方面：

（一）全国污染源普查前期准备工作，包括普查方案及技术文件制订，普查软件开发，数据库建设等；

（二）工业污染源、农业污染源、生活污染源与集中式污染治理设施产排污系数调查与物料衡算；

（三）污染源普查试点及全面普查，包括普查培训，普查宣传，普查表格及有关资料印刷，污染源数据采集、质量控制，普查数据审核、汇总、分析、处理，普查总结和成果开发利用等；

（四）中央对地方给予适当补助，补助范围包括：数据库建设、普查试点、国控重点污染源普查、放射性污染源普查、农业污染源普查等；

（五）经财政部批准的其他费用。

第五条 下列费用不得列入普查资金支出范围：

（一）应由基本建设资金、其他专项资金开支的费用；

（二）各种奖金、福利支出；

（三）归还贷款本息；

（四）投资性支出、捐赠及赞助；

（五）各种罚款、违约金、滞纳金等支出；

（六）与污染源普查无关的其他支出。

第三章 组织机构及职责

第六条 财政部主要负责普查资金的预算管理。具体职责如下：

（一）确定普查资金预算安排原则及重点，确定总预算和分年度预算；

（二）按预算管理程序下达分年度预算；

（三）审批普查资金年度财务决算；

（四）监督检查经费的管理和使用情况。

第七条 国务院第一次全国污染源普查领导小组办公室设在环境保护部，环境保护部作为牵头部门，主要负责普查资金的项目管理。具体职责如下：

（一）根据污染源普查工作方案，制定有关工作计划，发布相关技术规范，明确工作要求和进度，组织实施污染源普查；

（二）会同有关部门（单位）编制项目总体预算和分年度经费使用计划，按照规定程序报财政部审批；

（三）督促有关地方环境保护部门加强普查资金的管理；

（四）会同财政部开展监督检查和项目绩效考核。

第八条 各资金使用部门（单位）具体职责如下：

（一）编制普查经费预算和支出计划；

（二）组织项目的论证、评审和政府采购工作等；

（三）加强日常财务收支管理，根据工作开展情况，合理安排预算支出。

第四章 预算管理

第九条 环境保护部组织有关部门（单位）根据普查工作方案编制项目总体预算、分年度资金使用计划和政府采购预算，并按照部门预算管理程序报财政部审核。

第十条 财政部结合财力情况核定普查资金预算，分别列入各相关部门（单位）的部门预算，分年度下达。补助地方部分，按预算管理程序办理。

预算一经下达，原则上不得调整。如确需调整，须按规定程序报财政部审批后执行。

第十一条 普查资金的支付严格按照财政国库管理制度的有关规定执行，项目资金中属于政府采购范围的，应按照《政府采购法》及有关规定组织采购。

第十二条 普查资金结余按照财政部财政拨款结余资金有关规定执行。

第十三条 年度终了，普查资金使用部门（单位）应当按照财政部有关规定编报专项资金决算，并附详细编报说明，列入部门决算报财政部门审批。

第五章 监督管理

第十四条 财政部、环境保护部将对普查资金使用情况开展定期或不定期的监督检查。

第十五条 普查资金使用部门（单位）应当严格按照预算批复和国家有关规定使用专项资金，不得随意扩大开支范围和提高经费标准，加强财务管理和会计核算，努力提高资金使用效益，并自觉接受财政、审计、监察等部门的监督检查。

第十六条 项目承担单位及有关人员在项目论证、评审、招标等工作中违反财政法规或政策规定的，按国家有关规定严肃处理；构成犯罪的，移交司法机关处理。

第六章　附　则

第十七条　各级地方财政部门可比照本办法制定本地普查资金管理办法，并报财政部备案。

第十八条　本办法由财政部会同环境保护部负责解释。

第十九条　本办法自印发之日起实施。

关于第一次全国污染源普查工作进展情况的报告

环发[2008]38 号

国务院：

2006 年 10 月，国务院印发了《关于开展第一次全国污染源普查的通知》（以下简称《通知》），决定从 2008 年年初开展第一次全国污染源普查。2007 年 10 月发布了《全国污染源普查条例》，2008 年 1 月召开了全国污染源普查电视电话会议进行了动员。各地区、各有关部门认真贯彻落实国务院《通知》和电视电话会议精神，扎实开展全国污染源普查各项工作。截至 2008 年 4 月底，总体进展情况较好，可望按国务院污染源普查领导小组第一次会议要求于 2009 年上半年完成普查工作。第一次全国污染源普查分三个阶段：2007 年为准备试点阶段，2008 年为全面普查阶段，2009 年上半年为总结发布阶段。现将有关情况报告如下：

一、准备试点阶段开展的主要工作

（一）组建污染源普查机构，完成普查员选聘。原环保总局会同国务院污染源普查领导小组各成员单位，组建了普查领导小组办公室（以下简称“国务院污染源普查办”），原环保总局、农业部选调专门工作人员成立了工作机构——全国污染源普查工作办公室。中宣部、原环保总局、统计局、农业部等分别向本系统发出通知，要求根据国务院《通知》精神，抓紧组织开展污染源普查工作。建设部召集了有关科研单位专题研究了城镇污水集中处理设施普查工作。全军环办研究部署了军队和武警部队的污染源普查工作。全国 31 个省、自治区、直辖市均成立了以省政府主管领导为组长的污染源普查领导小组，组建了普查工作机构，转发了国务院《通知》或印发了文件，部署开展了污染源普查工作。按照国家统一要求，各省、市、县三级普查机构共选聘普查员和普查指导员 40 余万人。

（二）编制普查方案，落实普查经费。在广泛征求意见和充分咨询论证的基础上，国务院污染源普查办公室组织编制了《第一次全国污染源普查方案》，经国务院污染源普查领导小组第一次会议审议通过，国务院办公厅于 2007 年 5 月 17 日正式印发。《普查方案》明确了普查的工作目标、对象范围和主要内容、技术路线和步骤、组织及实施、经费安排、资料的填报和管理等。根据国务院《通知》精神和《普查方案》，财政部审核下达 2007 年普查专项经费 7.37 亿元，其中中央部门 4.53 亿元，补助中西部困难地区 2.84 亿元；2008 年普查专项经费 0.6 亿元。据统计，截至今年 4 月底，地方各级财政部门共安排污染源普查经费 17.73 亿元。经费基本落实为普查工作提供了有力保障。

（三）制定普查工作规范，编制普查表式和处理软件。按照《普查方案》，全国污染源普查工作办公室组织制定了一系列普查工作所需要的技术规定和工作细则，包括工业污染源及集中式污染治理设施、农业污染源、生活污染源、普查质量管理、数据审核、数据录入与传输等 9 项技术规定，以及普查员管理、普查对象清查、数据处理、质量核查等 4 项工作细则。使得普查工作各个步骤、各个环节都有技术规范和程序规定可供遵循，提高了普查的科学性和规范性。编制了全套 66 张普查表式及指标解释，开发了普查数据录入、汇总和分析的计算机软件。

（四）进行重点污染源实地监测和产排污系数测算。2007 年初，原环保总局即部署了以地级市环境监测站为主，对全国近 3 万家重点工业污染源和集中式污染处理设施 2007 年的排污状况进行实地监测，为重点工业源普查奠定基础。全国污染源普查工作办公室会同农业部、建设部，在财政部的支持下，组织了由 30 家国家级科研单位和全国性行业协会（联合会）牵头，约 450 多家科研、监测单位参与的工业、农业、生活及集中式污染治理设施产排污系数测算工作，预计可制定 3.2 万个产排污系数，基本涵盖了有污染物排放的一、二、三产业中约 400 个小类行业，可满足此次普查工作的需要。

（五）广泛开展普查宣传和业务培训，组织了全国污染源普查试点。中宣部、原环保总局联合印发了《关于做好第一次全国污染源普查宣传工作的通知》和实施方案，对普查宣传工作做了全面部署。中央和各地新闻机构安排了有关普查的宣传报道，播放了宣传普查的公益广告。全国污染源普查工作办公室制作印发了 60 万套宣传画、35 万本宣传手册；地方各级普查机构组织了形式多样、内容丰富的普查宣传活动，也制作、印刷了大量的普查广告和宣传品。全国污染源普查工作办公室分批组织了 8 000 多人次地方污染源普查骨干的培训。各地普查机构按要求对所有普查员和普查指导员进行了相应的业务培训。为了验证污染源普查表的科学性、可行性，为全面普查积累经验，国务院污染源普查领导小组办公室在 2007 年 9 月至 10 月组织 3 个地级市、11 个县级（市区）的普查机构，进行了污染源普查清查工作和报表填报的试点。

二、全面普查阶段工作进展情况

根据清查结果，全国确定的此次普查对象各类污染源共计 8 348 280 个，其中，工业源 1 787 922 个，生活源 1 573 905 个，集中式污染源治理设施 5 133 个，农业源（含抽样的农户数）4 981 320 个。自 2008 年 3 月进入全面普查阶段至 4 月底，按普查对象统计，基本完成现场调查和各类普查表填写及审核工作的有 11 个省（自治区、直辖市），包括北京、河北、内蒙古、吉林、安徽、河南、湖南、云南、陕西、宁夏、新疆；大部分完成（60%～90%）的有 12 个省（自治区、直辖市），包括山西、黑龙江、上海、江苏、浙江、江西、山东、湖北、广西、重庆、四川、贵州；其他省份仅完成 30%～60%的工作量，包括天津、辽宁、福建、广东、海南、甘肃、青海、西藏。新疆生产建设兵团因为农业源普查基本未开展而影响了整体进度，工业源、生活源、集中式污染治理设施普查表填写及审核工作完成约 97.2%。

按县区统计，完成普查表填报和审核的工业源有 1 354 个县（区），生活源有 1 764 个县（区），集中式污染治理设施有 1 501 个县（区），农业源有 1 809 个县（区）。

三、存在的问题及原因

（一）由于重视程度不同和工作基础差异，各地普查工作进度、质量不平衡。普查表填写及审核工作完成不足 60%的地区还有 9 个省（自治区、直辖市），特别是西部少数省（区）工作相对滞后。个别地区的普查表填报、审核质量不高，错误、漏填较多，需要返工甚至重填，影响了工作进度。

（二）因受农业生产周期制约、经费到位迟、冰雪灾害等因素影响，农业源产排污系数测算工作要到 10 月底才能完成，今年下半年进行农业源普查数据的分析汇总有一定困难。

（三）基层普查经费不足，特别是国家级和省级扶贫开发工作重点县的普查经费落实困难，影响普查工作正常开展。普查工作的宣传应进一步加强。

四、下一步工作安排

按照国务院污染源普查领导小组第一次会议关于确保数据质量，加快普查工作进度的要求，针对目前存在的问题，下一阶段我们将会同有关部门认真做好以下工作：

（一）继续抓紧做好现场调查和普查表的填报。重点是督促工作进度慢的地区集中力量，抓紧普查表的填报，协调解决基层普查工作遇到的实际困难；对西藏等专业技术力量薄弱的地区派专家组帮助工作；商请财政部给国家级重点扶贫帮扶县适当的经费补助。力争在 6 月中旬全面完成现场调查和普查表的填报工作。

（二）组织数据审核和抽样复核。为确保普查数据质量，认真组织各级普查机构严把数据审核关，要求对每张普查表、每项关键指标，都要经过普查对象内部审、普查员、普查指导员、普查机构和行政主管部门等五个关口审核确认。同时，上级普查机构还要对下一级普查机构的数据进行逐级随机抽样复核。6 月中旬，国务院污染源普查办公室将组成 15 个质量核查组，对各地普查数据进行随机抽样复核，对抽样复核不合格地区，要求重新进行普查表填报和数据审核工作。这次各质量核查组争取由担任国务院污染源普查领导小组成员的各部门负责同志带队，以示国家重视。

继续做好《全国污染源普查条例》的宣传实施，严肃查处普查中出现的弄虚作假行为。

（三）及时汇总分析全国普查数据。在完成对各省级普查工作抽查复核的基础上，于 7 月底前收集汇总全国普查数据。之后拟用 2～3 个月时间，与各省级污染源普查机构进行数据审查与确认，并初步完成全国普查数据的汇总分析。11 月份向国务院污染源普查领导小组汇报普查初步结果，年底前提供本次普查的主要数据。同时，根据《全国污染源普查条例》要求，部署地方各级普查机构做好本地区普查数据汇总分析工作，核准“地方污染源普查公报”。

（四）推动各级污染源普查数据库建设。年底前基本完成国家各类重点污染源普查数据库的建设，为对各类重点污染源实施动态管理提供条件。

（五）2009 年上半年，重点进行污染源普查数据的开发利用，经批准发布“第一次全国污染源普查公报”；总结验收各省污染源普查工作，表彰先进。

环境保护部

二○○八年五月十六日

国务院第一次全国污染源普查领导小组办公室、环境保护部、国家统计局、农业部关于表彰第一次全国污染源普查先进集体和先进个人的决定

国污普办[2010]4号

在国务院和地方各级人民政府的统一领导下，在各类普查对象的积极参与和配合下，经过各地区、各有关部门和广大普查工作者两年半的共同努力，第一次全国污染源普查各项任务已圆满完成，并取得了丰硕成果。这次污染源普查按照“全国统一领导、部门分工协作、地方分级负责、各方共同参与”的原则，组织动员了大量人力、财力和物力，对我国境内所有排放污染物的工业源、农业源、生活源和集中式污染治理设施进行了调查。通过普查，摸清了我国污染源的分布和主要污染物的排放情况，建立了各类重点污染源档案和各级污染源信息数据库，全面掌握了我国污染源与环境的相关信息，为推进节能减排、科学制定经济社会和环境保护政策提供了坚实的依据。

根据《全国污染源普查条例》的有关规定，为表彰在第一次全国污染源普查工作中做出突出贡献的单位和个人，经各地区、各有关部门逐层推荐、认真评选，国务院第一次全国污染源普查领导小组办公室、环境保护部、国家统计局、农业部共同决定，授予江苏省昆山市环境保护局等 1 470 个单位“第一次全国污染源普查先进集体”荣誉称号，授予娄涛等 8 048 人“第一次全国污染源普查先进个人”荣誉称号。希望受到表彰的先进集体和先进个人珍惜荣誉、再接再厉，继续努力为我国的环境保护事业做出更大贡献。全国各级污染源普查机构和有关部门、有关单位，以及广大普查工作者，都要学习他们精诚合作、密切配合的大局意识，学习他们重视质量、科学严谨的工作态度，学习他们认真负责、扎实细致的工作作风，学习他们勤勤恳恳、忘我奉献的崇高品质，为全面贯彻落实科学发展观、建立资源节约型、环境友好型社会而努力奋斗。

附件一：第一次全国污染源普查先进集体名单
附件二：第一次全国污染源普查先进个人名单

国务院第一次全国污染源普查领导小组办公室
环境保护部　国家统计局　农业部
二〇一〇年三月十九日

附件一：

第一次全国污染源普查先进集体名单

一、省、自治区、直辖市一级先进集体名单

（一）优秀集体奖

北京市第一次全国污染源普查领导小组办公室
江苏省第一次全国污染源普查领导小组办公室
浙江省第一次全国污染源普查领导小组办公室
福建省第一次全国污染源普查领导小组办公室
河南省第一次全国污染源普查领导小组办公室
湖南省第一次全国污染源普查领导小组办公室
广东省第一次全国污染源普查领导小组办公室
重庆市第一次全国污染源普查领导小组办公室
宁夏回族自治区第一次全国污染源普查领导小组办公室
新疆维吾尔自治区第一次全国污染源普查领导小组办公室

（二）先进单位奖

天津市第一次全国污染源普查领导小组办公室
河北省第一次全国污染源普查领导小组办公室
辽宁省第一次全国污染源普查领导小组办公室
吉林省第一次全国污染源普查领导小组办公室
黑龙江省第一次全国污染源普查领导小组办公室
上海市第一次全国污染源普查领导小组办公室
江西省第一次全国污染源普查领导小组办公室
山东省第一次全国污染源普查领导小组办公室
湖北省第一次全国污染源普查领导小组办公室
四川省第一次全国污染源普查领导小组办公室
云南省第一次全国污染源普查领导小组办公室
陕西省第一次全国污染源普查领导小组办公室

（三）先进组织奖

山西省第一次全国污染源普查领导小组办公室
内蒙古自治区第一次全国污染源普查领导小组办公室
安徽省第一次全国污染源普查领导小组办公室

广西壮族自治区第一次全国污染源普查领导小组办公室
海南省第一次全国污染源普查领导小组办公室
贵州省第一次全国污染源普查领导小组办公室
西藏自治区第一次全国污染源普查领导小组办公室
青海省第一次全国污染源普查领导小组办公室
甘肃省第一次全国污染源普查领导小组办公室
新疆生产建设兵团第一次全国污染源普查领导小组办公室

二、各省、自治区、直辖市、新疆生产建设兵团和解放军所属单位、国家有关单位先进集体名单

北京市

中国石油化工股份有限公司北京燕山分公司
北京市大兴区农业委员会
北京市丰台区污染源普查工作领导小组办公室
北京市东城区环境保护局
北京市石景山区环境保护局
北京市农业局
北京市农业环境监测站
北京市农林科学院植物营养与资源研究所
北京市延庆县种植业服务中心
北京市西城区环境保护局
北京市怀柔区第一次全国污染源普查领导小组办公室
北京市财政局
北京市房山区农业环境和生产监测站
北京市房山区污染源普查领导小组办公室
北京市昌平区农业服务中心
北京市昌平区第一次全国污染源普查领导小组办公室
北京市环境保护局
北京市宣武区环境保护局
北京市统计局
北京市顺义区第一次全国污染源普查领导小组办公室
北京市海淀区环境保护局
北京市密云县环境保护局
北京市崇文区环境保护局
北京市朝阳区污染源普查领导小组办公室

天津市

PPG 涂料（天津）有限公司
天津市开发区污染源普查领导小组办公室
天津市宁河县农业环保站
天津市宁河县环境保护局
天津市农业环境保护管理监测站
天津市红桥区人民政府芥园街道办事处
天津市红桥区污染源普查领导小组办公室
天津市西青区农业技术推广服务中心
天津市西青区污染源普查领导小组办公室
天津市西青经济开发区管理委员会
天津市宝坻区农业技术服务推广中心
天津市武清区农业局
天津市河北区环境保护局
天津市河西区污染源普查领导小组办公室
天津市河西区环境监察支队
天津市环境保护局
天津市环境监察总队
天津市津南区第一次全国污染源普查领导小组办公室
天津市统计局
天津市蓟县出头岭镇政府
天津市蓟县农业技术推广中心
天津市蓟县污染源普查领导小组办公室
天津市静海县农业技术推广中心
天津经济技术开发区环境保护局监察支队
天津港保税区环境保护局

河北省

河北省大厂县污染源普查办公室
河北省丰宁满族自治县第一次全国污染源普查办公室
河北省内邱县环境保护局
河北省水产养殖病害防治监测总站
河北省卢龙县环境保护局
河北省正定县环境保护局
河北省永清县人民政府污染源普查办公室
河北省石家庄市农业局
河北省石家庄市财政局

河北省石家庄市环境保护局
河北省石家庄市环境保护局裕华区分局
河北省石家庄市统计局
河北省任丘市农业局
河北省任丘市环境保护局
河北省农业厅农业环保站
河北省迁安市农业畜牧水产局农业环保站
河北省迁安市环境保护局
河北省迁西县环保局
河北省邢台市环境保护局
河北省围场县畜牧站
河北省张北县环境保护局
河北省张家口市环境保护局
河北省张家口市桥西区环保分局
河北省抚宁县农牧水产局
河北省沙河市环境保护局
河北省沧州市水产技术推广站
河北省沧州市污染源普查办公室
河北省沧州市畜牧兽医工作站
河北省邯郸市环境保护局
河北省邯郸市峰峰矿区环境保护局
河北省邯郸市畜牧技术推广站
河北省定州市农牧局
河北省承德市农业环境保护监测站
河北省承德市财政局
河北省承德市环境保护局
河北省武强县环境保护局
河北省泊头市第一次全国污染源普查工作办公室
河北省环境保护厅
河北省保定市北市区环境保护局
河北省保定市环境保护局
河北省保定市畜牧工作站
河北省南皮县环境保护局
河北省故城县环境保护局
河北省香河县环境保护局
河北省唐山市水产技术推广站
河北省唐山市环境保护局
河北省唐山市环境保护局丰润分局

河北省涉县环境保护局
河北省畜牧站
河北省秦皇岛市山海关区第一次全国污染源普查领导小组办公室
河北省高阳县环保局
河北省高碑店市环境保护局
河北省廊坊市人民政府污染源普查办公室
河北省廊坊市水产技术推广站
河北省涿州市环境保护局
河北省黄骅市农业局
河北省遵化市环保局
河北省衡水市农业环境与农产品质量监督管理站
河北省衡水市环境保护局

山西省

山西省大同市环境保护局南郊分局
山西省山阴县农业局
山西省山阴县污染源普查领导小组办公室
山西省太原市人民政府
山西省太原市环境保护局
山西省太原市环境保护局迎泽分局
山西省长治市农业局
山西省长治市郊区污染源普查领导小组办公室
山西省长治市城区污染源普查领导小组办公室
山西省古交市人民政府
山西省宁武县污染源普查领导小组办公室
山西省左云县环境保护局
山西省平陆县污染源普查领导小组办公室
山西省平顺县农业局
山西省交口县环境保护局
山西省农业厅
山西省农业生态环境建设总站
山西省吕梁市农业局
山西省吕梁市离石区环境保护局
山西省阳城县农业局
山西省阳泉市环境保护监测站
山西省孝义市环境保护局
山西省忻州市农业环境保护监测站
山西省忻州市忻府区环境保护局

山西省忻州市环境保护局
山西省灵石县农业局
山西省灵石县环保局
山西省运城市环境保护局
山西省运城市盐湖区污染源普查领导小组办公室
山西省泽州县环保局
山西省环境保护厅
山西省临汾市农业局
山西省临汾市尧都区污染源普查领导小组办公室
山西省临猗县农业局
山西省侯马市污染源普查领导小组办公室
山西省柳林县农业局
山西省洪洞县污染源普查领导小组办公室
山西省统计局
山西省原平市农业局
山西省原平市污染源普查领导小组办公室
山西省夏县污染源普查领导小组办公室
山西省晋中市农业局
山西省晋中市环境保护局
山西省晋中市环境科学研究所
山西省晋城市环境保护局
山西省清徐县农业局环保站
山西省翼城县农业局
山西省翼城县污染源普查领导小组办公室
山西省襄垣县环境保护局

内蒙古自治区

内蒙古自治区乌兰浩特市环保局
内蒙古自治区乌兰察布市农业技术推广站
内蒙古自治区乌拉特前旗农牧业局
内蒙古自治区乌拉特前旗第一次全国污染源普查办公室
内蒙古自治区乌海市海南区第一次全国污染源普查工作办公室
内蒙古自治区乌海市第一次全国污染源普查工作办公室
内蒙古自治区巴彦淖尔市农业环境保护能源监察站
内蒙古自治区巴彦淖尔市临河区环保局
内蒙古自治区扎兰屯市农牧业局
内蒙古自治区牙克石市农牧业局
内蒙古自治区牙克石市污染源普查工作办公室

内蒙古自治区东乌珠穆沁旗污染源普查领导小组办公室
内蒙古自治区包头市农业技术推广站
内蒙古自治区包头市环保局九原分局
内蒙古自治区包头市环境保护局
内蒙古自治区包头市环境保护局昆区分局
内蒙古自治区包头市环境监察支队
内蒙古自治区包头市统计局
内蒙古自治区四子王旗环境保护局
内蒙古自治区宁城县环境保护局
内蒙古自治区正蓝旗环境保护局
内蒙古自治区伊金霍洛旗污染源普查办公室
内蒙古自治区兴安盟环保局
内蒙古自治区多伦县环境保护局
内蒙古自治区克什克腾旗环境保护局
内蒙古自治区赤峰市农牧业局
内蒙古自治区赤峰市环保局红山区分局
内蒙古自治区赤峰市环境保护局松山区分局
内蒙古自治区阿拉善盟第一次全国污染源普查工作办公室
内蒙古自治区呼伦贝尔市污染源普查工作办公室
内蒙古自治区呼和浩特市新城区环境保护局
内蒙古自治区呼和浩特市赛罕区农业技术推广站
内蒙古自治区和林县环保局
内蒙古自治区科右前旗环保局
内蒙古自治区科右前旗能源站
内蒙古自治区通辽市农业技术推广站
内蒙古自治区通辽市环境保护局
内蒙古自治区通辽市科尔沁区环保局
内蒙古自治区鄂尔多斯市东胜区第一次全国污染源普查领导小组办公室
内蒙古自治区鄂尔多斯市农业技术推广植保植检站
内蒙古自治区鄂尔多斯市第一次全国污染源普查工作办公室
内蒙古自治区满洲里市环境保护局
内蒙古自治区锡林郭勒盟农业科学技术推广站
内蒙古自治区霍林郭勒市环境保护局
内蒙古自治区阿拉善左旗环境保护局
内蒙古自治区环境保护厅
内蒙古自治区察哈尔右翼前旗第一次全国污染源普查工作办公室（察哈尔右翼前旗环保局）

辽宁省

中国石油锦西石化分公司
中国海监凌海市大队
辽宁省大石桥市污染源普查领导小组办公室
辽宁省大连市农业环境保护监测站
辽宁省大连市西岗区污染源普查领导小组办公室
辽宁省大连市环境监测中心
辽宁省大连市海洋渔业环境监测中心
辽宁省大连市普兰店污染源普查领导小组办公室
辽宁省大连市污染源普查领导小组办公室
辽宁省开原市第一次污染源普查工作办公室
辽宁省东港市人民政府
辽宁省本溪市南芬区污染源普查领导小组办公室
辽宁省辽阳市太子河区污染源普查办公室
辽宁省辽阳市农业环保监测管理站
辽宁省农业环境保护监测站
辽宁省灯塔市污染源普查办公室
辽宁省抚顺市顺城区污染源普查领导小组办公室
辽宁省沈阳市于洪区污染源普查领导小组办公室
辽宁省沈阳市大东区污染源普查领导小组办公室
辽宁省沈阳市和平区污染源普查领导小组办公室
辽宁省沈阳市种畜禽监督管理站
辽宁省财政厅
辽宁省岫岩县污染源普查领导小组办公室
辽宁省昌图县第一次污染源普查工作办公室
辽宁省环境保护厅
辽宁省阜新市新邱区污染源普查领导小组办公室
辽宁省种畜禽监督管理站
辽宁省统计局
辽宁省宽甸满族自治县人民政府
辽宁省桓仁县污染源普查领导小组办公室
辽宁省海城市污染源普查领导小组办公室
辽宁省海洋水产科学研究院
辽宁省绥中县绥中镇人民政府
辽宁省盘锦市水产科学研究所
辽宁省盘锦市环境保护监测站
辽宁省营口市水产科学研究所

辽宁省营口市农业中心
辽宁省营口市熊岳镇污染源普查领导小组
辽宁省喀左县污染源普查领导小组办公室
辽宁省朝阳市财政局
辽宁省朝阳市环境监测站
辽宁省朝阳市畜牧技术推广站
辽宁省朝阳市污染源普查工作办公室
辽宁省葫芦岛市连山区普查办公室
辽宁省葫芦岛市污染源普查领导小组办公室
辽宁省黑山县污染源普查领导小组办公室
辽宁省锦州市凌河区普查办公室
辽宁省锦州市畜牧技术推广站
辽宁省锦州市污染源普查办公室
辽宁省彰武县污染源普查领导小组办公室
辽宁省鞍山市农业环境保护监测站
辽宁省鞍山市畜牧技术推广站
辽宁省鞍山市污染源普查领导小组办公室
辽宁省鞍山钢铁集团公司

吉林省

中国石油天然气股份有限公司吉林石化分公司
吉林省九台市第一次污染源普查领导小组办公室
吉林省大安市农业环境保护与农村能源管理站
吉林省水产科学研究院
吉林省长春市水产研究院
吉林省长春市农业环境保护与农村能源站
吉林省长春市财政局
吉林省长春市环境保护局
吉林省长春市第一次污染源普查领导小组办公室
吉林省东丰县第一次污染源普查领导小组办公室
吉林省四平市财政局
吉林省四平市环境监察支队
吉林省永吉县第一次污染源普查领导小组办公室
吉林省白山市八道江区财政局
吉林省白山市环境监察支队
吉林省白城市农业环境保护与农村能源管理站
吉林省白城市财政局
吉林省白城市环境监察支队

吉林省辽源市环境监测站
吉林省辽源市统计局
吉林省农业环境保护与农村能源管理总站
吉林省吉林市财政局
吉林省吉林市环境信息中心
吉林省吉林市第一次污染源普查领导小组办公室
吉林省安图县第一次污染源普查领导小组办公室
吉林省延边州财政局
吉林省延边州环境保护局
吉林省扶余县水产技术推广站
吉林省财政厅
吉林省松原市财政局
吉林省松原市环境监察支队
吉林省松原市畜牧总站
吉林省松原市第一次污染源普查领导小组办公室
吉林省环境保护厅
吉林省梨树县农业环境保护与农村能源管理站
吉林省梨树县畜牧总站
吉林省畜牧总站
吉林省通化市东昌区农业技术推广总站
吉林省通化市东昌区第一次污染源普查领导小组办公室
吉林省通化市财政局
吉林省通化市环境监测站
吉林省通化市畜牧总站
吉林省通化市第一次污染源普查领导小组办公室
吉林省通化县环保局
吉林省舒兰市农业环境保护监测站
吉林省舒兰市第一次污染源普查领导小组办公室
通化钢铁集团股份有限公司

黑龙江省

黑龙江省七台河市环境保护局
黑龙江省大兴安岭地区环保局
黑龙江省大庆市让胡路区污染源普查领导小组办公室
黑龙江省大庆市环境保护局
黑龙江省大庆油田有限责任公司
黑龙江省友谊县环境保护局
黑龙江省双城市农业技术推广中心

黑龙江省双鸭山市环境保护局
黑龙江省宁安市农业技术推广中心
黑龙江省宁安市环境保护局
黑龙江省龙江县环境保护局
黑龙江省伊春市环境保护局
黑龙江省农垦总局农业局
黑龙江省农垦总局畜牧水产局
黑龙江省危险废物管理中心
黑龙江省同江市第一次全国污染源普查领导小组办公室
黑龙江省齐齐哈尔市污染源普查工作办公室
黑龙江省齐齐哈尔市畜牧水产局
黑龙江省齐齐哈尔市富拉尔基区环境保护局
黑龙江省克山县农业科学技术推广中心
黑龙江省杜尔伯特县畜牧兽医水产局
黑龙江省牡丹江市环境保护局
黑龙江省财政厅
黑龙江省鸡西市污染源普查工作办公室
黑龙江省佳木斯市第一次全国污染源普查领导小组办公室
黑龙江省环境保护厅
黑龙江省环境保护厅垦区建三江环境保护分局
黑龙江省环境保护厅垦区环境保护局
黑龙江省哈尔滨市农业环境保护办公室
黑龙江省哈尔滨市环保局道外分局
黑龙江省哈尔滨市环境保护局
黑龙江省统计局
黑龙江省畜牧研究所
黑龙江省畜牧兽医总站
黑龙江省绥化市环境保护局
黑龙江省铁力市污染源普查领导小组办公室
黑龙江省密山市环境保护局
黑龙江省渔业病害防治环境监测和质量检测中心
黑龙江省富锦市农委水产工作管理办公室
黑龙江省黑河市环境保护局
黑龙江省鹤岗市环境保护局

上海市

上海市化工区管委会
上海市长宁区污染源普查领导小组办公室

上海市杨浦区污染源普查领导小组办公室
上海市闵行区污染源普查领导小组办公室
上海市奉贤区农业委员会
上海市松江区农业委员会
上海市松江区环境保护局
上海市环境保护局
上海市金山区环境监察支队
上海市闸北区环境监测站
上海市青浦区朱家角镇农业综合服务中心
上海市青浦区金泽镇污染源普查办公室
上海市南汇区航头农业综合技术推广服务站
上海市南汇区康桥镇人民政府
上海市虹口区江湾镇街道办事处
上海市徐汇区环境监察支队
上海市档案局
上海市浦东新区川沙新镇农业服务中心
上海市浦东新区环保市容局环保处
上海市崇明县长兴乡污染源普查办公室
上海市崇明县农业委员会
上海市黄浦区污染源普查办公室

江苏省

江苏省大丰市人民政府
江苏省丰县环境保护局
江苏省丹阳市环境保护局
江苏省无锡市水产技术指导站
江苏省无锡市北塘区环境保护局
江苏省无锡市环境保护局
江苏省东台市人民政府
江苏省东海县污染源普查领导小组办公室
江苏省农业环境监测与保护站
江苏省如东县环境保护局
江苏省如皋市人民政府
江苏省如皋市农业机械管理局
江苏省扬中市环境保护局
江苏省扬州市农业机械管理局
江苏省扬州市污染源普查领导小组办公室
江苏省扬州市财政局

江苏省江阴市水利农机局
江苏省江阴市环境保护局
江苏省江都市水产管理站
江苏省江都市环境保护局
江苏省张家港市环境保护局
江苏省沛县环境保护局
江苏省苏州市人民政府
江苏省苏州市吴中区环境保护局
江苏省财政厅
江苏省连云港市农业机械管理局
江苏省连云港市污染源普查领导小组办公室
江苏省连云港市连云区环境保护局
江苏省宜兴市环境保护局
江苏省昆山市环境保护局
江苏省泗阳县人民政府
江苏省环境保护厅
江苏省盱眙县环境保护局
江苏省金坛市污染源普查领导小组办公室
江苏省金湖县环境保护局
江苏省南京市六合区环境保护局
江苏省南京市江宁区环境保护局
江苏省南京市建邺区环境保护局
江苏省南京市环境保护局
江苏省南京市秦淮区环境保护局
江苏省南京市鼓楼区环境保护局
江苏省南通市农业局
江苏省南通市环境保护局
江苏省南通市海洋与渔业局
江苏省姜堰市水产技术指导站
江苏省姜堰市污染源普查领导小组办公室
江苏省洪泽县水产局
江苏省徐州市农业机械管理局
江苏省徐州市林牧渔业局
江苏省徐州市环境保护局
江苏省泰州市污染源普查领导小组办公室
江苏省海门市环境保护局
江苏省海洋与渔业局
江苏省盐城市人民政府

江苏省盐城市农业机械管理局
江苏省盐城市环境保护局
江苏省盐城市盐都区人民政府
江苏省通州市环境保护局
江苏省高邮市环境保护局
江苏省宿迁市农业局
江苏省宿迁市环境保护局
江苏省宿迁市宿豫区环境保护局
江苏省常州市农林局
江苏省常州市污染源普查领导小组办公室
江苏省常州市环境保护研究所
江苏省常州市钟楼区污染源普查领导小组办公室
江苏省常熟市农林局
江苏省常熟市环境保护局
江苏省淮安市人民政府
江苏省淮安市淮阴区污染源普查领导小组办公室
江苏省铜山县环境保护局
江苏省靖江市污染源普查领导小组办公室
江苏省镇江市农林局
江苏省镇江市环境保护局
江苏省灌南县环境保护局

浙江省

中国石油化工股份有限公司镇海炼化分公司
浙江禾欣实业集团股份有限公司
浙江省上虞市环境保护局
浙江省义乌市污染源普查办公室
浙江省天台县环保局
浙江省开化县农业局
浙江省长兴县污染源普查农业组
浙江省长兴县环境保护局
浙江省乐清市农业局土肥站
浙江省乐清市环境保护局
浙江省台州市财政局
浙江省台州市第一次污染源普查领导小组办公室
浙江省台州市黄岩区环境保护局
浙江省宁波市北仑区环境保护局
浙江省宁波市环保局

浙江省宁波市鄞州区农林局
浙江省宁波市鄞州区第一次污染源普查工作领导小组办公室
浙江省平湖市农业经济局
浙江省平湖市污染源普查办公室
浙江省永嘉县环境保护局
浙江省永嘉县瓯北镇人民政府
浙江省龙泉市环境保护局
浙江省龙游县农业局
浙江省龙游县第一次污染源普查领导小组办公室
浙江省农业厅
浙江省安吉县环保局
浙江省江山市环保局
浙江省舟山市定海区第一次污染源普查领导小组办公室
浙江省舟山市普陀区环境保护局
浙江省丽水市环保局
浙江省丽水市莲都区农业污染源普查工作组
浙江省丽水经济开发区管委会
浙江省财政厅
浙江省奉化市农林局
浙江省建德市第一次污染源普查领导小组办公室
浙江省杭州市农业局
浙江省杭州市余杭区农业局
浙江省杭州市财政局
浙江省杭州市环境监测中心站
浙江省杭州市统计局
浙江省杭州市第一次污染源普查领导小组办公室
浙江省杭州市萧山区环境保护局
浙江省武义县农业污染源普查领导小组办公室
浙江省武义县环境保护局
浙江省环境保护厅
浙江省绍兴市环保局
浙江省绍兴县安昌镇人民政府
浙江省金华市环保局
浙江省金华市第一次农业污染源普查领导小组办公室
浙江省金华市婺城区蒋堂镇人民政府
浙江省金华赛格染整有限公司
浙江省桐乡市梧桐街道办事处
浙江省诸暨市农业局

浙江省诸暨市第一次全国污染源普查办公室
浙江省象山县第一次污染源普查工作领导小组办公室
浙江省温州市瓯海区第一次污染源普查领导小组办公室
浙江省温州市鹿城区第一次污染源普查领导小组办公室
浙江省温岭市农林局
浙江省温岭市泽国镇人民政府
浙江省温岭市第一次全国污染源普查领导小组办公室
浙江省湖州市吴兴区污染源普查农业组
浙江省湖州市环境保护局吴兴区分局
浙江省湖州市环境保护监测中心站
浙江省湖州市第一次污染源普查领导小组办公室
浙江省缙云县污染源普查领导小组办公室
浙江省嵊泗县菜园镇人民政府
浙江省慈溪市第一次污染源普查领导小组办公室
浙江省瑞安市第一次污染源普查领导小组办公室
浙江省嘉兴市农业经济局
浙江省嘉兴市秀洲区农业经济局
浙江省嘉兴市环保局
浙江省嘉善县环境保护局
浙江省衢州市柯城区人民政府办公室

安徽省

上海海虹实业（集团）巢湖今辰药业有限公司
安徽农业大学资源环境与信息技术研究所
安徽省马鞍山市农业委员会
安徽省马鞍山市雨山区环保局
安徽省五河县环境保护局
安徽省六安市人民政府
安徽省六安市金安区环保局
安徽省六安市裕安区环保局
安徽省凤台县农业委员会
安徽省凤台县环境保护局
安徽省长丰县环保局
安徽省东至县环境保护局
安徽省全椒县环境保护局
安徽省农业生态环境总站
安徽省合肥市农业委员会
安徽省合肥市环保局

安徽省合肥市环境保护局高新技术产业开发区分局
安徽省安庆市农业委员会
安徽省安庆市环保局
安徽省祁门县农业环境监测保护站
安徽省庐江县环境保护局
安徽省来安县环境保护局
安徽省灵璧县环境保护局
安徽省芜湖市奇瑞汽车股份有限公司
安徽省芜湖县农业委员会
安徽省岳西县环保局
安徽省泾县环境保护局
安徽省环境保护厅
安徽省金寨县农业委员会
安徽省阜阳市农业委员会
安徽省阜阳市环境保护局
安徽省阜阳市颍泉区环境保护局
安徽省宣城市环境保护局
安徽省宣城市宣州区农业环保站
安徽省涡阳县农业委员会
安徽省涡阳县环境保护局
安徽省蚌埠市环境保护局
安徽省宿州市环境监测站
安徽省宿州市埇桥区农业委员会
安徽省巢湖市环保局
安徽省淮北市相山区环境保护局
安徽省淮南市大通区环境保护局
安徽省淮南市环境保护局
安徽省铜陵市环保局
安徽省黄山市环境监察支队
安徽省滁州市农业技术推广中心
安徽省蒙城县人民政府
安徽省繁昌县环保局

福建省

福建省三明市环境保护局
福建省三明市畜牧兽医水产局
福建省东山县环境保护局
福建省仙游县环境保护局

福建省宁德市环保局
福建省宁德市海洋与渔业局
福建省宁德市蕉城区农业局
福建省宁德市蕉城区环保局
福建省永安市农业局
福建省永安市环境保护局
福建省永定县污染源普查办公室
福建省永春县环境保护局
福建省农业生态与能源总站
福建省沙县环境保护局
福建省财政厅
福建省建阳市环境保护局
福建省环境保护厅
福建省罗源县环境保护局
福建省南平市环境保护局
福建省南平市畜牧兽医水产局
福建省南安市环境保护局
福建省将乐县环境保护局
福建省泉州市环境保护局
福建省泉州市洛江区环境保护局
福建省统计局
福建省顺昌县环境保护局
福建省莆田市秀屿区海洋与渔业局
福建省莆田市涵江区环境保护局
福建省厦门市环境保护局
福建省厦门市环境保护局同安分局
福建省厦门市环境保护局海沧分局
福建省厦门市环境宣教中心
福建省厦门市集美区农业局农业服务中心
福建省福州市马尾区环境保护局
福建省福州市仓山区环境保护局
福建省福州市农业局
福建省福州市环境保护局
福建省福州市海洋与渔业局
福建省福鼎市环保局
福建省漳平市污染源普查办公室
福建省漳州市农业局
福建省漳州市海洋与渔业局

福建省漳浦县环境保护局

江西省

江西永盛矿冶股份有限公司
江西省九江市农业局
江西省九江市环保局
江西省九江县第一次全国污染源普查办公室
江西省上饶市农业局
江西省上饶市环保局
江西省弋阳县环保局污染源普查办公室
江西省丰城市农业局能源站
江西省丰城市第一次全国污染源普查办公室
江西省兴国县环保局环境监察大队
江西省农业环境监测站
江西省吉安市农村能源管理站
江西省吉安市吉州区环保局
江西省吉安市第一次污染源普查办公室
江西省安福县环保局
江西省抚州市农业局
江西省抚州市环保局
江西省芦溪县第一次全国污染源普查办公室
江西省宜春市农村环保能源办公室
江西省宜春市环境保护局
江西省环境保护厅
江西省南昌市农业局
江西省南昌市环保局第一次全国污染源普查办公室
江西省南昌市环境监测站
江西省南昌市青山湖区环保局第一次全国污染源普查办公室
江西省南城县污染源普查工作办公室
江西省贵溪市环保局
江西省铅山县环保局污染源普查办公室
江西省高安市环境保护局
江西省萍乡市农业局
江西省萍乡市湘东区第一次全国污染源普查办公室
江西省景德镇市环境保护局
江西省遂川县环境保护局
江西省瑞金市环保局环境监察大队
江西省赣州市农业局

江西省赣州市财政局
江西省赣州市章贡区农村环保能源管理办公室
江西省赣州市第一次全国污染源普查领导小组办公室
江西省赣州华劲纸业有限公司

山东省

山东省广饶县环境保护局
山东省文登市污染源普查领导小组办公室
山东省无棣县环境保护局
山东省日照市污染源普查领导小组办公室
山东省日照市环境保护局东港分局
山东省东阿县环境保护局
山东省东营市环境保护局
山东省宁阳县环境保护局
山东省巨野县污染源普查领导小组办公室
山东省龙口市环境保护局
山东省农业环境保护总站
山东省曲阜市环境保护局
山东省齐河县环保局
山东省即墨市环境保护局
山东省寿光市环境保护局
山东省寿光市畜牧兽医管理局
山东省邹城市环境保护局
山东省枣庄市台儿庄区运河街道办事处
山东省环境保护厅
山东省青州市人民政府王府街道办事处
山东省青岛市环境保护局
山东省青岛市崂山区中韩街道办事处
山东省临沂市兰山区街道办事处
山东省临沂市农业局环保站
山东省临沂市环保局
山东省临沂市畜牧局
山东省威海市环境保护局
山东省济宁市环境保护局任城区分局
山东省济南市污染源普查领导小组办公室
山东省济南市槐荫区污染源普查领导小组办公室
山东省济钢集团有限公司
山东省莒南县环境保护局

山东省泰安市农业环境保护监理站
山东省泰安市泰山区环境保护局
山东省海洋与渔业厅
山东省烟台市农业环境保护监测站
山东省烟台市环境保护局
山东省烟台市海洋与渔业局
山东省胶州市环境保护局
山东省胶南市海洋与渔业局
山东省莱州市环境保护局
山东省莱芜钢铁集团有限公司
山东省诸城市环境保护局
山东省高青县环境保护局
山东省梁山县水产局
山东省淄博市农业局
山东省淄博市污染源普查领导小组办公室（淄博市环保局）
山东省淄博市临淄区人民政府
山东省淄博市临淄区畜牧局
山东省章丘市污染源普查领导小组办公室
山东省聊城市环境保护局
山东省菏泽市农业环境保护监测站
山东省菏泽市牡丹区污染源普查领导小组办公室
山东省博兴县污染源普查领导小组办公室
山东省滨州市农村能源环保站
山东省蓬莱市环境保护局
山东省潍坊市环境保护局
山东省德州市农业局
山东省德州市德城区广川街道办事处
山东省滕州市人民政府
中国石化齐鲁石化公司

河南省

河南省三门峡市第一次污染源普查工作办公室
河南省义马市第一次污染源普查工作办公室
河南省开封市环境保护局
河南省开封县环境保护局
河南省水产技术推广站
河南省发展和改革委员会
河南省平顶山市土壤肥料工作站

河南省平顶山市环境保护局
河南省永城市环境保护局
河南省农村能源环境保护总站
河南省安阳市农业环境监测站
河南省安阳市环境保护局
河南省安阳市畜牧局
河南省汤阴县环境保护局
河南省西峡县环境保护局
河南省许昌市环境保护局
河南省沁阳市环境保护局
河南省财政厅
河南省周口市环境保护局
河南省固始县环境保护局
河南省宝丰县环境保护局
河南省环境保护厅
河南省郑州市五龙口污水处理厂
河南省郑州市农业局
河南省郑州市环境保护局
河南省郑州市金水区环境保护局
河南省陕县第一次污染源普查工作办公室
河南省驻马店市农村能源环保站
河南省驻马店市环境保护局
河南省驻马店市驿城区第一次污染源普查工作办公室
河南省驻马店市畜牧局
河南省信阳市水产局
河南省信阳市农村能源环境保护站
河南省信阳市环境保护局
河南省南阳市环境保护局
河南省南阳鸭河口发电有限责任公司
河南省洛阳市农业局
河南省洛阳市环境保护局
河南省洛阳市畜牧局
河南省济源市农业局
河南省济源市环境保护局
河南省禹州市环境保护局
河南省统计局
河南省畜牧局
河南省商丘市环境保护局

河南省淮阳县环境保护局
河南省焦作市农业局
河南省焦作市环境保护局
河南省辉县市环境保护局
河南省新乡市环境保护局
河南省新安县环境保护局
河南省漯河市第一次污染源普查工作办公室
河南省舞阳县第一次污染源普查办公室
河南省鹤壁市环境保护局
河南省濮阳市环境保护局

湖北省

东风德纳车桥有限公司十堰工厂
武汉钢铁（集团）公司
武钢集团鄂城钢铁有限责任公司
湖北省十堰市农业局
湖北省十堰市环境保护局
湖北省大冶市农业环保监测站
湖北省大冶市环保局
湖北省天门市第一次全国污染源普查领导小组办公室
湖北省汉川市环保局
湖北省农业厅
湖北省农科院植保土肥所
湖北省孝感市农业生态环境保护站
湖北省孝感市环保局
湖北省谷城县环境保护局
湖北省京山县环境保护局
湖北省宜昌市人民政府
湖北省宜昌市环境保护局
湖北省宜城市环境保护局
湖北省松滋市人民政府
湖北省松滋市农业局
湖北省枝江市农业环保站
湖北省枝江市第一次污染源普查领导小组办公室
湖北省武汉市东西湖区环境保护局
湖北省武汉市农业环境保护监测站
湖北省武汉市统计局
湖北省武汉市硚口区环境保护局

湖北省武汉市第一次污染源普查领导小组办公室
湖北省武穴市第一次全国污染源普查领导小组办公室
湖北省环境保护厅
湖北省咸宁市环保局
湖北省荆门市东宝区农业局
湖北省荆门市污染源普查工作办公室
湖北省荆州市财政局
湖北省荆州市环境保护局
湖北省郧县第一次污染源普查领导小组办公室
湖北省恩施市污染源普查办公室
湖北省恩施州生态能源局
湖北省恩施州财政局
湖北省恩施州环境保护局
湖北省崇阳县农业环保站
湖北省鄂州市农业生态环保站
湖北省随州市统计局
湖北省黄冈市农业环境保护站
湖北省黄冈市环境保护局
湖北省黄石市财政局
湖北省黄石市第一次污染源普查领导小组办公室
湖北省嘉鱼县环保局
湖北省潜江市第一次污染源普查领导小组办公室
湖北省襄樊市农业生态保护站
湖北省襄樊市环境保护局

湖南省

湖南省双峰县农业资源与环境保护管理站
湖南省长沙市环境保护局
湖南省长沙市雨花区环境保护局
湖南省长沙县环境保护局
湖南省长沙环境保护职业技术学院
湖南省平江县环保局
湖南省永州市农业资源与环境保护管理站
湖南省永州市环保局
湖南省永顺县人民政府
湖南省汉寿县农业局
湖南省汉寿县环保局
湖南省石门县环保局

湖南省会同县环保局
湖南省农业资源与环境保护管理站
湖南省华容县农业资源与环境保护管理站
湖南省汝城县环保局
湖南省冷水江市环保局
湖南省张家界市环保局
湖南省怀化市环境保护局
湖南省怀化市洪江区环境保护局
湖南省财政厅
湖南省邵阳市农业资源与环境保护管理站
湖南省邵阳市环境保护局
湖南省岳阳市环保局
湖南省武冈市环境保护局
湖南省环境保护厅
湖南省环境监测中心站
湖南省临湘市环保局
湖南省南县环保局
湖南省娄底市环保局
湖南省统计局
湖南省茶陵县环境保护局
湖南省株洲市农业资源与环境保护管理站
湖南省株洲市环境保护局
湖南省桑植县环保局
湖南省益阳市农业资源与环境保护管理站
湖南省益阳市环保局
湖南省郴州市北湖区农业资源与环境保护管理站
湖南省郴州市环保局
湖南省常宁市环保局
湖南省常德市农业资源与环境监督保护站
湖南省望城县农业资源与环境保护管理站
湖南省望城县环保局
湖南省湘西自治州农业资源与环境保护管理站
湖南省湘西自治州环保局
湖南省湘阴县环保局
湖南省湘潭市农业资源与环境保护管理站
湖南省湘潭市污染源普查办公室
湖南省湘潭县污染源普查办公室
湖南省道县环保局

湖南省慈利县农业资源与环境保护管理站
湖南省新化县环保局
湖南省新田县环保局
湖南省新晃县农业资源与环境保护管理站
湖南省衡山县农业资源与环境保护管理站
湖南省衡阳市环保局
湖南省衡阳市蒸湘区环保局
湖南省衡阳县环保局

广东省

广东省环境保护厅
广东省广宁县环境保护局
广东省广州市天河区环境保护局
广东省广州市开发区/萝岗区第一次全国污染源普查办公室
广东省广州市农业环境与植物保护总站
广东省广州市花都区环境保护局
广东省广州市环境保护局
广东省广州市荔湾区环境保护局
广东省广州市番禺区农业局
广东省中山市三乡镇人民政府
广东省中山市小榄镇污染源普查领导小组办公室
广东省中山市农业局
广东省中山市污染源普查领导小组办公室
广东省中山市环境保护局环境监察分局
广东省云安县环境保护局
广东省开平市农业局
广东省东莞市大岭山镇人民政府
广东省东莞市大朗镇人民政府
广东省东莞市长安镇人民政府
广东省东莞市石碣镇污染源普查办公室
广东省东莞市第一次全国污染源普查领导小组办公室
广东省东莞市塘厦镇人民政府
广东省东源县农业局
广东省台山市环境保护局
广东省农业环保与农村能源总站
广东省汕头市环保局龙湖分局
广东省汕头市第一次全国污染源普查领导小组办公室
广东省汕头市澄海区人民政府

广东省江门市江海区礼乐街道办事处
广东省江门市环境保护局
广东省阳江市海洋与渔业水产局
广东省阳西县环保局
广东省佛山市三水区第一次全国污染源普查办公室
广东省佛山市农业局
广东省佛山市南海区第一次全国污染源普查办公室
广东省佛山市顺德区农业局
广东省佛山市顺德区杏坛镇人民政府
广东省佛山市顺德区第一次全国污染源普查办公室
广东省佛山市第一次全国污染源普查领导小组办公室
广东省佛山市禅城区南庄镇人民政府
广东省佛冈县环保和建设局
广东省始兴县环境保护局
广东省河源市环境保护局环境监察分局
广东省罗定市农业局
广东省茂名市茂南区农业局
广东省饶平县新丰镇人民政府
广东省海丰县环境保护局
广东省海洋与渔业局
广东省珠海市斗门区农业局
广东省珠海市斗门区环境保护局
广东省珠海市高新区第一次全国污染源普查领导小组办公室
广东省高州市环境保护局
广东省梅县第一次全国污染源普查领导小组办公室
广东省深圳市龙岗区环境保护局
广东省深圳市宝安区环境保护局
广东省深圳市罗湖区环境保护局
广东省深圳市南山区环境保护局
广东省深圳市盐田区城市管理局
广东省深圳市第一次全国污染源普查领导小组办公室
广东省深圳市福田区财政局
广东省清远市农业局
广东省清新县太和镇人民政府
广东省惠州市大亚湾区环境保护局
广东省惠州市农业局
广东省惠州市统计局
广东省惠州市第一次全国污染源普查领导小组办公室

广东省惠州市惠阳区第一次全国污染源普查领导小组办公室
广东省揭东县环境保护局
广东省揭阳市榕城区农业和水利局
广东省普宁市污染源普查领导小组办公室
广东省湛江市农业局
广东省湛江市环境保护局
广东省遂溪县污染源普查领导小组办公室
广东省肇庆市农业局
广东省肇庆市环境保护局
广东省韶关市农业局
广东省韶关市环境保护局环境监察分局
广东省潮安县污染源普查工作领导小组办公室
广东省潮州市农业局

广西壮族自治区

广西壮族自治区三江侗族自治县环境保护局
广西壮族自治区上思县环境保护局
广西壮族自治区巴马瑶族自治县污染源普查办公室
广西壮族自治区北海市环境保护局
广西壮族自治区平果县环境保护局
广西壮族自治区平南县渔牧兽医局
广西壮族自治区永福县环保局
广西壮族自治区玉林市环境保护局
广西壮族自治区玉林市畜牧站
广西壮族自治区田林县第一次全国污染源普查领导小组办公室
广西壮族自治区兴安县第一次全国污染源普查领导小组办公室
广西壮族自治区百色市农业局
广西壮族自治区防城港市农业局
广西壮族自治区防城港市环境保护局
广西壮族自治区忻城县污染源普查领导小组办公室
广西壮族自治区扶绥县环境保护局
广西壮族自治区来宾市水产畜牧兽医局
广西壮族自治区来宾市污染源普查领导小组办公室
广西壮族自治区灵山县水产畜牧兽医局
广西壮族自治区灵山县农业环境保护站
广西壮族自治区灵川县环保局
广西壮族自治区陆川县环境保护局
广西壮族自治区河池市环境保护局

广西壮族自治区环江县人民政府
广西壮族自治区环境保护厅
广西壮族自治区南宁市兴宁区第一次全国污染源普查领导小组办公室
广西壮族自治区南宁市农业局
广西壮族自治区南宁市环境保护局
广西壮族自治区昭平县环境保护局
广西壮族自治区柳州市农业技术推广中心
广西壮族自治区柳州市环境保护局
广西壮族自治区柳城县水产畜牧兽医局
广西壮族自治区贵港市环境保护局
广西壮族自治区贺州市八步区农业环境监测管理站
广西壮族自治区贺州市环保局
广西壮族自治区钦州市环保局
广西壮族自治区容县环境保护局
广西壮族自治区宾阳县环境保护局
广西壮族自治区桂平市环境保护局
广西壮族自治区桂林市七星区市政管理局
广西壮族自治区桂林市水产畜牧兽医局
广西壮族自治区桂林市环保局
广西壮族自治区梧州市环境保护局
广西壮族自治区崇左市环境保护局
广西壮族自治区博白县环境保护局
广西壮族自治区蒙山县环境保护局
广西壮族自治区德保县环境保护局

海南省

中海石油化学股份有限公司
海南省万宁市农业局
海南省万宁市国土环境资源局
海南省三亚市农业技术推广服务中心
海南省三亚市第一次全国污染源普查领导小组办公室
海南省五指山市国土环境资源局
海南省农村环保能源站
海南省国土环境资源厅
海南省昌江黎族自治县国土环境资源局
海南省环境科学研究院
海南省统计局
海南省海口市农业局

海南省海口市第一次全国污染源普查领导小组办公室
海南省琼海市第一次全国污染源普查办公室
海南省儋州市兰洋镇人民政府

重庆市

重庆大学城市建设与环境工程学院
重庆市九龙坡区人民政府办公室
重庆市万州区农业局
重庆市万州区环境保护局
重庆市万盛区环境保护局
重庆市大足县农业局
重庆市大渡口区环境保护局
重庆市丰都县环境监测站
重庆市巴南区农牧渔业局
重庆市巴南区环境保护局
重庆市开县农业局
重庆市开县环境保护局
重庆市长寿区环境保护局
重庆市北碚区环境保护局
重庆市永川区环境保护局
重庆市石柱土家族自治县环境保护局
重庆市农业委员会
重庆市农业环境监测站
重庆市合川区环境保护局
重庆市江北区环境保护局
重庆市江津区农业局
重庆市江津区环境保护局
重庆市沙坪坝区农业局
重庆市沙坪坝区环境保护局
重庆市秀山苗族自治县环境保护局
重庆市巫山县环境保护局
重庆市巫溪县农业局
重庆市忠县农业局
重庆市忠县环境保护局
重庆市环境保护局
重庆市环境科学研究院
重庆市南川区环境保护局
重庆市南岸区涂山镇人民政府

重庆市荣昌县环境保护局
重庆市梁平县农业局
重庆市梁平县环境保护局
重庆市涪陵区环境保护局
重庆市彭水苗族土家族自治县环境保护局
重庆市渝中区环境保护局
重庆市渝北区农业局
重庆市渝北区环境保护局
重庆市綦江县环境保护局
重庆市潼南县环境保护局
重庆市黔江区环境监测中心站
重庆市璧山县污染源普查办公室

四川省

四川省三台县第一次全国污染源普查领导小组办公室
四川省大竹县第一次全国污染源普查领导小组办公室
四川省大英县农业局
四川省广元市土壤肥料工作站
四川省广元市环保局
四川省广安市第一次全国污染源普查领导小组办公室
四川省内江市第一次全国污染源普查领导小组办公室
四川省双流县农村发展局
四川省巴中市巴州区第一次全国污染源普查领导小组办公室
四川省巴中市第一次全国污染源普查领导小组办公室
四川省水产局
四川省乐山市五通桥区第一次全国污染源普查领导小组办公室
四川省乐山市第一次全国污染源普查工作联席会议办公室
四川省甘孜州第一次全国污染源普查领导小组办公室
四川省会理县第一次全国污染源普查领导小组办公室
四川省农业厅
四川省华蓥县第一次全国污染源普查领导小组办公室
四川省安岳县环境保护局
四川省成都市农业委员会
四川省成都市青白江区第一次全国污染源普查领导小组办公室
四川省成都市人民政府
四川省自贡市大安区人民政府
四川省西昌市第一次全国污染源普查领导小组办公室
四川省达州市土壤肥料与生态建设工作站

四川省达州市畜牧食品局
四川省达州市第一次全国污染源普查领导小组办公室
四川省芦山县环境保护局
四川省苍溪县环保局
四川省阿坝州第一次全国污染源普查领导小组办公室
四川省宜宾县第一次全国污染源普查领导小组办公室
四川省岳池县第一次全国污染源普查领导小组办公室
四川省松潘县第一次全国污染源普查领导小组办公室
四川省泸州市土壤肥料站
四川省泸州市第一次全国污染源普查领导小组办公室
四川省泸县第一次全国污染源普查领导小组办公室
四川省环境保护厅
四川省剑阁县环保局
四川省南充市畜牧局
四川省南充市第一次全国污染源普查领导小组办公室
四川省南部县第一次全国污染源普查领导小组办公室
四川省威远县第一次全国污染源普查领导小组办公室
四川省洪雅县土壤肥料站
四川省眉山市东坡区第一次全国污染源普查领导小组办公室
四川省眉山市第一次全国污染源普查领导小组办公室
四川省凉山州第一次全国污染源普查领导小组办公室
四川省畜牧食品局
四川省盐边县第一次全国污染源普查领导小组办公室
四川省资阳市农业局
四川省郫县第一次全国污染源普查领导小组办公室
四川省崇州市第一次全国污染源普查领导小组办公室
四川省绵阳市第一次全国污染源普查领导小组办公室
四川省遂宁市水利局水产渔政站
四川省遂宁市船山区第一次全国污染源普查领导小组办公室
四川省德阳市水产渔政管理站
四川省德阳市农业局
四川省德阳市旌阳区环境保护局
四川省攀枝花市第一次全国污染源普查领导小组办公室

贵州省

水城钢铁（集团）有限责任公司
贵州省三穗县环境保护局
贵州省大方县环境保护局

贵州省六盘水市农业局
贵州省六盘水市环境保护局
贵州省六盘水市钟山区环境保护局
贵州省开阳县环保局
贵州省平坝县农业局
贵州省平坝县环保局
贵州省龙里县第一次全国污染源普查领导小组办公室
贵州省兴义市农业局
贵州省兴义市环境保护局
贵州省农业科学院
贵州省印江土家族苗族自治县第一次全国污染源普查办公室
贵州省安顺市环保局
贵州省毕节地区农业局
贵州省毕节地区环境保护局
贵州省财政厅
贵州省凯里市环境保护局
贵州省松桃苗族自治县第一次全国污染源普查工作办公室
贵州省环境保护厅
贵州省织金县环境保护局
贵州省贵阳市农业局
贵州省贵阳市花溪区环保局
贵州省贵阳市南明区环保局
贵州省贵阳市第一次全国污染源普查领导小组办公室
贵州省都匀市第一次全国污染源普查领导小组办公室
贵州省铜仁地区农业局
贵州省铜仁地区第一次全国污染源普查工作办公室
贵州省普安县环境保护局
贵州省遵义市红花岗区农牧兽医水产局
贵州省遵义市红花岗区污染源普查工作办公室
贵州省遵义市第一次全国污染源普查工作办公室
贵州省遵义县环境保护局
贵州省黔东南州农业局
贵州省黔东南州环境保护局
贵州省黔西南州环境保护局
贵州省黔南州农业局
贵州省黔南州第一次全国污染源普查领导小组办公室

云南省

云南省云维集团有限公司

云南省个旧市人民政府
云南省大理州农业环境保护监测站
云南省大理州环境保护局
云南省广南县污染源普查办公室
云南省云县第一次全国污染源普查工作领导小组办公室
云南省双江拉祜族佤族布朗族傣族自治县农业局
云南省文山州农业环保站
云南省玉溪市农村环保能源工作站
云南省农业厅
云南省农业环境保护站
云南省农业科学院农业环境资源研究所
云南省安宁市污染源普查办公室（安宁市环境保护局）
云南省曲靖市农业环境保护监测站
云南省曲靖市环境保护局
云南省曲靖市麒麟区环境保护局
云南省红河州农业局
云南省红河州环保局
云南省红河州第一次污染源普查领导小组
云南省西双版纳州环境保护局
云南省丽江市环境保护局
云南省弥渡县人民政府
云南省昆明市农业局
云南省昆明市盘龙区污染源普查办公室（昆明市盘龙区环境保护局）
云南省昆明市第一次全国污染源普查领导小组办公室（昆明市环境保护局）
云南省易门县环境保护局
云南省泸水县环境保护局
云南省环境保护厅
云南省环境科学研究院
云南省迪庆州环境保护局
云南省临沧市环境监测站
云南省保山市环境保护局
云南省保山市第一次全国污染源普查工作办公室
云南省昭通市农业环境保护监测站
云南省昭通市污染源普查办公室
云南省砚山县第一次全国污染源普查领导小组办公室
云南省统计局
云南省峨山彝族自治县环境保护局
云南省普洱市农业环境保护监测站

云南省普洱市第一次污染源普查领导小组办公室
云南省楚雄市环境保护局
云南省楚雄彝族自治州农业环境保护监测站
云南省楚雄彝族自治州环境保护局
云南省墨江哈尼族自治县第一次污染源普查办公室
云南省德宏州第一次污染源普查领导小组办公室
云南省镇雄县环境保护局
云南铝业股份有限公司

西藏自治区

西藏自治区八宿县第一次污染源普查领导小组办公室
西藏自治区山南地区第一次污染源普查领导小组办公室
西藏自治区日喀则地区第一次污染源普查领导小组办公室
西藏自治区农牧厅
西藏自治区芒康县第一次污染源普查领导小组办公室
西藏自治区那曲地区第一次污染源普查领导小组办公室
西藏自治区贡嘎县农牧局
西藏自治区拉萨市第一次污染源普查领导小组办公室
西藏自治区林芝地区第一次污染源普查领导小组办公室
西藏自治区环境保护局
西藏自治区桑日县第一次污染源普查领导小组办公室

陕西省

延长油田股份有限责任公司子北采油厂
陕西省户县第一次污染源普查领导小组办公室
陕西省汉中市汉台区环境监察大队
陕西省汉中市农业技术推广中心
陕西省汉中市环境保护局
陕西省汉阴县环境保护局
陕西省兴平市环境保护局
陕西省兴平市畜牧兽医站
陕西省农业厅
陕西省农业环境保护监测站
陕西省安康市农村能源环保站
陕西省安康市环境保护局
陕西省安塞县污染源普查领导小组办公室
陕西省延安市污染源普查领导小组办公室
陕西省延安市宝塔区污染源普查办公室

陕西省西安市长安区农业技术推广中心
陕西省西安市临潼区新丰街道办事处
陕西省西安市莲湖区人民政府
陕西省西安市第一次污染源普查领导小组办公室
陕西省西安市新城区第一次污染源普查领导小组办公室
陕西省杨凌示范区环境监察支队
陕西省财政厅
陕西省宝鸡市金台区污染源普查办公室
陕西省宝鸡市第一次污染源普查领导小组办公室
陕西省环境保护厅
陕西省环境科学研究设计院
陕西省咸阳市环境保护局
陕西省咸阳市环境保护局渭城分局
陕西省洋县环境保护局
陕西省洛南县农技中心
陕西省洛南县环境保护局
陕西省神木县原种场
陕西省统计局
陕西省畜牧技术推广总站
陕西省商洛市农业技术推广站
陕西省商洛市环境保护局
陕西省渔业管理局
陕西省铜川市农畜产品质量安全检验检测中心
陕西省铜川市环保局
陕西省铜川市耀州区污染源普查办公室
陕西省黄陵县农业技术推广站
陕西省渭南市环境保护局
陕西省韩城市农业技术推广站
陕西省榆林市第一次污染源普查工作办公室
陕西省榆林市榆阳区第一次污染源普查工作办公室
陕西省蒲城县环境保护局
陕西省潼关县环境保护局
陕西渭河发电有限公司

甘肃省

甘肃矿区第一次全国污染源普查领导小组办公室
甘肃省天水市环境保护局
甘肃省天水市秦州区人民政府

甘肃省天水市秦州区农业生态环境保护管理站
甘肃省兰州市农业技术推广站
甘肃省兰州市西固区环保局
甘肃省兰州市环境保护局
甘肃省平凉市农牧局
甘肃省平凉市环保局
甘肃省民勤县环保局
甘肃省永靖县农业生态环境保护管理站
甘肃省永靖县环境保护局
甘肃省瓜州县第一次污染源普查领导小组办公室
甘肃省甘南州污染源普查领导小组办公室
甘肃省白银市白银区污染源普查办公室
甘肃省白银市农业生态环境保护管理站
甘肃省白银市污染源普查办公室
甘肃省农业生态环境保护管理站
甘肃省华池县环境保护局
甘肃省庆阳市农牧局
甘肃省庆阳市第一次全国污染源普查领导小组办公室
甘肃省两当县第一次全国污染源普查领导小组办公室
甘肃省张掖市环境保护局
甘肃省财政厅
甘肃省陇西县环境保护局
甘肃省陇南市农业生态环境保护管理站
甘肃省陇南市污染源普查办公室
甘肃省卓尼县污染源普查领导小组办公室
甘肃省定西市环境保护局
甘肃省武威市污染源普查办公室
甘肃省泾川县污染源普查办公室
甘肃省环境保护厅
甘肃省金昌市农牧局
甘肃省金昌市金川区第一次污染源普查领导小组办公室
甘肃省金昌市第一次污染源普查领导小组办公室
甘肃省临夏州第一次全国污染源普查领导小组办公室
甘肃省酒泉市肃州区农牧局
甘肃省酒泉市肃州区第一次污染源普查领导小组办公室
甘肃省高台县第一次全国污染源普查领导小组办公室
甘肃省嘉峪关市环保局

青海省

青海省大通回族土族自治县环保局
青海省大通县农业生态能源站
青海省互助县农村经营管理站
青海省乐都县农业局
青海省民和县第一次全国污染源普查办公室
青海省玉树州第一次全国污染源普查办公室
青海省同仁县第一次全国污染源普查工作办公室
青海省西宁市环境保护局
青海省果洛州第一次全国污染源普查工作办公室
青海省环境保护厅
青海省统计局
青海省贵德县农村能源站
青海省格尔木市农牧局
青海省格尔木市环境保护和林业局
青海省海东地区第一次全国污染源普查领导小组办公室
青海省海北州林业和环境保护局
青海省海南州环境保护和林业局
青海省都兰县林业和环境保护局
青海省黄南州第一次全国污染源普查工作办公室

宁夏回族自治区

宁夏回族自治区中卫市农业技术推广中心
宁夏回族自治区中卫市环境保护局
宁夏回族自治区平罗县农牧局
宁夏回族自治区平罗县环境保护局
宁夏回族自治区永宁县农牧局
宁夏回族自治区石嘴山市大武口区环境监察大队
宁夏回族自治区石嘴山市环境保护局
宁夏回族自治区石嘴山市惠农区环境监察大队
宁夏回族自治区农业环境保护监测站
宁夏回族自治区西吉县建设与环境保护局
宁夏回族自治区吴忠市农牧局
宁夏回族自治区吴忠市环境保护局
宁夏回族自治区灵武市农业局
宁夏回族自治区灵武市环境保护局
宁夏回族自治区固原市环境监测站

宁夏回族自治区环境保护厅
宁夏回族自治区青铜峡市环境保护局
宁夏回族自治区盐池县农业局
宁夏回族自治区盐池县环境保护与林业局
宁夏回族自治区银川市西夏区环保分局
宁夏回族自治区银川市环境保护局
宁夏回族自治区彭阳县建设与环境保护局

新疆维吾尔自治区

新疆维吾尔自治区乌鲁木齐市天山区第一次全国污染源普查领导小组办公室
新疆维吾尔自治区乌鲁木齐市农产品质量安全检测中心
新疆维吾尔自治区乌鲁木齐市沙依巴克区第一次全国污染源普查领导小组办公室
新疆维吾尔自治区乌鲁木齐市第一次全国污染源普查领导小组办公室
新疆维吾尔自治区巴州农业局
新疆维吾尔自治区巴州第一次全国污染源普查领导小组办公室
新疆维吾尔自治区水产科研所
新疆维吾尔自治区叶城县第一次全国污染源普查领导小组办公室
新疆维吾尔自治区石河子市第一次全国污染源普查领导小组办公室
新疆维吾尔自治区伊宁市第一次全国污染源普查领导小组办公室
新疆维吾尔自治区伊犁州第一次全国污染源普查领导小组办公室
新疆维吾尔自治区农业资源与环境保护站
新疆维吾尔自治区吐鲁番地区第一次全国污染源普查领导小组办公室
新疆维吾尔自治区克拉玛依市独山子区第一次全国污染源普查领导小组办公室
新疆维吾尔自治区克拉玛依市第一次全国污染源普查领导小组办公室
新疆维吾尔自治区库车县第一次全国污染源普查领导小组办公室
新疆维吾尔自治区库尔勒市第一次全国污染源普查领导小组办公室
新疆维吾尔自治区沙湾县第一次全国污染源普查领导小组办公室
新疆维吾尔自治区玛纳斯县市第一次全国污染源普查领导小组办公室
新疆维吾尔自治区阿尔泰地区第一次全国污染源普查领导小组办公室
新疆维吾尔自治区阿克苏地区农业局
新疆维吾尔自治区阿克苏地区第一次全国污染源普查领导小组办公室
新疆维吾尔自治区阿图什市第一次全国污染源普查领导小组办公室
新疆维吾尔自治区和田市第一次全国污染源普查领导小组办公室
新疆维吾尔自治区昌吉回族自治州农业局
新疆维吾尔自治区昌吉州第一次全国污染源普查领导小组办公室
新疆维吾尔自治区环境保护厅
新疆维吾尔自治区环境监测总站
新疆维吾尔自治区阜康市第一次全国污染源普查领导小组办公室

新疆维吾尔自治区饲料行业管理办公室
新疆维吾尔自治区哈密市第一次全国污染源普查领导小组办公室
新疆维吾尔自治区哈密地区农业局
新疆维吾尔自治区莎车县第一次全国污染源普查领导小组办公室
新疆维吾尔自治区焉耆县第一次全国污染源普查领导小组办公室
新疆维吾尔自治区博乐市第一次全国污染源普查领导小组办公室
新疆维吾尔自治区喀什地区农业局
新疆维吾尔自治区喀什地区第一次全国污染源普查领导小组办公室
新疆维吾尔自治区塔城市第一次全国污染源普查领导小组办公室
新疆维吾尔自治区富蕴县第一次全国污染源普查领导小组办公室
新疆维吾尔自治区新和县第一次全国污染源普查领导小组办公室
新疆维吾尔自治区新源县农业局
新疆维吾尔自治区新源县第一次全国污染源普查领导小组办公室
新疆维吾尔自治区精河县农业局
新疆维吾尔自治区鄯善县农业局
新疆维吾尔自治区鄯善县第一次全国污染源普查领导小组办公室

新疆生产建设兵团

新疆生产建设兵团农二师污染源普查领导小组
新疆生产建设兵团农八师农林牧局
新疆生产建设兵团农十师环保局
新疆生产建设兵团农五师电力公司发电分公司热电厂
新疆生产建设兵团农五师污染源普查领导小组
新疆生产建设兵团农六师环保局
新疆生产建设兵团农业技术推广总站
新疆生产建设兵团财务局
新疆生产建设兵团环保局

解放军

沈阳军区环保绿化委员会办公室
北京军区环境科研监测中心
兰州军区工程环境质量监督站
济南军区锅炉环境检测站
南京军区工程环境质量监督站
广州军区联勤部基建营房部环保绿化处
成都军区工程环境质量监督站
海军军港监督环境监测站
空军后勤部机场营房部环保绿化处

二炮环保绿化委员会办公室
总参谋部环境监测中心站
总政治部环境监测中心站
军事医学科学院全军环境保护研究监测中心
中国人民解放军 63850 部队
总参 56 研究所
武警工程学院建筑工程系营产环保绿化教研室
全军环保绿化委员会办公室
全军工程与环境质量监督总站

国家有关单位

国家城市给水排水工程技术研究中心
中国城市建设研究院
中国环境科学研究院
中国环境监测总站
中国环境报社
环境保护部核与辐射安全中心
环境保护部华南环境科学研究所
环境保护部南京环境科学研究所
环境保护部环境规划院
中国环境科学学会
环境保护部信息中心
中国煤炭加工利用协会
中国石油集团安全环保技术研究院
中国轻工业联合会
中国纺织工业协会
中国石油和化学工业协会
北京医药行业协会
机械科学研究总院
中国电子工程设计院
中国物资再生协会
中国农业科学院农业资源与农业区划研究所
农业部环境保护科研监测所
中国水产科学研究院（农业部渔业生态环境监测中心）
中国农业科学院农业环境与可持续发展研究所
农业部规划设计研究院农村能源与环保研究所
华南农业大学动物科学学院
农业部东海区渔业生态环境监测中心

附件二：

第一次全国污染源普查先进个人名单

北京市

于　萌、于海波、卫潘明、马洪利、支亚东、方涓涓、牛春凤、牛路江、王　军
王　成、王　宏、王　津、王　敏、王　静、王全红、王旭峰、王苏维、王俊杰
王宣同、王敏燕、王淑娴、王德福、王震涛、见翠芬、冯　云、冯海林、冯继红
卢　欣、史习俊、史殿林、叶福康、田　红、田德祥、申桂芳、白韶丽、仲良喜
任学东、刘　宁、刘　薇、刘文礼、刘文杰、刘东英、刘守军、刘庆海、刘成杰
刘旭阳、刘秀亭、刘淑芳、刘新春、刘德厚、华　蕾、吕小军、孙　刚、孙　江
孙　琪、孙纪明、牟　勇、阴素贵、何永建、冷　飞、冷春华、吴亚梅、吴宝新
吴景义、囤国常、张　军、张　园、张　艳、张　莹、张　歆、张大伟、张凤荣
张金华、张春良、张效颖、张晓云、张晓玮、张桂平、张景楠、张魁才、李　玲
李　娟、李　智、李　超、李书凤、李文荣、李玉军、李向林、李如潮、李志军
李国印、李国学、李金香、李春艳、李爱革、李敏华、李绿娟、杨广仓、杨书旺
杨学会、杨春雨、杨昭宣、杨维贵、杨瑞红、汪学才、汪宝国、肖延玉、肖和平
邵　恒、邹国元、陈　英、陈东升、陈志龙、陈晓征、周　锐、欧阳喜辉、直俊强
郑　江、郑中朝、郑红侠、郑定伟、金　晖、金丽华、侯建昆、厚荣利、段改莲
荆红卫、赵　娟、赵全保、赵红卫、赵承义、赵荣国、钟文军、钟妮华、徐春梅
徐美华、聂　磊、袁光辉、贾　丽、贾　敏、贾建华、郭淑霞、高一兰、高爱华
高艳新、崔良满、康来均、曹志远、曹爱英、梁月霞、梁晓燕、盛爱军、章　卫
黄生斌、黄振芳、彭兴生、彭殿军、曾永荣、焦迎彦、程忠元、蒋　松、谢竭娟
韩小平、鲁赵芳、蒙　武、虞艳娟、赖　东、路淑伶、雷秀兰、魏　鹏

天津市

丁　挺、于　洋、于　浩、于云宽、于海霞、毛树声、王　东、王　兰、王　龙
王　刚、王　英、王　剑、王　钰、王　蕾、王仁清、王友善、王玉艳、王印来
王红霞、王宜民、王金才、王金梅、王高峰、王福民、冯四清、冯学奎、史海燕
叶志斌、石　强、石启砺、关　珂、刘　义、刘　洁、刘　凌、刘太民、刘文权
刘文忠、刘红武、刘秀民、刘金宝、刘金晖、刘勃玲、刘晓曼、刘淑萍、刘雪飞
刘集中、刘德龙、孙　博、孙　磊、孙华林、孙宝年、孙春元、安海源、成振华
朱俊成、朱津山、朱洪波、邢学栋、严定中、何　静、何富生、吴晓齐、张　波
张　胜、张　森、张　瑜、张　鹏、张　鹏、张文具、张立顺、张利平、张希宏
张总昌、张洪昌、张艳红、李　华、李　勇、李小娟、李广凤、李广明、李长洪
李冬强、李宝华、李洪君、李洪魁、李炳成、李桂芳、李崇伟、李鹏程、杨　进

杨书奎、杨华菁、杨桂玲、杨慈霜、汪清生、苏　燕、邵杉杉、邵德智、陈友鹏
陈克俭、周宝林、周淑珍、孟凡起、宗荣三、庞全鸿、果玉强、罗　云、范永林
范存胜、郑诗重、俞洪丽、信连奎、胡万里、胡建国、胡建勋、赵　锋、赵　雯
赵子健、赵仲华、赵金艳、赵春林、郝顺义、党金生、席培楠、徐　宾、徐　潇
徐　震、徐文博、徐修春、徐炳力、徐培业、贾　琦、贾子玉、贾兰英、郭　萍
郭德凯、郭德春、陶玉华、高　强、高　翔、高俊成、高相霞、崔　鹏、崔金鹏
崔海静、常跃民、康　莉、曹明昌、曹铁围、黄全有、焦庆华、程树元、程富琳
葛丽萍、董万新、董文仲、董树山、韩　冰、韩宝福、韩建华、韩桐华、韩晶晶
腾忠香、雷友玲、樊丙新、樊在义、薛　梅、薛国昌、霍明杰、魏爱君

河北省

丁振华、于荣艳、马全新、戈繁洪、牛永侠、牛新国、王　丹、王　成、王　忠
王　婧、王　毅、王　燕、王　燕、王小平、王书秀、王书聪、王元仲、王玉兰
王亚民、王会兰、王向峰、王丽仙、王怀珠、王运兵、王国成、王国新、王宗赢
王建立、王建军、王建房、王英利、王金锋、王彦平、王洪林、王洪林、王振国
王晓伟、王爱国、王艳池、王艳芳、王淑俄、王淑珍、王清云、王清林、王跃辉
王鸿智、王殿彤、王德斌、付仁志、代俊明、代树瀛、冯　悦、冯玉才、冯希恩
冯连生、冯建军、卢永兴、卢冰封、史均池、史志海、巨振海、田　野、田凤秀
田英法、申建树、白美萍、白振川、边新忠、乔志欣、乔根深、任志明、任振科
任毅斌、刘　双、刘　珍、刘　敏、刘文娟、刘世云、刘永震、刘玉林、刘龙田
刘军胜、刘红星、刘志坚、刘志新、刘宝江、刘尚勇、刘孟朝、刘建辉、刘显峰
刘洪义、刘振新、刘景平、刘翠敏、刘德政、向　宏、吕建国、吕彦英、孙　健
孙太平、孙文丽、孙志强、孙学军、孙绍永、孙艳玲、孙彩娟、安国亮、安沫平
安秋君、成树清、朱　戈、朱宇光、朱来兴、朱增国、纪铁鹏、许利军、邢国军
闫冬梅、齐凤芹、齐志刚、齐晓惠、齐慧明、何玉平、吴文红、吴志广、吴志强
吴建军、吴德新、宋　斌、宋文波、宏　哲、张　洁、张　浩、张卫东、张凤兰
张月朋、张立军、张光民、张红香、张利民、张更利、张灵芝、张秀江、张运国
张国勇、张国彬、张国维、张岩峰、张建平、张建民、张建军、张建国、张忠悦
张洪利、张荣强、张桂忠、张海军、张海燕、张爱华、张淑静、张雪松、张喜平
张景强、张献民、李　天、李　波、李　信、李　威、李　然、李　谦、李　锐
李　鹏、李卫军、李士平、李月娥、李月彬、李木章、李占国、李玉江、李玉辉
李石头、李志新、李秀荣、李秀峰、李和平、李国庆、李宝田、李宝旭、李建争
李建峰、李建敏、李金坤、李金晶、李亮辉、李春凤、李美香、李晓鹏、李晓燕
李桂云、李爱民、李艳茹、李起贤、李彩云、李梦虎、李智昌、李朝奇、李霄峰
杨　艳、杨　超、杨　韬、杨冬梅、杨占辉、杨玉杰、杨玉彪、杨志刚、杨旭铭
杨贞国、杨绍军、杨绍辉、杨秋红、杨胜堂、杨艳辉、肖　晓、肖艳芳、谷雪芬
邱建国、邱贵祥、邵铁凡、陈　冲、陈　华、陈　蔚、陈凤芹、陈庆亮、陈英生
陈振辉、周同友、周建龙、周彦忠、周艳华、孟庆斌、季景霞、房金武、林　杰

武玉臣、武海俊、罗念涛、郑东生、郑庆丰、郑战武、侯　亮、侯根盼、南　男
封新文、柳　青、柳金荣、柳金钟、祝晓光、胡　华、胡永俊、胡晓东、胡熙宁
赵　群、赵书根、赵永杰、赵立强、赵吉金、赵现彬、赵晓燕、赵锁林、郝俊灵
闻庆年、饶庆贺、唐　渝、姬随增、徐海明、栗　萍、索长城、袁俊海、贾秀忠
贾喜斌、郭　军、郭　安、郭中发、郭丽娜、郭彦军、钱　军、高兴禄、高　远
高　越、高文恒、高育新、高培宇、高翠平、商同华、康玉君、曹　静、梁　磊
梁振青、梁景海、梁瑞先、阎　毅、黄玉宾、龚　健、温左政、焦和平、焦景芬
焦朝君、程长江、葛　京、葛俊卫、董　静、董恒利、谢红专、韩景豹、鲁灿勇
窦保平、解惠贤、鄢载龙、靳　伟、靳　红、翟亚云、潘　翠、黎　强、霍凤艳
霍保安、戴占银、魏广医

山西省

门德富、马红方、尹志强、尹辛亥、文国辉、毛红荣、牛仁亮、牛永生、牛启忠
牛贵崇、王　卓、王　赋、王　鑫、王永林、王玉新、王会娉、王存良、王克建
王秀琴、王国发、王国宏、王建宗、王金宝、王美珍、王贵生、王宵娥、王振峰
王爱军、王清亮、王景龙、车志东、邓秀权、邓艳萍、付丽霞、冯军彪、卢付春
史贵凤、司国斌、宁　盛、巨如生、田旭东、田宾宾、田文善、白玉泽、白海东
石晓磊、乔　进、任　凯、任文斌、任向前、任志平、任志勇、任剑锋、任济星
刘　浩、刘东涛、刘玉云、刘向东、刘西丹、刘和平、刘建晖、刘彦玲、刘洪波
刘文涌、吕凤林、吕战文、吕锦春、孙连珠、师如源、成　宏、朱临兵、汤少华
米晋军、许锁子、闫少俊、闫旭威、闫丽萍、何泽勇、吴　莉、吴丽琴、吴志宏
吴振国、宋以斌、张　杰、张　荣、张　海、张　烨、张　瑛、张　鹏、张　磊
张卫国、张伟基、张云仙、张明忠、张立圆、张有才、张志胜、张国强、张河生
张保会、张茹凯、张晋强、张晓东、张铁刚、张培湖、张维斌、张喜年、张瑞芳
张默兰、李　龙、李　红、李　泉、李　晓、李　瑛、李月兰、李可仪、李巧莲
李永生、李成太、李红燕、李时安、李国宏、李炜琪、李晋文、李海明、李景平
李新春、杜艳萍、杨　毅、杨元平、杨兆丰、杨红卫、杨丽峰、杨时功、杨金中
杨建中、杨美玲、杨晓晗、杨继平、杨雪燕、花志峰、谷正刚、辛丽俊、辛联荣
陈　鹏、陈之蕴、陈利平、陈建安、陈建琴、陈彩青、孟林娥、武培华、武辉明
罗小锐、范冬冬、郎先龙、郑小瑛、金二欢、侯　栋、侯新平、俞文佐、姚清晨
施艾伟、相占斌、药文书、赵　飞、赵　忠、赵少婷、赵兴杰、赵志平、赵承彪
赵香秀、赵彩云、洪坚平、凌建海、原四明、原建平、席延泽、徐　强、徐应全
柴　蕊、殷九泽、秦建孝、耿秀春、袁淑珍、诸　铮、贾　斌、贾云翠、贾运林
贾明进、郭　娟、郭前进、郭春平、郭春燕、郭静楠、顾华君、高乃元、高　堂
高永彪、高宇宏、高迎军、高海勇、高爱枝、高彩霞、崔国红、崔振宙、常锦全
康洪波、康新茸、曹　嘉、曹俊堂、曹玲娴、梁启亮、梁贺芳、盛若虹、阎宏毅
彭　杰、景卫兵、温明英、温彦平、温登峰、焦瑞芳、焦瑞莲、谢宏英、谢爱玲
韩占国、韩玲玲、韩晓辉、甄世利、解凯旋、解宝灵、雷　涛、靳东征、管　鹏

管晓芳、裴敏辉、暴会兵、薄　江、薛卫民、薛江勇、薛海宝、薛银平

内蒙古自治区

于海龙、马迎春、马英迪、马艳林、乌　兰、乌仁花、乌罕毕力格、云丽霞
云素枝、牛永亮、王　玉、王　龙、王　忠、王　强、王　越、王凤梧、王文生
王向东、王丽芳、王克山、王志忠、王秀国、王学峰、王明兴、王明亮、王金丽
王涤飞、王爱国、王继刚、王维俊、王斯日古楞、王殿清、王翠艳、付云峰
冯伟业、包玉山、包立军、包旭升、卢秀琴、卢敏政、史　晓、史地旺、叶金宝
田　慧、白　金、白云峰、白长寿、白金良、白跃华、石　军、艾兴付、兴　安
刘　太、刘　平、刘　军、刘　迪、刘立新、刘先芬、刘志萍、刘秀芳、刘国栋
刘复成、刘恒发、刘强华、孙志强、孙海军、曲世华、红　光、纪大才、芒　来
许春晓、邢学峰、齐亚臣、吴士忠、吴占德、吴玉峰、吴洪波、宋文华、宋立民
张　伟、张　桐、张　莉、张　梅、张　盛、张　锁、张　燕、张山峰、张东旭
张永贵、张玉玲、张进忠、张国郁、张晓玲、张晓霞、张浩峰、张海霞、张艳丽
张翔宇、张福胜、张锦霞、张默函、时晓慧、李　兵、李　青、李　茹、李　强
李　惠、李　勤、李大鹏、李凤龙、李文军、李亦平、李伟方、李成乐、李秀岩
李秀萍、李建民、李建国、李忠书、李明哲、李晓甫、李晓艳、李海云、李艳青
李彩凤、李瑞军、李德军、李聪林、杜来顺、杨　乐、杨　波、杨　博、杨永清
杨玉霞、杨林森、杨彦明、杨景芳、杨静源、玛喜毕力格、肖　华、肖文明
肖尚琦、苏尤勒、苏永彬、辛永强、邹亚玲、阿娜尔、陈　彤、陈巴特尔、陈文香
陈洪祥、陈跃升、陈满达、周　程、周景春、学　军、庞　彰、林乐飞、金松岩
青巴图、侯晓东、侯德明、哈　斯、姚卫红、查木汉、段志国、段素平、洪　洋
胡　寅、赵　娜、赵大为、赵有莲、赵明洁、赵金盛、赵锁军、郝俊伟、钟晓华
唐志凤、唐志平、唐晓峰、徐国莉、徐茂龙、晋　鹏、浩斯巴雅尔、涂立彬
秘爱民、秦　兵、聂　胜、贾毅龙、贾黎明、郭生海、郭建英、郭彦棠、陶国红
陶继军、高永强、高宏伟、高雅杰、商艳华、宿　刚、崔丙成、崔旭光、常晓宏
曹福中、梁万琪、梁文龙、梁术奎、黄甲辰、龚耀辉、傅　捷、傅建伟、彭佳学
温东润、董　伟、董　杰、董晓宁、董晨枫、蒋钢城、韩志艳、韩继明、廉　敏
睢　旭、骞秋慧、蔡英茂、赛　纳、潘彦召、颜炳荣、薛永光、薛永杰、薛玉成
戴金桩、魏志强、魏润元、魏嘉庚

辽宁省

万敬华、于洪存、于福友、于群生、马　力、马　霆、马文进、马东升、马占峰
马玉山、马建军、孔令茹、尹　韬、尹红旭、毛　伟、王　丹、王　东、王　平
王　军、王　军、王　旭、王　丽、王　良、王　松、王　阁、王　展、王立远
王亚非、王军威、王延平、王志兴、王极刚、王秀云、王忠元、王秉杰、王洪涛
王荣斌、王振新、王晓霞、王海涛、王海鹰、王爱军、王铁龙、王淑梅、王喜明
王寒梅、车振宇、丛　嘉、兰兴福、冯文喜、卢广平、卢江宁、史立杰、史明生

左凤琴、甘　泉、田成文、田翠珍、白国福、白莹莹、任国顺、任学宝、任征杰
伍　萍、刘　刚、刘　庆、刘　岩、刘　欣、刘　畅、刘　畅、刘　洋、刘　晗
刘　强、刘小男、刘广俊、刘宁绥、刘永生、刘守全、刘志军、刘国莉、刘昊生
刘俊权、刘俊峰、刘春童、刘树坛、刘洪生、刘晓光、刘栩翎、刘海瑞、刘祥臣
刘继刚、刘艳梅、刘铁铮、华　君、吕　赫、吕作录、孙　义、孙　彤、孙少君
孙兆旭、孙启振、孙尚峰、孙英伟、孙洪涛、孙香梅、孙晓艳、孙晓敏、庄　晶
曲业兵、曲明军、曲德富、朱京海、许　丹、许　敏、许　智、许艺根、许耕野
邢　星、邢　艳、那　丽、闫　实、何文光、何艳华、何景顺、吴　勇、吴　科
吴小男、吴小培、吴立新、吴庆东、吴庆银、吴国功、吴学英、吴春雨、宋　睿
宋丽萍、宋晓阳、宋端阳、张　帆、张　欣、张　炜、张　威、张　健、张　智
张　璐、张　平、张卫士、张广新、张凤芝、张文林、张长青、张世德、张永辉
张玉石、张立军、张延峰、张丽娥、张学伟、张泽勇、张彦彬、张春生、张振华
张继恩、张铁锋、张雪梅、张景山、张鹏刚、李　力、李　涛、李　博、李　强
李　雁、李　巍、李子仲、李斗志、李长义、李世宾、李国学、李绍颖、李金发
李相力、李贵岩、李媛媛、李程程、李翠红、李德明、杜德来、杨丽芸、杨丽欣
杨秀山、杨明爽、沈　坚、芦志广、辛运邦、辛培良、迟耀强、邱晓曼、邵　燕
邹哲英、陈　兵、陈　英、陈　勇、陈一硕、陈志强、陈俊生、单红侠、周　君
周　浩、周长勋、周建华、周雪峰、孟　迪、岳秀云、林　超、武　威、罗　屹
罗　韬、范玉民、范志军、郑　军、郑　宇、郑　林、郑　重、郑子坤、郑丽艳
金　玲、金　琦、侯永顺、侯洪刚、姚宝艳、姚焕军、姜　彬、姜瑞章、宫洪波
宫桂芹、洪华峰、胡玉广、胡希茹、胡俊森、胥广文、赵　力、赵　丹、赵　军
赵　虹、赵　敏、赵　策、赵广宇、赵龙华、赵秀娟、逄春媛、倪雪梅、唐　亮
夏广勇、徐　明、徐全文、徐丽君、徐敏胜、朗　明、栾　剑、耿　毅、袁　捷
贾天舒、贾世强、郭　旭、郭　振、郭　辉、郭　赞、郭海英、陶宝库、高　山
高宏科、高良喜、高奇星、高贵生、崔九非、崔锡训、常　颖、常志忠、曹玉昆
曹贵洪、梁　恒、矫雪峰、菅　巍、鄂　涛、鄂　辉、黄　亮、黄　健、黄　毅
龚秀峰、焦凤荣、褚良震、董　伟、董　宇、董玉祥、董伟国、蒋润林、韩众鑫
韩家波、韩雪松、窦德胜、蓝文艺、蔡　旭、谭　琪、潘利国、潘晓杰、黎　明
穆广臣、穆中子、薛　瑞、薛秀忠、霍春雨、戴慧聪、魏　宇、魏　宏、魏　来

吉林省

丁大玮、丁文国、于　泳、于　雷、于长江、于国民、于铁东、千　石、才中方
马　韫、马媛媛、尹永日、尹树红、文福顺、毛学礼、毛艳玲、王　凯、王　青
王　虹、王　振、王　锐、王　楠、王　霞、王永太、王永贵、王玉华、王玉松
王立海、王兆军、王向辉、王延海、王孝龙、王岩利、王泽民、王英华、王雨晨
王挥遒、王秋义、王荣国、王桂林、王铁柱、王淑红、王淑荣、王雪发、王鸿博
王喜成、计　越、丛　欣、丛金辉、付玉龙、付殿国、兰　辉、冯　颖、冯黎光
卢　波、史学友、田光华、田阳光、申亨哲、白光明、乔英光、伊　鹏、全光俊

关　锋、刘　军、刘　学、刘　俭、刘　威、刘　革、刘　晋、刘　巍、刘长海
刘希国、刘秀芳、刘国东、刘奉君、刘宝金、刘贵勤、刘险峰、刘晓杰、刘海晶
刘笑丰、刘继国、刘培君、吕家欣、孙　玉、孙　伟、孙　成、孙　斌、孙志刚
孙志成、孙忠军、孙柏峰、孙满堂、安　杰、安志伟、朱廷江、朱健华、朴　一
许　岩、许　辉、许春彦、邢　飞、齐　波、何衍林、佟　时、吴　兵、吴　穹
吴庆岩、吴恩涛、吴海洋、吴起顺、宋　洋、宋少为、宋庆艳、宋金辉、宋家兴
宋继伟、张　伟、张　志、张会民、张世嵩、张永君、张玉香、张立成、张安贵
张庆武、张志国、张秀明、张忠江、张金权、张俊峰、张显军、张秋萍、张晓翠
张继富、张铁军、张嶷俊、时宏丽、李　仁、李　刚、李　刚、李　岩、李　昌
李　媛、李　强、李　曦、李卫国、李广福、李化雨、李文秀、李文辉、李业东
李生阳、李生国、李立恒、李亚峰、李秀菊、李忠义、李欣欣、李金龙、李金波
李洪峰、李晓杰、李晓霞、李桂霞、李鸿鹰、李景宏、李景环、李殿富、李锦柱
杜景龙、杨　旭、杨　利、杨云贵、杨驰宇、杨春杰、杨洪玉、汪孝奎、肖增民
肖珍武、陈　宏、陈　新、陈广省、陈占霞、陈明辉、陈若军、陈振宇、陈常宝
周　光、周　岩、周传得、周继顺、季常奎、屈寿峰、岳怀昆、房建伟、林　桔
郑少林、郑伟平、郑庆子、郑海婷、郑益铭、金　瑛、金永浩、金光红、金丽灿
金柏松、金晓林、姚晓华、姜　鹏、姜宏宝、段　锐、段玲娟、胡忠升、赵　岩
赵　波、赵义杰、赵少民、赵方柯、赵作志、赵家华、郗红毓、夏　懿、夏光江
席洪武、徐　飞、徐　睿、柴俊海、耿春梅、袁庆普、贾玉梅、郭　军、郭兰秀
郭正昊、郭海波、陶立时、陶春波、高东星、高桂英、高艳玲、崔仁吉、崔石道
崔俊峰、崔保民、常宏亮、梁　涛、梁德慧、渠　洁、隋建民、曾祥云、程国志
葛明华、董　晶、董相仁、董殿平、韩　伟、韩　森、韩守新、韩景林、雷广明
雷冬梅、臧　杰、臧　杰、臧　锐、蔡文学、潘广艳、潘立新、潘希波、鞠松柏
魏　冬、魏雪玲

黑龙江省

丁铁民、卜　平、卜振华、万　莉、于　鸣、于　涛、于文兴、于振山、于振勇
于海霞、马　冲、马　玲、马士杰、马连国、孔令民、尤庆喜、尹德安、文凌宇
王　壮、王　杨、王　凯、王　英、王　洁、王开明、王东艳、王占文、王立立
王兴军、王庆文、王庆国、王丽红、王佩玲、王佳华、王佳建、王国江、王国梁
王宝红、王建国、王俭峰、王彦忠、王春懿、王树文、王晓冬、王福春、邓　勇
丛日凤、丛连军、代晓红、冯志刚、冯国君、卢金明、叶东平、白　璐、任宇光
刘　发、刘　波、刘　菲、刘万学、刘云兴、刘方明、刘永刚、刘玉海、刘宝财
刘建革、刘明霞、刘雨露、刘哲人、刘基玉、刘福会、吕　呈、吕丰民、孙　鹏
孙国杰、孙念勇、孙振波、孙维山、孙铭阳、安福臣、寻来运、庄　宇、庄和润
曲　岩、曲茉莉、朱凤仪、朱丙凤、朱效利、朱殿学、江波涛、汤亚卿、祁洪涛
许　帆、许北弘、许丽娟、邢润贵、闫　伟、闫振峰、齐国艳、齐艳春、何文秀
何方剑、宋男哲、宋秋丽、宋振涛、宋益庆、宋福军、宋睿男、宋耀远、张　伟

张　军、张　闯、张　志、张　颖、张　静、张小豪、张为民、张凤江、张凤泉
张凤琳、张冬梅、张永胜、张玉福、张会军、张红杰、张宏远、张佳程、张忠忱
张英彬、张胜宝、张荣欣、张海军、张海森、张雪芹、张喜贵、李　丹、李　平
李　平、李　欣、李　彦、李　春、李　莉、李少杰、李文斌、李东生、李东洲
李占军、李同波、李庆东、李红艳、李丽丽、李建明、李建辉、李杰实、李诗军
李彦波、李春虎、李振学、李振峰、李海霞、李艳杰、李彩芹、李维峰、李善义
李善日、杜　一、杨　敏、杨永强、杨有安、杨易成、杨树山、杨智超、杨慧芳
杨黎晖、苏洪臣、苏晓梅、辛公昌、连　群、迟华军、邹　岩、邹积慧、陈　富
陈　然、陈　馥、陈卫东、陈庆铁、陈宏伟、周天林、周祝琴、周魁伟、孟凡彬
尚丽娟、屈广臣、庞　宏、庞云琦、林　强、林奇昌、林青山、林清河、罗　平
苑冬梅、苗万强、范斌志、郑宇卓、郑怀玉、郑春江、侯俊峰、姜　迪、姜　琨
姜　瑞、姜忠林、姜维国、姜蒙红、段　颖、胡北利、贲继昌、费少华、赵玉贤
赵丽华、赵志刚、赵宝吉、赵新宇、倪长辉、党丽妮、唐乃超、徐　征、徐守乐
徐杰春、徐洪恩、徐钟葵、徐斌义、栗兰波、殷民杰、殷学勤、莫晓红、贾文珠
贾茹君、郭一凡、郭囡囡、郭宇龙、郭树琦、郭晓光、顾廷富、高占峰、高甲晨
崔玉国、崔立新、崔守富、崔宏业、常文兴、常冠杰、隋凤富、黄　艳、黄镜泊
彭　伟、曾宪波、温　泉、程湘军、葛振渊、董可心、蒋亚奎、谢　斌、谢卫华
韩冬梅、韩永胜、韩行国、韩丽媛、褚春岩、解福军、雷　霆、翟　猛、裴照滨
谭凤生、薛鸿雁、戴　巍、鞠春伟、魏士梅

上海市

马仁华、马继华、尤庆良、方　奕、方　琳、王　兵、王　建、王　泳、王　敏
王　蕾、王冬兴、王利民、王利春、王国明、王美丽、王振荣、王雪峰、包悦鹞
史建民、叶　伟、叶欢军、左国威、石国忠、乔福明、任建民、刘　栋、刘　聪
刘正国、刘汉平、刘国庆、刘学峰、刘家欣、孙　建、孙　毅、戎欣珏、朱　峰
朱　梅、朱　萍、朱旭晖、朱利民、朱秀红、朱靖琼、毕兰芳、池建云、许红莲
许金华、严学仁、吴逊名、宋　慎、张　俊、张　娟、张　雁、张立新、张庆河
张建良、张顺芳、张爱东、张辉龙、李　岚、李　闽、李　铭、李春铭、杨云林
杨伟杰、杨宝仙、杨林云、杨晓磊、杨锦英、汪名侠、汪湖北、沈　旻、沈　强
沈亦龙、沈忠东、沈洪林、沈淑兰、陆　军、陆文玉、陆平荣、陆志华、陆奇斌
陈　为、陈　凯、陈　峰、陈伟强、陈兆平、陈兴华、陈志豪、陈国海、陈曙军
周　军、周　晓、屈计宁、林鸿鹏、范承杰、范菊萍、金玉兰、俞　华、俞　昊
俞中华、姚红芳、姚红艳、姚志龙、姚慧红、姜慧慧、胡冬雯、胡松春、费　军
赵　征、赵仲芳、钟木兴、骆　平、倪明华、凌惠民、唐　伟、唐野根、唐雅莹
夏越青、徐士杰、徐文兴、徐四新、徐正仙、徐志明、徐春华、徐晓芳、徐高田
徐雪峰、徐雄彪、桂龙妹、秦家骏、翁吉明、袁　霞、钱建琴、钱晓雍、顾伟杰
顾国敦、顾建华、顾建成、高志伟、戚艳平、曹黎敏、盛祖兴、章　立、黄　平
黄　恺、黄　蕾、黄岿栋、黄放中、黄昌发、黄秉文、黄渊智、黄银福、傅　威

嵇瑞中、程　军、程　真、董英娜、蒋念春、蒋明华、蒋菊华、韩　婷、韩晓非
詹文晔、路　玲、鲍黎强、熊　新、潘连根、戴　莺、戴智春、鞠鸽升

江苏省

丁伯宏、丁金荣、丁晓惟、刁华伟、万晓红、马元坤、马志伟、马树勤、卞　虹
卞月红、孔福生、孔翠萍、尤　勇、尤其中、方　里、王　羽、王　闯、王　进
王　洋、王　顺、王　祥、王　澍、王三春、王卫东、王广飞、王世平、王正久
王正林、王永富、王永富、王玉华、王生平、王伟明、王华为、王达保、王志强
王迎春、王国平、王恒庆、王洪敏、王珊珊、王晓栋、王桂民、冯大弟、包洪新
包晓芸、卢丽群、史　葵、史志进、叶晓文、田　伟、田小敏、申义珍、边　江
仰善超、刘　永、刘　军、刘　岗、刘　佳、刘　畅、刘　胜、刘　毅、刘士航
刘子辉、刘飞宇、刘文保、刘乐秋、刘宁锴、刘承志、刘昊月、刘保平、刘健明
刘宽宝、刘雪峰、吉丽娟、孙　钘、孙　浩、孙为祥、孙立新、孙连荣、孙俊华
孙信荣、孙宪洋、孙洁梅、孙振东、孙桂尧、孙继生、孙新慧、孙静梅、成文利
成爱兰、朱　军、朱　江、朱　丽、朱　亮、朱三其、朱月玲、朱红梅、朱杰林
朱堂珍、朱曹坚、江　隽、江志栋、江浩军、许小群、许国建、许春林、许振东
闫修花、何甜甜、余承琅、励　明、吴　群、吴立珍、吴伯兵、吴启德、吴志明
吴学军、吴建东、吴建敏、吴雨晴、吴海平、吴献平、吴魁华、宋凌晨、张　民
张　媛、张　琰、张　锋、张小兰、张才志、张文联、张文辉、张宁远、张永江
张先宝、张兴国、张明华、张春生、张爱勤、张康生、张梦玲、张德强、李　飞
李　伟、李　建、李　奎、李　峰、李　浩、李　涛、李卫祥、李小菠、李文明
李亚成、李国军、李金玉、李剑敏、李玲晶、李晓春、李爱强、李铁军、李淑英
李群勇、杜宇平、杜敏敏、束瑞成、杨小权、杨克群、杨秀怡、杨佳怡、杨国新
杨育振、杨春会、杨显祥、汪　芳、汪洪洋、沈小扬、沈立峰、沈娟娟、沈黎宁
沙国俊、芮冬梅、苏　冬、苏　樯、谷亚先、谷家栋、邱　丹、邱　军、邱淮海
邵国柱、邹　莹、邹允海、邹玉娥、邹明懿、闵小艺、闵存真、陆　炜、陆彤谟
陆胜龙、陆桂良、陆森元、陈　刚、陈　迎、陈　卓、陈　辉、陈　霞、陈可云
陈立祥、陈纪宏、陈言武、陈国云、陈建江、陈建新、陈旻罡、陈迪军、陈晓波
陈浩萍、陈海洋、陈素梅、陈焕根、陈锦云、单文春、单体华、周　斌、周　斌
周卫华、周云春、周扣洪、周灿荣、周国正、周国安、周振海、周维珍、周新明
周建发、孟宪海、孟银良、屈祖平、巫九斤、於岳峰、易俊陶、林启斌、林国平
林前程、林继仁、苗刚松、范于松、范建国、郁　进、郑云朝、姚　军、姚亚洲
姚启干、姚彩媛、娄　君、宫学东、施　波、施　磊、施益香、段伟年、相咸忠
胡　浩、胡跃平、贲友平、赵　华、赵元洲、赵建荣、郝金松、钟海光、项华均
骆守富、倪正林、唐祖发、唐新红、夏建顺、夏洪娟、展卫红、徐　皓、徐　雷
徐小军、徐小帖、徐长亮、徐旦红、徐彦民、徐春元、徐春培、徐圃青、徐敏权
徐盘英、徐殿忠、殷志明、浦如波、秦　伟、秦俊芳、耿　耿、耿广敏、袁大勇
袁洪祥、袁爱娟、贾伯根、郭　松、郭全章、郭梅梅、钱　锋、钱　韵、钱永兴

钱佳佳、陶　巍、顾　晓、顾心慧、顾建中、顾建华、顾培建、顾谢军、高　峰
高小红、高伟宽、高学华、崔　洪、戚萍萍、曹　萍、曹玉兰、曹兴朗、曹志荣
曹明华、曹林华、曹振新、梅文涛、梅肖乐、梅理清、章　忠、笪素菊、黄　卫
黄卫东、黄志伟、黄登楼、黄瑞芝、傅锦花、彭言强、曾远忠、程晓燕、童陆铭
葛　军、葛云飞、葛勇德、葛婷婷、董士旭、董毛毛、董加河、董维标、蒋云平
蒋云娟、蒋国春、蒋晓武、蒋耀梅、蒋鑫焱、谢功成、谢海平、韩道华、解恩路
路学军、翟云忠、蔡　勇、谭　颖、潘秋萍、薛　菊、薛传金、霍鲁宁、戴华中
魏善涛

浙江省

丁莉平、干新卫、马为勤、马军武、马国强、马怜森、孔　乐、孔　梅、孔万东
方必胜、方永平、方宏高、方新旗、方路乡、毛华峰、王　俊、王　勇、王　峰
王　晨、王　超、王　飚、王水琴、王以好、王永宜、王伟征、王伟娟、王旭阳
王丽莉、王秀红、王宝印、王昌义、王俊潇、王剑锋、王玲玉、王美琴、王晓燕
王翀煜、王雪萍、王雅敏、王黎瑾、王耀军、兰建军、冯　镭、冯建平、冯忠宝
冯洁洁、冯甜甜、占文军、卢时江、厉加鸿、叶迎春、叶建昌、白锡川、皮炳鑫
乔建新、任俊武、刘　勇、刘小松、刘伟力、刘志安、刘健慧、刘海东、吕先真
吕国军、吕乾才、吕森伟、孙正标、孙军庆、孙冲波、孙秀琴、孙显根、庄铭权
成其仓、朱　宁、朱　岗、朱　杰、朱有为、朱红文、朱纪祥、朱阿大、朱岳林
朱建豪、朱明华、朱金英、江志聪、汤美全、牟　渊、许　明、阮永祥、何荣坤
何海青、何海钰、余协献、余恒伟、余柏泉、劳应强、吴　慧、吴文虎、吴玉琛
吴伟华、吴张敏、吴建尧、吴建明、吴祖仁、吴振明、吴铁民、吴璀献、宋继红
宋雪刚、寿伟义、应刚秋、张　平、张　冰、张　征、张　剑、张　禹、张　娟
张　硕、张　曦、张飞杰、张红霞、张志平、张志明、张秀云、张建庭、张勇勇
张恒焱、张荣清、张恩林、张雪聪、张颖波、张德超、李小龙、李小荣、李世华
李可富、李达钱、李志前、李昉昆、李笛波、杜　波、杨　博、杨书月、杨宏宽
汪小英、汪元富、汪永国、汪玮炜、沈　飞、沈　权、沈　磊、沈伟平、沈建富
沈金才、沈金林、沈奕红、沈跃平、沈韩艳、狄凌峰、肖达盖、肖理生、邱理均
邱章龙、邵卫伟、邵剑波、陆建定、陆惠斌、陆群丽、陈　江、陈　红、陈　悦
陈　焱、陈　骥、陈子静、陈小兵、陈天明、陈必省、陈永忠、陈立江、陈向阳
陈红金、陈宗良、陈定安、陈建民、陈建峰、陈明炜、陈珊萍、陈健松、陈彩菊
陈舜湖、陈毅强、周　勇、周　洁、周　颖、周义昌、周小乐、周永亮、周华芬
周灯荣、周坚巍、周宏华、周志宏、周时雄、周柯锦、周鹏程、周碧河、周毅飞
和英明、孟秀飞、孟桂明、宗寒松、官俐萍、庞顾卿、林世祥、林建敏、林昌森
林柱友、竺珊珊、罗国良、罗国根、罗国锵、罗美珍、罗爱庆、罗瑜萍、范兴海
范建兴、范青松、范浩明、郑　勇、郑义民、郑小龙、郑云龙、郑仁宗、郑建平
郑建政、郑青松、郑昭文、郑校平、金　君、金永红、金伟兴、金汝斌、金灵占
金国灿、金配营、金雪勇、侯文胜、俞其儿、俞岳亭、南　强、姚　旭、姜　列

姜海燕、施春荣、施胜亮、施勤富、施德云、段丽丽、洪国根、洪建明、祝忠慧
胡　斌、胡玉仕、胡立焱、胡庆年、胡庆松、胡克森、胡佩伦、胡恒怡、胡洁明
胡梅芬、赵　畅、赵云升、赵明军、赵海山、赵祥军、赵耀亮、饶小燕、饶汉宗
倪中应、唐卫忠、唐建海、夏卓盛、徐　龙、徐　慆、徐　震、徐天有、徐立刚
徐兆辉、徐兴评、徐利忠、徐宏亮、徐佩琴、徐荣健、徐彬彬、徐焕武、涂更生
翁金宝、耿如恒、莫国安、郭远明、钱八虎、钱伯兔、钱定海、钱忠龙、钱晓明
陶云彬、陶天云、陶志华、陶跃中、高立传、高国新、戚杨健、曹　羽、曹　鸣
曹利江、曹朝霞、梁绍贵、梁碧元、章颂江、章雪强、章增强、黄　成、黄　欣
黄　武、黄　浩、黄兰芬、黄成臣、黄坚敏、黄其明、龚晓春、傅　俊、傅国庆
傅智慧、焦　荔、程全通、程兴齐、程湘虹、童丽华、童洪炎、童雪军、舒策昌
葛乾恩、董　文、蒋加勇、蒋金梁、蒋晓军、谢仁安、谢裕坛、韩　飞、韩红煊
慎佳泓、楼文俊、楼润忠、蓝林余、裘靖荣、褚兆南、詹志钧、雷菊慧、缪全法
缪向新、蔡　瑢、蔡秀德、蔡泉井、滕胡敏、潘一峰、潘利波、潘林荣、潘浙蒙
颜小海、颜海波、戴连林、戴海广、魏晓坚

安徽省

丁　祥、刁筠平、万立春、万家胜、马　飞、马　飞、马兴起、马兵江、马昭军
马友华、方　昇、方　毅、方兴龙、方海维、王　诚、王　青、王　泉、王　宾
王小青、王文一、王文有、王本梧、王玉和、王龙胜、王守涛、王昌群、王桂苓
王辅励、王新锋、王瑞祥、邓晓文、冯　敏、冯东海、叶　涛、叶长林、叶林茂
左培育、甘中夏、石向东、石明玉、石润硅、乔振稳、任恩忠、刘　岚、刘　芳
刘　崇、刘　琦、刘　鑫、刘玉华、刘怀生、刘继华、刘跃华、吕曙光、孙　杰
孙才斌、孙建武、孙凌岩、孙静宇、安国清、朱　杰、朱　俊、朱　勇、朱　萍
朱志成、朱和根、朱学民、朱贤东、毕孟飞、祁士云、祁静星、纪良青、许有国
邬宗应、何　乔、何传舵、何顺民、余祖平、吴　锋、吴义明、吴支行、吴美生
吴新德、吴德华、岑雪仲、张　明、张　临、张　炯、张　艳、张　渐、张　新
张　静、张万里、张卫东、张卫东、张从进、张心启、张平焱、张本元、张志山
张连东、张青青、张洪魁、张荣金、张桂兰、张朝晖、李　刚、李　庄、李　盛
李　菁、李　歆、李长军、李汉宣、李玉萍、李龙斌、李启勇、李均杰、李金宝
李俊松、李显峰、李胡栋、李晓平、李敏珍、杨　忠、杨　洋、杨德林、汪　佶
汪方送、汪兰群、汪全胜、汪国宝、汪贻敏、沈　沛、沈　波、沈梅农、肖志红
肖翠珍、苏惠民、邵世保、邵学会、邹　军、邹小东、邹胜前、陆　勤、陆再保
陈　耀、陈文浩、陈令杰、陈有根、陈佩美、陈金泉、陈晓芳、陈愿喜、卓传计
周　涛、周　琛、周　舜、周　辉、周文波、周自默、周春宝、周绿化、周斯跃
庞思宏、经德武、罗时景、罗道水、范仁为、茆　斌、郑　涛、郑　梅、郑海燕
金　铭、姚大庆、姚文麒、姜西民、娄　云、查德民、洪　娟、洪振秋、洪浩林
洪海龙、胡　俊、胡　敏、胡孔虎、胡正明、胡宗言、荚　力、贺明正、柯能忠
赵　影、赵一平、赵四清、赵宏义、赵志泉、赵葆青、郦雪凤、项小龙、党　军

夏　平、夏凤萍、夏太保、夏永强、徐　军、徐　利、徐　斌、徐义华、徐丙昊
徐礼和、徐安乐、徐孝玉、徐学仕、徐忠民、栗奇志、桂召贵、殷玉平、殷宝龙
耿　峰、耿碧泉、袁　松、袁先进、贾　盛、贾承劲、郭　云、郭立新、郭传贵
陶少兵、陶成林、陶许连、陶绍勇、顾华东、高　玲、高子球、高兆利、高坤乾
高宜兴、黄文星、高家胜、曹　汛、梁　虹、梁恒田、阎　晟、黄　菱、黄治祥
黄梦来、傅振清、强光菊、斯黔东、焦士武、程　平、程　洁、程　超、程　赟
程保东、舒辅民、葛甫敏、董亚飞、董益乐、董道明、蒋安民、蒋光月、蒋新志
谢小君、韩　钦、韩孝存、鲁根应、鲁绍义、路华忠、鲍锦林、翟　飞、蔡兴平
蔡海华、蔡道平、裴振西、潘百宁、潘尚龙、潘明生、薛　飘、霍永琴、戴红英
魏　勇

福建省

万百源、尤连升、王伟慧、王秀英、王承刚、王绍鹏、王景伟、邓志宏、兰海荣
包定贞、占飞豹、卢云霞、卢世贤、卢琦星、叶生华、叶励光、叶胜宗、叶朝瑞
叶碧香、田林华、石才禄、全娟珍、刘远方、刘炜明、刘闽生、刘梨军、刘崇山
吕耘彪、孙传春、孙阳阳、庄　坚、庄世坚、庄灿培、庄珊丹、朱明龙、朱祖兴
朱爱玲、朱耀明、江　明、江仁党、江丽珍、汤国昌、汤晓平、纪任宗、许　特
许文贵、许年金、许炳林、许炳堂、许珠华、许燕杰、阮妙鸿、阮诗舜、严　明
何　伟、何文金、何伟湃、何芳兴、余小文、吴火春、吴作腾、吴奇慧、吴林凤
吴勇强、吴厚习、吴胜隆、吴顺情、吴梅英、吴斌发、吴辉岩、吴震球、宋建忠
张　秋、张世旭、张平生、张兆波、张丽珍、张丽琴、张启松、张应平、张国辉
张建兴、张建明、张忠义、张松峰、张秋毅、张根书、张益辉、张清佳、张铭华
李　为、李　斌、李　镪、李万宝、李支天、李木生、李玉贞、李志刚、李远欣
李泽健、李炎坤、李荣禄、李恭发、李振雄、李艳誉、李福渊、李燕平、杨飞云
杨闽英、杨喜爱、肖勇强、肖惠明、苏玉庆、苏金督、苏雅彤、苏雷霖、辛建生
邱建辉、邱春国、邱黎明、邵火炉、陈　立、陈　伟、陈　刚、陈　峰、陈　强
陈　斌、陈　谦、陈　雄、陈　凛、陈卫东、陈小平、陈飞熊、陈木枞、陈长福
陈宁动、陈兴露、陈军安、陈志华、陈志鸿、陈依应、陈学朱、陈宝珠、陈怡颖
陈承华、陈金典、陈俊鹏、陈养林、陈剑峰、陈勇红、陈映霜、陈秋茹、陈峰滔
陈海松、陈敏国、陈锈钦、陈瑞珍、陈颖锋、陈德贵、卓　扬、周其清、周建丰
岳建民、林　文、林　枫、林　娟、林　敏、林小坤、林中甲、林中杰、林文章
林电机、林华宝、林成英、林作梁、林志义、林志鸿、林连基、林绍盟、林金电
林秋旭、林清良、林惠安、林智文、林新尧、林榕加、林碧海、林增斌、林毅伟
欧建平、罗福松、郑进平、郑凯木、郑建明、郑金福、郑胜光、郑祥光、郑惠章
郑碧珠、金发光、侯郑英、俞道雄、姚丽芳、姚国瑞、施发烧、洪　如、洪荣标
洪德军、胡亮信、钟育生、项　勇、骆晓明、倪可佃、原瑞芬、唐晓芬、唐敬源
徐文贤、徐建华、徐建雄、徐恭传、莫秀娟、郭玉清、高文达、梁　晖、梁　晴
黄　芳、黄义文、黄允青、黄友财、黄少芳、黄东仁、黄再升、黄亨语、黄志峰

黄金辉、黄秋文、黄润芳、黄清涯、黄绪明、黄献良、黄腾才、黄碧煌、黄德元
黄德怀、龚全军、傅　政、傅志东、彭国土、曾　芳、曾伟民、曾安平、曾明江
曾瑞晓、游亿煌、游文辉、游鸿华、董建国、谢莉莉、詹　源、詹建军、赖永辉
鄢　锋、廖　屹、廖秀俤、廖桂红、廖梓明、蔡于霞、蔡伟川、蔡向明、蔡佑振
蔡忠灿、蔡旺华、蔡鼎辉、蔡聪智、潘　威、潘上游、颜谋元、薛建明、薛振文

江西省

万康月、方华生、方志斌、方益萍、毛文峰、毛东梅、王　宇、王　胜、王　峻
王　艳、王卫东、王文龙、王叶望、王玉清、王礼华、王建成、王细保、王春花
王夏莲、王绿平、邓少林、邓学军、付　锐、付长松、付惠平、冯海林、占　青
叶光许、叶智平、宁海波、左彬凡、帅学平、甘义忠、甘雪慧、甘德安、刘　林
刘干星、刘友强、刘华明、刘君华、刘宗华、刘忠马、刘俭根、刘柏荣、刘祥坤
刘颢刚、吕学雄、孙　强、朱小海、朱步辉、朱绍兵、许小林、何坚波、何金德
何显飞、何检荣、余　毅、余进祥、余治军、吴　杰、吴　翀、吴志祥、吴雪生
吴耀明、张　进、张　琴、张小生、张伟锋、张良冬、张远辉、张昌华、李　杜
李　俊、李　健、李　莹、李　萍、李　嵘、李天琦、李冬根、李传峰、李先才
李志新、李和镇、李学斌、李松松、李晓强、李高亮、李跃进、杜文超、杨　勇
杨　荣、杨　峰、杨春毅、杨晓慧、杨鑫河、汪广春、汪东峰、肖　玮、肖一华
苏全平、苏万春、邱建平、邱翠金、邵宇平、邵春良、邵德有、邹　立、邹玉兰
邹思南、邹珍太、邹海勇、陆伊娜、陈丁丁、陈义桥、陈小荣、陈士军、陈云飞
陈创华、陈志刚、陈国忠、陈建华、陈武权、陈振中、陈德志、周　双、周旭武
周宝贵、周智勇、孟钢富、林长生、欧阳汝能、欧阳树远、欧阳新、武云霞
罗毛生、罗来发、罗良文、罗建平、罗武根、罗嗣欣、郑晓樵、郑舜华、姚丽文
段彬林、胡　明、胡仲子、胡江红、贺晓明、贺辉星、钟　鹏、钟会生、钟志云
钟晚生、项学勤、项崇汉、倪木林、夏　磊、夏贤长、夏道船、席新兵、徐　红
徐发林、徐伟华、徐春林、徐昌旭、徐桂花、敖善祥、涂小龙、涂香明、袁　晶
袁任民、袁成红、袁爱杰、袁新发、郭小芬、郭小彬、郭衡焕、陶小龙、顾自强
高培喜、崔新平、康　浩、曹旭华、曹国良、梅银华、章　文、章国华、章茂荣
章蕴和、符中华、黄　宇、黄龙辉、黄勇峰、黄鹤飞、喻　杰、喻生根、彭云清
彭长荣、彭远洪、彭明霞、曾　丽、曾东方、曾江伟、曾明浩、曾保根、曾宪强
曾道红、温天林、温景莲、程宏峰、程和生、程泽汝、舒伍星、董　力、蒋文华
谢邦根、谢志元、谢建雄、谢春玲、蓝荣华、詹荣辉、赖　涛、赖由运、赖维磊
赖新云、赖碧凌、廖国铭、熊正葵、熊志刚、熊尚文、熊美龙、蔡国园、谭　华
谭修建、潘　磊、潘小江、潘建明、黎　燕、戴　勇、魏　林

山东省

丁　琳、于　雷、于文江、于建海、于泳洋、于敬之、马　军、马德举、亓翠玲
卞洪林、孔　涛、孔庆岱、孔祥东、毛　萍、毛春雷、毛健娜、牛心红、牛家华

王　云、王　帅、王　伟、王　军、王　芳、王　忠、王　玮、王　俊、王　森
王义勇、王丹昶、王允成、王本金、王正增、王庆广、王延安、王志军、王孟欣
王学成、王泓昀、王金辉、王信远、王树庆、王洪伟、王洪涛、王晓志、王桂勋
王艳春、王常明、王淑华、王绪伟、王强中、王惠滨、王福云、王福栋、王鑫华
付永尧、付葆春、付燕燕、冯　刚、冯　强、史永晖、田　野、田　蕊、申德鹏
石文河、仲　雷、仲崇懿、任长良、刘　会、刘　刚、刘　畅、刘　彬、刘　晶
刘　超、刘东斌、刘永建、刘玉祥、刘先武、刘光良、刘丽娟、刘希文、刘宗启
刘建设、刘拥军、刘郁文、刘持良、刘树成、刘洪建、刘美荣、刘银田、匡建青
吕世祝、孙友勋、孙冬青、孙亚萍、孙庆星、孙志逊、孙宝英、孙建国、孙建修
孙绍利、孙洪波、孙振磊、孙爱群、孙乾坤、孙翠玲、孙鹤鲲、宇振涛、安学泉
曲仁乐、朱　枫、朱　燕、朱春晖、毕继胜、米常华、考继佳、许　洁、许友军
许泽英、邢卫东、何兰平、吴云凯、吴孝兵、吴秀强、吴国栋、吴爱玲、吴登峰
吴德光、吴德庆、宋凤鸣、张　兵、张　志、张　岩、张　松、张　圆、张　峰
张　萍、张　越、张元银、张世勇、张付清、张冬梅、张玉河、张立国、张庆峰
张有全、张汝安、张国宏、张国亭、张金荣、张奎安、张春光、张洪涛、张振利
张晓东、张积伟、张淑芬、时彦民、李　伟、李　冰、李　华、李　成、李　峰
李中林、李为强、李文达、李长伟、李东兰、李正军、李永元、李玉国、李伟杰
李兆新、李吉霞、李延峰、李成高、李丽霞、李连军、李建义、李栋林、李振东
李流航、李海汇、李敬忠、李新平、李福军、杜　娜、杜　轶、杜　锋、杜九明
杜培勇、杜惠利、杨卫宏、杨丰坤、杨计芳、杨明永、杨育杰、杨胜民、杨荣泉
杨爱萍、沙纪伟、狄　可、肖　静、肖中华、肖国兴、苏立华、苏循志、迟建敏
邱恒旭、邹风华、陈　华、陈兆华、陈宏玉、陈学港、陈建学、陈忠荣、陈明月
周　云、周　琳、周　翠、周爱文、孟凡书、孟庆常、孟苏云、孟建明、孟廉洁
屈　倩、苑先强、苑进喜、苗成梅、苗渊默、范　杰、范永红、范新亭、郑　伟
郑茂乾、侯士钦、侯翠荣、姚希来、姜　华、姜怀亮、宫秀玲、战振强、段海燕
胡后银、荆晓亮、贺　斌、赵兴征、赵吉奎、赵国忠、赵泽友、赵笃春、赵振乾
赵晓帅、赵逢兰、赵增杰、郝传谋、郝志强、钟耕秋、原培勋、夏德国、徐　斐
徐　慧、徐兆波、徐兴江、徐志浩、徐国生、栗宝奇、殷进领、秦　燕、秦佃明
袁　力、袁　飞、袁　健、袁宝春、贾　辉、贾元柱、贾继元、郭　奎、郭长海
郭玉泉、郭克先、郭承兵、钱英晖、陶凤梅、高　焰、高广民、高洪恩、高善东
崔永海、崔明祥、曹庆东、曹利建、曹宝军、曹继龙、曹培省、曹雷书、梁绍光
盛祥业、隋明郁、黄玲英、黄培银、彭人倬、董　杰、董仕侠、董兆风、董金昌
蒋　宏、谢　冰、谢水安、谢光毅、谢林伟、谢恩年、韩　伟、韩　莉、韩京安
解晓敏、路宗月、熊言开、蔡同民、蔡庆雨、裴子光、谭炳建、樊士杰、樊金亮
樊桂兵、樊敦坎、潘建民、鞠荣辉、魏　红、魏广芝、魏志强、魏陆海

河南省

丁卫东、丁志安、于　伟、于　瑾、于晓莉、于新芹、马水旺、马松霞、马献华

牛其林、牛增刚、王　冰、王　改、王　栋、王　虹、王　涛、王　玺、王　艳
王　培、王　婷、王　静、王月贵、王世宏、王永艳、王兆华、王延岭、王国平
王建军、王洪福、王清湖、王景枝、王超英、车　飞、邓旭先、代丰岭、代运全
兰书林、冯绍武、冯清华、卢向荣、卢伯承、卢崇智、司　宪、司元亨、司曼珈
左春艳、布建坚、甘振明、田　兵、田尧甫、田郑平、白　云、白全胜、石巧玲
石建民、边玉镯、乔长恩、仵　波、任平敏、任光军、任丽娟、任志杰、任建云
关玉红、刘　杰、刘　琦、刘习阳、刘文星、刘建义、刘建设、刘建武、刘英杰
刘炳辰、刘浩宇、刘海宏、刘新民、刘瑞芳、刘德奇、吕书凡、吕延俊、吕志伟
安鸿娟、庄　伟、朱　方、朱　娟、朱建章、朱彦敏、朱相俊、朱慧梅、许平安
许志民、邢亚辉、阮红栋、何军功、吴　记、吴丽萍、吴灵芝、吴建超、吴跃伟
吴跃辉、宋玉玲、宋松民、张　伟、张　军、张　凯、张　岩、张　忠、张　青
张　晔、张　超、张　薪、张小雷、张广道、张中平、张文战、张文琴、张长春
张东涛、张玉林、张电习、张军红、张庆义、张西瑞、张和平、张学红、张建新
张明洲、张春雨、张玲宏、张觉敏、张富贵、张敬中、张朝锋、张新文、张福旺
张德君、张德欣、李　娟、李　博、李　新、李　新、李　睿、李占伟、李永革
李玉明、李向伟、李好琴、李京平、李国旗、李建军、李建国、李明智、李金锋
李勇敢、李总宽、李显峰、李树育、李继娟、李艳芬、李谊人、李鸿云、李景泰
李勤星、李新旗、杜晋立、杨　迪、杨　峰、杨　骏、杨士城、杨玉军、杨华萍
杨金铎、杨俊杰、杨春霞、杨海鸥、汪鹤清、沈志文、肖　涛、肖咸鸣、邱晓辉
邵　华、邹国防、陈　奇、陈　强、陈　程、陈文宏、陈东富、陈平理、陈伟民
陈兴安、陈迎召、陈建文、陈建民、陈建华、陈建华、陈明泽、陈春生、陈祠荣
陈新贵、陈慧民、陈碾管、单东来、周　健、周文晓、周辰良、周其昌、周秋雨
孟筱琴、尚卫华、岳玉国、岳修亮、岳胜利、岳铁牛、武国宽、武国清、武苗枝
武保华、罗　锦、罗亚敏、苑彦中、范建军、虎　华、郑　娜、郑会勇、金明记
侯占敖、侯喜林、侯景萍、姚社霞、姚建军、姚贯扬、姚祥忠、姜庆海、段保林
段胜利、祖振坤、胡万平、胡书晖、胡在忠、胡志宏、胡明阁、胡彩贤、贺传福
赵　文、赵　珍、赵长江、赵东丽、赵巧焕、赵永刚、赵玉红、赵军峰、赵丽霞
赵明林、赵胜利、赵德山、郝艳光、倪慎军、原国平、唐献泰、夏　慧、徐　玲
柴河范、桂　军、桑俊峰、海付恒、秦　文、耿玉林、耿银永、聂　磊、贾　浩
郭二庆、郭子坤、郭庆华、郭红卫、郭建利、郭艳红、都小尚、酒青霞、酒新喜
铁新华、陶　冶、高　波、高青安、高跃伟、崔　强、崔晓勇、崔黎萍、常　杰
彩玉玲、曹　振、曹三忠、曹新庆、梁　洪、黄　原、黄祥利、龚红美、喻保才
景克霞、程建辉、程治安、董　锐、韩　博、韩国新、韩建强、靳广来、谭明如
潘福生、薛廷旺、薛耀华、戴培元、魏冬钢、魏正阳、魏建民

湖北省

丁祥莉、万同林、卫繁星、干　华、马　乐、马先雄、马琦林、卞兆双、文仲环
方　斌、毛　华、王　壮、王　欢、王　峰、王　莉、王　清、王　靖、王万江

王子捷、王汉桥、王立春、王宏强、王志强、王秀兰、王国平、王学林、王保华
王泉林、王洪华、王莉娜、邓仁栋、邓辉明、乐有才、付兴菊、付兴智、付曙光
以　鸿、兰国桢、冉学军、卢世雄、叶克才、叶俊杰、甘小泽、甘世勇、甘金汉
田吉帅、田桃秀、皮襄渝、石卫华、石纯精、任茂盛、全照学、刘　红、刘　闳
刘　英、刘　耘、刘义才、刘中林、刘传林、刘关会、刘红生、刘社林、刘秀华
刘建明、刘昌军、刘彦才、刘柏华、刘洪波、向唯岸、吕文艳、吕忠群、巩细民
孙　娟、孙天娥、安维彬、朱　博、朱升友、朱汉华、朱立新、朱尧德、汤艳萍
米　霞、纪昌智、许　晟、许　雷、许启斌、邢汉文、严　琼、严细军、何　岗
何中坚、何家海、何景明、佘　涛、佘家辉、余从权、余圣能、余昌勤、余盛颖
冷　喆、吴　兵、吴　颖、吴方军、吴龙海、吴安然、吴庆丰、吴成昌、吴芹香
吴惠生、吴琦琳、宋以之、宋光祖、宋秋铭、应　臻、张　兵、张　芹、张　靖
张义斌、张少伟、张兆年、张红兵、张海先、张海波、张啟勇、张培增、张隆发
李　军、李　兵、李　佳、李　林、李　剑、李　勇、李　峰、李　晖、李　颖
李　蕊、李天柱、李田霞、李华标、李江红、李依胜、李所国、李治先、李洪斌
李清国、李瑞勤、杜　勇、杜秀兰、杨　川、杨　志、杨　静、杨　磊、杨天然
杨年汉、杨晓春、杨祥勤、杨绪敏、杨道银、杨新成、杨楚桥、杨薛湘、汪　平
汪　伟、汪运华、汪家文、汪家满、沈朝凤、肖　辉、肖上平、肖小双、肖家魁
肖海勇、苏　跃、谷　峰、邹运华、邹贤启、邹家生、陆兴贵、陈　明、陈　英
陈　烨、陈云清、陈民树、陈传枝、陈吉群、陈启银、陈学文、陈明生、陈思远
陈贻国、陈敬国、陈瑞庭、陈德华、周　宏、周　娟、周　敏、周　旋、周　嵘
周　蓉、周乙金、周水梅、周永梅、周作宇、周恢清、周继文、周新江、周黎红
孟祥生、尚有乾、幸　隆、林支配、罗　军、罗业文、罗来先、罗映红、范文波
范先鹏、郑　军、郑国纯、姜　裕、姜传贵、柯红英、段　昕、洪　流、胡　波
胡卫兵、胡云峰、胡文光、胡乐文、胡青锋、赵　军、赵　星、赵　斌、赵映春
赵洪清、唐　倩、唐光平、唐志源、唐祖宁、唐美林、唐晓华、夏柏林、夏晓华
徐　红、徐志翁、涂杨晟、秦　凯、秦祖殿、高　立、高红兵、曹临洪、章艳菊
黄　丰、黄　贞、黄　茂、黄亚萍、黄阿蓉、黄金林、黄雄文、黄翠萍、龚　军
傅建伟、喻　玉、彭小军、彭从元、戢正华、曾　平、曾　欣、曾令国、温丽霞
程　军、程家兵、葛　媛、董文忠、董绍敏、董祖华、董景春、蒋　毅、蒋双林
蒋志龙、谢　昉、谢　琼、韩四新、韩庆顺、鄢云享、雷代英、廖　敏、熊　平
熊　英、熊卫兵、熊四云、蔡　敏、蔡正华、蔡和林、蔡秋芬、谭　勇、谭帮见
潘金华、黎　平

湖南省

万年生、马　超、马山泉、戈钦永、毛晓茜、王　峰、王乃平、王卫国、王飞翔
王石满、王立明、王伍新、王先祥、王宇峰、王自君、王冶国、王咏忠、王振华
王婷仕、王辉文、王衡平、尹丽辉、邓　飞、邓　权、邓　恒、邓　斌、邓子云
邓华北、邓安石、邓凌云、邓益华、冯德奎、卢满雄、田仁圣、田湘群、田瑞平

石艳超、石慧华、艾明俭、龙　伟、龙加洪、龙赋云、任　薇、伍元喜、伍春琦
伍清明、刘　立、刘　洋、刘　静、刘　潭、刘世荣、刘伟文、刘美树、刘钦云
刘晓才、刘晓斌、刘菊娥、刘跃川、刘楚俊、向朴素、向顺建、朱文钦、朱方明
朱兰玉、汤　沛、许立程、阳方平、何　军、何红军、何良佐、何宝生、何新平
佘昆昆、余卫东、余天顺、余雄波、吴　勇、吴小平、吴正红、吴光荣、吴利交
吴跃龙、吴建华、吴唐福、张　彦、张　晋、张　龚、张一新、张云娥、张少侠
张必龙、张立军、张在峰、张宇蕊、张国政、张明海、张经梅、张晓平、张继耀
张舞剑、旷汉奇、李　兰、李　欢、李　卓、李　剑、李　翼、李　曦、李小武
李六四、李文明、李正新、李来华、李国军、李国保、李学华、李柏生、李桂兰
李海琼、李常光、李雄仔、李新平、李鹏程、李耀武、杨　刚、杨　玫、杨　桦
杨　谊、杨　婵、杨　辉、杨月红、杨长春、杨东亮、杨成刚、杨宏刚、杨佳男
杨坪锣、杨学文、杨明中、杨金辉、杨祖善、杨海成、杨毅刚、沈　扬、沈国强
肖志刚、肖桂刚、肖顺勇、肖艳云、苏利玲、言少杰、邹　皓、邹和平、陈　中
陈　灿、陈文清、陈功信、陈全美、陈志春、陈国华、陈欣欣、陈剑珠、陈清岚
陈湘安、陈湘燕、陈槐权、周　文、周　颖、周学农、周知新、周若琛、周春红
周春明、屈运芳、岳　健、庞宁峰、欧阳宇宁、欧宏亮、欧朝龙、竺传松
罗　文、罗永丰、罗志华、罗欣国、范平清、范早建、郑　重、郑阳松、郑珍明
侯付强、侯红英、娄　涛、施　斌、柳　郁、洪　卫、洪升俊、祝小雪、胡　劲
胡乙根、胡召华、胡永辉、胡章胜、费爱群、贺兴宝、贺利成、贺沸泉、赵　霞
赵大华、钟永英、唐可兰、唐田云、唐建初、唐效明、唐湘林、夏岳来、徐　艳
徐国海、徐盈猛、聂云华、莫　方、袁卫国、谈敬纯、郭　钧、郭建新、顾晓姣
高胜兵、高鸿昇、康绍明、曹万齐、曹三成、曹元生、曹芬芳、曹梦奇、曹鹏飞
梁汉青、梁红日、章学平、麻文龙、麻国文、黄　新、黄小年、黄民富、黄光建
黄光辉、黄自力、彭　放、彭世钦、彭甲秀、彭金花、彭树初、彭美云、彭慧霞
曾　勇、曾庆玮、曾建华、曾忠民、程育芝、童成军、童得保、粟益波、蒋　伟
蒋承忠、蒋家林、覃　鹏、谢可军、谢庆成、谢君跃、谢益芳、韩建国、蒲光儒
鄢建忠、雷　隽、雷久艳、雷良玉、雷秋洪、廖　勇、廖　斌、廖玉芳、廖铭夏
熊春来、熊朝晖、熊德林、蔡　莹、蔡冬娥、谭林发、谭艳萍、谭敏雄、潘　杰
颜桥生、黎　建、黎春秋、薛庆荣、戴茂华、戴金鹏、魏利权、瞿　斌

广东省

丁志韬、丁疆华、万汝佳、万国富、上官凯、马传胜、仇惠琼、区维林、尹　杰
文　宏、方景新、王　强、王　铿、王子葵、王干林、王少强、王少毅、王水洋
王庆云、王旭东、王建平、王昌龙、王维歧、邓　萍、邓龙平、邓浩坚、邓常晖
邓焕兵、邓锐初、邓燕辉、冯　晔、冯杰华、冯冠颖、冯悦有、冯富华、冯惠强
卢志进、卢琼波、叶　继、叶剑峰、叶慨永、叶慧芬、艾绍英、邝卓昂、邝碧清
邝潮基、龙济纯、伍秀琼、伍振达、伍静州、伍聪颖、关群顺、刘　导、刘　毅
刘士哲、刘小丽、刘小明、刘可旋、刘永青、刘红刚、刘志平、刘沛然、刘国庆

刘英对、刘思远、刘晓冰、刘晓辉、刘素娥、刘粤华、刘增仁、刘慧英、刘潮华
刘燕飞、华　夏、吕锐锋、孙国芬、庄伟光、朱廷峰、朱建国、朱继开、朱超雄
江敏雄、汤俊杰、严旭东、严健洋、何凤玲、何召新、何巧清、何永念、何明松
何英麟、何金雄、何智锋、何增辉、余　明、余世达、余灶凤、余炳辉、吴　超
吴　毅、吴友明、吴刚华、吴钊钧、吴国忠、吴洪杰、吴贵华、吴鸿生、吴锡雄
宋于依、张　俊、张　彬、张　斌、张　琼、张万里、张小瑜、张文勇、张文珍
张建安、张秋华、张敬涛、李　文、李　合、李　庆、李　男、李　娴、李延冰
李旭忠、李进权、李远方、李侃权、李其芬、李育斌、李贤师、李恳燕、李振森
李爱国、李惠华、李碧霞、李燕玲、杜　敏、杜伟斌、杜金良、杨　广、杨文芝
杨冬青、杨余宝、杨晓红、杨泰兴、杨群豪、汪桓江、肖　文、苏李毅、苏慧英
邱小林、邱永宣、邱泉峰、陆志宁、陈　东、陈　用、陈　勇、陈　勇、陈　贵
陈　悦、陈　喆、陈三潮、陈广林、陈书文、陈书荣、陈少丽、陈文坚、陈长才
陈正赞、陈伟祥、陈江凤、陈位超、陈坚森、陈志彪、陈秀梅、陈间清、陈卓全
陈卓君、陈国雄、陈定能、陈建国、陈明才、陈金容、陈俊琼、陈思宁、陈树辉
陈洁珊、陈健红、陈振权、陈润光、陈继明、陈彬毅、陈雪莲、陈锐洪、陈燕霞
麦庆阳、麦柱强、冼月珍、卓么措、卓丽珊、周文柱、周有成、周国英、周建中
周家林、周展明、易　锟、林　文、林加华、林汉宁、林励忠、林国华、林宝胜
林建明、林明闯、林诗韵、林俊伟、林洪凯、林海中、林深文、林瑞洲、林韶玉
欧伦弟、欧昶梨、武一丽、练永洪、罗文君、罗华铭、罗宏忠、罗俊龙、罗剑锋
罗海祥、罗艳明、罗群胜、范小星、郑　灿、郑卫胜、郑学文、郑冠英、郑昭华
郑晓波、郑康权、侯振东、姚冠华、姜晓辉、洪捷娴、胡少剑、胡月玲、胡启宏
胡海威、赵　薇、赵永斌、赵明辉、钟永辉、钟洪亮、香杰新、骆韵芳、凌金兰
唐申炎、夏　芬、夏旭彬、容志坚、徐　星、徐　辉、徐晓冬、徐彩梅、秦益强
翁　炜、翁盛深、莫介化、莫文良、莫坚强、郭　岩、郭玉华、郭国防、郭建湘
郭俊东、郭家亮、郭曼红、高　洋、崔伟平、梁　英、梁小雅、梁广成、梁光汉
梁创尧、梁达波、梁劲国、梁纬兴、梁建华、梁晓山、梁锦发、梁巍巍、章生健
萧卫东、黄　云、黄　婉、黄　敏、黄　辉、黄　翼、黄开枝、黄文年、黄冬梅
黄汉鹏、黄华斌、黄芝南、黄伯清、黄志广、黄秀荣、黄坤峰、黄俊锋、黄显涉
黄树杰、黄桂乾、黄海英、黄海威、黄基球、黄梅芬、黄盛纺、黄新咨、傅友好
傅银波、傅超兴、嵇国良、彭达聪、彭丽丽、彭抗和、彭树理、曾　凯、曾　勇
曾子锋、曾京福、曾洁涛、曾清怀、曾繁林、温伟军、温贤诚、温桂照、温海涛
程爱怡、覃　婷、谢应勇、谢湘燕、谢镇泉、简玉红、蓝子胜、詹　林、詹潮光
赖志刚、赖承贵、赖海生、廖　杰、廖昭信、廖继业、廖敏军、翟　原、翟晓通
蔡永强、蔡灿熙、蔡居雄、谭小婵、谭文喜、谭华汉、谭向阳、谭国荣、潘才君
潘文锋、黎红宇、黎志峰、黎良明、黎运枢、戴致银、魏毅华

广西壮族自治区

于　骏、尹芝枚、文善华、方朝晖、毛　羽、王国利、王植馥、邓　忠、邓永寿

邓贵君、韦　良、韦　芸、韦　韧、韦光伟、韦江慧、韦丽红、韦运斌、韦金告
韦海波、丘家良、付木兰、兰　岚、冯　斌、卢　文、卢丽群、卢学军、卢亭君
卢晓铭、卢强辉、叶忠平、玉德才、甘文锋、甘林强、甘振炎、白小强、白先进
石志勇、龙　漪、龙光星、龙启树、伍学雍、刘　明、刘　杰、刘向群、刘树莲
刘晓华、华　朗、吕志民、朱旭芳、朱其明、许　燕、许艾兰、许美俗、许桂华
阮燕春、何世文、何色清、何志武、何宗伦、何金富、何德祚、余祖锑、冷晓莲
吴小强、吴光辉、吴俊伟、吴洪斌、吴海懿、宋韶华、岑　艳、张丹华、张冰洁
张安秀、张凯颖、张明亮、张秋明、张晓芬、张晓玲、张新生、李　勇、李　梅
李　豪、李卫民、李开坤、李水燕、李玉清、李妙维、李寿卓、李其勇、李述琳
李清毅、李富旺、李植丙、李耀均、杨　叶、杨　莉、杨乃柏、杨中眉、杨友诚
杨胜才、汪　云、肖发生、苏家联、谷益安、陆汉平、陆冠勇、陈　妲、陈广棠
陈中贵、陈帅东、陈伟刚、陈庆永、陈娇桂、陈春奇、陈春荣、陈祖龙、陈家贵
陈振威、陈强海、陈惠政、陈福德、麦毅然、卓凌源、周　勇、周　楠、周大权
周焕佳、周隆华、周新明、林　冲、林　强、林永健、林立扬、林秋美、罗　荃
罗守才、罗江云、罗昌祝、罗春业、罗海传、罗培志、罗章华、金先奎、柏兴谦
柳明钦、洪胜忠、祝声金、荣光勋、赵强东、钟裕祯、倪香琴、凌乃规、唐　敏
唐　媚、唐万林、唐小增、唐荣平、唐恩鹏、莫天赐、莫绍莲、莫树华、袁秀娟
谈　格、郭　晓、郭庆崇、陶寅发、庾秀君、梁凤梅、梁文伟、梁欣宝、梁诚梅
梁秋婷、梁梅璐、梁智惠、梁新强、梁福灵、麻柳丽、黄　东、黄　平、黄　坚
黄　凯、黄　鸿、黄　霄、黄文宝、黄正智、黄汉波、黄汉珑、黄兆驶、黄志勇
黄柳春、黄荣慧、黄润超、黄献群、黄碧燕、黄德福、黄曙云、彭玉秋、彭丽华
彭星瑜、曾　宇、曾尚伟、温　海、程良田、蒋业超、蒋承文、蒋益强、覃　庆
覃仕兴、覃伟阶、覃红红、覃志辉、覃周华、覃国琴、覃宝勤、覃尚英、覃建伦
覃波忠、覃贲贵、谢　洁、谢　超、谢　儒、谢翠群、韩昌荣、蓝　杰、雷春玲
廖子可、熊经友、谭永贞、谭湛玲、潘义勇、潘文道、潘敏峄、禤显佳、戴光文

海南省

孔娇辉、文　渊、文敬东、王　鑫、王大茂、王元孝、王天日、王开春、王文强
王安斌、王昌号、王雪英、王德海、王澄群、邓青芳、韦振宇、冯开升、卢志刚
叶伦茂、乔　峰、刘仙喜、刘育伟、刘雪梅、吉金菊、朱仕一、许承仕、许帮富
邢精华、闫晓霞、何国英、余海多、吴　柳、吴　渊、吴　强、吴多群、吴泽娟
吴英艳、吴淑捷、吴智勇、吴德广、张　坤、张丽娇、李　娇、李　桃、李汉强
李如江、李庆金、李远胜、李建军、李忠平、李剑辉、李荣东、李照明、杜风琼
杜志濤、杨　斌、苏恩勇、陆宾逊、陈　飞、陈　宇、陈　坚、陈　涛、陈　强
陈　锋、陈川军、陈亚燕、陈征文、陈忠勇、陈明东、陈明雄、陈表娟、陈秋波
陈晓明、周歧鹏、官升衡、林明勇、林明熙、林梓彬、林道征、罗更宁、郑　红
郑有雷、钟少云、钟盛榜、凌仕文、唐闻雄、徐燕芳、莫仕光、莫海绵、袁　毅
郭教能、高和锋、梁启峰、梁其海、符　智、符少怀、符世文、符圣和、符传富

符致钦、黄　坤、黄　春、黄宏斌、黄良策、黄国奇、黄梅婷、谢　汉、谢　茵
谢　强、谢小南、谢世武、谢越贤、韩涛生、雷礼贵、潘正彩、潘家棠、黎　宁
黎　源、黎修进、黎振明

重庆市

万成虎、万芙蓉、万振华、马先才、马灼兵、尹权为、方　林、方利加、方崇丽
王　飞、王　健、王　猛、王　琰、王　辉、王　勤、王正奎、王国华、王家平
王祥炳、王莉玮、王族长、王清武、代云国、冉宗荣、冉奎林、冉景叔、卢俊陶
史尚志、叶　堤、叶发春、石　成、石明国、石景华、龙　春、龙世洲、任　虹
任明阳、伍　强、刘　炜、刘　俊、刘　涵、刘大海、刘云良、刘启发、刘学来
刘泽安、刘金国、刘振亮、刘晓江、刘海涵、刘鹏安、刘嘉烈、向　前、向元武
向华辉、向蓉春、吕俊强、孙洪卫、成世江、朱　磊、江　龙、江中才、江盛余
牟维平、许良兵、许洪富、何　江、何承屏、何新跃、况　红、冷启忠、宋旭东
宋登举、张　勇、张　洋、张　荣、张万军、张卫东、张正明、张全意、张兴英
张应毅、张顶云、张剑波、张星凡、李　威、李　莉、李　锋、李仁安、李仁芳
李光奎、李光荣、李兴琼、李和平、李建飞、李建华、李原翔、李振兴、李晓平
李新宇、杨光辉、杨宗胜、杨璐莹、肖文君、肖亚渝、肖华勇、肖明中、苏　静
邱绪丕、邹其中、陈　刚、陈　坤、陈　勇、陈　菊、陈　瑛、陈　瑶、陈廷建
陈远辉、陈坤照、陈民化、陈明科、陈明富、陈雪峰、陈景春、周　谐、周太胜
周永秋、宗　浪、屈大学、房小江、易小华、罗　飞、罗开品、罗绍岳、郑　坚
郑　强、郑　燊、姜淑方、封　雷、洪炳刚、胡　健、胡亚明、胡忠骥、胡晓佳
贺　林、赵　亮、赵中金、赵龙华、闻　捷、候建平、凌义涵、唐　君、唐仕富
唐成富、夏　明、夏庆冬、夏继平、徐　伟、徐　伟、徐　莉、徐其平、秦　皓
秦世安、袁成秀、袁志明、袁进军、郭　义、高　原、高兴明、高晓渝、高群杰
康冬菊、梁广梅、黄　强、黄小凤、黄友明、黄由波、黄肖波、黄昌洪、黄道国
黄新建、龚世龙、龚素华、龚喜长、彭仕平、曾　芳、曾　荣、曾朝德、温　华
程　鹏、税继平、舒　姝、蒋大学、蒋良维、蒋金成、覃　林、覃长华、韩以政
蒲章明、鄢来亭、雷兴伟、雷秀国、雷学良、廖世国、廖华昌、廖美华、潘广中
潘建华、黎道琼、魏宇晗

四川省

万　芬、万仲科、马　波、马建国、尤　泳、扎西多吉、文　静、文晓斌、毛田章
王　怡、王　梅、王　斌、王　露、王大明、王正君、王永建、王庆波、王成明
王含诗、王志敏、王坤能、王明礼、王明杰、王明春、王剑忠、王晓初、王群波
邓　雨、邓　科、邓　毅、邓代荣、邓永蓉、邓运强、邓顺贵、邓超英、代　琳
冉体群、冯　劲、冯本伟、冯洁军、冯晰宇、卢俊宇、叶　逊、四郎巴登、田华贵
田茂芝、申俐俐、龙　静、龙朝林、任　政、任　维、任东林、任定强、任柏凌
伍启良、刘　林、刘　波、刘　勇、刘　犁、刘　强、刘先才、刘有中、刘次林

刘孝成、刘应舟、刘应举、刘宗平、向大松、吕永康、孙从富、孙方中、朱　玲
朱　虹、朱　琳、朱　睿、朱知宏、朱洪平、江孔成、汤建文、达久阿达、严　明
何　平、何云明、何发太、何永海、何吉明、何建业、余　军、余　岚、余文正
余月娟、余立嘉、余淑琴、吴　彤、吴大林、吴少云、吴兴明、吴昌军、吴秋平
吴晓军、宋学文、应伟华、张　帆、张　良、张　勇、张　轲、张　朔、张　莹
张　寅、张　巍、张小美、张世元、张宗蜀、张昌林、张胜鹏、张爱华、张喜长
张琼华、张福洪、张雷川、张翠英、时建平、李　军、李　旭、李　良、李　明
李　明、李　炜、李　若、李　烨、李　敏、李　萱、李　雄、李　毅、李小华
李仕培、李亚梅、李兴菊、李合意、李成康、李旭春、李志强、李建军、李茂林
李采明、李剑峰、李晓东、李晓亮、李章华、李智勇、李德建、杨　云、杨　军
杨　利、杨　贤、杨　梅、杨　锦、杨安洪、杨利萍、杨建国、杨忠林、杨明芬
杨春民、杨顺平、杨晓娟、沈亚林、沈红茹、沈绍基、肖　玲、苏成鹏、邱廷明
邱俊辉、邹　敏、邹　理、邹正雄、邹玉林、邹伯祥、陆崇高、陈　丽、陈　兵
陈　兵、陈　勇、陈　祥、陈　莉、陈　薇、陈　曦、陈元金、陈永胜、陈达平
陈志春、陈学军、陈建文、陈家怀、陈晓玉、陈德其、周　平、周　科、周　衡
周安全、周作军、季晓龙、巫锡良、易　英、林玉梅、林晓明、罗　侃、罗　建
罗小波、罗世光、罗启忠、罗来柏、罗富仙、范　理、范世高、郑　刚、郑兴平
郑婷婷、郑翔飞、金　鑫、金昊嵩、侯太平、姚友权、姜文康、段锡书、洪　新
祝智强、胡　俊、胡仁见、胡建荣、胡易容、贺茂锟、赵　宁、赵　强、赵一化
赵中权、赵玉蓉、赵伟然、钟建文、钟秉茂、饶志勇、卿光志、唐　果、唐天强
唐廷教、唐茂华、夏　杰、夏文军、夏光程、徐　凌、徐凤奇、徐文峰、徐荣樱
柴红军、殷　莉、海　霞、涂俊誉、秦玥玥、聂成宇、袁　渊、袁国荣、袁莉华
郭明浩、陶立新、陶诗文、高　兴、高国琼、高殿勤、康照文、曹　波、曹洪林
梁仲勋、黄　瑞、黄图强、黄忠奎、黄承兵、黄金华、黄斌武、龚　敏、傅　钢
彭　勋、彭　强、景　平、曾　燕、曾凡君、曾凡春、曾世忠、曾仕骏、曾祥忠
温莉萍、游　华、游明志、焦　燕、董　晔、董明光、蒋华英、蒋自秀、覃光荣
谢　玲、谢云良、谢明珠、谢祥友、谢雪涛、辜庆明、辜晓峰、鲁晓阳、蒲敬华
赖春霞、雷代卿、雷明容、廖　舟、廖文龙、廖世华、廖永明、廖立新、廖兴春
熊　伟、熊华彰、缪　华、蔡　静、樊友举、黎云齐、霍仁君、魏　甬

贵州省

于　黔、马　平、马　凯、马永兵、马光鼐、王　军、王　劲、王　宏、王　波
王　洁、王　珏、王　娟、王　萍、王　森、王　锐、王永泮、王庆卫、王国友
王济业、王晓辉、王雪梅、王德文、王德玉、邓亚明、兰　鲲、冉剑桥、冯　彻
冯建湘、卢　平、叶　薇、左朝燕、甘　勇、田兴玉、田克强、田应平、田松军
石庆芳、龙　倩、龙　皓、龙金昌、龙胜权、龙跃槐、伍廷光、刘　丽、刘　磊
刘仁国、刘世彬、刘光建、刘安庆、刘劲松、刘忠海、刘海膺、孙文友、安应飞
朱家应、许　嘉、许正彪、许国庆、许金宽、阳光武、阳家茂、齐红奕、何凤清

何启芬、何能勇、吴　险、吴中华、吴应涛、吴承智、吴明勇、吴述姣、吴首桦
宋　进、宋云峰、岑健枝、张　东、张　镇、张　鑫、张万里、张永君、张光宇
张兴平、张兴屹、张学锋、张泽模、张晓玲、张静晔、李　宁、李　刚、李　波
李　森、李华忠、李怀菊、李莉莉、李黔东、杨　云、杨　开、杨　芊、杨　坤
杨　波、杨　磊、杨世凯、杨正春、杨再兵、杨再培、杨秀梅、杨春盛、杨涛如
杨智鹏、杨福英、杨黔生、沈吉娜、沈有文、沈运谦、花金兰、陆　军、陆向伟
陈　卓、陈　祎、陈　诚、陈　强、陈　鹏、陈　韬、陈文刚、陈方忠、陈先华
陈光敏、陈光清、陈安宁、陈丽洁、陈怀高、陈学顺、陈明照、陈俊莅、陈映梅
陈禹模、陈维伦、陈德清、周　文、周　旭、周　锋、周　蕾、周文群、周礼兴
周芝敏、周丽芸、周海波、季宇飞、林正洲、欧　伟、罗昌匀、罗茂海、罗娅玲
罗荣飞、罗晓斌、范德强、郑晓刚、侯　刚、姜　杰、段　舰、段荣彬、胡民芳
胥　赟、赵　刚、赵文峰、赵龙贵、赵兴建、赵姝英、赵梅先、钟先丽、唐　华
唐化刚、唐宝林、夏　茂、夏大贵、徐　波、徐　燕、徐世烜、徐明旭、徐朝海
敖　鸿、殷云波、秦淑红、莫　睿、莫廷昌、袁　瑾、袁绍俊、贾朝军、郭　苛
郭吉平、钱　梅、陶绍祥、高文会、曹　梅、曹　琨、曹　巍、符宁亮、麻三妹
黄万权、黄初阳、黄振辉、黄晓玲、曾　军、曾　睿、程　虎、舒国文、蒋　玥
蒋湘君、蒋福兵、谢学丽、谢茂盛、谢桂安、谢维勇、甄达蓉、简秀华、蒙院芬
蒲文福、路　烜、廖玉平、熊　飞、熊　雯、翟　运、蔡　江、蔡兴祥、蔡景行
谭莎莎、潘建州、潘瑞玲、黎　珍、黎慧卉、瞿　勇

云南省

丁宏伟、寸文娟、广七妞、马　颖、马　豫、马志山、马金勇、马振中、马跃文
孔　辉、尹培考、方芹丽、方国铁、王　东、王　远、王　建、王　健、王文义
王文玉、王永能、王兆炜、王红华、王红琴、王丽达、王志芸、王承才、王绍清
王家俊、王智红、王道兴、王瑞军、邓金刚、韦功福、冯开宏、史晓荣、田多林
田学文、白　峰、皮寿富、石晓东、龙启华、乔继雄、任　和、全　勇、关明洪
刘　荔、刘　梅、刘　湘、刘云浩、刘国扬、刘学严、刘建宏、刘家文、刘艳丽
刘艳梅、刘铁峰、刘琍琍、合　松、孙世魁、孙治旭、孙海清、师焰方、朱云祥
朱召平、朱利宏、朱恒阳、朱洪进、朱晓明、毕　虹、阮荣辉、严婷婷、何万珍
何齐成、何昕蔚、何晓明、余卫芳、吴　春、吴永光、吴绍灿、吴家冕、张　兴
张　润、张　嫦、张文林、张发钦、张光红、张如春、张有奎、张志英、张国云
张学文、张学富、张建军、张建华、张建明、张海莲、张真才、张筱鹏、张雷松
李　戈、李　英、李　勇、李　奎、李　梅、李永军、李光明、李丽川、李灿光
李芳明、李连宏、李宗伟、李宗源、李建春、李明丽、李金粟、李俊璋、李树德
李跃勋、李富祥、李朝疆、李新平、李德龙、杨　沙、杨　涛、杨　燕、杨小玮
杨友仁、杨太源、杨仕华、杨再云、杨红星、杨志强、杨明彬、杨顺琳、杨家利
杨新旺、汪克利、沈　平、肖开萍、肖在丽、肖国梁、苏　伟、邱炳文、邵革贤
阿　楚、陆　蕊、陈　戈、陈　军、陈　虹、陈　敏、陈　博、陈卫东、陈文平

陈昌姝、陈俊良、陈春刚、陈春何、陈重彩、陈艳秋、陈富民、凯富才、周　燕
周云志、周开龙、周自翔、周建明、周福桥、周德良、和文山、和丽川、和潇荣
季青梅、岳品成、岳跃生、幸定强、庞云平、易　俊、武立辉、武星勇、罗代舜
罗正荣、罗劲松、罗灶云、罗恒寿、罗莉蓉、罗琼春、范永平、郑　静、郑付邓
郑碧辉、姜　华、宦国跃、施丽泉、柯　源、柳五三、段　俐、段　彪、段甸生
段侨美、段国贵、段潘瑞、段黎鸿、珊　迪、祝应良、胡兴华、赵云霞、赵学农
赵星海、赵树敏、赵桂琴、赵维钧、赵跃植、赵德兴、郝正培、郝流勇、饶绍伦
饶维力、倪喜云、唐天全、唐国富、唐宝友、夏莉华、徐世伟、徐以宏、徐贵忠
柴保辉、格　都、莫　飚、袁　艺、贾　云、贾　红、贾自祥、郭绍龙、钱兴华
铁豪娜、陶祖盛、高荣峰、高培亮、常　普、梁　昆、符家龙、黄　俊、黄艺林
黄兆雄、黄鸿飞、龚云宏、龚雪刚、傅学宾、彭发永、惠德贤、普中学、普建威
曾维庆、温绍达、童　霞、董生龙、蒋学东、韩　东、蒙德春、解德艳、雷　猛
熊　勇、缪文彬、蔡　捷、潘　登、穆在玲、戴　睿、戴永健、魏　翔、瞿绍友

西藏自治区

于海影、马　勇、马裴裴、巴桑次仁、巴桑拉姆、巴桑旺姆、扎西曲措
扎西米玛、扎西达瓦、王丽娟、王春艳、邓　荃、冉世邦、尼　松、尼玛欧珠
平　措、旦增伟色、申　超、白玛坚才、向巴邓拥、向安鸿、孙延斌、次仁央宗
次仁白吉、次仁旺姆、江永卓玛、江白洛追、米玛次仁、达瓦多吉、余　平
余耀斌、张　楠、张　蓉、张天华、张红军、张朝凯、李巧梅、李合国、李迎春
杨　梅、杨小灵、杨玉琳、杨远淘、杨建斌、苏　云、贡嘎桑珠、邹贤东、陈永川
其美平措、卓　玛、卓　玛、单曾桑珠、周新田、孟玲玲、宗　吉、屈永辉
巫鹏飞、杰　布、林　红、果　珍、金剑波、姚平江、姜　龙、姜其胜、查　果
洛松卓玛、洛桑罗布、觉阿泽仁、赵龙军、晏启昌、晓　洪、朗嘎卓玛、格　桑
格　勒、格单欧珠、格桑占堆、格桑次仁、格桑措姆、益西拉宗、索朗罗布
索朗德吉、聂　华、顾启华、高云娇、曹向党、梁叶红、隋永健、彭　红、彭　辉
普　扎、普　片、普　次、普琼次仁、董好典、蒋茂林、鲁文刚、廉晨光、熊　丽
蔡　阳、德　吉

陕西省

丁景玺、万水库、上官文兴、于长岐、卫宇明、马　岩、马　怡、马　祥、马代青
马占斌、马成云、马志超、文　静、文胜利、方　伟、王三飞、王卫红、王小强
王天琦、王文海、王东胜、王永杰、王玉甫、王兴昌、王安元、王西宁、王孝君
王侠真、王国强、王建忠、王旺平、王昌斌、王春燕、王继昌、王能华、王满定
王翠亚、邓永康、付林涛、冯四海、冯武焕、冯晓红、叶应强、甘　胜、田　涛
田文利、田向东、田西学、田海潮、白　昕、白小康、石兴顺、任文祥、任省强
全新利、刘万祥、刘小凤、刘长宏、刘务喜、刘宏政、刘英侠、刘思远、刘党社
刘荷花、刘樱紫、向广云、吕　丹、吕亚鹏、孙　刚、孙仲民、孙达勇、师延军

师海斌、戎河山、朱巧凤、朱雅素、米建涛、米跃军、许　洪、许丰收、许文斌
许建良、许忠信、闫志林、阴建盈、齐学锋、严秋绪、何　文、何　勇、何永锋
何强国、余　毅、吴　平、吴　龙、吴兴宏、宋立夏、宋丽娜、张　帆、张　恒
张　婷、张　霞、张久成、张小超、张仁历、张生宏、张延红、张丽鸿、张周平
张建习、张建文、张炳赟、张海权、张继清、张雪萍、张翠荣、李　阳、李　辛
李　俊、李　婷、李大虎、李文奇、李玉宁、李兴安、李向军、李志春、李思峰
李新平、杜进武、杜恒宇、杨　峰、杨　婵、杨永春、杨宏涛、杨桃青、杨海燕
杨航博、汪亚军、汪新生、沈炳岗、肖　冰、肖清德、豆启鹏、连　锋、邱新华
陈　敏、陈　斌、陈　锋、陈小刚、陈友霖、陈兴平、陈延宜、陈秀峰、陈和润
陈宝智、陈晓明、周　敏、屈栋梁、拓占军、林其文、林国栋、欧红英、武胜利
罗仁才、罗文杰、罗亚民、罗登强、范启娟、郑　树、郑月芳、金　龙、金乐凯
姜志立、祝宝珊、胡建红、贺文彪、贺光强、贺有强、赵小正、赵天佐、赵长岐
赵生山、赵延长、赵宏斌、赵金玉、赵剑峰、赵科刚、赵燕楠、郝录寅、郝耀泉
倪红梅、凌　莉、夏广济、姬　瑜、徐　兵、殷振江、秦生学、袁　娜、袁晓育
贾　涛、贾东林、郭　霖、郭春荣、郭海岩、郭润新、郭耀荣、高彦宏、高春霞
崔光明、常宽明、康　斌、戚晓莉、曹秀荣、梁新峰、黄德荣、彭志强、景晓莉
景新虎、曾定章、葛　谦、董家辉、詹智勇、路建生、雷　敏、雷章树、熊治山
谭向荣、雒步云、樊　棣、薛占山、薛晓锋、霍永智、戴　洲、魏文宽、魏保柱
魏培娟

甘肃省

丁　辉、于军佑、于国伟、才　尕、才昂南杰、马　勇、马文科、马文娟、马宏安
马志祥、马建科、马忠明、马忠斌、马效忠、马得学、马意霖、文根平、方小玲
毛　钢、毛　铁、毛永明、牛　耘、牛亚萍、王　宁、王　正、王　铁、王　鹏
王大春、王小锋、王世平、王仲时、王军强、王庆峰、王国恩、王岫巍、王建军
王祖佑、王振兴、王艳梅、王新中、王新民、王新立、王福胜、邓军德、邓银虎
付奕宁、代娟娟、冯　杰、冯　斌、包建雄、卢玮龙、史程顺、甘学伟、田　云
田　杰、白林志、石国才、石国栋、边旭东、关佑君、关鹏明、刘　文、刘　军
刘　毅、刘世俊、刘永江、刘国盛、刘建英、刘顺纯、吕安之、成治军、曲江艳
朱　洁、祁国厅、闫亚杰、闫海基、闫继锋、何仲德、何学文、何彦军、克　选
宋　晨、宋晰宇、张　凡、张　冈、张　旭、张　丽、张　芳、张　勇、张　彬
张文辉、张正卓、张永明、张会超、张旭光、张志成、张尚斌、张忠诚、张性兰
张金芳、张积民、张继东、张鸿雁、张景君、张德一、张璞银、李　东、李　兴
李　虹、李　琦、李　琼、李世伟、李东宁、李田玲、李存生、李宏斌、李芳明
李建国、李茂清、李俊峰、李彦军、李润春、李能平、李高社、李崇霄、李得举
李智明、李锦成、杜鸿燕、杨　君、杨　漪、杨永升、杨永生、杨永宏、杨虎德
杨继学、汪裕龙、沈　强、苏文义、苏永杰、贡去乎扎西、辛世辉、闵旭龙
陈　伟、陈　鹏、陈多山、陈芳怀、陈学润、陈建军、陈景昭、陈鹏远、周　蓉

周永锋、周守福、周登仁、尚晓江、尚温久、岳　勇、岳　燕、房维和、线明成
罗永东、苑省三、郑生春、鱼新科、姜泳波、姜聪文、段浩平、胡建雄、赵　云
赵　红、赵　彬、赵自元、赵怀锦、赵和善、郜　敏、郝国荣、唐永生、唐培庚
姬世德、徐艳红、郭淑文、郭鹏程、陶吉中、顾永生、顾玉花、高世武、高有林
高丽蓉、高建平、曹文墨、曹占伟、梁振华、梁鹏伟、章志兼、彭　勇、彭小东
曾卫国、曾贤在、董　震、蒋素梅、韩先臣、韩光明、蔡　刚、蔺学荣、颜为英
薛　祥、薛　莹、薛玉霞、薛相山、魏东辰

青海省

丁　萍、马秀萍、仁青加、毛全寿、牛建琼、王　刚、王　玫、王小林、王生全
王立新、王建忠、王晓东、王晓萍、王淑英、王景云、王德良、车祯贤、付海云
卢永娟、史　玲、宁安堂、永生青、田志明、石晓燕、龙昀青、伊雄昌、刘　辰
刘玉花、刘启云、刘言兵、刘春娣、刘海魁、华　青、孙　炳、孙长魁、安文艳
江卓吉、米京跃、达　吉、何为静、张　宁、张　敏、张四海、张生杰、张再秦
张爱萍、张途正、李　卉、李　华、李　媛、李广英、李元宏、李文海、李永宏
李生海、李生楷、李田珍、李亚迅、李启春、李尚宏、李忠玉、李青梅、李振红
李晓春、李桂兰、李海成、李鸿东、杜　青、杨　健、杨先农、杨克斌、杨艳芳
沈　红、苏玉梅、辛有平、陈　伟、陈　斌、陈　鹏、屈自强、拉毛卓玛
拉毛卓玛、罗志成、罗桑刚登、郑仁贤、金万贵、金晓林、陕　英、青梅青草
侯德平、姜　星、洪海波、祝风甲、胡西兵、赵生奎、赵素萍、徐桂芹、徐海东
晏书斌、柴柏忠、索生强、索南才加、袁　瑜、贾生福、贾洪涛、郭　霞
郭海宁、高　平、高晓明、章映文、彭智萍、董　峰、韩学林、韩英（大）
蔡秀萍、蔡恒伟、裴得云、颜　丽、魏　东、魏占军、魏永邦

宁夏回族自治区

丁桂萍、于文有、马　戈、马　超、马长贵、马伏龙、马伯华、马志虎、马进才
马学锋、孔令红、户鼎荣、王　轼、王风全、王玉生、王君梅、王岩林、王金凤
王金保、王鸣义、王俊珍、王润强、冯建萍、田　娟、田生虎、田有亮、田维建
任　仲、任建东、刘　娟、刘兆云、刘师洁、刘润平、孙彦香、孙淑萍、安蕊莉
朱宁芳、许　彬、许建宏、严新峰、何永栋、何志军、吴　昊、吴延岭、吴建勋
张永奎、张学红、张宗仁、张建设、张炳宏、张晓龙、张海轩、李　平、李　伟
李　军、李　莉、李　喆、李　静、李卫东、李文学、李生平、李更虎、李宗保
李明实、李俊德、李海波、李蔚然、杜兴会、杨　俊、杨　璟、杨万里、杨永刚
杨秀芳、杨彦宝、杨树春、杨登万、沈莉娟、苏　霞、辛锐明、陆　芳、周　晋
周良才、岳泰和、武治军、郑兴东、俞发勇、哈振亚、姜红艳、段　勇、胡自红
赵云刚、赵军学、赵金霞、党惠雯、晁建勇、殷　星、秦秀华、聂惠军、贾美玲
陶怡斐、高振红、高晓杰、崔晓增、曹　琳、曹兆吉、曹学海、龚志孝、强幼玲
彭　云、温翔杰、锁玉琴、韩丽英、韩建军、雍　军、靳淑琴、蔡建平、蔺银生

潘跃龙、薛忠宁、魏盛鸿

新疆维吾尔自治区

丁金平、刁春娜、土布新、马文东、马全民、马合木提・吾买尔江、马旭东
马利明、马春勇、乌　兰、乌仁其其格、巴特尔、扎尼拉提・扎伊提、文新萍
木合塔尔、毛启敏、牛晓萍、王　斌、王　震、王一建、王大星、王天银
王建新、王冠雄、王春根、王海峰、王淑萍、王爽琴、王维岗、王联社、王雅芳
王新虎、兰　军、冉健梅、冯　卉、冯　安、冯建彬、冯春明、冯涤陈、冯新宁
卡哈尔江・艾合买提、古丽夏汗・巴依多拉、叶马尔・哈斯木
叶尔江・色尔哈孜、叶尚忠、外坦・艾则孜、田　春、田中疆、田文功、申玉熙
石天荣、石雪梅、石聚全、艾比布拉・司马义、艾比布拉・司马义
艾合买提・司马义、买买提艾力、仲嘉亮、任黎明、关书明、刘　宇、刘　艳
刘　强、刘　霞、刘　鑫、刘宁安、刘自强、刘明辉、刘金海、刘金辉、刘彦刚
刘振峰、刘艳丰、刘淑华、匡小洲、吉宏文、吐尔宏・买买提、孙世忠、孙志刚
孙春荣、安海燕、师雅丽、托忽提、朱　江、毕永军、肉孜・吾守尔、许月英
那木生加甫、何　娟、何立峰、何扬驰、何红霞、何殊鹏、吾斯曼・买提尼亚孜
宋健侃、宋清白、库尔班・吐逊、张　凡、张　勇、张万全、张万华、张卫东
张文彬、张玉华、张玉江、张亚华、张亚男、张宇来、张宝忠、张庭阳、张高勇
张崇武、张新友、李　军、李　军、李　成、李　宏、李　剑、李　虹、李　骁
李世忠、李永生、李宏民、李宏斌、李怀超、李建红、李金海、李庭宏、李雪峰
李朝玲、李德寿、杨　波、杨　瑛、杨江敏、杨梅梅、杨新丽、汪　剑、沈　志
肖懿、苏德学、邵　明、阿不来提、阿布力米提・依达依提
阿布力克木・阿布米提、阿布都瓦尔・阿布都卡地、阿里・玉山、阿拉西
陈山红、陈立言、陈江川、陈　莉、陈瑞迎、麦麦提吐尔洪、周小柯、周旭勇
周晓敏、巫楚珊、林长星、罗　毅、罗爱华、苗成德、苟国玉、范琼文、郃　杰
郑念伟、青　廉、青长鲜、南青屿、姚紫文、娜　仁、柳文清、段兴文、段秀蓉
胡　涛、胡连捷、胡阿妮什・马合皮尔、胡建华、胡明生、赵　峰、赵　萍
赵昕春、赵彦新、赵群英、赵燕琴、郝振勇、钟　锋、党文涛、唐清梅、夏春梅
徐　华、徐　涛、殷　平、海沙尔、海拉提、涂光平、热衣木・阿不拉、班彦勤
贾万成、贾新平、郭文生、高桂英、高翠霞、崔允齐、康　宏、康国庆、康宝爽
曹　源、曹俊梅、鹿鸿星、黄文杰、黄建玲、曾盛明、程松峰、葛亚君、谢树桐
韩　军、韩　盛、韩文龙、韩荣华、路文波、雷江玉、熊　斌、管　彪、蔡建权
裴　琳、鲜恩川、穆合塔尔・艾则孜、霍喜荣、戴卫玲、魏　毅

新疆生产建设兵团

马　伟、马朝霞、王　军、王　峰、王千明、王军波、王建伟、邓　平、邓燕玲
代俊辉、冯丹琳、冯翠梅、卢新平、白龙彩、石　岩、石庭山、石梅英、任燕成
关茳丽、刘　翔、刘长勇、刘晓梅、刘景德、吕传龙、孙　鹏、孙宇颖、孙承云

朱　良、朱海龙、许　明、严慧君、何丽洁、余　璐、吴　瑞、吴庆华、吴珊玲
宋继辉、张　明、张永杰、张旭云、李　东、李　艳、李万杰、李亚新、李兴宗
李向林、李灿文、李洪军、李堆牛、杨　红、杨　栋、杨国旗、杨宗泽、杨树设
汪忠孝、肖　飞、肖柏君、邹锦超、陈　冬、陈　伟、陈　刚、陈　钢、陈琴芳
周益民、周德臣、郑海军、宫爱荣、施维新、赵东宾、赵振南、赵晓荣、赵绥英
赵崇军、钟　飞、钟　波、候秀玲、唐忠华、徐　晶、柴蕴杰、栾廷波、殷桂强
贾文宝、郭　颖、郭劲松、钱　卫、顾学香、高　燕、高成忠、黄　丹、黄　岚
黄小三、黄长清、喻　斌、程　涛、程永琪、缑高鹏、廖　源、漆　馨、翟　斌
戴　江

解放军

卜庆太、于和平、马　波、王　旭、王　声、王　彤、王　洪、王　舸、王　燹
王世智、王永堂、王汉伟、王庆安、王作卿、王珠锋、王景祥、邓荣刚、卢　震
厉阿明、宁贵生、田平安、田树林、石　明、艾毅宁、龙尚军、任　健、任相国
刘　鑫、刘伊俊、刘建军、刘冠举、刘洪勤、刘铁城、吕立明、孙　东、朱勇兵
闫松林、齐延平、余自农、吴红涛、吴松恒、吴景峰、宋兆乾、张　刚、张　浩
张士峰、张云峰、张会英、张同春、张运龙、张虎山、张锡臣、李　元、李　伟
李　斌、李谷建、李建华、李春虎、李晓斌、李瑞雪、沈伽华、言　佳、陈　玉
陈文平、陈晓旭、陈福友、周　波、周东柏、周耀中、岳爱生、武贤明、罗　虹
范　燕、姚俊懿、相　军、祝雨旺、胡　斌、赵　勇、赵三平、赵金海、徐　翊
翁东风、郭建顺、郭承站、郭爱勇、曹　森、曹乐根、隗继星、惠畦国、程　涛
程小军、董宁宇、董宏伟、蒋江波、谢乃国、谢朝新、雷建斌、翟光明、滕先亮
潘方敏、颜　波、燕殿寿、穆俊峰、薛　峰、魏树峰

国家有关单位

于学军、马京奎、马晓溪、孔益民、方　放、毛玉如、王利强、王国强、王青立
王树燕、王海燕、付军华、冯光宏、叶　琛、左　强、龙　玲、任天志、任明忠
刘　申、刘　阳、刘　凌、刘东生、刘凤枝、刘宏斌、刘艳青、向弟海、孙永利
安海蓉、庄相宁、朱志平、朱建平、朱法华、江希流、纪永中、许振成、佟　羽
吴力明、吴晓春、吴彩霞、张　军、张　悦、张　珺、张玉华、张治忠、张战胜
张继军、张继宗、李书琴、李立光、李江平、李宝华、李锁强、李晓华、李　想
杨向平、杨晓松、沈　鹏、陆冬森、陈　卉、陈中颖、陈志良、陈来国、陈家长
陈　斌、陈善荣、周　涛、周岳溪、明立志、林　红、林　钦、罗建军、郑向群
姚劲松、姚晨之、段　宁、洪　丹、胡万里、赵建中、骆　虹、唐献文、徐　政
徐　哲、陶　华、高　嵘、高尚宾、高腾云、商铁成、寇建平、曹　东、曹燕进
梁　震、隋筱婵、黄宏坤、傅泽强、彭晓武、彭晓春、景立新、葛　玮、董红敏
谢依民、察志敏、熊桂云、蔡　楠、潘　文、戴　磊、袁巧霞

第三部分　技术规定与工作细则

关于印发《工业污染源及集中式污染治理设施监测技术规定、放射性污染源监测技术规定》的通知

普查办[2007]1号

各省、自治区、直辖市环境保护局（厅），计划单列市、新疆生产建设兵团环境保护局，解放军环办：

为做好第一次全国污染源普查工作，第一次全国污染源普查工作办公室组织制定了《工业污染源及集中式污染治理设施监测技术规定》和《放射性污染源监测技术规定》，现印发给你们。请根据技术规定的要求，认真组织、精心安排、抓紧实施。

污染源监测工作涉及面广、工作量大，各级环保局要加强对辖区内各地（市）重点污染源监测的技术指导、管理与核查。要安排落实专项监测经费，纳入污染源普查经费预算，保障监测工作的开展。配备符合规范要求的监测仪器设备。对已安装自动在线监测仪器设备的污染源，在按照本方案开展监测的同时，按照有关技术规范对污染源自动监测设备进行日常运行质量检查，并记录监测时段的自动监测结果。

附件一:《工业污染源及集中式污染治理设施监测技术规定》

附件二:《放射性污染源监测技术规定》

第一次全国污染源普查工作办公室

二〇〇七年三月八日

附件一：

第一次全国污染源普查技术规定之一
《工业污染源及集中式污染治理设施监测技术规定》

根据《第一次全国污染源普查方案》要求，依据监测与物料衡算相结合、技术手段与普查手段相结合的普查技术路线，为保证污染源普查的科学性和可行性，制定本规定。

一、监测范围

1. 国控重点污染源：总局公布的《国家重点监控企业名单》（环办函[2007]93 号）中的所有企业；

2. 集中式污染治理设施：所有城市及建制镇的污水处理厂、生活垃圾处理厂（场）、危险废物处置厂；

3. 主要污染物排放量占各省（自治区、直辖市）排放量 65%的省控重点污染源（以 2005 年环境统计的排放量数据筛选）；

4. 2005 年度以来国家、省、市（地）、县级管理的新投产的项目（已通过验收或试生产，造成事实排污 1 个月以上）中，主要污染物排放量与占省控重点污染源排放量底线相当的排污单位。

各地区根据本地区产业结构特点、污染源普查的需要和实际能力，可确定其他需要监测的污染源。

二、监测项目

（一）基本监测项目

根据《第一次全国污染源普查方案》（另发），普查的污染物重点为对污染防治具有普遍意义的污染物：

废水：废水流量、pH、化学需氧量、氨氮、石油类、挥发酚、汞、镉、铅、砷、总铬（或六价铬）、氰化物、总磷。

废气：废气流量、烟尘、粉尘、二氧化硫、氮氧化物。

对各类污染源，上述污染物在其对应的国家行业排放标准中有规定的，或污染物综合排放标准中相应的控制项目指明规定了工艺过程和行业的，进行监测；未明确规定的，根据污染源特点和排污情况从上述项目中确定需监测的污染因子。

重金属类（汞、镉、铅）和砷、磷监测项目，是指未过滤水样中的总浓度。汞、镉、铅包括无机的和有机结合的、可溶的和悬浮的浓度总量；砷和磷是指单质态、无机态和有机结合的浓度总量。不论在排放标准中规定的控制项目是何种类价态、形态，均监测其总浓度。铬（或六价铬）、总氰化物（或氰化物）按照排放标准规定的控制项目分别监测。

（二）其他需增加监测的项目

（1）火电厂及集中供热厂：燃料中灰分和含硫量；除尘效率、脱硫效率；

（2）电解铝、水泥、陶瓷、平板玻璃制造行业：废气中氟化物；

（3）城镇污水处理厂：BOD_5（五日生化需氧量）、总氮；

（4）造纸（221. 纸浆制造，222. 造纸）、农副食品加工（132. 饲料加工，133. 植物油加工，134. 制糖，135. 屠宰及肉类加工，136. 水产品加工，139. 其他农副产品加工）、食品制造（143. 方便食品制造，144. 液体乳及乳制品制造，145. 罐头食品制造，146. 调味品、发酵制品制造）、饮料制造业（151. 酒精制造，152. 酒的制造，1533. 果菜汁及果菜汁饮料制造，1534. 含乳饮料和植物蛋白饮料制造）：BOD_5（五日生化需氧量）（有关行业名称前的数字为该行业国民经济行业分类代码）。

各地可根据本地区产业结构特点和污染源普查的需要，按照污染源行业和工艺特点，适当增加工艺性特征污染物。废水项目按照《地表水和污水监测技术规范（HJ/T 91—2002）》选择；废气项目参照《建设项目环境保护设施竣工验收监测技术要求（试行）》（国家环保总局环发[2000]38 号文附件）选择。

三、监测频次

国控重点污染源、省控重点污染源及集中式污染治理设施：从 2007 年第一季度起，废水污染源每季度至少监测 1 次；废气污染源每半年至少监测 1 次；用于供暖的集中供热设施仅采暖期监测 1 次。

四、监测布点与采样

1．废水中汞、镉、六价铬、铅、砷的监测，一律在车间或车间处理设施排放口，或专门处理此类污染物的设施排放口采样。

2．废水其他项目的监测，在厂区外排口或厂区处理设施排放口采样。所有排放口均须分别采样、分析。

排入集中式污水处理设施的污染源，应对每个污染源单独采样、分析。

3．所有废水或废气排放口，在采样监测污染物浓度时，均须同步监测废水或废气流量。

4．污染源的监测，应根据已了解掌握的污染源生产工艺特点和排放规律，选择代表性时段采样。未掌握排放规律和周期的废水污染源，按照《地表水和污水监测技术规范（HJ/T 91—2002）》规定，选择 1～2 个生产周期加密监测，确定采样的代表性时段。

5．城镇污水处理厂的进、出口均须采样监测。

6．废水采样位置的具体设置要求、采样方法和样品的现场处理、流量测定按照《地表水和污水监测技术规范（HJ/T 91—2002）》、《水污染物排放总量监测技术规范（HJ/T 92—2002）》的规定执行。

7．有条件的地方，对非稳定排放的废水污染源，可采用比例采样器采集废水样品。

8．废气采样点位的位置条件与布设、采样方法与操作、流量测定执行《固定污染源排气中颗粒物测定与气态污染物采样方法（GB/T 16157—1996）》的规定。

五、分析方法

监测分析方法原则上选用国家和环境保护行业监测分析方法标准，详见表 3-1。

表 3-1 重点污染源监测分析方法

项目		监测方法	方法来源
废水监测	废水流量	污水流量计法、流速仪法、量水槽法、容积法、溢流堰法	HJ/T 91—2002 HJ/T 92—2002
	化学需氧量（COD）	重铬酸钾法	GB 11914—89
	氨氮	纳氏试剂比色法	GB 7478—87
		蒸馏和滴定法	GB 7478—87
	石油类	红外分光光度法	GB/T 16488—1996
	挥发酚	蒸馏后用 4-氨基安替比林分光光度法	GB 7490—87
	汞	冷原子吸收分光光度法	GB 7468—87
		高锰酸钾-过硫酸钾消解法 双硫腙分光光度法	GB 7469—87
	镉	原子吸收分光光度法	GB 7475—87
		双硫腙分光光度法	GB 7471—87
	六价铬	二苯碳酰二肼分光光度法	GB 7467—87
	总铬	高锰酸钾氧化-二苯碳酰二肼分光光度法	GB 7466—87
	铅	原子吸收分光光度法	GB 7475—87
		双硫腙分光光度法	GB 7470—87
	砷	二乙基二硫代氨基甲酸银分光光度法	GB 7485—87
	总氰化物	水质 氰化物的测定 第一部分 总氰化物的测定——硝酸银滴定法、异烟酸-吡唑啉酮比色法	GB 7486—87
	氰化物	水质 氰化物的测定 第二部分 总氰化物的测定 异烟酸-吡唑啉酮比色法	GB 7487—87
	总磷	钼酸铵分光光度法	GB 11893—89
	总氮	碱性过硫酸钾消解-紫外分光光度法	GB 11894—89
	生化需氧量（BOD_5）	稀释与接种法	GB 7488—87
	pH	玻璃电极法	GB 6920—86
废气监测	废气流量	固定污染源排气中颗粒物测定与气态污染物采样方法	GB/T 16157—1996
	烟尘、粉尘		
	二氧化硫	固定污染源排气中二氧化硫的测定 碘量法	HJ/T 56—2000
		固定污染源排气中二氧化硫的测定 定电位电解法	HJ/T 57—2000
	氮氧化物	固定污染源排气中氮氧化物的测定 盐酸萘乙二胺分光光度法	HJ/T 43—1999
		固定污染源排气中氮氧化物的测定 紫外分光光度法	HJ/T 42—1999
	氟化物	大气固定源 氟化物的测定 离子选择电极法	HJ/T 67—2001
燃料成分	煤质灰分	煤的工业分析方法	GB/T 212—2001
	燃料含硫量	煤中全硫量分析	GB/T 214—1996
		深色石油产品硫含量测定法（管式炉法）	GB/T 387—1990
		石油产品硫含量测定法	GB/T 17040—1997

对于技术成熟、仪器设备条件具备的新监测技术方法，经过方法精密度、准确度和适用性检验后，也可以采用。如：

氰化物、氨氮、挥发酚、总磷、总氮：流动注射法；

镉、铅、砷：等离子光谱/质谱法（ICP/MS）；

汞、砷：原子荧光法。

六、质量保证

工况要求：污染源监测应在工况稳定、生产达到设计生产能力75%以上的情况下进行。国家、地方排放标准对生产负荷另有规定的按标准规定执行。总体工况不能达到规定要求的，可根据污染源工艺和生产设施情况，分部分调整工况监测。对确实无法调整达到规定工况要求的，应在生产设施运行稳定的条件下监测。

监测期间应有专人负责监督、记录工况，污染源生产设备、治理设施应处于正常的运行工况。

污染源监测的质量保证和质量控制，按国家有关规定、监测技术规范和有关质量控制手册执行。

废水监测：根据监测项目正确选择样品容器、保存方法。采样后，尽快分析测定。每个地市每季度采样应采集不少于监测排污口数量10%的平行样。

废气监测：采样器在进现场前应对废气流量测定设备、采样器流量计、气体分析仪器等进行校核。根据所测得的流速等参数值，及时调节采样流量，保证颗粒物的等速采样条件。废气采样器要有相应的加热和恒温、除湿功能，保证采样效率。

实验室分析：实验室分析过程每季度每个监测项目一般应加不少于10%的平行样；对可以得到标准样品或质量控制样品的项目每季度应做10%的质控样品分析；可进行加标回收测试的项目，条件许可时做10%的加标回收样品分析。

妥善保存好监测采样、分析的原始记录，确保能够复原再现采样监测过程。按国家标准和监测技术规范有关要求进行数据处理和填报，并按有关规定和要求进行三级审核。

各省（自治区、直辖市）环境保护局（厅）要加强对辖区内各地（市）重点污染源监测的技术指导、管理与核查，采用现场检查、资料审查、随机抽样监测和其他有效的方式，审核各地污染源监测数据的质量，复核主要污染物排放量。必要时，按一定比例进行抽测。

七、任务安排与要求

1．污染源监测工作按照属地化原则，由各地环境保护局组织落实。原则上由各地（市）环境监测站和省环境监测中心（站）承担，污染源数量多、监测任务重的地区可组织技术条件好、有监测资质的区、县环境监测站承担部分监测任务。

2．各地环保部门要建立环境监察、环境监测协作联动制度，共同做好污染源的核查与监测工作。污染源现场监测时，监察部门应派员协助监测人员尽快进入现场，核查、记录生产工况及负荷、污染治理设施运行情况等现场资料数据；对已安装自动在线监测仪器设备的污染源，要记录采样监测时段自动监测数据。

3．各地环境保护局要建立污染源监测数据库。

4．各地环保局要加强排污口规范化建设的指导和督促工作；各排污单位必须完善排污口规范化建设，设置符合规范化要求的永久性采样口、采样作业平台以及安全、供电等设施，确保污染源监测工作根据需要随时可以进行。

附件二：

第一次全国污染源普查技术规定之二
《放射性污染源监测技术规定》

为做好第一次全国污染源普查，切实完成放射性污染源普查监测，保证此次普查结果的科学性和可行性，依据《辐射环境监测技术规范（HJ/T 61—2001）》，制定本规定。

一、监测的对象和范围

监测对象是全国伴生放射性矿物资源开采、冶炼和加工过程中的污染源，即伴生矿原料及产生的废气（气溶胶）、废液（废水）、固体废物（尾矿、废渣）中放射性核素含量；其中伴生矿原料包括伴生矿原矿、精矿。伴生矿监测对象和范围参考表 3-2。

表 3-2　伴生放射性矿监测范围及对象*

序号	行业部门	相关企业
1	有色金属	铜、锆、钛、锡、钼、铝、铅、锌、镍的开采、冶炼及加工
2	稀土	铈、镧、铕、钽、铌的开采、冶炼及加工
3	黑色金属	铁矿开采、冶炼
4	化学工业	硫酸、磷酸、磷肥、颜料、氟石生产、加工及制造
5	建材	天然石材、耐火材料、黏土、陶瓷、玻璃的加工与制造
6	燃料	石油、天然气、煤矿开采及燃煤电厂
7	水务	污水处理、给水处理、地热开发利用
8	进出口贸易	进口伴生矿

注：*表中所列出的行业和范围是有可能伴生放射性的，各监测单位在确定监测范围和对象之前，应先进行初测和调查，以确定需要开展监测工作的对象。

二、监测项目和监测布点、采样

（一）监测的项目

大气：γ辐射空气吸收剂量率、氡（或钍）浓度；

废气（气溶胶）：总α、总β的放射性比活度；

废液（废水）：总 U、^{232}Th、^{226}Ra，总α、总β放射性比活度；

原料：总 U、^{232}Th、^{226}Ra，总α、总β放射性比活度；

固体废物（尾矿、废渣）：总 U、^{232}Th、^{226}Ra，总α、总β放射性比活度。

（二）监测布点与采样

1．废水项目的监测，在厂区外排口或厂区处理设施排放口采样，所有排放口均须分别采样、分析。

2．所有废水或废气排放口，在采样监测放射性污染物浓度时，均须同步监测废水或废气流量。

3．废水、废气的采样位置、采样方法和样品处理应按照《辐射环境监测技术规范（HJ/T 61—2001）》和《水污染物排放总量监测技术规范（HJ/T 92—2002）》等国家相关标准执行。

监测的内容及取样原则详见表 3-3。

表 3-3　取样原则和监测项目

普查对象	取样原则	分析项目
原料和产品	每个企业取样数不少于 3 个；产生量大于 1 000 t/a 的企业，取样数不少于 5 个	总 U、^{232}Th、^{226}Ra、含量、总α、总β
废石、废渣	每个企业取样数不少于 3 个；产生量大于 1 000 t/a 的企业，取样数不少于 5 个	总 U、^{232}Th、^{226}Ra 含量、总α、总β；周围：γ剂量率水平
废水	排放口、受纳水体排放口上、下游取样	总α、总β；总 U、^{232}Th、^{226}Ra 含量
废气（气溶胶）	排放口取样	总α、总β
大气	不少于 5 个	γ辐射空气吸收剂量率、氡（或钍）浓度

三、监测频率

一年两次，异常点加大监测频率。

四、分析方法

分析方法见表 3-4。

表 3-4　分析方法及标准

监测对象	监测项目	监测方法	依据标准
大气	氡子体α潜能值	两端计数法	《空气中氡及其子体测量方法》
废水	铀	液体激光荧光法	GB 6768—86《水中微量铀分析法》
	钍	树脂萃取分光光度法	GB 11224—89《水中钍的分析方法》
	镭-226	硫酸钡共沉淀射气闪烁法	GB 11214—89《水中钍的分析方法》
	总放比活度	蒸发、饱和厚层相对比较法	《水质量一非盐分总α、总β活度测量》
	废水流量	污水流量计法、流速仪法、量水槽法、容积法、溢流堰法	HJ/T 91—2002《地表水和污水监测技术规范》；HJ/T 92—2002《水污染物排放总量监测技术规范》
固体废物	放射性核素	γ谱分析	GB 11743—89《土壤中放射性核素的γ能谱分析方法》
	总放比活度	饱和厚层相对比较法	《水质量一非盐分总α、总β活度测量》
废气（气溶胶）	总放比活度	直接测量法；厚源法、蒸发法	α、β测量装置；EJ/T 1045—1998《水中总α放射性测定——厚源法》；EJ/T 900—1994《水中总β放射性测定——蒸发法》
环境辐射水平	环境γ辐射空气吸收剂量率	直接测量法	GB/T 14583—93《环境地表γ辐射空气吸收剂量率测定规范》

五、质量保证

各监测单位根据《电离辐射质量保证一般规定（GB 8999）》和《辐射环境监测技术规范（HJ/T 61—2001）》，严格按照辐射环境监测质量保证一般程序实施。

1．建立监测质量保证机构；

2．辐射监测人员应掌握辐射防护知识，正确熟练地掌握监测中的操作技术和质量控制程序，掌握数理统计方法，获得辐射环境监测合格证，持证上岗；

3．监测仪器检定和检验，应严格按照国家计量法的要求执行；

4．监测方法应严格按照本规定表 3-4 的要求进行分析测量；

5．采样的质量保证，应严格按照《辐射环境监测技术规范（HJ/T 61—2001）》第六章和本规定表 3-3 的取样原则要求进行布点、采样和对样品的管理；

6．妥善保存监测采样、分析的原始记录，确保能够复原再现采样监测过程；

7．实验室内、实验室间的质量控制和数据处理、填报按国家相关标准和监测技术规范执行。

六、任务安排与要求

1．放射性污染源监测按照属地化原则，由各省（自治区、直辖市）环保局（厅）组织落实，组织各省（自治区、直辖市）辐射环境监测站（中心）承担。国家环保总局组织相关技术单位对各省（自治区、直辖市）环保局（厅）的业务进行指导、核查，并对监测工作提供技术支持。

2．放射性污染源监测人员应进入现场，核查、记录生产工况及负荷、污染治理设施运行情况等现场资料数据。放射性污染源监测可与工业源及集中式污染治理设施监测同时开展，相互配合，分工协作，共同做好污染源的核查和监测工作。

3．各省（自治区、直辖市）环保局（厅）环境保护局要建立放射性污染源监测数据库。

关于印发《第一次全国污染源普查普查员和普查指导员工作细则》的通知

国污普办[2007]8号

各省、自治区、直辖市第一次全国污染源普查领导小组办公室，新疆生产建设兵团第一次全国污染源普查领导小组办公室：

为贯彻《国务院关于开展第一次全国污染源普查的通知》（国发[2006]36 号）和国务院办公厅印发的《第一次全国污染源普查方案》的要求，指导地方各级污染源普查机构建立一支较高素质的普查员和普查指导员队伍，确保第一次全国污染源普查工作顺利完成，现将《第一次全国污染源普查普查员和普查指导员工作细则》印发给你们，请各级人民政府污染源普查机构认真组织实施抓紧开展普查员和普查指导员的选聘工作。

附件一：第一次全国污染源普查普查员和普查指导员工作细则
附件二：第一次全国污染源普查普查员证件样式（90 mm × 60mm）
附件三：第一次全国污染源普查普查指导员证件样式（90 mm × 60mm）

国务院第一次全国污染源普查领导小组办公室
二○○七年八月二十八日

附件一：

第一次全国污染源普查
普查员和普查指导员工作细则

为加强第一次全国污染源普查普查员和普查指导员的管理，保障其合法权益，保证普查工作的顺利完成，根据国家有关法规和《第一次全国污染源普查方案》的规定，制定本细则。

普查员是指根据污染源普查工作需要，按照一定条件选择聘用的、在相应的普查区域内直接承担污染源普查任务的工作人员。

普查指导员是指根据污染源普查工作需要，按照一定条件选择聘用的、在相应的普查区域内对普查员的工作进行指导、检查、质量控制等工作的人员。

一、普查员和普查指导员的选聘

选聘合格的普查员和普查指导员是搞好普查工作的基础，各级污染源普查机构要认真、细致地做好普查员和普查指导员的选聘工作。

（一）配备数量

1．普查员数量配备原则

（1）每 10 个重点工业污染源配备 2 名普查员；

（2）每 40 个一般工业污染源和集中式污染治理设施配备 2 名普查员；

（3）每 60 个农业污染源或 10 个行政村配备 2 名普查员；

（4）每 80 个生活污染源配备 2 名普查员。

同时，各地普查机构可根据本地普查工作难度、污染源密度、交通条件等因素酌情增减普查员数量。对普查员的配备要有百分之五左右的预备数。

2．普查指导员数量配备原则

每 10 名普查员一般配备 1 名普查指导员。

（二）选聘来源

普查员和普查指导员原则上由专业或公职人员担任。其主要来源如下：

1．重点工业污染源、集中式污染治理设施和农业污染源的普查员和普查指导员，应主要分别从各级环保、农业（畜牧、渔业）、统计系统内部抽调。

2．一般工业污染源、生活污染源的普查员和普查指导员可以从党政机关、企事业单位、乡镇（街道）干部和教师、大中专在校学生和未就业的大中专毕业生中选聘，也可以临时从社会招聘及其他适合本地情况的途径选聘。

（三）条件要求

1．普查员应具备以下条件

（1）高中（或中专）以上文化程度，能工整、清楚地填写普查表，能独立工作；

（2）责任心强，工作细致认真；

（3）熟悉当地情况，了解环保知识，热心环保事业；

（4）身体健康。

2．普查指导员应具备以下条件

（1）大专以上文化程度，具有较高的环保业务知识水平；

（2）工作认真负责，吃苦耐劳，具有一定的社会工作经验和较强的组织协调能力；

（3）熟悉当地情况，热心环保事业；

（4）身体健康，能胜任工作。

（四）选聘工作程序

1．基层污染源普查机构可商有关单位和学校，采取推荐与自荐相结合的方式，按要求提出普查员和普查指导员的人选，或采取向社会公开招聘的方式确定人选。

2．上述方式提出或确定的人选是普查员和普查指导员的初步人选，须经培训考核合格并获得工作证件后予以聘用。

3．普查员和普查指导员的选聘工作由地方各级污染源普查机构负责，于 2007 年 9 月开始至 10 月底完成人员筛选，12 月 10 日之前完成培训和聘用。

4．普查员和普查指导员选聘工作完成后，地方各级污染源普查机构应将获得工作证件的普查员和普查指导员的名单报向上一级污染源普查机构备案。

二、普查员和普查指导员的职责与权利

（一）普查员的职责任务

1．积极参加培训，学习污染源普查知识，掌握污染源清查、普查、质量控制等工作内容和技能。

2．认真做好清查工作，掌握普查范围，熟悉普查对象基本情况；并向普查对象宣传污染源普查的意义、内容和方法等，提高其对污染源普查工作的认识。

3．向列入工业重点污染源的企业和集中式污染治理设施的企业分别发放一套《工业污染源普查详表》和《集中式污染治理设施普查表》，指导企业填报，并对填报的内容是否符合要求进行审核。

4．向工业一般污染源、农业源、生活源普查对象分别发放《工业污染源普查简表》、《农业污染源普查表》、《生活污染源普查表》，指导普查对象填报，或经了解普查对象情况后代为填报。代填的数据要符合普查对象的实际情况，并要经普查对象认可。

5．严格按照规定，现场查验有关设施运行状况，查阅相关原始台账记录，坚持实事求是，做到不漏、不错、不重，及时发现问题，提出意见与建议。

6．按照上一级污染源普查机构的部署，在国家、省、市各级普查机构进行普查质量核查时，配合做好相关检查工作。发现差错，据实更正。

7．做好各种普查表的装订及交接工作。

（二）普查指导员的职责任务

1．积极参加专门培训，认真学习普查方案、普查表填报规定及有关技术规定和细则等，掌握清查、普查、检查、质量控制等工作内容和技能。辅助教员做好普查员培训辅导工作。

2．在污染源普查机构统一领导下，负责协调本普查区的工作，及时将上级的指示传达给每一位普查员，并了解和掌握普查员的工作进度和质量，保证清查、普查工作和普查

资料的交接按时完成，确保普查员各项工作达到规定的标准。对普查员审核后的报表进行抽查，抽查率不得低于5%。

3．对普查员的工作进行巡回检查，具体指导，发现问题要认真查明原因，及时予以纠正。负责解答普查员提出的疑难问题，对于不能自行解答的问题要及时请示上级给予解决。

（三）普查员和普查指导员享有的权益

1．普查员和普查指导员有依法开展与污染源普查相关调查和进行报告的权利，有权查阅普查对象的物料消耗记录、原辅料凭证、生产记录、污染物排放监测记录以及其他与污染物产生和排放有关的原始资料有权核查与污染物排放有关的设施，有权要求普查对象改正普查表中填写的不真实、不完整内容。

2．普查员和普查指导员有完成自身工作后获取相应物质报酬和精神奖励的权利。从环保、农业、统计或其他党政机关抽调的普查员和普查指导员的工资和福利待遇，由原单位支付并保持其标准不变，当地污染源普查机构可视情况对其发放适当的补贴；聘用的其他单位的或向社会招聘的普查员和普查指导员的劳动报酬，由聘用他的当地污染源普查机构支付，其标准原则上应至少比当地最低工资标准高80%；所需经费由各级地方财政列支。

（四）工作纪律

1．要落实上级污染源普查机构布置的各项任务，按照计划和日程表，完成普查工作。普查期间不得无故脱离岗位，有病有事应请假。

2．要坚持实地调查的原则，逐家、逐项进行调查，认真细致、一丝不苟。严禁不经调查，只凭经验或一般介绍进行填报，杜绝急于求成、赶进度的做法。

3．普查员赴现场调查，原则上须两人以上同行，佩戴普查员工作证件。要讲文明，有礼貌，谦虚谨慎，衣着整洁，尽量不影响调查对象正常的生活和生产，不侵犯其利益，不主动与其发生纠纷。

4．随身携带普查手册，不断改进和完善工作方法。不得自作主张、随意处理普查中遇到的情况，更不得编造或隐瞒普查中发现的问题。要保持普查表的整洁，不得任意涂改。

5．遵守保密规则，自觉为普查对象保密，严禁向无关人员扩散或谈论普查对象的具体情况。

三、普查员和普查指导员的培训

（一）培训目的

通过培训，使普查员和普查指导员明确普查目的、意义，掌握普查对象、范围、指标含义及普查的具体操作要求等，从而切实提高普查人员的实际操作水平，保证普查质量和普查工作顺利完成。

（二）培训组织

普查员和普查指导员的培训分级、分类进行。国家污染源普查机构对省级和部分地市级污染源普查机构的业务骨干（包括地方培训用教员）进行培训；省级污染源普查机构对地市级和县级污染源普查机构的业务骨干（普查指导员）进行培训；市级污染源普查机构负责培训市和县的普查员。

各级污染源普查机构要按照《第一次全国污染源普查方案》的要求，因地制宜，认真制订培训计划，提高培训工作的有效性和针对性，确保培训质量。

（三）培训时限

普查员培训不得少于 2 天，普查指导员培训不得少于 3 天。

（四）培训教材、内容、教员

普查培训教材（包括普查手册）等，由国家污染源普查机构负责编写、印发。培训和测试的内容应包括全国污染源普查的目的、意义、范围和内容，如何界定普查对象，如何搞好清查摸底工作，如何正确理解污染源普查表指标解释和填报规定，如何保证普查数据质量以及调查技巧等。各省级污染源普查机构可根据本地区普查工作需要编写补充教材。

培训教员可从各级污染源普查机构的业务骨干中选调。

（五）培训方法

以教员面授为主，结合讨论、练习、测试等方式进行。培训中要着重对普查员和普查指导员进行调查技能的训练，以达到提高工作效率的目的。在课堂授课结束后，要安排一定的时间或进行实地试填，或进行课堂摸拟试填，重点掌握如何填好普查表。对试填中的疑难问题，要认真讨论，统一认识。对难以解决的问题，要及时汇报，由上级污染源普查机构负责解释。

四、普查员和普查指导员的管理

（一）制定规章制度

制定本辖区普查员和普查指导员管理规章和考核奖励制度，既充分调动普查员和普查指导员的工作积极性，又使管理工作有章可循。

（二）维护合法权益

各级污染源普查机构要创造良好的工作氛围，依法保护和支持普查员和普查指导员开展相关调查，保证相关报酬、补贴、奖励落实到位，确保他们的合法权益不受侵害。

（三）证件的管理

工作证件是普查员及普查指导员依法行政和规范自身职责的身份证明。国家污染源普查机构制定证件的统一格式，由聘用普查员和普查指导员的污染源普查机构负责证件的发放。发放的证件必须登记造册，加盖发证单位印章。普查员及普查指导员工作证件只限于污染源普查工作时使用，不得用于其他途径，非法使用的将追究其行政或法律责任。

（四）安全意识

污染源普查期间，普查员和普查指导员要走街（乡）入户，要高度重视安全问题。各级污染源普查机构要将安全问题纳入污染源普查工作的重要内容，为普查员和普查指导员购买必要的人身意外保险，并要通过有效途径提醒普查员和普查指导员增强对自身生命、财产的保护意识。

（五）维护队伍稳定

普查员和普查指导员人选一经确定，并培训合格的，原则上不得调整。各级污染源普查机构对普查员和普查指导员要加强思想政治工作，切实提高他们的思想认识和责任意识，及时解决各种思想问题；要对普查员和普查指导员给予细致关心，帮助解决生活和工作上的实际困难。

附件二：

第一次全国污染源普查
普查员证件样式（90 mm×60mm）

正面：

第一次全国污染源普查

普　查　员　证

1 寸免冠

照　片

姓名 ____________
编号 ____________

反面：

全国污染源普查
China Pollution Source Census

发证单位_____省_____市_____县（区、市）
第一次全国污染源普查领导小组办公室（印章）
发证日期 ________年_____月_____日
有效期至 ________年_____月_____日

国务院第一次全国污染源普查领导小组办公室监制

图 3-1

附件三：

第一次全国污染源普查
普查指导员证件样式（90 mm×60mm）

正面：

第一次全国污染源普查

普查指导员证

1 寸免冠

照 片

姓名 ________

编号 ________

反面：

全国污染源普查

China Pollution Source Census

发证单位 ______省______市______县（区、市）

第一次全国污染源普查领导小组办公室（印章）

发证日期 ______年____月____日

有效期至 ______年____月____日

国务院第一次全国污染源普查领导小组办公室监制

图 3-2

关于印发《第一次全国污染源普查清查工作细则》的通知

国污普办[2007]9号

各省、自治区、直辖市污染源普查领导小组办公室，新疆生产建设兵团环境保护局，全军环办：

为贯彻落实《国务院关于开展第一次全国污染源普查的通知》（国发[2006]36 号）和《国务院办公厅关于印发第一次全国污染源普查方案的通知》（国办发[2007]37 号）的要求，指导地方各级污染源普查机构做好污染源清查工作，确保第一次全国污染源普查顺利完成，现将《第一次全国污染源普查清查工作细则》印发给你们，请各级人民政府污染源普查机构据此细则认真组织实施清查工作。

附件：第一次全国污染源普查清查工作细则

国务院第一次全国污染源普查领导小组办公室
二〇〇七年十月三十一日

附件：

第一次全国污染源普查清查工作细则

一、编制目的与依据

单位清查是污染源普查的一项基础性工作。为确定普查总体样本数，确保普查对象不重不漏，做好普查清查工作，保证普查顺利实施，依据《国务院关于开展第一次全国污染源普查的通知》和《第一次全国污染源普查方案》的规定，制定本细则。

二、清查的目的

清查的目的在于查清普查区域范围内各类单位（包括法人单位、产业活动单位以及个体经营户）的基本信息，以确定是否纳入普查、是详细普查还是简要普查，为科学制定普查工作实施方案提供依据。

三、清查内容

清查是对法人单位、产业活动单位、个体经营户的清理登记。

清查的主要内容包括：单位名称、单位地址、联系人、行业类别、经济（生产）规模等。

农业源种植业的清查以乡镇（或国营农场）为单位填写清查表，了解农作物种植情况和农药、化肥的使用情况。

四、清查原则

（一）所有法人单位、产业活动单位、个体经营户一律按经营所在地原则进行清查，即按照地域原则进行清查登记。

（二）参考工商企业名录、经济普查产业活动单位名录、中小企业名录、本地污染源监管等信息，按行政区域逐户登记清查。

（三）农业源种植业的清查以乡为单位，规模化农场以农场为单位登记。重点流域农村生活源的清查以村为单位登记。

清查工作由普查机构负责。通过了解法人单位、产业活动单位、个体经营户和乡镇的相关信息，按照污染源类型分别填写附件中相应的清查表格。

五、清查工作的阶段和方法

（一）清查基础资料准备阶段

清查基础资料由各地普查机构中相关成员单位（工商局、统计局、发改委、环保局、农业厅、公安厅等）共同提供，以各地 2007 年基本单位名录库为基础，经各地普查办公室进行整理和核对，形成各地第一次全国污染源普查“清查基础资料册（库）”，作为开展单位清查工作的依据。

（二）走访清查登记阶段

可以按街道（社区）、村（镇）划分清查区域。

普查员进入清查区域后，应与区域行政管理部门取得联系，在其配合下开展清查。首先明确该清查区地域的范围和界限。在相邻的清查区，普查员要按照清查区示意图沿交界处实地勘察，明确相邻的清查区之间界限和各自清查的范围。其次，要熟悉环境，明确自己负责区域内的街道名称、门牌起止号码，对清查区域内的各类产业活动单位、机关、事业单位、学校等清查对象，用"清查基础资料册"逐一核对。最后走访清查对象，按要求填写清查表。

（三）数据处理、审核阶段

各地普查机构，对各类清查表应当采取交叉作业的方式进行审核、登记，剔除重复。

（四）单位增补、结果上报阶段

根据核查结果，对清查时遗漏的单位进行增补清查。清查结果逐级上报，作为各地区确定普查对象和筛选工业源中详细普查、简要普查对象的依据。

（五）事后质量抽查工作阶段

登记和核查工作结束后，各市、县（区）普查机构要组织力量进行事后质量抽查工作。

六、清查结果的审核

普查员应对清查对象提供的信息进行人工审核。核实污染源分类（填报的清查表格种类）是否正确，清查指标是否填写完整，有无漏填缺填等。

国家和省、市级普查机构在正式开始普查前要对污染源清查结果的质量进行核查，按一定比例抽样，核查各区、县清查结果的全面性和准确性。核查发现清查有误时，必须补充清查，必要时要重新清查。

七、清查工作的组织

清查工作在国务院第一次全国污染源普查领导小组办公室的统一领导下，由各地普查机构组织实施。按《第一次全国污染源普查普查员和普查指导员工作细则》的要求配备普查人员，经培训后上岗，以保证清查工作按时完成。

农业源和农村生活污染源的清查以普查机构中的农业组或负责农业源普查单位组织。

生活源可请工商行政管理部门协助清查。

总后勤部负责按全国的统一要求组织军队、武警部队所属单位污染源的清查。

八、对清查工作的几点要求

（一）必须严格按照行政区域进行拉网式清查，清查结果要与"清查基础资料册（库）"进行核对，重点核查变更、消亡或新增加的单位。

（二）清查时普查员必须携带有效证件。

（三）普查员清查时要告知清查对象的权利和义务，督促清查对象如实提供信息。

（四）普查员有权查阅清查对象有关的统计和排污申报等相关原始资料及有关经营证件。

（五）普查人员对清查对象提供的资料负有保密义务，不得擅自对外提供。

附：第一次全国污染源普查清查表（略）

全国污染源普查
China Pollution Source Census

工业源清查表
2007 年

表　　号：QC1 表
制表机关：国家环境保护总局
国务院第一次全国污染源普查领导小组办公室

1.清查小区名称	________省（自治区、直辖市）________地（区、市、州、盟）________县（市、区、旗） ________乡（镇）________街（村）________社区（村委会）								
2.行政区划代码	□□□□□□-□□□-□□□（普查机构填写）								
序号	3.单位名称	4.单位地址 [街道（村）门牌号]	5.联系人	6.联系电话	7.行业类别	8.是否国有企业	9.工业产品销售收入（万元）	10.是否有危险废物，重金属、放射性物质排放	
						是□　否□	≥500□　＜500□	是□　否□	
						是□　否□	≥500□　＜500□	是□　否□	
						是□　否□	≥500□　＜500□	是□　否□	
						是□　否□	≥500□　＜500□	是□　否□	
						是□　否□	≥500□　＜500□	是□　否□	
						是□　否□	≥500□　＜500□	是□　否□	
						是□　否□	≥500□　＜500□	是□　否□	
						是□　否□	≥500□　＜500□	是□　否□	
						是□　否□	≥500□　＜500□	是□　否□	
						是□　否□	≥500□　＜500□	是□　否□	

注：①8、9 和 10 栏，按实际情况在“□”内画“√”；②[9.工业产品销售收入]限非国有企业填报。
如表格不够填写，请自行复印。

普查员：　　　　　　普查指导员：　　　　　　填表日期：200　年　　月　　日

工业源清查表填报说明

一、填表说明

本表以清查小区为单位填报。填报范围为清查小区范围内截至清查时所有的工业企业（包括已建成，开始试生产、暂时停产的企业）。

二、指标解释

[1.清查小区]写明清查小区所在的省（自治区、直辖市）、地（区、市、州、盟）和县（市、区、旗）、乡（镇）、街道（村）的名称。

[3.单位名称]指经有关部门批准正式使用的单位全称。按法人登记或工商行政管理部门核准的名称填写。单位名称应与单位公章所使用的名称一致。凡经登记主管机关核准或批准，具有两个或两个以上名称的单位，要求填写一个法人单位名称，同时用括号注明其余的单位名称。

[4.单位详细地址]填报清查对象所在街（村）的名称和详细的门牌号码，不得填写通讯号码或通讯信箱号码。

[5.联系人]填报清查企业环保联系人或负责提供清查信息人员的姓名。

[6.联系电话]填报联系人的电话。

[7.行业类别]根据其从事的社会经济活动性质对各类单位进行分类。一个企业属于哪一个工业行业，是按正常生产情况下生产的主要产品的性质（一般按在工业总产值中占比重较大的产品及重要产品）把整个企业划入某一工业行业小类内。填报清查企业所属的行业名称。

[8.是否国有企业]根据清查企业的登记注册类型。在相应选项后的“□”画“√”。

[9.工业产品销售收入]本栏仅限非国有企业的清查企业填报。根据 2007 年工业产品的实际销售收入，在相应选项后的“□”画“√”。

[10.是否有危险废物，重金属、放射性物质排放]根据清查企业是否产生危险废物和排放重金属、放射性废物，在相应选项后的“□”画“√”。只要普查对象符合其中一项，如：有危险废物产生，就应在“是”后的“□”画“√”。

全国污染源普查
China Pollution Source Census

规模化农场种植业基本情况清查表 I
2007 年

表　　号：QC2-1
制表机关：国务院第一次全国污染源普查领导小组办公室

<table>
<tr><td colspan="3">1.农场名称</td><td colspan="2"></td><td>2.农场负责人</td><td></td><td>3.联系电话</td><td></td></tr>
<tr><td colspan="3">4.地址</td><td colspan="6">________省（自治区、直辖市）________市（州、盟、区）________县（市、区、旗）________乡（镇）________村</td></tr>
<tr><td colspan="3">5.行政区划代码</td><td colspan="3">□□□□□□-□□□-□□□</td><td>6.农场代码</td><td colspan="2">□□□□□□□□□-□（□□）</td></tr>
<tr><td colspan="3">7.耕地总面积</td><td>________（亩）</td><td colspan="3">①旱地________（亩）②水田________（亩）</td><td>8.保护地面积</td><td>________（亩）</td></tr>
<tr><td colspan="3">9.园地面积</td><td>________（亩）</td><td colspan="5">①果园________（亩）②茶园________（亩）③桑园________（亩）④其他________（亩）</td></tr>
<tr><td colspan="3">10.不同坡度耕地、园地面积</td><td colspan="6">①平地（坡度≤5°）________（亩）②缓坡地（坡度 5°～15°）________（亩）③陡坡地（坡度>15°）________（亩）</td></tr>
<tr><td colspan="3">11.坡地种植方向及面积</td><td colspan="6">①顺坡________（亩）②横坡________（亩）</td></tr>
<tr><td colspan="3">12.耕作方式及面积</td><td colspan="6">①免耕________（亩）②少耕________（亩）③常规________（亩）</td></tr>
<tr><td rowspan="5">13.平地（坡度≤5°）主要种植模式及其代表面积</td><td rowspan="3">耕地</td><td>13-1.水田</td><td colspan="6">①单季稻________（亩）②双季稻________（亩）③麦稻轮作________（亩）
④油稻轮作________（亩）⑤水生蔬菜________（亩）⑥其他________（亩）</td></tr>
<tr><td rowspan="2">13-2.旱地</td><td>13-2-1 大田</td><td colspan="5">①模式 1______，代码______，面积______（亩）②模式 2______，代码______，面积______（亩）
③模式 3______，代码______，面积______（亩）④模式 4______，代码______，面积______（亩）
⑤模式 5______，代码______，面积______（亩）⑥模式 6______，代码______，面积______（亩）</td></tr>
<tr><td>13-2-2 保护地</td><td colspan="5">①模式 1______，代码______，面积______（亩）②模式 2______，代码______，面积______（亩）
③模式 3______，代码______，面积______（亩）④模式 4______，代码______，面积______（亩）</td></tr>
<tr><td rowspan="2">园地</td><td>13-3.果园</td><td colspan="6">①苹果________（亩）②梨________（亩）③柑橘________（亩）④香蕉________（亩）
⑤桃________（亩）⑥葡萄________（亩）⑦其他果园________（亩）</td></tr>
<tr><td>13-4.其他</td><td colspan="6">①茶园________（亩）②桑园________（亩）③其他园地________（亩）</td></tr>
</table>

全国污染源普查
China Pollution Source Census

规模化农场种植业基本情况清查表Ⅱ
2007 年

表　　号：QC2-1
制表机关：国务院第一次全国污染源普查领导小组办公室

14.缓坡地（坡度 5°～15°）主要种植模式及其代表面积	梯田	耕地	14-1.水田	①单季稻______（亩）②双季稻______（亩）③麦稻轮作______（亩） ④油稻轮作______（亩）⑤水生蔬菜______（亩）其他______（亩）
			14-2.旱地	①模式 1______，代码______，面积______（亩）②模式 2______，代码______，面积______（亩） ③模式 3______，代码______，面积______（亩）④模式 4______，代码______，面积______（亩） ⑤模式 5______，代码______，面积______（亩）⑥模式 6______，代码______，面积______（亩）
		园地	14-3.果园	①苹果______（亩）②梨______（亩）③柑橘______（亩）④香蕉______（亩） ⑤桃 ______（亩）⑥葡萄______（亩）⑦其他果园______（亩）
			14-4.其他	①茶园______（亩）②桑园______（亩）③其他园地______（亩）
	非梯田	14-5.横坡种植	14-5-1.旱地	①模式 1______，代码______，面积______（亩）②模式 2______，代码______，面积______（亩） ③模式 3______，代码______，面积______（亩）④模式 4______，代码______，面积______（亩） ⑤模式 5______，代码______，面积______（亩）⑥模式 6______，代码______，面积______（亩）
			14-5-2.果园	①苹果______（亩）②梨______（亩）③柑橘______（亩）④香蕉______（亩） ⑤桃 ______（亩）⑥葡萄______（亩）⑦其他果园______（亩）
			14-5-3.其他	①茶园______（亩）②桑园______（亩）③其他园地______（亩）
		14-6.顺坡种植	14-6-1.旱地	①模式 1______，代码______，面积______（亩）②模式 2______，代码______，面积______（亩） ③模式 3______，代码______，面积______（亩）④模式 4______，代码______，面积______（亩） ⑤模式 5______，代码______，面积______（亩）⑥模式 6______，代码______，面积______（亩）
			14-6-2.果园	①苹果______（亩）②梨______（亩）③柑橘______（亩）④香蕉______（亩） ⑤桃 ______（亩）⑥葡萄______（亩）⑦其他果园______（亩）
			14-6-3.其他	①茶园______（亩）②桑园______（亩）③其他园地______（亩）

全国污染源普查 China Pollution Source Census

规模化农场种植业基本情况清查表III
2007 年

表　　号：QC2-1
制表机关：国务院第一次全国污染源普查领导小组办公室

15.陡坡地（坡度≥15°）主要种植模式及其代表面积	梯田	耕地	15-1.水田	①单季稻____（亩）②双季稻____（亩）③麦稻轮作____（亩） ④油稻轮作____（亩）⑤水生蔬菜____（亩）⑥其他____（亩）
			15-2.旱地	①模式 1____，代码____，面积____（亩）②模式 2____，代码____，面积____（亩） ③模式 3____，代码____，面积____（亩）④模式 4____，代码____，面积____（亩） ⑤模式 5____，代码____，面积____（亩）⑥模式 6____，代码____，面积____（亩）
		园地	15-3.果园	①苹果____（亩）②梨____（亩）③柑橘____（亩）④香蕉____（亩） ⑤桃 ____（亩）⑥葡萄____（亩）⑦其他果园____（亩）
			15-4.其他	①茶园____（亩）②桑园____（亩）③其他园地____（亩）
	非梯田	15-5.横坡种植	15-5-1.旱地	①模式 1____，代码____，面积____（亩）②模式 2____，代码____，面积____（亩） ③模式 3____，代码____，面积____（亩）④模式 4____，代码____，面积____（亩） ⑤模式 5____，代码____，面积____（亩）⑥模式 6____，代码____，面积____（亩）
			15-5-2.果园	①苹果____（亩）②梨____（亩）③柑橘____（亩）④香蕉____（亩） ⑤桃 ____（亩）⑥葡萄____（亩）⑦其他果园____（亩）
			15-5-3.其他	①茶园____（亩）②桑园____（亩）③其他园地____（亩）
		15-6.顺坡种植	15-6-1.旱地	①模式 1____，代码____，面积____（亩）②模式 2____，代码____，面积____（亩） ③模式 3____，代码____，面积____（亩）④模式 4____，代码____，面积____（亩） ⑤模式 5____，代码____，面积____（亩）⑥模式 6____，代码____，面积____（亩）
			15-6-2.果园	①苹果____（亩）②梨____（亩）③柑橘____（亩）④香蕉____（亩） ⑤桃 ____（亩）⑥葡萄____（亩）⑦其他果园____（亩）
			15-6-3.其他	①茶园____（亩）②桑园____（亩）③其他园地____（亩）

农场负责人：________　　普查员：________　　填表日期：200__年__月__日

规模化农场种植业情况清查表指标解释与填报说明

（一）填表说明

本表以农场为一个填报单位，填报范围为行政区划隶属于中华人民共和国（大陆）的所有规模化农场。

规模化农场为：种植粮食作物（包括谷类、豆类和薯类）、经济作物（包括棉花、麻类、桑类、油料、糖料、烟草、茶、花卉、药材、果树等）和蔬菜作物（包括根茎叶类、瓜果类、水生类）的，且耕地和园地总面积在 10 000 亩以上的农场。

（二）指标解释

[1.农场名称]指经有关部门批准正式使用的农场的全称。经各级工商行政管理部门核准登记，领取《营业执照》的单位，包括法人单位和产业活动单位。

按工商部门登记的名称填写，填写时要求使用规范化汉字全称，与单位公章所使用的名称完全一致。如单位名称变更（含当年变更），应同时填上变更前的名称（曾用名）。

凡经登记主管机关核准或批准，具有两个或两个以上名称的单位，要求填写一个法人单位名称，同时用括号注明其余的单位名称。

[2.农场负责人]企业法人单位填写企业法定代表人；不具有法人资格的产业活动单位填写本农场的主要负责人。企业法定代表人，是指依照法律或者法人组织章程规定，代表法人行使职权的负责人。企业法定代表人按《企业法人营业执照》填写。

[3.联系电话]农场负责人的联系电话。

[4.地址]指本农场生产场所实际所在地的详细地址。地跨几个行政村的农场详细地址只要写到乡（镇）一级，依此类推。地址按照民政部门认可的名称填写。

[5.行政区划代码]根据农场详细地址填写相对应的行政区划代码。地跨几个行政村的农场行政区划代码只要写到乡（镇）一级，依此类推。由所在地普查机构统一填写。根据普查对象的详细地址，按《第一次全国污染源普查指标解释与填报说明》附表 1《行政区划代码》，将相应行政区划代码填写在方格内。不在《第一次全国污染源普查指标解释与填报说明》附表 1 提供范围内的县以下地区，由县（区）普查机构按下列规则编码填报。自行编码不得与已统一编制的代码重复。

行政区划代码共有 12 位阿拉伯数字，分为三段。

第一段为 6 位数字，表示县及县以上的行政区划。按最新的《中华人民共和国行政区划代码（GB/T 2260）》库中的代码填写。

第二段、第三段 6 位编码，表示县以下的行政区划。按国家统计局提供的《县以下行政区划代码》库中的代码填报（详见《第一次全国污染源普查指标解释与填报说明》附表 1《行政区划代码》）。该编码为按照 2006 年的全国行政区划编码。如 2007 年行政区划代码有变动的：

（1）县及县以上的行政区划有变动的，则县及县以上的行政区划代码（第 1～6 位码）

按最新的《中华人民共和国行政区划代码（GB/T 2260）》填报；

（2）县以下行政区划有变化的，按编码原则自行编码。

县以下行政区划代码编码原则如下：

第二段为3位数字，表示街道、镇和乡；第二段3位代码中的第一位数字为类别标识，以“0”表示街道，“1”表示镇，“2”和“3”表示乡，“4”和“5”表示政企合一的单位；第二、三位数字为该代码段中各行政区划的顺序号。

（1）街道的代码从001～099由小到大顺序编写；

（2）镇的代码从100～199由小到大顺序编写；

（3）乡的代码从200～399由小到大顺序编写；

（4）政企合一单位的代码从400～599由小到大顺序编写。

第三段的3位数字，表示居民委员会和村民委员会的代码，用3位顺序码表示。具体编码方法如下：

（1）居民委员会的代码从001～199由小到大顺序编写；

（2）村民委员会的代码从200～399由小到大顺序编写。

行政区划编码中的地址名称应采用民政部门认可的正式名称。

[6.农场代码]指根据中华人民共和国国家标准《全国组织机构代码编制规则》（GB 11714—1997），由组织机构代码登记主管部门给该农场颁发的在全国范围内唯一的、始终不变的法定代码。已经领取了法定代码的法人单位和产业活动单位必须使用法定代码，法人单位和产业活动单位代码均由八位无属性的数字和一位校验码组成。填写时，要按照技术监督部门颁发的《中华人民共和国组织机构代码证》上的代码填写。产业活动单位是本部的，如果没有法定代码，使用法人单位法定代码的前八位，第九位校验码填“B”。

[7.耕地总面积]是指用于种植农作物的土地，不包括种植茶、桑、果等多年生木本农作物的土地。包括熟地、新开发、复垦、整理地、休闲地（含轮歇地、草田轮作地）；以种植农作物为主，间有零星果树、桑树或其他林木的土地；平均每年能保证收获一季的已垦滩地和海涂；抛荒不满三年的耕地。南方宽度小于 1m，北方宽度小于 2m 固定的沟、渠、路和田埂也算耕地。

不包括已改为鱼塘、果园、林地的土地，被工厂、公路、铁路等设施占用的土地，已退耕还林、还草或已损毁的耕地。也不包括抛荒3年以上的耕地。

林农、果农间作的土地，以种植农作物为主的按耕地计算，以果树为主的计为园地，以林地为主的计为林地。已实施国家退耕还林、还草项目并已享受补贴的，无论是否间作农作物，都不算为耕地面积。

耕地又分成水田和旱地。水田是指被调查的地块，筑有田埂（坎），经常蓄水，常年用来种植水稻、莲藕、席草等水生作物的耕地，也包括实行水旱轮作的耕地（如水稻与小麦、油菜或蚕豆等轮作）。除水田外的其他耕地统称为旱地，包括统计资料（如统计年鉴、农业普查等）所指的旱地和水浇地。分别填写旱地和水田的面积。

[8.保护地面积]是指在露地不适宜农作物生长的季节，采用保护设备创造适宜的环境条件栽培农作物的面积。例如在寒冷气候条件下通过采用温室、温床、冷床、塑料棚等设

备，创造光照、温度、水分、通风等适宜的小气候环境，种植蔬菜、果类等高产高值作物的种植面积。

[9.园地面积]是指种植以采集果、叶、根、茎、汁为主的多年生木本或草本作物，覆盖率大于 50%，或每亩株数达到合理株数的 70%的土地。包括果园、茶园、桑园及橡胶园等。果园面积：指种植果树的园地面积；茶园面积：指种植茶树的园地面积；桑园面积：指种植桑树的园地面积；其他园地面积：指除上述茶、果、桑园以外的园地面积。

[10.不同坡度耕地、园地面积]分别填写①平地（坡度≤5° 以下）、② 缓坡地（坡度 5° ～15° ）、③陡坡地（坡度＞15° ）的耕地和园地面积。其中缓坡地的坡度 5° ～15° 是指坡度大于 5° 且小于等于 15° 。

[11.坡地种植方向及面积]种植方向是指作物栽培行的方向或作物垄的方向，分成①横坡种植和②顺坡种植两种。横坡种植指作物垄的方向和地块坡向方向成垂直的种植方式，顺坡种植则是作物垄的方向和地块坡向方向一致的种植方式。分别填写这两种种植方向的面积。

[12.耕作方式及面积]分别填写①免耕、②少耕和③常规耕作方式下的面积。免耕：指除播种或注入肥料外，不再搅动土壤。施肥可与播种同时进行，也可以在播前或出苗后进行；少耕：指将对土壤耕耘面积和耕耘次数减少到尽可能低的程度的耕作制度；常规：指土壤经过耕翻后多次耙压碎土的耕作方式。

[13.平地（坡度≤5° ）主要种植模式及其代表面积]根据土地类型将平地分成耕地和园地两大类，其中耕地又分成水田和旱地（包括大田和保护地）两类，园地又分成果园和其他园地两类。根据种植模式又将“耕地－水田”（指标 13-1）分成单季稻、双季稻、麦稻轮作、油稻轮作、水生蔬菜和其他等 6 种种植模式，其中麦—稻—稻种植模式视同麦稻轮作，油—稻—稻种植模式视同油稻轮作，不在上述所列的 5 种种植模式下的填为“其他”类；将“耕地－旱地－大田”（指标 13-2-1）分成 1～6 种主要的种植模式；将“耕地－旱地－保护地”（指标 13-2-2）分成 1～4 种主要的种植模式；种植模式以种植作物名称和种植制度来描述，例如小麦玉米两种作物平作；代码以作物代码和种植制度符号进行标示，作物代码见表 1，如果为两种作物平作，则用“—”符号连接，如果为两种作物套作，则用“/”符号连接，如果为两种作物间作，则用“//”符号连接，例如小麦玉米两种作物平作，可表示为“LC02—LC03”；将“园地－果园”（指标 13-3）分成苹果、梨、柑橘、香蕉、桃、葡萄和其他果园这 7 种种植模式；将“园地－其他”（指标 13-4）分成茶园、桑园和其他园地这 3 种种植模式。分别填写上述各种土地类型下各类种植模式的种植面积。

表 3-5 作物名称和作物代码对应表

粮食作物名称	粮食作物代码	经济作物名称	经济作物代码	蔬菜作物名称	蔬菜作物代码
水稻	LC01	棉花	JC01	根茎叶类蔬菜	SC01
小麦	LC02	麻类	JC02	瓜果类蔬菜	SC02
玉米	LC03	桑类	JC03	水生蔬菜	SC03
其他谷物	LC04	籽用油菜	JC04		
大豆	LC05	其他油料作物	JC05		
其他豆类	LC06	甘蔗	JC06		
甘薯	LC07	甜菜	JC07		
马铃薯	LC08	烟草	JC08		
		茶	JC09		
		花卉	JC10		
		药材	JC11		
		落叶果树	JC12		
		常绿果树	JC13		
		香蕉	JC14		
		其他果树	JC15		
		其他	JC16		

[14.缓坡地（坡度 5°～15°）主要种植模式及其代表面积]根据土地类型将缓坡地分成梯田和非梯田两大类，其中梯田又分成耕地（包括水田和旱地）和园地（包括果园和其他）两大类。根据种植模式又将“梯田－耕地－水田”（指标 14-1）分成单季稻、双季稻、麦稻轮作、油稻轮作、水生蔬菜和其他等 6 种种植模式，其中麦—稻—稻种植模式视同麦稻轮作，油-稻-稻种植模式视同油稻轮作，不在上述所列的 5 种种植模式下的填为“其他”类；将“梯田－耕地－旱地”（指标 14-2）分成 1～4 种主要的种植模式，种植模式定义同指标 13；将“梯田－园地－果园”（指标 14-3）分成苹果、梨、柑橘、香蕉、桃、葡萄和其他果园这 7 种种植模式；将“梯田－园地－其他”（指标 14-4）分成茶园、桑园和其他园地这 3 种种植模式。将“非梯田－横坡/顺坡种植－旱地”（指标 14-5-1/14-6-1）分成 1～6 种主要的种植模式；将“非梯田－横坡/顺坡种植－果园”（指标 14-5-2/14-6-2）分成苹果、梨、柑橘、香蕉、桃、葡萄和其他果园这 7 种种植模式；将“非梯田－横坡/顺坡种植－其他”（指标 14-5-3/14-6-3）分成茶园、桑园和其他园地这 3 种种植模式。分别填写上述各种土地类型下各类种植模式的种植面积。

[15.陡坡地（坡度＞15°）主要种植模式及其代表面积]同指标 14。

全国污染源普查
China Pollution Source Census

乡镇种植业基本情况清查表 I
2007 年

表　　号：QC2-2
制表机关：国务院第一次全国污染源普查领导小组办公室

<table>
<tr><td colspan="4">1.乡镇名称</td><td colspan="3">____省（自治区、直辖市）____市（州、盟、区）____县（区、市、旗）____乡（镇）</td></tr>
<tr><td colspan="4">2.行政区划代码</td><td colspan="3">□□□□□□-□□□　3.乡镇负责人　①姓名____ ②电话____　4. 乡镇农户总数 ____户</td></tr>
<tr><td colspan="4">5.耕地总面积</td><td colspan="3">____（亩）　①旱地____（亩）②水田____（亩）　6.保护地面积 ____（亩）</td></tr>
<tr><td colspan="4">7.园地面积</td><td colspan="3">____（亩）　①果园____（亩）②茶园____（亩）③桑园____（亩）④其他____（亩）</td></tr>
<tr><td colspan="4">8.不同坡度耕地、园地面积</td><td colspan="3">①平地（坡度≤5°）____（亩）②缓坡地（坡度 5°～15°）____（亩）③陡坡地（坡度＞15°）____（亩）</td></tr>
<tr><td colspan="4">9.坡地种植方向及面积</td><td colspan="3">①顺坡____（亩）②横坡____（亩）</td></tr>
<tr><td colspan="4">10.耕作方式及面积</td><td colspan="3">①免耕____（亩）②少耕____（亩）③常规____（亩）</td></tr>
<tr><td rowspan="5">11.平地（坡度≤5°）主要种植模式及其代表面积</td><td rowspan="3">耕地</td><td colspan="2">11-1 水田</td><td colspan="3">①单季稻____（亩）②双季稻____（亩）③麦稻轮作____（亩）
④油稻轮作____（亩）⑤水生蔬菜____（亩）⑥其他____（亩）</td></tr>
<tr><td rowspan="2">11-2 旱地</td><td>11-2-1 大田</td><td colspan="3">①模式 1____，代码____，面积____（亩）②模式 2____，代码____，面积____（亩）
③模式 3____，代码____，面积____（亩）④模式 4____，代码____，面积____（亩）
⑤模式 5____，代码____，面积____（亩）⑥模式 6____，代码____，面积____（亩）</td></tr>
<tr><td>11-2-2 保护地</td><td colspan="3">①模式 1____，代码____，面积____（亩）②模式 2____，代码____，面积____（亩）
③模式 3____，代码____，面积____（亩）④模式 4____，代码____，面积____（亩）</td></tr>
<tr><td rowspan="2">园地</td><td colspan="2">11-3 果园</td><td colspan="3">①苹果____（亩）②梨____（亩）③柑橘____（亩）④香蕉____（亩）
⑤桃 ____（亩）⑥葡萄____（亩）⑦其他果园____（亩）</td></tr>
<tr><td colspan="2">11-4 其他</td><td colspan="3">①茶园 ____（亩）②桑园____（亩）③其他园地____（亩）</td></tr>
</table>

全国污染源普查
China Pollution Source Census

乡镇种植业基本情况清查表Ⅱ
2007 年

表　　号：QC2-2
制表机关：国务院第一次全国污染源普查领导小组办公室

12.缓坡地（坡度 5°～15°）主要种植模式及其代表面积	梯田	耕地	12-1.水田	①单季稻______（亩）②双季稻______（亩）③麦稻轮作______（亩） ④油稻轮作______（亩）⑤水生蔬菜______（亩）⑥其他______（亩）
			12-2.旱地	①模式 1______，代码______，面积______（亩）②模式 2______，代码______，面积______（亩） ③模式 3______，代码______，面积______（亩）④模式 4______，代码______，面积______（亩） ⑤模式 5______，代码______，面积______（亩）⑥模式 6______，代码______，面积______（亩）
		园地	12-3.果园	①苹果______（亩）②梨______（亩）③柑橘______（亩）④香蕉______（亩） ⑤桃　______（亩）⑥葡萄______（亩）⑦其他果园______（亩）
			12-4.其他	①茶园______（亩）②桑园______（亩）③其他园地______（亩）
	非梯田	12-5.横坡种植	12-5-1.旱地	①模式 1______，代码______，面积______（亩）②模式 2______，代码______，面积______（亩） ③模式 3______，代码______，面积______（亩）④模式 4______，代码______，面积______（亩） ⑤模式 5______，代码______，面积______（亩）⑥模式 6______，代码______，面积______（亩）
			12-5-2.果园	①苹果______（亩）②梨______（亩）③柑橘______（亩）④香蕉______（亩） ⑤桃　______（亩）⑥葡萄______（亩）⑦其他果园______（亩）
			12-5-3.其他	①茶园______（亩）②桑园______（亩）③其他园地______（亩）
		12-6.顺坡种植	12-6-1.旱地	①模式 1______，代码______，面积______（亩）②模式 2______，代码______，面积______（亩） ③模式 3______，代码______，面积______（亩）④模式 4______，代码______，面积______（亩） ⑤模式 5______，代码______，面积______（亩）⑥模式 6______，代码______，面积______（亩）
			12-6-2.果园	①苹果______（亩）②梨______（亩）③柑橘______（亩）④香蕉______（亩） ⑤桃　______（亩）⑥葡萄______（亩）⑦其他果园______（亩）
			12-6-3.其他	①茶园______（亩）②桑园______（亩）③其他园地______（亩）

全国污染源普查
China Pollution Source Census

乡镇种植业基本情况清查表III
2007 年

表　　号：QC2-2
制表机关：国务院第一次全国污染源普查领导小组办公室

<table>
<tr><td rowspan="13">13.陡坡地（坡度≥15°）主要种植模式及其代表面积</td><td rowspan="4">梯田</td><td rowspan="2">耕地</td><td>13-1.水田</td><td>①单季稻________（亩）②双季稻__________（亩）③麦稻轮作______（亩）
④油稻轮作_______（亩）⑤水生蔬菜_________（亩）⑥其他__________（亩）</td></tr>
<tr><td>13-2.旱地</td><td>①模式 1________，代码______，面积_______（亩）②模式 2________，代码______，面积_______（亩）
③模式 3________，代码______，面积_______（亩）④模式 4________，代码______，面积_______（亩）
⑤模式 5________，代码______，面积_______（亩）⑥模式 6________，代码______，面积_______（亩）</td></tr>
<tr><td rowspan="2">园地</td><td>13-3.果园</td><td>①苹果________（亩）②梨__________（亩）③柑橘____________（亩）④香蕉___________（亩）
⑤桃 ____________（亩）⑥葡萄___________（亩）⑦其他果园______（亩）</td></tr>
<tr><td>13-4.其他</td><td>①茶园___________（亩）②桑园___________（亩）③其他园地______（亩）</td></tr>
<tr><td rowspan="9">非梯田</td><td rowspan="3">13-5.横坡种植</td><td>13-5-1.旱地</td><td>①模式 1________，代码______，面积_______（亩）②模式 2________，代码______，面积_______（亩）
③模式 3________，代码______，面积_______（亩）④模式 4________，代码______，面积_______（亩）
⑤模式 5________，代码______，面积_______（亩）⑥模式 6________，代码______，面积_______（亩）</td></tr>
<tr><td>13-5-2.果园</td><td>①苹果__________（亩）②梨_____________（亩）③柑橘__________（亩）④香蕉___________（亩）
⑤桃 ___________（亩）⑥葡萄___________（亩）⑦其他果园______（亩）</td></tr>
<tr><td>13-5-3.其他</td><td>①茶园__________（亩）②桑园___________（亩）③其他园地______（亩）</td></tr>
<tr><td rowspan="3">13-6.顺坡种植</td><td>13-6-1.旱地</td><td>①模式 1________，代码______，面积_______（亩）②模式 2________，代码______，面积_______（亩）
③模式 3________，代码______，面积_______（亩）④模式 4________，代码______，面积_______（亩）
⑤模式 5________，代码______，面积_______（亩）⑥模式 6________，代码______，面积_______（亩）</td></tr>
<tr><td>13-6-2.果园</td><td>①苹果__________（亩）②梨_____________（亩）③柑橘__________（亩）④香蕉___________（亩）
⑤桃 ___________（亩）⑥葡萄___________（亩）⑦其他果园______（亩）</td></tr>
<tr><td>13-6-3.其他</td><td>①茶园__________（亩）②桑园___________（亩）③其他园地______（亩）</td></tr>
</table>

乡镇负责人：______________________　　普查员：__________________　　填表日期：200 ____年_____月 _____日

乡镇种植业基本情况清查表指标解释与填报说明

（一）填表说明

本表以乡镇为一个填报单位，填报范围为中华人民共和国（大陆）的所有乡镇。

（二）指标解释

[1.乡镇名称]指本乡镇所在的省（自治区、直辖市）、地（市、州、盟、区）、县（区、市、旗）和本乡镇的正式名称。

[2.行政区划代码]根据名称填写相对应的行政区划代码。由所在地普查机构统一填写。按《第一次全国污染源普查指标解释与填报说明》附表 1《行政区划代码》，将乡镇所对应行政区划代码填写在方格内。不在《第一次全国污染源普查指标解释与填报说明》附表 1 提供范围内的县以下地区，由县（区）普查机构按下列规则编码填报。自行编码不得与已统一编制的代码重复。

行政区划代码共有 12 位阿拉伯数字，分为三段。本表只填报前 9 位代码，最后 3 位补“0”。

第一段为 6 位数字，表示县及县以上的行政区划。按最新的《中华人民共和国行政区划代码（GB/T 2260）》库中的代码填写。

第二段、第三段 6 位编码，表示县以下的行政区划。按国家统计局提供的《县以下行政区划代码》库中的代码填报（详见《第一次全国污染源普查指标解释与填报说明》附表 1《行政区划代码》）。该编码为按照 2006 年的全国行政区划编码。如 2007 年行政区划代码有变动的：

（1）县及县以上的行政区划有变动的，则县及县以上的行政区划代码（第 1～6 位码）按最新的《中华人民共和国行政区划代码（GB/T 2260）》填报；

（2）县以下行政区划有变化的，按编码原则自行编码。

县以下行政区划代码编码原则如下：

第二段为 3 位数字，表示街道、镇和乡；第二段 3 位代码中的第一位数字为类别标识，以“0”表示街道，“1”表示镇，“2”和“3”表示乡，“4”和“5”表示政企合一的单位；第二、三位数字为该代码段中各行政区划的顺序号。

（1）街道的代码从 001～099 由小到大顺序编写；

（2）镇的代码从 100～199 由小到大顺序编写；

（3）乡的代码从 200～399 由小到大顺序编写。

[3.乡镇负责人]本乡镇主管农业的乡镇长的姓名及联系电话。

[4.乡镇农户总数]该乡镇种植粮食作物、经济作物和蔬菜作物的农户总户数。

[5.耕地总面积]是指用于种植农作物的土地，不包括种植茶、桑、果等多年生木本农作物的土地。包括熟地、新开发、复垦、整理地、休闲地（含轮歇地、草田轮作地）；以种植农作物为主，间有零星果树、桑树或其他林木的土地；平均每年能保证收获一季的已垦滩地和海涂；抛荒不满三年的耕地。南方宽度小于 1 米，北方宽度小于 2 米固定的沟、

渠、路和田埂也算耕地。

不包括已改为鱼塘、果园、林地的土地，被工厂、公路、铁路等设施占用的土地，已退耕还林、还草或已损毁的耕地。也不包括抛荒三年以上的耕地。

林农、果农间作的土地，以种植农作物为主的按耕地计算，以果树为主的计为园地，以林地为主的计为林地。已实施国家退耕还林、还草项目并已享受补贴的，无论是否间作农作物，都不算为耕地面积。

耕地又分成水田和旱地。水田是指被调查的地块，筑有田埂（坎），经常蓄水，常年用来种植水稻、莲藕、席草等水生作物的耕地，也包括实行水旱轮作的耕地（如水稻与小麦、油菜或蚕豆等轮作）。除水田外的其他耕地统称为旱地，包括统计资料（如统计年鉴、农业普查等）所指的旱地和水浇地。分别填写旱地和水田的面积。

[6.保护地面积]是指在露地不适宜农作物生长的季节，采用保护设备创造适宜的环境条件栽培农作物的面积。例如在寒冷气候条件下通过采用温室、温床、冷床、塑料棚等设备，创造光照、温度、水分、通风等适宜的小气候环境，种植蔬菜、果类等高产高值作物的种植面积。

[7.园地面积]是指种植以采集果、叶、根、茎、汁为主的多年生木本或草本作物，覆盖率大于 50%，或每亩株数达到合理株数的 70%的土地。包括果园、茶园、桑园以及橡胶园等。果园面积：指种植果树的园地面积；茶园面积：指种植茶树的园地面积；桑园面积：指种植桑树的园地面积；其他园地面积：指除上述茶、果、桑园以外的园地面积。

[8.不同坡度耕地、园地面积]分别填写①平地（坡度≤5° 以下）、② 缓坡地（坡度 5°～15°）、③陡坡地（坡度＞15°）的耕地和园地面积。其中缓坡地的坡度 5°～15° 是指坡度大于 5° 且小于等于 15°。

[9.坡地种植方向及面积]种植方向是指作物栽培行的方向或作物垄的方向，分成①横坡种植和②顺坡种植两种。横坡种植指作物垄的方向和地块坡向方向成垂直的种植方式，顺坡种植则是作物垄的方向和地块坡向方向一致的种植方式。分别填写这两种种植方向的面积。

[10.耕作方式及面积]分别填写①免耕、②少耕和③常规耕作方式下的面积。免耕：指除播种或注入肥料外，不再搅动土壤。施肥可与播种同时进行，也可以在播前或出苗后进行；少耕：指将对土壤耕耘面积和耕耘次数减少到尽可能低的程度的耕作制度；常规：指土壤经过耕翻后多次耙压碎土的耕作方式。

[11.平地（坡度≤5°）主要种植模式及其代表面积]根据土地类型将平地分成耕地和园地两大类，其中耕地又分成水田和旱地（包括大田和保护地）两类，园地又分成果园和其他园地两类。根据种植模式又将“耕地－水田”（指标 11-1）分成单季稻、双季稻、麦稻轮作、油稻轮作、水生蔬菜和其他等 6 种种植模式，其中麦—稻—稻种植模式视同麦稻轮作，油—稻—稻种植模式视同油稻轮作，不在上述所列的 5 种种植模式下的填为“其他”类；将“耕地－旱地－大田”（指标 11-2-1）分成 1～6 种主要的种植模式；将“耕地－旱地－保护地”（指标 11-2-2）分成 1～4 种主要的种植模式；种植模式以种植作物名称和种植制度来描述，例如小麦玉米两种作物平作；代码以作物代码和种植制度符号进行标示，作物代码表见表 3-5，如果为两种作物平作，则用“—”符号连接，如果为两

种作物套作，则用“/”符号连接，如果为两种作物间作，则用“//”符号连接，例如小麦玉米两种作物平作，可表示为“LC02—LC03”。将“园地－果园”（指标 11-3）分成苹果、梨、柑橘、香蕉、桃、葡萄和其他果园这 7 种种植模式；将“园地－其他”（指标 11-4）分成茶园、桑园和其他园地这 3 种种植模式。分别填写上述各种土地类型下各类种植模式的种植面积。

[12.缓坡地（坡度 5°～15°）主要种植模式及其代表面积]根据土地类型将缓坡地分成梯田和非梯田两大类，其中梯田又分成耕地（包括水田和旱地）和园地（包括果园和其他）两大类。根据种植模式又将“梯田－耕地－水田”（指标 12-1）分成单季稻、双季稻、麦稻轮作、油稻轮作、水生蔬菜和其他等 6 种种植模式，其中麦—稻—稻种植模式视同麦稻轮作，油—稻—稻种植模式视同油稻轮作，不在上述所列的 5 种种植模式下的填为“其他”类；将“梯田－耕地－旱地”（指标 12-2）分成 1～4 种主要的种植模式，种植模式定义同指标 11；将“梯田－园地－果园”（指标 12-3）分成苹果、梨、柑橘、香蕉、桃、葡萄和其他果园这 7 种种植模式；将“梯田－园地－其他”（指标 12-4）分成茶园、桑园和其他园地这 3 种种植模式。将“非梯田－横坡/顺坡种植－旱地”（指标 12-5-1/12-6-1）分成 1～6 种主要的种植模式；将“非梯田－横坡/顺坡种植－果园”（指标 12-5-2/12-6-2）分成苹果、梨、柑橘、香蕉、桃、葡萄和其他果园这 7 种种植模式；将“非梯田－横坡/顺坡种植－其他”（指标 12-5-3/12-6-3）分成茶园、桑园和其他园地这 3 种种植模式。分别填写上述各种土地类型下各类种植模式的种植面积。

[13.陡坡地（坡度＞15°）主要种植模式及其代表面积]同指标 12。

全国污染源普查
China Pollution Source Census

农业源乡镇常用肥料清查表
2007 年

表　　号：QC2-3
制表机关：国务院第一次全国污染源普查领导小组办公室

1.乡镇名称	______省（自治区、直辖市）______地（市、州、盟、区）______县（区、市、旗）______乡（镇）						
2.行政区划代码	□□□□□□-□□□		3.联系人		4.联系电话		
序号	5.肥料名称	6.肥料代码	7.肥料类别	8.如果是有机肥，是否腐熟	9.养分含量（%）		
					N	P_2O_5	K_2O
（1）			①有机肥 ②化肥___				
（2）			①有机肥 ②化肥___				
（3）			①有机肥 ②化肥___				
（4）			①有机肥 ②化肥___				
（5）			①有机肥 ②化肥___				
（6）			①有机肥 ②化肥___				
（7）			①有机肥 ②化肥___				
（8）			①有机肥 ②化肥___				
（9）			①有机肥 ②化肥___				
（10）			①有机肥 ②化肥___				

注：如表格不够填写，请自行复印。

乡镇负责人：______　　普查员：：______　　填表日期：200____年____月____日

农业源乡镇常用肥料清查表指标解释与填报说明

（一）填表说明

本表以乡镇为一个填报单位。

（二）指标解释

[1.乡镇名称]指本乡镇所在的省（自治区、直辖市）、地（市、州、盟、区）、县（区、市、旗）和本乡镇的正式名称。

[2.行政区划代码]由所在地普查机构统一填写。按《第一次全国污染源普查指标解释与填报说明》附表 1《行政区划代码》，将乡镇所对应行政区划代码填写在方格内。不在《第一次全国污染源普查指标解释与填报说明》附表 1 提供范围内的县以下地区，由县（区）普查机构按下列规则编码填报。自行编码不得与已统一编制的代码重复。

行政区划代码共有 12 位阿拉伯数字，分为三段。本表只填报前 9 位代码，最后 3 位补“0”。

第一段为 6 位数字，表示县及县以上的行政区划。按最新的《中华人民共和国行政区划代码（GB/T 2260）》库中的代码填写。

第二段、第三段 6 位编码，表示县以下的行政区划。按国家统计局提供的《县以下行政区划代码》库中的代码填报（详见《第一次全国污染源普查指标解释与填报说明》附表 1《行政区划代码》）。该编码为按照 2006 年的全国行政区划编码。如 2007 年行政区划代码有变动的：

（1）县及县以上的行政区划有变动的，则县及县以上的行政区划代码（第 1～6 位码）按最新的《中华人民共和国行政区划代码（GB/T 2260）》填报；

（2）县以下行政区划有变化的，按编码原则自行编码。

县以下行政区划代码编码原则如下：

第二段为 3 位数字，表示街道、镇和乡；第二段 3 位代码中的第一位数字为类别标识，以“0”表示街道，“1”表示镇，“2”和“3”表示乡，“4”和“5”表示政企合一的单位；第二、三位数字为该代码段中各行政区划的顺序号。

（1）街道的代码从 001～099 由小到大顺序编写；

（2）镇的代码从 100～199 由小到大顺序编写；

（3）乡的代码从 200～399 由小到大顺序编写。

[3.联系人]填写本乡镇主管农业的乡镇长的姓名。

[4.联系电话]填写联系人的电话。

[5.肥料名称]指肥料的正式名称。如果是商品肥料，则填写肥料品牌名称，否则填写通用名称，按表 3-6 填写。要求填写完整，如直接使用“磷酸二铵”而不简化为“二铵”。如果不施用任何肥料，肥料名称填为“无”。

[6.肥料代码]按表 3-6 填写各种肥料相对应的代码。

表 3-6　主要肥料名称与代码对应表

氮肥	名称	尿素	碳酸氢铵	硫酸铵	硝酸铵	氯化铵	氨水	缓释尿素
	代码	FN01	FN02	FN03	FN04	FN05	FN06	FN07
磷肥	名称	普通过磷酸钙	钙镁磷肥	重过磷酸钙	磷矿粉			
	代码	FP01	FP02	FP03	FP04			
钾肥	名称	氯化钾	硫酸钾	硫酸钾镁				
	代码	FK01	FK02	FK03				
复合肥	名称	磷酸二铵	磷酸一铵	磷酸二氢钾	硝酸钾	有机无机复合肥	其他二元或三元复合肥	
	代码	FC01	FC02	FC03	FC04	FC05	FC06	
有机肥	名称	商品有机肥	鸡粪	猪粪	牛粪	其他禽粪	其他畜粪	其他有机肥
	代码	FM01	FM02	FM03	FM04	FM05	FM06	FM07

注：不施用任何肥料，代码为 FL00。

[7.肥料类别]分成有机肥和化肥两类。

[8.如果是有机肥，是否腐熟]指有机肥是否经过堆沤腐熟。

[9.养分含量]指肥料有效养分含量，对于商品肥料请参照肥料包装袋上的标示；对于非商品类有机肥（即农民自制的农家肥），请根据当地以往分析结果，填写该类有机肥的平均养分含量。

全国污染源普查
China Pollution Source Census

农业源乡镇常用农药清查表
2007 年

表　　号：QC2-4
制表机关：国务院第一次全国污染源普查领导小组办公室

1.乡镇名称	______省（自治区、直辖市）______地（市、州、盟、区）______县（区、市、旗）______乡（镇）										
2.行政区划代码	□□□□□□-□□□			3.联系人			4.联系电话				
序 号	5.农药名称	6.农药用途（①除草②杀虫③杀菌④其他）	7.有效成分			8.有效成分代码			9.有效成分含量（%）		
			第 1 种	第 2 种	第 3 种	第 1 种	第 2 种	第 3 种	第 1 种	第 2 种	第 3 种
（1）											
（2）											
（3）											
（4）											
（5）											
（6）											
（7）											
（8）											
（9）											
（10）											

注：如表格不够填写，请自行复印。

乡镇负责人：______________　　普查员：______________　　填表日期：200 ___年___月___日

农业源乡镇常用农药清查表指标解释与填报说明

（一）填表说明

本表以乡镇为一个填报单位。

（二）指标解释

[1.乡镇名称]指本乡镇所在的省（自治区、直辖市）、地（市、州、盟、区）、县（区、市、旗）和本乡镇的正式名称。

[2.行政区划代码]由所在地普查机构统一填写。按《第一次全国污染源普查指标解释与填报说明》附表 1《行政区划代码》，将乡镇所对应行政区划代码填写在方格内。不在《第一次全国污染源普查指标解释与填报说明》附表 1 提供范围内的县以下地区，由县（区）普查机构按下列规则编码填报。自行编码不得与已统一编制的代码重复。

行政区划代码共有 12 位阿拉伯数字，分为三段。本表只填报前 9 位代码，最后 3 位补“0”。

第一段为 6 位数字，表示县及县以上的行政区划。按最新的《中华人民共和国行政区划代码（GB/T 2260）》库中的代码填写。

第二段、第三段 6 位编码，表示县以下的行政区划。按国家统计局提供的《县以下行政区划代码》库中的代码填报（详见《第一次全国污染源普查指标解释与填报说明》附表 1《行政区划代码》）。该编码为按照 2006 年的全国行政区划编码。如 2007 年行政区划代码有变动的：

（1）县及县以上的行政区划有变动的，则县及县以上的行政区划代码（第 1～6 位码）按最新的《中华人民共和国行政区划代码（GB/T 2260）》填报；

（2）县以下行政区划有变化的，按编码原则自行编码。

县以下行政区划代码编码原则如下：

第二段为 3 位数字，表示街道、镇和乡；第二段 3 位代码中的第一位数字为类别标识，以“0”表示街道，“1”表示镇，“2”和“3”表示乡，“4”和“5”表示政企合一的单位；第二、三位数字为该代码段中各行政区划的顺序号。

（1）街道的代码从 001～099 由小到大顺序编写；

（2）镇的代码从 100～199 由小到大顺序编写；

（3）乡的代码从 200～399 由小到大顺序编写。

[3.联系人]填写本乡镇主管农业的乡镇长的姓名。

[4.联系电话]填写联系人的电话。

[5.农药名称]指农药的商品名称。

[6.农药用途]分成除草、杀虫、杀菌和其他四种用途。

[7.有效成分]有效成分名称采用中文通用名称表示，如毒死蜱、阿特拉津等都是有效成分通用名称。按表 3-7 填写有效成分。

[8.有效成分代码]按表 3-7 给出的主要农药有效成分对应的代码填写。

表 3-7　主要农药有效成分与代码对应表

农药有效成分	有效成分代码	农药有效成分	有效成分代码
毒死蜱	NY01	克百威	NY08
阿特拉津	NY02	吡虫啉	NY09
2,4-D 丁酯	NY03	其他有机磷类	NY10
丁草胺	NY04	其他有机氯类	NY11
乙草胺	NY05	其他菊酯类	NY12
涕灭威	NY06	其他氨基甲酸酯类	NY13
氟虫腈	NY07	其他类	NY14

[9.有效成分含量]农药的有效成分含量占总量的比例。

全国污染源普查 China Pollution Source Census

乡镇畜禽养殖业清查表
2007 年

表　　号：QC2-5
制表机关：国务院第一次全国污染源普查领导小组办公室

1.乡镇名称（公章）	______省（自治区、直辖市）______市（州、盟、区）______县（市、区、旗）______乡（镇）					
2.行政区划代码	□□□□□□-□□□	3.乡镇负责人		4.联系电话		
序号	5.名称 ①规模化养殖场（全称）②养殖小区（全称）③养殖专业户（户主姓名）	6.养殖种类：①猪②奶牛③肉牛④蛋鸡⑤肉鸡	7.养殖规模：①存栏②出栏	8.详细地址（村、组）	9.负责人	10.联系电话
1						
2						
3						
4						
5						
6						
7						
8						
9						

注：如表格不够填写，请自行复印。

乡镇负责人：______　　普查员：______　　填表日期：200___年___月___日

乡镇畜禽养殖业清查表填报说明

（一）填表说明

1．本表以乡镇为一个填报单位，填报范围为全乡镇范围内 2007 年所有规模化畜禽养殖场、畜禽养殖小区、畜禽养殖专业户。

2．规模化畜禽养殖场：饲养猪、奶牛、肉牛、蛋鸡和肉鸡，并且畜禽饲养数量达到一定数量范围的畜禽养殖场。养殖规模如下：猪（出栏）≥500 头，奶牛（存栏）≥100 头，肉牛（出栏）≥200 头、蛋鸡（存栏）≥20 000 羽、肉鸡（出栏）≥50 000 羽。

畜禽养殖小区：是指在统一规划的区域内，由多个养殖业主共同组成、按照统一操作规程进行养殖、管理的养殖方式，对畜禽养殖小区的规模没有限定。

畜禽养殖专业户：除规模化养殖场外，饲养猪、奶牛、肉牛、蛋鸡和肉鸡，并且畜禽饲养数量达到一定规模[猪（出栏）≥50 头，奶牛（存栏）≥5 头，肉牛（出栏）≥10 头、蛋鸡（存栏）≥500 羽、肉鸡（出栏）≥2 000 羽]的养殖场和养殖专业户。

（二）指标解释

[1.乡镇名称]指本乡镇所在的省（自治区、直辖市）、市（州、盟、区）、县（区、市、旗）和本乡镇的正式名称。地址按照民政部门认可的名称填写。

[2.行政区划代码]根据名称填写相对应的行政区划代码。由所在地普查机构统一填写。按《第一次全国污染源普查指标解释与填报说明》附表 1《行政区划代码》，将乡镇所对应行政区划代码填写在方格内。不在《第一次全国污染源普查指标解释与填报说明》附表 1 提供范围内的县以下地区，由县（区）普查机构按下列规则编码填报。自行编码不得与已统一编制的代码重复。

行政区划代码共有 12 位阿拉伯数字，分为三段。本表只填报前 9 位代码，最后 3 位补“0”。

第一段为 6 位数字，表示县及县以上的行政区划。按最新的《中华人民共和国行政区划代码（GB/T 2260）》库中的代码填写。

第二段、第三段 6 位编码，表示县以下的行政区划。按国家统计局提供的《县以下行政区划代码》库中的代码填报（详见《第一次全国污染源普查指标解释与填报说明》附表 1《行政区划代码》）。该编码为按照 2006 年的全国行政区划编码。如 2007 年行政区划代码有变动的：

（1）县及县以上的行政区划有变动的，则县及县以上的行政区划代码（第 1～6 位码）按最新的《中华人民共和国行政区划代码（GB/T 2260）》填报；

（2）县以下行政区划有变化的，按编码原则自行编码。

县以下行政区划代码编码原则如下：

第二段为 3 位数字，表示街道、镇和乡；第二段 3 位代码中的第一位数字为类别标识，以“0”表示街道，“1”表示镇，“2”和“3”表示乡，“4”和“5”表示政企合一的单位；第二、三位数字为该代码段中各行政区划的顺序号。

（1）街道的代码从 001～099 由小到大顺序编写；

（2）镇的代码从 100～199 由小到大顺序编写；

（3）乡的代码从 200～399 由小到大顺序编写。

[3.乡镇负责人]本乡镇负责提供畜禽污染源清查信息的联系人。

[4.联系电话]乡镇负责人的联系电话。

[5.名称①规模化养殖场（全称）②养殖小区（全称）③养殖专业户（户主姓名）]规模化畜禽养殖场选择①，填写在虚线上，并在虚线旁边填写养殖场的全称；畜禽养殖小区选择②，填写在虚线上，并在虚线旁边填写养殖小区的全称；畜禽养殖专业户场选择③，填写在虚线上，并在虚线旁边填写户主姓名。

[6.养殖种类]在①猪②奶牛③肉牛④蛋鸡⑤肉鸡中选择被清查的养殖场/小区/专业户所饲养的畜禽种类，把相应的序号填写在虚线上。

[7.养殖规模]被清查的养殖场/小区/专业户所饲养的规模。奶牛和蛋鸡为存栏数，在虚线上填写①，并在虚线旁边填写存栏数量；猪、肉牛和肉鸡为出栏数，在虚线上填写②，并在虚线旁边填写出栏数量。

[8.详细地址]指本畜禽养殖场或养殖专业户生产场所实际所在地的详细地址。地址按照民政部门认可的名称填写。

[9.负责人]具有法人资格的养殖场填写法人名称，没有法人资格的养殖场和养殖小区填写负责人姓名，养殖户填写户主名称。

[10.联系电话]被清查的养殖场/小区的负责人或者养殖专业户户主的联系电话。

全国污染源普查
China Pollution Source Census

乡镇水产养殖业污染源清查表
2007 年

表　　号：QC2-6
制表机关：国务院第一次全国污染源普查领导小组办公室

1.乡镇名称（公章）	______省（自治区、直辖市）______市（州、盟、地区）______县（市、区、旗）______乡（镇）
2.行政区划代码	□□□□□□-□□□
3.乡镇负责人	
4.联系电话	

序号	5.名称 ①规模化养殖场（全称） ②养殖专业户（户主姓名）	6.养殖水体 ①淡水养殖 ②海水养殖	7.养殖类型 ①池塘养殖②工厂化养殖③网箱养殖④围栏养殖⑤浅海筏式养殖⑥滩涂增养殖⑦其他	8.主要养殖种类	9.产量（吨/年）	10.面积/体积（亩/m^3）	11.详细地址（村、组）	12.负责人	13.联系电话
1	—	—	—						
2	—	—	—						
3	—	—	—						
4	—	—	—						
5	—	—	—						
6	—	—	—						
7	—	—	—						
8	—	—	—						
9	—	—	—						

注：如表格不够填写，请自行复印。

乡镇负责人：________　　普查员：________　　填表日期：200____年____月____日

乡镇水产养殖业污染源清查表填报说明

（一）填表说明

本表以乡镇为一个填报单位，填报范围为全乡镇范围内 2007 年所有规模化养殖场和除规模化养殖场以外的水产养殖专业户。其中，规模化养殖场是指经有关部门批准的具有法人资格的水产养殖场；养殖专业户是指除规模化养殖场以外的水产养殖户或养殖单位。

（二）指标解释

[1.乡镇名称]指本乡镇所在的省（自治区、直辖市）、地（市、州、盟）、县（区、市、旗）和本乡镇的正式名称。地址按照民政部门认可的名称填写。

[2.行政区划代码]根据名称填写相对应的行政区划代码。由所在地普查机构统一填写。按《第一次全国污染源普查指标解释与填报说明》附表 1《行政区划代码》，将乡镇所对应行政区划代码填写在方格内。不在《第一次全国污染源普查指标解释与填报说明》附表 1 提供范围内的县以下地区，由县（区）普查机构按下列规则编码填报。自行编码不得与已统一编制的代码重复。

行政区划代码共有 12 位阿拉伯数字，分为三段。本表只填报前 9 位代码，最后 3 位补“0”。

第一段为 6 位数字，表示县及县以上的行政区划。按最新的《中华人民共和国行政区划代码（GB/T 2260）》库中的代码填写。

第二段、第三段 6 位编码，表示县以下的行政区划。按国家统计局提供的《县以下行政区划代码》库中的代码填报（详见《第一次全国污染源普查指标解释与填报说明》附表 1《行政区划代码》）。该编码为按照 2006 年的全国行政区划编码。如 2007 年行政区划代码有变动的：

（1）县及县以上的行政区划有变动的，则县及县以上的行政区划代码（第 1～6 位码）按最新的《中华人民共和国行政区划代码（GB/T 2260）》填报；

（2）县以下行政区划有变化的，按编码原则自行编码。

县以下行政区划代码编码原则如下：

第二段为 3 位数字，表示街道、镇和乡；第二段 3 位代码中的第一位数字为类别标识，以“0”表示街道，“1”表示镇，“2”和“3”表示乡，“4”和“5”表示政企合一的单位；第二、三位数字为该代码段中各行政区划的顺序号。

（1）街道的代码从 001～099 由小到大顺序编写；

（2）镇的代码从 100～199 由小到大顺序编写；

（3）乡的代码从 200～399 由小到大顺序编写。

[3.乡镇负责人]本乡镇负责提供水产污染源清查信息的联系人。

[4.联系电话]乡镇负责人的联系电话。

[5.名称]填写规模化养殖场的名称全称或养殖专业户的户主姓名（首先填写规模化养殖场，其次填写养殖专业户），每一行填写一个规模化养殖场或一个养殖专业户，并在规

模化养殖场的名称全称或养殖专业户的户主姓名前加数字，规模化养殖场名称前加 1，养殖专业户名称前加 2。

[6.养殖水体]填写该规模化养殖场或养殖专业户是属于淡水养殖还是海水养殖，用数字表示，1 代表淡水养殖，2 代表海水养殖。

[7.养殖类型]填写该规模化养殖场或养殖专业户是属于池塘养殖、工厂化养殖、网箱养殖、围栏养殖、浅海筏式养殖、滩涂增养殖中的哪一种或几种，未在上述养殖类型范围内的属于其他，用数字表示，1 代表池塘养殖、2 代表工厂化养殖、3 代表网箱养殖、4 代表围栏养殖、5 代表浅海筏式养殖、6 代表滩涂增养殖、7 代表其他，若该规模化养殖场或养殖专业户有两种以上的养殖类型，可填写所对应的两个以上的数字，两个数字之间用“；”分开。

[8.主要养殖种类]填写该规模化养殖场或养殖专业户的主要养殖种类。

[9.产量]填写该规模化养殖场或养殖专业户 2007 年的养殖产量，以吨表示。

[10.面积/体积]填写该规模化养殖场或养殖专业户 2007 年的养殖面积，以亩表示，若养殖类型为工厂化养殖可以养殖立方水体（单位：m^3）表示。

[11.详细地址]指本水产养殖场或养殖专业户生产场所实际所在地的详细地址。地跨几个行政村的水产养殖场详细地址不要填写。地址按照民政部门认可的名称填写。

[12.负责人]具有法人资格的养殖企业填写法人名称，没有法人资格的养殖场填写负责人姓名，养殖户填写户主名称。

[13.联系电话]填写法人或户主的联系电话。

全国污染源普查
China Pollution Source Census

农村生活污染源行政村清查表
2007 年

表　　号：QC2-7
制表机关：国务院第一次全国污染源普查领导小组办公室

1.村名		2.所属乡镇	______省（直辖市）______市（州、区）______县（区、市）______乡（镇）				
3.联系人		4.联系电话		5.所属流域	①太湖　②巢湖　③滇池　④三峡库区______		
6.行政区划代码	□□□□□□-□□□-□□□		7.户籍户数	（户）	8.户籍人口	（人）	
9.户籍常住人口	（人）	10.外来常住人口		（人）	11.农民人均纯收入	（元/年）	
12.高收入-有下水人数	12-1 有处理设施	（人）		13.高收入-无下水人数	（人）		
	12-2 无处理设施	（人）					
14.中等收入-有下水人数	14-1 有处理设施	（人）		15.中等收入-无下水人数	（人）		
	14-2 无处理设施	（人）					
16.低收入-有下水人数	16-1 有处理设施	（人）		17.低收入-无下水人数	（人）		
	16-2 无处理设施	（人）					
18.受纳水体名称				19.受纳水体代码	□□□□□□□□□□		

行政村负责人：______________　　普查员：______________　　填表日期：200____年____月____日

农村生活污染源行政村清查表指标解释与填报说明

[1.村名]填写行政村的正式名称。

[2.所属乡镇]填写清查行政村所在地的详细地址。要求写明村所在的省（直辖市）、地（区、市、州）、县（区、市）、乡（镇）名称。

[3.联系人]填写清查行政村依法行使管理职权的主要负责人，如村长、村书记等村民代表的户籍姓名。

[4.联系电话]填写联系人的电话。

[5.所属流域]指从行政管理和地理位置上所属的流域，分成①太湖，②巢湖，③滇池流域，④三峡库区。

[6.行政区划代码]填写该村所对应的行政区划代码。由所在地普查机构统一填写。根据调查对象的详细地址，按《第一次全国污染源普查指标解释与填报说明》附表 1《行政区划代码》，将相应行政区划代码填写在方格内。不在《第一次全国污染源普查指标解释与填报说明》附表 1 提供范围内的县以下地区，由县（区）普查机构按下列规则编码填报。自行编码不得与已统一编制的代码重复。

行政区划代码共有 12 位阿拉伯数字，分为三段。

第一段为 6 位数字，表示县及县以上的行政区划。按最新的《中华人民共和国行政区划代码（GB/T 2260）》库中的代码填写。

第二段、第三段 6 位编码，表示县以下的行政区划。按国家统计局提供的《县以下行政区划代码》库中的代码填报（详见《第一次全国污染源普查指标解释与填报说明》附表 1《行政区划代码》）。该编码为按照 2006 年的全国行政区划编码。如 2007 年行政区划代码有变动的：

（1）县及县以上的行政区划有变动的，则县及县以上的行政区划代码（第 1～6 位码）按最新的《中华人民共和国行政区划代码（GB/T 2260）》填报；

（2）县以下行政区划有变化的，按编码原则自行编码。

县以下行政区划代码编码原则如下：

第二段为 3 位数字，表示街道、镇和乡；第二段 3 位代码中的第一位数字为类别标识，以“0”表示街道，“1”表示镇，“2”和“3”表示乡，“4”和“5”表示政企合一的单位；第二、三位数字为该代码段中各行政区划的顺序号。

（1）街道的代码从 001～099 由小到大顺序编写；

（2）镇的代码从 100～199 由小到大顺序编写；

（3）乡的代码从 200～399 由小到大顺序编写；

（4）政企合一单位的代码从 400～599 由小到大顺序编写。

第三段的 3 位数字，表示居民委员会和村民委员会的代码，用 3 位顺序码表示。具体编码方法如下：

（1）居民委员会的代码从 001～199 由小到大顺序编写；

（2）村民委员会的代码从 200～399 由小到大顺序编写。

行政区划编码中的地址名称应采用民政部门认可的正式名称。

[7.户籍户数]是指在本村居住一年以上的户籍在本村的农户户数。

[8.户籍人口]是指在本村居住一年以上的户籍在本村的人口。

[9.户籍常住人口]是指户籍在本村且一年中有半年以上时间居住在本村的人口数。

[10.外来常住人口]是指户籍不在本村，但一年中有半年以上时间居住在本村的外来人口数。

[11.农民人均纯收入]“纯收入”指的是农村居民当年从各个来源渠道得到的总收入，相应地扣除获得收入所发生的费用后的收入总和。“农民人均纯收入”指的是按农村人口平均的“农民纯收入”，反映的是一个国家或地区农村居民收入的平均水平。

[12.高收入—有下水人数][13.高收入—无下水人数][14.中等收入—有下水人数][15.中等收入—无下水人数][16.低收入—有下水人数][17.低收入—无下水人数]高收入、中等收入和低收入标准由各流域所包含省（市）级普查机构农业组自行协商确定，同一流域制定统一的收入标准。下水是指农户家中生活污水经管道有组织排入沼气池、处理设施或户外沟渠等。这里的处理设施是指以污水处理后排放为主要目的的处理设施，如农村的污水净化池。

各类型人数是指该类农户户籍常住人口与租、借住该类农户房屋的外来常住人口数之和。

[18.受纳水体名称]是指排水最终汇入当地县、市、区、旗或上一级区域内较大的江、河、湖泊、海域名称。其中江、河长度在 10km 以上，湖泊面积在 1km^2 以上（如××河、××港、××江、××湖、××海湾等）。

[19.受纳水体代码]水体代码要按照统一给定的编码规则填报。其中，流域编码由 10 位数码组成，前 8 位采用国家环境保护总局编制的《环境信息标准化手册第 2 卷》（中国标准出版社出版）“全国环境系统河流代码表”（详见第一次污染源普查表指标解释与填报说明附表 6《全国环境系统河流代码表》）。海域代码分别是：1—渤海，2—黄海，3—东海，4—南海。

《全国环境系统河流代码表》中未编入的河流，可按编码方法在相应的空码上继续编排，并可扩展至第 9～10 位，如无扩编码应在第 9、10 位格内补“0”。如确实编码困难，可按汇入的上一级河流代码填报。对于跨省河流编码，请报全国污染源普查工作办公室数据组统一编码；对于省内河流，如其上一级河流也完全在省内，则由省普查机构编码并报全国污染源普查工作办公室备案；如上一级河流跨省，则需报全国污染源普查工作办公室统一编码。

全国污染源普查
China Pollution Source Census

生活源清查表
2007 年

表　　号：QC3 表
制表机关：国家环境保护总局
国务院第一次全国污染源普查领导小组办公室

1.清查小区名称	＿＿＿省（自治区、直辖市）＿＿＿地（区、市、州、盟）＿＿＿县（市、区、旗） ＿＿＿乡（镇）＿＿＿街（村）＿＿＿社区（村委会）
2.行政区划代码	□□□□□□-□□□-□□□（普查机构填写）

序号	3.单位名称	4.联系人	5.联系电话	6.单位地址（街道（村）门牌号）	7. 行业类别	8.行业特征硬件（行业经营规模）

注：1. 如表格不够填写，请自行复印。　2. 清查涉及的行业类别与行业特征硬件（行业经营规模）。

行业类别	住宿业	餐饮业	洗染业	理发及美容保健业		洗浴业	摄影扩印业	汽车、摩托车维修与保养业	医院
行业特征硬件（行业经营规模）	床位数量	餐位数量	设备总容量	理发座位数量	美容保健床位数量	衣柜数量	设备容量	有无洗车设备，经营面积	住院床位数量

普查员：＿＿＿＿＿＿　普查指导员：＿＿＿＿＿＿　填表日期：200＿＿年＿＿月＿＿日

生活源清查表填报说明

一、填报说明

本表以清查小区为单位填报。填报范围为清查小区内截至清查时所有从事住宿业、餐饮业、居民服务业的全部法人单位、产业活动单位、个体经营户（已建成，开始试营业、暂时停业的经营单位，未经有关部门登记注册、没有领取《营业执照》但有相对固定场所、实际从事上述服务业活动的单位和个体经营户列入清查范围），以及医院、学校、机关事业单位。

二、指标解释

[1.清查小区]写明清查小区所在的省（自治区、直辖市）、地（区、市、州、盟）和县（市、区、旗）、乡（镇）、街道（村）的名称。

[3.单位名称]按法人登记或工商行政管理部门核准的名称填写。单位名称应与单位公章所使用的名称一致。个体工商户等没有公章的，由业主或联系人签章。

[4.联系人]填报单位环保联系人或负责提供清查信息人员的姓名。

[5.联系电话]填报联系人的电话。

[6.单位地址]指清查单位经营场所实际所在地的详细地址。要求写明单位所在的具体街（村）的名称和详细的门牌号码，不得填写通讯号码或通讯信箱号码。连锁经营单位所属的二级单位，一律按本二级单位所在地址填写。

[7.行业类别，8.行业特征硬件（行业经营规模）]

①住宿业填写床位数（张），餐饮业填写餐位数（个）；②洗染业填写洗染设备总容量；③理发及美容保健服务业中理发业填写座位数（个），美容保健业填写床位数（张）；④洗浴服务业填写衣柜数（个）；⑤摄影扩印服务业填写设备总能力（张/时）；⑥汽车、摩托车维护与保养服务业填写有无洗车设备、经营面积（米^2）；⑦医院填写床位数（张）；⑧机关、学校、事业单位独立燃烧设施填写锅炉总台数（台）。

[住宿业床位数]指报告期内住宿业清查单位所拥有的固定床位数量。计量单位为张。

[餐饮业餐位数]指报告期内餐饮业清查单位所拥有的固定餐位数量。计量单位为个。

[洗染业设备总容量]指报告期内洗染服务业清查单位所拥有的洗染设备总容量，包括干洗和水洗设备。计量单位为公斤。

[美容保健业床位数]指报告期内美容保健服务业清查单位所拥有的床位数量。计量单位为张。

[理发业座位数]指报告期内理发服务业清查单位所拥有的座位数量。计量单位为个。

[洗浴服务业衣柜数]指报告期内洗浴服务业清查单位所拥有的衣柜数量。计量单位为个。

[摄影扩印业设备总能力（张/时）]指报告期内摄影扩印服务业清查单位所拥有的冲印

设备一个小时内洗印照片的张数。计量单位为张/时。

[汽车、摩托车维护与保养服务业经营面积]指报告期内汽车、摩托车维护与保养服务业清查单位有无洗车设备，所拥有的固定经营面积。计量单位为米^2。

[医院床位数]指医疗清查单位的固定实有床位数，包括正规床、简易床、监护床和正在消毒、修理的床位及因扩建或大修理而停用的床位（按扩建或大修理前的床位计算），但不包括产科的新生儿床、库存床、临时增设的床位、病人家属的陪床、接产室的待产床等。计量单位为张。

[机关、事业单位独立燃烧设施的锅炉总台数]指机关、学校、事业单位清查单位所拥有的锅炉总台数，包括在用和备用的。计量单位为台。

全国污染源普查
China Pollution Source Census

集中式污染治理设施清查表
2007 年

表　　号：QC4 表
制表机关：国家环境保护总局
国务院第一次全国污染源普查领导小组办公室

1.清查小区名称	________省（自治区、直辖市）________地（区、市、州、盟）________县（市、区、旗）________乡（镇）________街（村）				
2.行政区划代码	□□□□□□-□□□-□□□（普查机构填写）				
序号	3.单位名称	4.联系人	5.联系电话	6.单位地址[街道（村）门牌号]	7.集中式污染治理设施类别

注：1. 如表格不够填写，请自行复印。
2. 集中式污染治理设施类别：城镇污水处理厂，垃圾处理厂（场）、危险废物处置厂和医疗废物处置厂。

普查员：________　　普查指导员：________　　填表日期：200____年____月____日

集中式污染治理设施清查表填报说明

一、填报说明

本表以清查小区为单位填报。填报范围为清查小区范围内截至 2007 年末所有城镇污水处理厂，垃圾处理厂（场）、危险废物处置厂和医疗废物处置厂。

二、指标解释

[1.清查小区]写明清查小区所在的省（自治区、直辖市）、地（市、州、盟）和县（市、区、旗）、乡（镇）、街道（村）的名称。

[3.单位名称]按法人登记或工商行政管理部门核准的名称填写。单位名称应与单位公章所使用的名称一致。

[4.联系人姓名]填报单位环保联系人或负责提供清查信息人员的姓名。

[5.联系人电话]填报联系人的电话。

[6.单位地址]指清查单位经营场所实际所在地的详细地址。要求写明单位所在的具体街（村）的名称和详细的门牌号码，不得填写通讯号码或通讯信箱号码。连锁经营单位所属的二级单位，一律按本二级单位所在地址填写。

[7.集中式污染治理设施类别]填写集中式污染治理设施属于城镇污水处理厂，垃圾处理厂（场）、危险废物处置厂和医疗废物处置厂的一种。

注意：单独处置医疗废物的处置厂填写医疗废物处置厂，若医疗废物与其他危险废物一同处理的处置厂则填写危险废物处置厂。

污染源清查名录汇总表
2007 年

表　　号：QC5 表
制表机关：国家环境保护总局
国务院第一次全国污染源普查领导小组办公室

普查对象	普查范围	普查类别	普查对象数	普查表格数	普查员数	指导员数
1.清查小区名称	________省（自治区、直辖市）________地（区、市、州、盟）________县（市、区、旗）________乡（镇）________街（村）					
2.行政区划代码	□□□□□□-□□□-□□□（普查机构填写）					
工业源	重点源	有重金属、危险废物、放射性物质排放				
		11 个重污染行业				
		16 个重点行业				
	一般源	—				
农业源	种植业	分散农户				
		乡镇				
		农场				
	畜禽养殖业	规模化养殖小区				
		养殖专业户				
	渔业	淡水养殖场				
		近海滩涂养殖场				
		淡水养殖专业户				
		近海滩涂养殖专业户				
	流域生活	行政村				
		5%农户数量				

生活源	三产	住宿业				
		餐饮业				
		洗染业				
	三产	理发及美容保健业				
		洗浴业				
		摄影扩印业				
		汽车、摩托车维修与保养业				
		医院				
	机关、事业（含大中专院校）	非社会化独立燃烧设施额定出力≥0.7 兆瓦				
	地域生活	市区				
		县				
		建制镇				
集中式污染治理设施		城镇污水处理厂				
		垃圾处理厂（场）				
		危险废物处置厂				
		医疗废物处置厂				

普查员：________　　普查指导员：________　　填表日期：20____年____月____日

关于印发《工业源及集中式污染治理设施普查技术规定》等七项技术规定的通知

国污普办[2007]17 号

各省、自治区、直辖市污染源普查领导小组办公室，新疆生产建设兵团环境保护局，全军环办：

为贯彻落实《国务院关于开展第一次全国污染源普查的通知》（国发[2006]36号）和《国务院办公厅关于印发第一次全国污染源普查方案的通知》（国办发[2007]37号）的要求，指导地方各级污染源普查机构做好污染源普查工作，确保第一次全国污染源普查顺利完成，全国污染源普查工作办公室组织制定了《工业污染源及集中式污染治理设施监测技术规定》等九项技术规定。其中《工业污染源及集中式污染治理设施监测技术规定》和《放射性污染源普查监测技术规定》已印发。《工业源及集中式污染治理设施普查技术规定》等七项技术规定经普查试点地区验证，并先后由国务院第一次全国污染源普查领导小组办公室和国家环保总局全国污染源普查协调小组会议审定，现印发给你们，请在组织实施第一次全国污染源普查工作中遵照执行。

附件一:《工业源及集中式污染治理设施普查技术规定》
附件二:《农业源普查技术规定》
附件三:《重点流域农村生活源调查技术规定》
附件四:《生活源普查技术规定》
附件五:《全国污染源普查质量管理技术规定》
附件六:《全国污染源普查数据审核技术规定》
附件七:《全国污染源普查数据录入与传输技术规定》

国务院第一次全国污染源普查领导小组办公室
二〇〇七年十二月四日

附件一：

第一次全国污染源普查技术规定之三
《工业源及集中式污染治理设施普查技术规定》

为规范全国工业污染源（以下简称工业源）及集中式污染治理设施的普查工作，根据《国务院关于开展第一次全国污染源普查的通知》和《第一次全国污染源普查方案》，制订本规定。

一、目的

（一）规范工业源及集中式污染治理设施普查工作，保证普查工作质量。

（二）确定工业源及集中式污染治理设施普查的具体对象、技术路线、方法、内容和步骤。

（三）指导工业源及集中式污染治理设施普查表式的设计和普查软件的开发应用。

二、普查对象

（一）普查对象

工业源的普查对象为《国民经济行业分类》（GB/T 4754—2002）中采矿业，制造业，电力、燃气及水的生产和供应业 3 个门类 39 个行业的所有产业活动单位；集中式污染治理设施的普查对象为各类集中式污染治理设施运营单位。

产业活动单位包括：（1）经各级工商行政管理部门核准登记，领取《营业执照》的各类工业企业生产单位；（2）未经有关部门批准但实际从事工业生产经营活动、有或可能有污染物产生的产业活动单位。

（二）普查对象的确定

1．工业源和集中式污染治理设施一律按照属地原则确定普查对象，以县级行政区划为划分属地的基本区域。

（1）大型联合企业所属二级单位，一律纳入该二级单位所在地普查。

（2）同一企业分布在不同区域的厂区，纳入各厂区所在区域普查。

（3）大型公共供暖企业按照企业各生产场所或生产设施（锅炉）所在区域，纳入区域普查。

2．至 2007 年 12 月 31 日以前新建已验收的企业纳入本次普查；投入试生产、试运行，已造成事实排污累计 30 天及以上的新建项目，纳入本次普查；试生产、试运行不足 30 天的新建项目，不纳入本次普查。

2007 年 12 月 31 日以前投入运行、试运行的集中式污染治理设施（包括污水处理厂、垃圾处理厂/场、危险废物处置厂和医疗废物处置厂），不论是否通过验收，均纳入本次普查。

3．在 2007 年度停产的产业活动单位，纳入本次普查。

4．2007年12月31日以前关闭的产业活动单位，不纳入本次普查。

三、普查范围

（一）工业源

按照全面普查、突出重点的原则，根据工业源的规模、排污特点和排污量，本次普查将工业源划分为重点污染源（详见表3-8）和一般污染源（除表3-8外其他工业行业的产业活动单位），分别进行详细调查和简要调查。

表3-8　重点污染源行业分类

①有重金属、危险废物或放射性物质产生的所有产业活动单位	
②以下工业行业中所有产业活动单位：	
食品制造业（C14）	石油加工、炼焦及核燃料加工业（C25）
化学原料及化学制品制造业（C26）	黑色金属冶炼及压延加工业（C32）
有色金属冶炼及压延加工业（C33）	
农副食品加工业（C13）	
食用植物油加工（1331）	非食用植物油加工（1332）
制糖（1340）	畜禽屠宰（1351）
肉制品及副产品加工（1352）	水产品冷冻加工（1361）
鱼糜制品及水产品干腌制加工（1362）	水产饲料制造（1363）
鱼油提取及制品的制造（1364）	其他水产品加工（1369）
淀粉及淀粉制品的制造（1391）	豆制品制造（1392）
蛋品加工（1393）	其他未列明的农副食品加工（1399）
纺织业（C17）	
棉、化纤印染精加工（1712）	毛条加工（1721）
毛纺织（1722）	毛染整精加工（1723）
麻纺织（1730）	缫丝加工（1741）
丝印染精加工（1743）	毛制品制造（1752）
无纺布制造（1757）	其他纺织制成品制造（1759）
皮革、毛皮、羽毛（绒）及其制品业（C19）	
皮革鞣制加工（1910）	毛皮鞣制加工（1931）
羽毛（绒）加工（1941）	
造纸及纸制品业（C22）	

纸浆制造（2210）	机制纸及纸板制造（2221）
手工纸制造（2222）	纸和纸板容器的制造（2231）
其他纸制品制造（2239）	
非金属矿物制品业（C31）	石灰和石膏制造（3112）
水泥制造（3111）	黏土砖瓦及建筑砌块制造（3131）
石棉水泥制品制造（3123）	建筑用石加工（3133）
建筑陶瓷制品制造（3132）	隔热和隔音材料制造（3135）
防水建筑材料制造（3134）	平板玻璃制造（3141）
其他建筑材料制造（3139）	玻璃纤维及制品制造（3147）
日用玻璃制品及玻璃包装容器制造（3145）	卫生陶瓷制品制造（3151）
玻璃纤维增强塑料制品制造（3148）	日用陶瓷制品制造（3153）
特种陶瓷制品制造（3152）	石棉制品制造（3161）
园林、陈设艺术及其他陶瓷制品制造（3159）	
云母制品制造（3162）	耐火陶瓷制品及其他耐火材料制造（3169）
石墨及碳素制品制造（3191）	其他非金属矿物制品制造（3199）
电力、热力的生产和供应业（D44）	
火力发电（4411）	核力发电（4413）
热力生产和供应（4430）	
③以下工业行业中规模以上的产业活动单位：	
煤炭开采和洗选业（B06）	黑色金属矿采选业（B08）
有色金属矿采选业（B09）	非金属矿采选业（B10）
医药制造业（C27）	化学纤维制造业（C28）
石油和天然气开采业（B07）	
天然原油和天然气开采（0710）	
饮料制造业（C15）	
酒精制造（1510）	白酒制造（1521）
啤酒制造（1522）	黄酒制造（1523）
葡萄酒制造（1524）	其他酒制造（1529）
果菜汁及果菜汁饮料制造（1533）	含乳饮料和植物蛋白饮料制造（1534）
固体饮料制造（1535）	茶饮料及其他软饮料制造（1539）
木材加工及木、竹、藤、棕、草制品业（C20）	
胶合板制造（2021）	纤维板制造（2022）
刨花板制造（2023）	其他人造板、材制造（2029）
通用设备、计算机及其他电子设备制造业（C40）	
广播电视节目制作及发射设备制造（4031）	电子真空器件制造（4051）
半导体分立器件制造（4052）	集成电路制造（4053）
光电子器件及其他电子器件制造（4059）	电子元件及组件制造（4061）
印制电路板制造（4062）	
水的生产和供应业（D46）	
污水处理及其再生利用（4620）	
④以下行业中有电镀、熔炼、喷漆工艺的规模以上的产业活动单位：	
金属制品业（C34）	专用设备制造业（C36）
通用设备制造业（C35）	交通运输设备制造业（C37）

注：规模以上企业为全部国有工业企业和全部年产品销售收入500万元及以上的非国有工业企业。

（二）集中式污染治理设施

集中式污染治理设施普查范围包括：污水处理厂、垃圾处理厂（场）、危险废物处置厂和医疗废物处置厂等。

1．污水处理厂：包括所有城镇污水处理厂、工业废（污）水集中处理设施和其他污水处理设施。不包括氧化塘、渗水井、化粪池、改良化粪池、无动力地埋式污水处理装置和土地处理系统。

城镇污水处理厂：指在城市（镇）或工业区，城市污水（生活污水和工业废水）通过排水管道集中于一个或几个处所，并利用由各种处理单元组成的污水处理系统进行净化处理，最终使处理后的污水和污泥达到规定要求后排放或再利用的设施。

工业废（污）水集中处理设施：指提供社会化有偿服务、专门从事为工业园区、联片工业企业或周边企业处理工业废水（包括一并处理周边地区生活污水）的集中设施或独立运营的单位。不包括企业内部的污水处理设施。

其他污水处理设施：指对不能纳入城市污水收集系统的居民区、风景旅游区、度假村、疗养院、机场、铁路车站以及其他人群聚集地排放的污水进行就地集中处理的设施。

2．垃圾处理厂（场）：包括垃圾填埋厂（场）、垃圾堆肥厂（场）和垃圾焚烧厂（场）（包括垃圾发电厂）。

3．危险废物处置厂：指提供社会化有偿服务，将多个工业企业或多个事业单位、第三产业或居民生活产生的危险废物集中起来进行焚烧、填埋等处置的场所或单位。不包括企业内部自建自用的危险废物处置装置。

4．医疗废物处置厂：指将医疗废物集中起来进行处置的场所或单位，不包括医院自建自用的医疗废物处置设施。

医疗废物包括各类医疗卫生机构在医疗、预防、保健、教学、科研以及其他相关活动中产生的具有直接或间接感染性、毒性以及其他危害性的废物，包括感染性废物、病理性废物、损伤性废物、药物性废物、化学性废物以及其他危险废物。

四、普查内容

（一）工业源

1．重点污染源普查内容：（1）工业企业的基本情况，包括单位名称、代码、位置信息、联系方式、经济规模、登记注册类型、行业分类等；（2）主要产品、主要原辅材料消耗量、能源结构和消耗量以及与污染物排放相关的燃料含硫量、灰分等；（3）用水、排水情况，包括排水去向信息；（4）各类产生污染的设施情况，以及各类污染处理设施建设、运行情况等；（5）废水和废气的产、排污及综合利用情况；（6）固体废物（包括危险废物）的产生、利用、处置、贮存及倾倒丢弃情况；（7）污染源监测结果；（8）电磁辐射设备和放射性同位素与射线装置情况。

稀土、铌/钽、锆石和氧化锆、锡、铅/锌矿、铜、铁、磷酸盐、煤、铝和钒等 11 类矿产资源的采选、冶炼和加工企业，其采选的矿石或冶炼加工的主要原材料及主要废物，经初测达到下列条件之一的，纳入伴生放射性污染源普查：

（1）矿石或主要原材料（如精矿）中 U、Th 系核素的含量大于 0.1Bq/g；

（2）矿石或主要原材料（如精矿）表面 1m 处的 γ 剂量率超出“当地本底水平”＋50nGy/h；

（3）主要废物（如尾矿、尾渣）表面 1m 处的 γ 剂量率超出“当地本底水平”+50nGy/h。

对纳入伴生放射性污染源普查的企业，普查内容增加伴生放射性矿产品开采量或冶炼加工原料的使用量、含有放射性核素的固体废物、废水、废气的产生量，以及其中的放射性活度浓度。

2．一般污染源普查内容：（1）工业企业的基本情况，包括单位名称、代码、位置信息、联系方式、经济规模、登记注册类型、行业类别等；（2）主要产品、主要原辅材料消耗量、能源结构和消耗量以及与污染物排放相关的燃料含硫量、灰分等；（3）用水、排水情况，包括排水去向信息；（4）各类产生污染的设施情况，以及各类污染处理设施建设、运行情况等；（5）废水和废气的产、排污及综合利用情况；（6）固体废物的产生、利用、处置、贮存及倾倒丢弃情况；（7）污染源监测结果；（8）电磁辐射设备和放射性同位素与射线装置情况。具体指标项及内容比重点污染源内容要简单。

3．持久性有机污染物和消耗臭氧层物质普查

（1）持久性有机污染物普查

化学原料及化学品制造业（C26）企业，普查内容增加持久性有机污染物（氯丹、灭蚁灵、全氟辛基磺酰类化合物、多溴二苯醚、多溴联苯、氯化石蜡 42、氯化石蜡 52、氯化石蜡 70、滴滴涕）的生产或使用情况。

纺织业（C17）、造纸及纸制品业（C22）、黑色金属冶炼及压延加工业（C32）、有色金属冶炼及压延加工业（C33）、电气机械及器材制造业（C39）、电力、热力的生产和供应业（D44），有在用、报废含多氯联苯的电容器、变压器的企业，普查内容增加含多氯联苯电容器（变压器）的使用情况。

（2）消耗臭氧层物质普查

化学原料及化学制品制造业（C26）中，生产四氯化碳、甲基溴、含氢氯氟烃的企业，普查内容增加消耗臭氧层物质（四氯化碳、甲基溴、含氢氯氟烃）生产的情况。

化学原料及化学制品制造业（C26）、医药制造业（C27）、塑料制品业（C30）、电气机械及器材制造业（C39）中，使用四氯化碳、甲基溴、含氢氯氟烃的企业，普查内容增加消耗臭氧层物质（四氯化碳、甲基溴、含氢氯氟烃）使用的情况。

（二）集中式污染治理设施

集中式污染治理设施普查内容包括：（1）单位基本情况，包括单位名称、代码、位置信息、联系方式等；（2）污染治理设施建设与运行情况；（3）能源消耗、污染物处理、处置和综合利用情况；（4）二次污染的产生、治理、排放情况；（5）污染物排放量和监测数据等。

五、普查污染物种类

（一）废水普查污染物种类

1．污染物种类

包括：废水排放量、化学需氧量、氨氮、石油类（或动植物油）、挥发酚、汞、镉、铅、砷、总铬（或六价铬）、氰化物、总磷、总氮、五日生化需氧量等。

2．普查污染物种类确定原则

（1）废水排放量、化学需氧量、氨氮、石油类（或动植物油）为普查主要指标。

（2）其他污染物种类可根据普查对象的原辅材料使用情况、产品的生产情况和生产工艺过程中物料存在情况进行填报，有就填，没有的不填。

（二）废气普查污染物种类

1．污染物种类

包括：废气排放量、烟尘、工业粉尘、二氧化硫、氮氧化物、氟化物等。

2．普查污染物种类确定原则

（1）废气排放量、烟尘、二氧化硫、氮氧化物为普查主要指标。

（2）工业粉尘、氟化物等污染物指标可根据普查对象的原辅材料使用情况、产品的生产情况和生产工艺过程中物料存在情况进行填报（有就填，没有的不填）。

（三）固体废物普查种类

固体废物普查种类包括：冶炼废渣、粉煤灰、炉渣、煤矸石、尾矿、脱硫设施产生的石膏、污水处理设施产生的污泥、放射性废物、危险废物及其他工业固体废物。

危险废物按照《国家危险废物名录》分类普查。

普查对象根据实际情况选择填报。

（四）伴生放射性污染源普查指标

伴生放射性矿普查指标包括：伴生放射性矿产品开采量或冶炼加工量、含有放射性核素的固体废物、废水、废气的产生量；γ辐射空气吸收剂量率（nGy/h）、总铀、钍-232、镭-226、总α、总β。

普查对象根据实际情况选择填报。

六、普查技术路线

工业源及集中式污染治理设施普查技术路线见图 3-3。

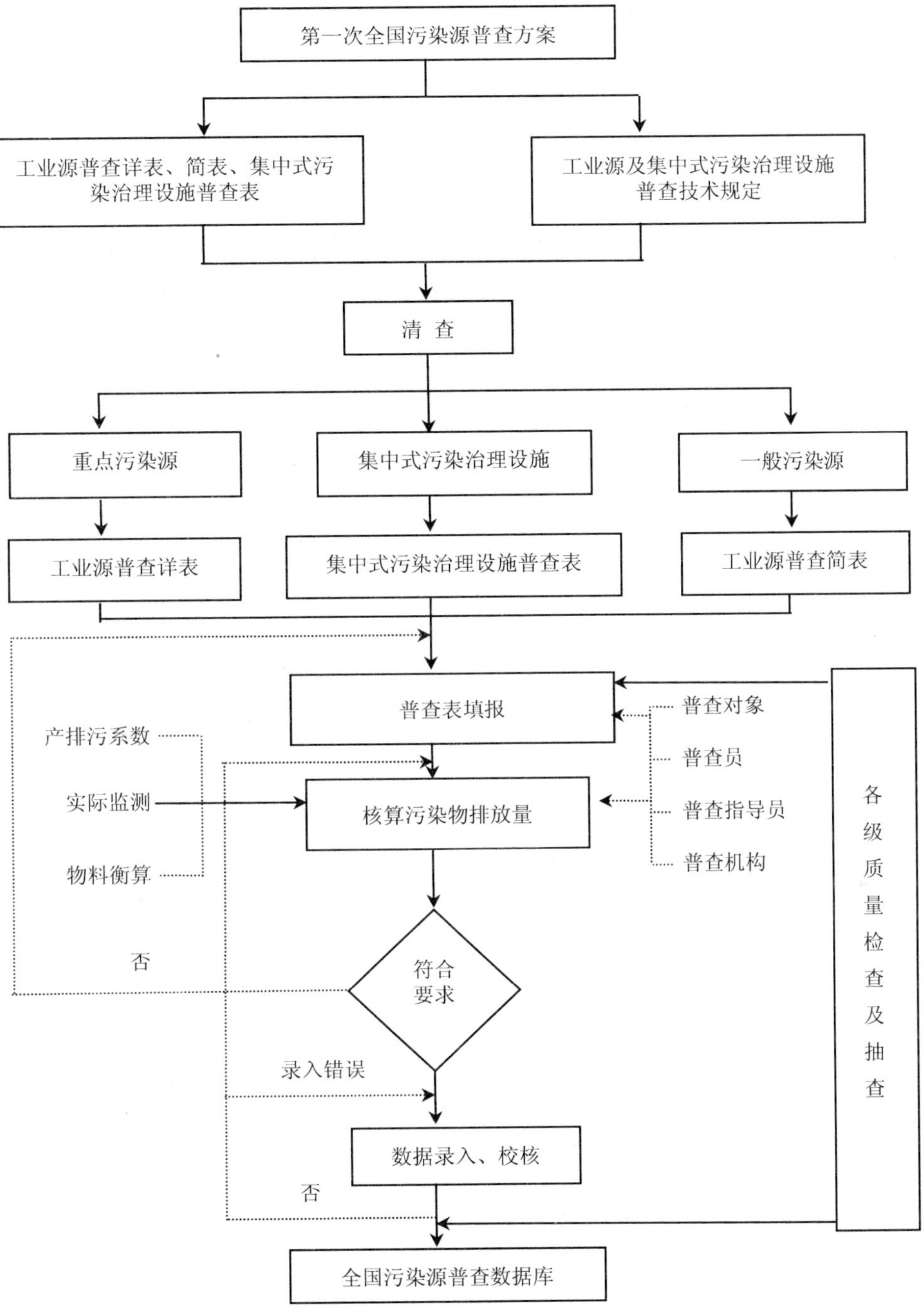

图 3-3 工业污染源及集中式污染治理设施普查技术路线

七、普查表的填报

1．普查表的分类、填报范围及填报主体

工业源普查表分为工业源普查详表（以下简称详表）和工业源普查简表（以下简称简表）。重点污染源填报详表，一般污染源填报简表。

集中式污染治理设施普查表分为污水处理厂普查表、垃圾处理厂（场）普查表、危险废物处置厂普查表和医疗废物处置厂普查表。

普查表填报的责任主体是普查对象，普查员指导普查对象填报。

2．普查表的发放、报送方式

普查表的填报可采取统一培训、统一发表、分别填报的方式，由县（区）普查机构组织召开普查对象负责人、普查表填报人的普查培训会议，进行统一宣讲，发放普查表，并明确要求普查对象在规定的时间，以规定的方式向县（区）普查机构报送。也可采用由普查员入厂上门发放普查表，讲解填表方法，告知收取普查表的时间等方式。两种方法也可结合使用。

3．普查对象、普查员、普查指导员及普查机构的职责

（1）普查表的填报与审核

普查对象应按规定和要求如实填报普查表格，对所填报数据的真实性负责。并提供与普查相关的基础资料，以备核实普查表填报内容。基础资料主要包括：厂区平面布置图，排水管网图，主要工艺流程图，主要物料（或排放污染物的前体物）使用量数据，水平衡图，生产报表，煤（油、燃气）、电、水等收费票据，产污、治污设施运行记录，环评、清洁生产报告及各种监测报告单等。

普查对象、各级普查机构必须严格按照规定，使用给定的全国统一的编码填报普查表。县（区）普查机构必须组织专门人员填报普查表行政区划、行业类别和受纳水体等代码，对经市政管网排放的最终受纳水体名称予以核对。

普查员对普查表的内容、指标填报是否齐全，以及是否符合《普查表指标解释与填报说明》的规定和要求等进行审核。

普查指导员在普查员审核的基础上，对普查表中数据的合理性和逻辑性进行全面审核。

县（区）普查机构应组织相关部门专家对辖区内的重点企业填报的普查数据进行会审，地市级普查机构参与指导审核。

（2）现场核查

普查员在发放普查表或入户调查过程中，若发现清查工作中遗漏的污染源，应根据污染源的规模及性质向其发放普查表，并及时报告县（区）普查机构备案；发现普查对象在普查片区内不存在或清查后关闭的企业，应及时报告普查机构。

在普查对象填报普查表过程中，普查员应到企业按照《全国污染源普查数据审核技术规定》的要求，根据企业提供的生产经营记录、物料（含水、电及其他能源）消耗记录、原辅材料凭证、污染处理设施运行记录及污染废物排放监测记录等资料，对企业普查表填报的准确性、真实性进行核查。

若发现一般污染源有重金属、危险废物或放射性废物产生，应及时报告县（区）普查机构，将其改列为重点污染源，并请该普查对象改填普查详表。

普查机构应组织相关部门专家对重点企业抽样进行现场核查，以验证普查表填报和普查员核查的准确性。

八、污染物排放量的核算方法

工业源采用实际监测法、产排污系数法及物料衡算法核算污染物的产生量和排放量；集中式污染治理设施主要采用实际监测法和产排污系数法核算污染物的产生量和排放量。

（一）实际监测法

1．主要内容

实际监测法是依据实际监测普查对象产生和外排废水、废气（流）量及其污染物浓度，计算出废气、废水排放量及各种污染物的产生量和排放量。

监测数据包括普查监测数据、历史监测数据和在线监测数据。其中历史监测数据包括环保部门对该企业进行监督性监测数据（以下简称监督监测数据）、建设项目环保竣工验收监测数据（以下简称验收监测数据）、企业委托监测数据和企业自测数据。普查监测数据、监督监测数据由当地普查机构提供给普查对象。

2．监测数据

（1）监测数据的认定

各种实际监测法获得的数据必须符合下述规定，才能作为有效数据，用于核算污染物的产生量、排放量。

①普查监测的数据认定

按照第一次全国污染源普查工作办公室印发的《工业污染源及集中式污染治理设施监测技术规定》及《关于污染源普查重点源监测工作的补充通知》和《放射性污染源普查监测技术规定》及《伴生放射性污染源普查监测有关问题的说明》的规范及要求，监测得到的数据。

②历史监测数据的认定

监督监测数据的认定：近 3 年内，由县（区）及以上环保部门按照监测技术规范要求进行监督监测得到的数据，并且经实地核查，企业 3 年内生产产品、生产工艺、生产规模和治污设施没有发生明显变化且运行状况良好。废水污染物年监测频次达到 4 次以上，废气污染物年监测频次达到 2 次以上；并且任意 2 次监测数据不能在同一个月，任意 3 次监测数据不能在同一个季度。监测项目和监测分析方法符合规范要求。

验收监测数据的认定：近 3 年内，县（区）及以上环保部门对新建项目、限期治理项目进行验收监测得到的数据，并且经实地核查，新建或限期治理项目 3 年内生产产品、生产工艺、生产规模和治污设施没有发生明显变化且运行状况良好。

委托监测数据的认定：近 3 年内，县（区）及以上环保部门受企业委托出具的监测数据，并且经实地核查，企业 3 年内生产产品、生产工艺、生产规模和治污设施没有发生明显变化且运行状况良好。废水污染物年监测频次达到 4 次以上，废气污染物年监测频次达到 2 次以上；并且任意 2 次监测数据不能在同一个月，任意 3 次监测数据不能在同一个季度。监测项目和监测分析方法符合规范要求。企业自送样品的委托监测数据不能作为普查数据使用。

企业自测数据的认定：具有当地县（区）及以上环保部门认可的环境监测资质，近 3 年内出具的本企业的监测数据。废水污染物年监测频次达到 4 次以上，废气污染物年监测频次达到 2 次以上；并且任意 2 次监测数据不能在同一个月，任意 3 次监测数据不能在同一个季度。监测项目和监测分析方法符合规范要求。企业自测监测数据必须通过当地县（区）级及以上环保监测部门质量审核及认定。

③在线监测数据的认定

在线监测设备的建设、安装符合有关技术规范、规定的要求，通过县（区）及以上环保部门对比验收监测；并按技术规范、规定的要求进行质量保证/控制，定期校准、校核；日常管理和数据有效性通过环保部门的检查和比对监测实验的认可。

（2）监测数据优先采用顺序

①普查监测＞历史监测＞在线监测

②历史监测数据优先采用顺序：

监督监测＞验收监测＞委托监测＞企业自测

近 3 年内的监测数据：首先采用最近一年的数据，如最近一年没有符合要求的监测数据，可逐年后推，最多推至第 3 年。

（3）产、排污量的计算原则

①废水污染物产排污量

有累计流量计的可按废水流量加权平均浓度和年累计废水流量计算得出；没有累计流量计的，通过监测的瞬时排放量（均值）和年生产时间进行核算。

②废气污染物产排污量

通过监测的瞬时排放量（均值）和年生产时间进行核算。

（二）产排污系数法

产排污系数法是指根据《产排污系数手册》提供的工业行业产排污系数，核算普查对象污染物的产生量和排放量。具体要求如下：

1．统一采用第一次全国污染源普查工作办公室印发的《产排污系数手册》，不得采用其他各类产排污系数或经验系数。

2．根据产品、生产过程中产排污的主导生产工艺、技术水平、规模等，选用相对应的产排污系数，结合本企业原、辅材料消耗、生产管理水平、污染治理设施运行情况，确定产排污系数的具体取值，依据本企业 2007 年度的实际产量，核算产、排污量。

3．《产排污系数手册》中没有涉及的行业，可根据企业生产采用的主导工艺、原辅材料，类比采用相近行业的产排污系数进行核算。

（三）物料衡算法

物料衡算法是指根据物质质量守恒原理，对生产过程中使用的物料变化情况进行定量分析的一种方法。即：

投入物料量总和＝产出物料量总和＝主副产品和回收及综合利用的物质量总和＋排出系统外的废物质量（包括可控制与不可控制生产性废物及工艺过程的泄漏等物料流失）

采用物料衡算法核算污染物产生和排放量时，应对企业生产工艺流程和能源、水、物料投入、使用、消耗情况进行充分调查、了解，从物料平衡分析着手，对企业的原材料、辅料、能源、水的消耗量、生产工艺过程进行综合分析，使测算出的污染物产生量和排放量能够比较真实地反映企业在生产过程中的实际情况。

（四）三种方法的使用原则

1．重点污染源以实际监测法和产排污系数法为主核算污染物的产生量和排放量。监测数据要符合本技术规定中“八、（一）”中“监测数据的认定”要求；产、排污系数的应用及计算符合本技术规定中“八、（二）”的要求。物料衡算法只在无法采用实际监测法和产排污系数法核算时采用。

2．一般污染源主要采用产排污系数法核算污染物的产生量和排放量，有符合本技术规定中“八、（一）”中“监测数据的认定”要求的监测数据的，可采用实际监测法。物料衡算法只在无法采用产排污系数法和实际监测法核算时采用。

3．集中式污染治理设施：污水处理厂采用实际监测法核算污染物的产生量（或接纳量）和排放量；其他集中式污染治理设施可根据上述原则采用产排污系数法或实际监测法核算污染物的产生量和排放量。

4．采用实际监测法得到污染物产、排污量，要用产排污系数法进行核算。

5．若产排污系数法、实际监测法核算的污染物产、排污量出现差异：

如两种方法核算的污染物产、排污量相对误差小于 20%，以实际监测法为准最终核定污染物产、排污量。

如两种方法核算的污染物产、排污量相对误差大于 20%，应对实际监测时企业的生产工况及生产工艺等进行核实，如实际监测时企业的生产工况不符合相关监测技术规定要求，则应核准产、排污系数的应用是否正确，并用核准后的产、排污系数核定污染物产、排污量。

如监测时生产工况符合相关监测技术规定要求，同时产、排污系数的应用正确，则取实际监测法和产排污系数法核算结果中污染物排放量大的数据作为认定数据上报。

6．对于使用监测数据和产、排污系数核算产、排污量并出现差异时，应注意以下情况：

（1）企业接受委托处理其他企业废水，应扣除接纳其他企业废水中污染物的产、排污量，再比较实际监测法与产排污系数法核算的产、排污量，并按上述原则最终核定企业的产、排污量；如无法扣除其他企业废水中污染物的产、排污量，则以产排污系数法最终核定污染物的产、排污量。

（2）除水泥、钢铁、电力和焦化行业废气产、排污系数已包括无组织排放外，其他行业均不考虑无组织排放情况。

对于钢铁、水泥、电力和焦化企业，根据产排污系数法核算的废气污染物产、排污量应大于按实际监测法核算的结果。

7．普查对象应如实核算、并上报产、排污量；普查机构对普查对象核算、上报的产、排污量结果要进行核实，如发现核算方法不正确或产、排污量的核定不符合上述要求的，有权要求普查对象予以改正。

核定的污染物产、排污量必须由普查对象与普查机构共同确认。若双方有分歧，普查机构能提供符合本技术规定要求的资料，普查对象不予认可时，普查机构要将核定的污染物产、排污量另行填写产生量、排放量普查表，并与企业填报的普查表一同录入普查数据库系统上报，并作出说明。

附件二：

第一次全国污染源普查技术规定之四
《农业源普查技术规定》

为规范全国农业污染源（以下简称农业源）普查工作，根据《国务院关于开展第一次全国污染源普查的通知》和国务院办公厅转发的《第一次全国污染源普查方案》，制订本规定。

一、编制目的

农业源普查是摸清农业污染底数最直接、最有效的途径，是做好农业环境管理的重要基础。通过此次普查，全面了解和掌握不同农业源污染物的区域分布、污染类型、产生量、排放量及其去向，为农业环境污染防治提供决策依据。编制本技术规定的主要目的是：

（一）规范农业源普查工作，保证普查工作质量；

（二）确定农业源普查的对象、范围、内容、技术路线、方法等；

（三）指导农业源普查表式的设计和普查软件的开发应用。

二、普查对象、范围和内容

（一）普查对象和范围

普查对象包括种植业污染源、畜禽养殖业污染源和水产养殖业污染源。

种植业污染源主要针对粮食作物（包括谷类、豆类和薯类）、经济作物（包括棉花、麻类、桑类、油料、糖料、烟草、茶、花卉、药材、果树等）和蔬菜作物（包括根茎叶类、瓜果类、水生类）的主产区开展肥料、农药、农膜和秸秆污染普查。

畜禽养殖业污染源以舍饲、半舍饲规模化养殖单元为对象，针对猪、奶牛、肉牛、蛋鸡和肉鸡养殖过程中产生的畜禽粪便和污水开展普查。

水产养殖业污染源以池塘养殖、网箱养殖、围栏养殖、工厂化养殖以及浅海筏式养殖、滩涂增养殖等有饲料、渔药、肥料投入的规模化养殖单元为对象，针对鱼、虾、贝、蟹等养殖过程中产生的污染开展普查。

（二）普查内容

1．种植业污染源：主要普查我国粮食作物、经济作物和蔬菜作物主产区在种植业生产过程中污染物的产生、流失情况。普查内容主要包括：

地块基本情况：包括地块面积、类型、坡度、种植方向、耕作方式、排水去向等。

肥料：主要针对肥料（包括化肥和有机肥）的施用和流失情况开展普查。其中，化肥包括氮肥、磷肥、钾肥、复合肥；有机肥包括商品有机肥、畜禽粪便等。调查内容包括肥料名称、有效成分及其含量、施用量、施用方法等。

农药：主要针对污染重、难降解、用量大、未禁用的农药（如毒死蜱、阿特拉津、氟虫腈、吡虫啉、克百威、2,4-D 丁酯、涕灭威、丁草胺、乙草胺等，以下所指农药均相同）施用和流失情况开展普查。普查内容包括施药目的、农药名称、有效成分及其含量、施用量、施用方法等。

农膜：主要针对地膜残留污染开展普查。普查内容包括地膜使用量、回收状况等。

秸秆：主要针对粮食作物（谷类和豆类）和经济作物（棉花和油菜）生产过程中的秸秆及其去向开展普查。普查内容包括秸秆产生量、丢弃量、田间焚烧量、还田量、饲料利用量、燃料利用量、堆肥利用量、原料利用量等。

2．畜禽养殖业污染源：主要普查猪、奶牛、肉牛、蛋鸡、肉鸡在规模养殖条件下污染物的产生、排放情况。普查内容主要包括：

畜禽养殖基本情况：包括饲养目的、畜禽种类、存栏量、出栏量、饲养阶段、各阶段存栏量、饲养周期等。

污染物产生和排放情况：包括污水产生量、清粪方式、粪便和污水处理利用方式、粪便和污水处理利用量、排放去向等。

3．水产养殖业污染源：主要普查鱼、虾、贝、蟹等在规模养殖条件下污染物的产生情况。普查内容主要包括：

养殖基本情况：包括养殖品种、养殖模式、养殖水体、养殖类型、养殖面积（体积）、投放量、产量、废水排放量及去向、水体交换情况、换水频率、换水比例等。

投入品使用情况：包括饲料名称、主要成分及含量、使用量，肥料名称、主要成分及含量、施用量、施用方法，渔药名称、主要成分及含量、施用量、施用方法等。

（三）普查污染物种类

种植业：包括以地表径流途径流失的硝态氮、铵态氮、总氮、总磷以及 1 种农药（各地可根据实际情况从上述农药中选择用量大、残留量大的 1～2 种，以下同），或以地下淋溶途径流失的总氮、硝态氮、铵态氮以及 1～2 种农药。

畜禽养殖业：污水中包括化学需氧量、铵态氮、总氮、总磷、铜、锌、pH 等；固体废物中包括有机质、含水率、全氮、全磷、铜、锌等。

水产养殖业：水产养殖过程中进入自然水体中的化学需氧量、总氮、总磷、铜、锌以及 1～2 种渔药等。

三、普查技术路线

采用产、排污系数法测算农业源污染物产生、排放量。

根据我国种植业、畜禽养殖业、水产养殖业的区域布局，在综合考虑影响农业源污染物产生、排放因素的基础上，确定全国农业污染源普查分区，分区、分类抽样监测农业源污染物产生、排放量，获得不同分区主要类型农业源的产、排污系数。

在此基础上，依据各区在全国农业生产中的地位以及在农业源产、排污负荷中所占的比重，遵循全面普查和分类抽样相结合的原则，明确全国各省、市、县农业污染源普查结构、普查规模，全面开展普查工作，核算农业源污染物产、排数量。普查流程见图 3-4。

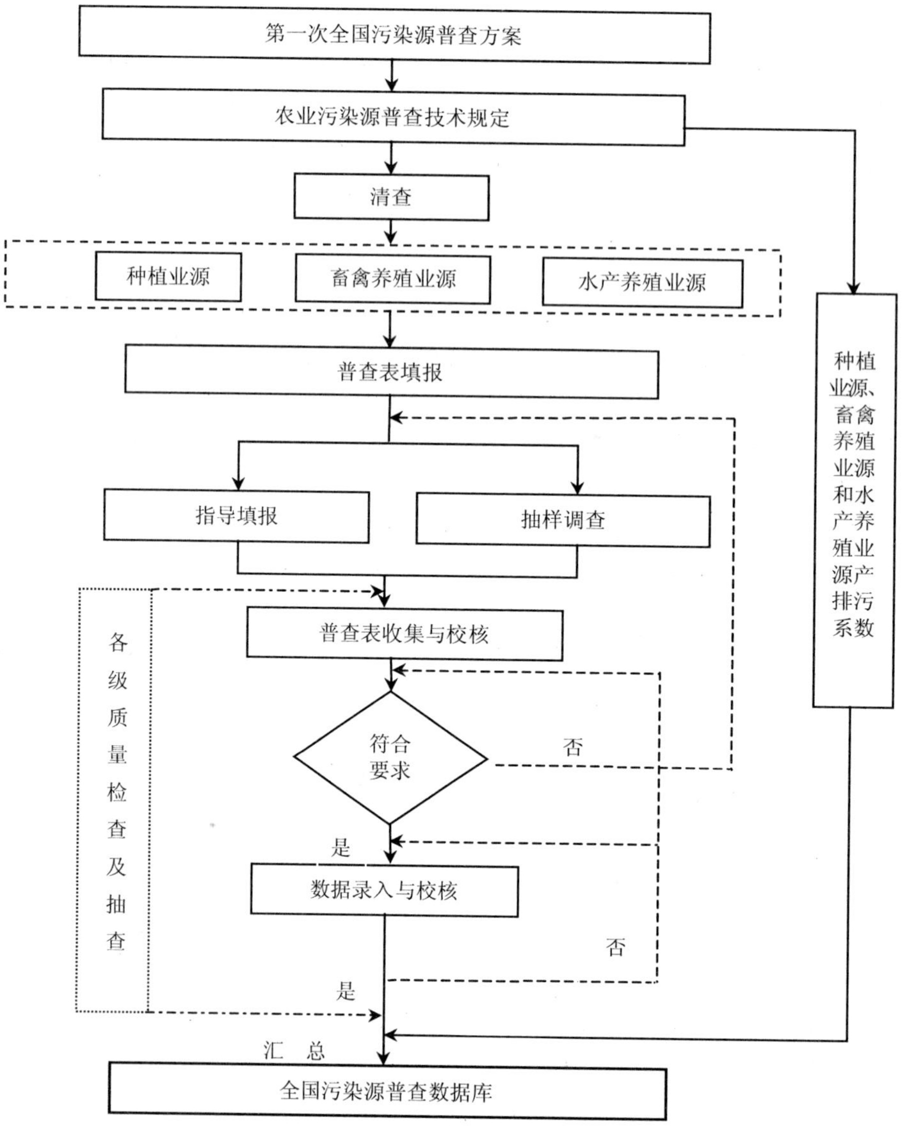

图 3-4 农业污染源普查技术路线

四、普查方法

（一）种植业污染源

1. 普查分区

在全国优势农产品区划、作物布局和种植制度区划、全国土壤普查等已有工作的基础上，针对影响肥料、农药和农膜污染的主要因素，将种植业污染源普查划分为六大区域。其中，4 个区域以平原为主，2 个区域以山地、丘陵为主。六大分区如下：

（1）东北半湿润平原区

包括内蒙古东北部、黑龙江、吉林、辽宁大部，共 304 个县，耕地面积 1 417 万公顷，土壤类型以黑土、黑钙土、草甸土、白浆土、暗棕壤为主。本区降雨量中等，肥料、农药用量较低，很难产生地表径流，重点考虑地膜残留污染，部分区域存在肥料、农药（特别是阿特拉津用量大，对地下水安全威胁大，需重点考虑）的淋溶污染。

（2）西北干旱半干旱平原区

包括内蒙古河套灌区、宁夏引黄灌区、甘肃河西走廊灌区和新疆内陆灌区等四大灌区，共 152 个县，耕地面积 434 万公顷，土壤类型以灌淤土为主。本区地膜使用普遍，肥料、农药投入水平中等偏上，由于降雨量少，多为人工灌溉，较难产生地表径流，故主要考虑地膜残留污染，兼有肥料、农药淋溶污染。

（3）黄淮海半湿润平原区

包括黄河、淮河、海河流域中下游的北京、天津、河北、山东、河南大部以及苏北、皖北、黄河支流的汾渭盆地和长江流域的南阳盆地，共计 636 个县，耕地面积 2 735 万公顷，土壤类型以潮土、褐土、棕壤为主。本区地形平坦，肥料、农药投入量高，灌溉条件好。主要考虑肥料和农药淋溶污染，特别是集约化蔬菜种植区；在棉区和露地蔬菜种植区地膜残留污染较为普遍。

（4）南方湿润平原区

包括成都平原、江汉平原、洞庭湖平原、鄱阳湖平原、皖中平原、太湖平原、长江三角洲、杭嘉湖平原以及东南沿海平原，共 611 个县，耕地面积 1 876 万公顷，水田占 70%，旱地占 30%，土壤类型以水稻土、潮土、红壤、紫色土为主。本区降雨丰富，河网密布，肥料、农药用量高，主要考虑因地表径流造成的肥料和农药流失，保护地中存在淋溶污染，地膜污染相对较轻。

（5）北方高原山地区

主要包括青海中北部、内蒙古高原、黄土高原、东北和华北山地，共 252 个县，耕地面积 1 618 万公顷，土壤类型以草甸土、栗钙土、黄绵土为主。本区降雨量较少，肥料、农药用量低，主要考虑水土流失造成的肥料、农药流失以及地膜残留污染。

（6）南方山地丘陵区

包括西南、江南和华南山地的秦巴山地、川鄂湘黔丘陵山地、云贵高原、川西高原、浙闽丘陵山地、闽南与南岭山地以南至沿海的粤桂大部、海南岛及云南西双版纳，共计 857 个县，耕地面积 1 601 万公顷。土壤类型以红壤、紫色土、砖红壤、黄壤、黄棕壤、水稻土为主。本区降雨较丰富，肥料、农药用量中等偏高，主要考虑由于水土流失造成的肥料、农药径流流失。

2．普查对象分类

依据地块经营权属的不同，将种植业污染源普查对象分为分散农户和规模化农场两类。其中，分散农户的耕地、园地面积没有限制，规模化农场的耕地和园地总面积应在 10 000 亩以上（以下同）。对于耕地和园地总面积在 10 000 亩以下的农场按分散农户对待。

3．普查规模

种植业污染源普查以乡镇或规模化农场为基本单位组织实施，以地块为基本单元抽样调查。

凡隶属于中华人民共和国（大陆）的所有乡镇和规模化农场均需进行普查，并填报相应的表格。目的在于明确乡镇或农场耕地和园地的数量、类型、坡度、耕作方式、种植方向以及主要种植模式，为实地调查中的地块抽样提供指导，为换算全乡镇和规模化农场种植业污染源产、排污量提供依据。

对于规模化农场，按照每 2 000～5 000 亩[①]调查一个典型地块（或棚室），具体抽样数量可根据农场规模、种植模式等因素确定。对于耕地和园地总面积在 10 000 亩以下的小型农场按每 1 000 亩抽取一个典型地块开展调查。

对于分散农户，一般有多个分散地块，可调查符合普查抽样要求、且面积最大或最能代表其种植水平的地块或棚室。考虑到各普查分区的农户经营规模以及污染物流失的空间变异特性等方面的差异，确定本次普查抽样比例为：西北平原区和东北平原区 1.0%，黄淮海平原区和南方平原区 0.6%，北方高原山地区和南方山地丘陵区 0.8%。

每个典型地块进行基本情况、肥料施用情况和农药施用情况调查。

（二）畜禽养殖业污染源

1．普查分区

根据我国行政区划将全国分为六大区域，以规模养殖的猪、奶牛、肉牛、蛋鸡、肉鸡为普查对象，开展畜禽养殖业污染源普查工作。

（1）华北区

包括北京、天津、河北、山西和内蒙古等 5 省（市、区）。华北区规模化养殖场、养殖小区和养殖专业户共存，由于水资源相对缺乏，清粪方式以干清粪为主，粪便、污水处理率较低。

（2）东北区

包括辽宁、吉林和黑龙江等 3 省。本区畜禽养殖数量多，粪便产生量大，且基本不进行处理，贮存后直接用于农田，用水量和污水排放量少。

（3）华东区

包括上海、江苏、浙江、安徽、福建、江西和山东等 7 省（市）。华东区是我国规模养殖水平较高的地区，粪便处理利用方式包括沼气综合利用、环保处理后达标排放、简单堆积后农田利用以及直接排放等。本区畜禽养殖数量大，但土地面积小、水网密布，与其他地区相比，污水排放量大，环境压力大。

（4）中南区

包括河南、湖北、湖南、广东、广西和海南 6 省（区）。本区规模化养殖水平高，5 万头以上的超大规模养猪场占全国的 1/3。由于水资源丰富，清粪方式以水冲式为主，部分经过一定处理后排放、回用农田或池塘。

（5）西南区

包括重庆、四川、贵州、云南、西藏 5 省（市、区）。本区生猪养殖量大，但规模化水平较低，以家庭饲养为主，粪便污水部分采用沼气处理，多数直接排放，容易随地表径流进入环境。

（6）西北区

包括陕西、甘肃、青海、宁夏、新疆 5 省（区）。本区降雨少，气候干燥。奶牛和肉牛养殖以放牧和小区饲养为主，饲料主要为饲草和秸秆，饲养成本较低，奶牛粪便污水基本不进行处理，部分贮存后用于农田。

① 1 亩=666.7 米^2

2．普查对象分类

依据养殖组织模式的不同，将畜禽养殖业分为规模化养殖场、养殖小区和养殖专业户三类。规模化养殖场是指饲养数量达到一定规模的养殖场，其中：生猪≥500 头（出栏）、奶牛≥100 头（存栏）、肉牛≥200 头（出栏）、蛋鸡≥20 000 羽（存栏）、肉鸡≥50 000 羽（出栏）。养殖小区是指在统一规划的区域内，由多个养殖业主共同组成、按照统一操作规程进行养殖、管理的养殖单元；养殖专业户是指畜禽饲养数量达到一定规模的养殖户：生猪≥50 头（出栏）、奶牛≥5 头（存栏）、肉牛≥10 头（出栏）、蛋鸡≥500 羽（存栏）、肉鸡≥2 000 羽（出栏）。

3．普查规模

凡隶属于中华人民共和国（大陆）、符合上述条件的规模化养殖场、养殖小区和养殖专业户均在本次普查范围内。普查每个规模化养殖场、养殖小区和养殖专业户畜禽养殖的基本情况和污染物产生、排放情况。

（三）水产养殖业污染源

1．普查分区

依据全国行政区划、渔业区划和养殖水体类型分布，将水产养殖业分为内陆淡水养殖区和沿海养殖区两大类，其中内陆淡水养殖分为北部区、中部区、南部区三个区，沿海养殖区分为黄渤海区、东海区和南海区三个区。

（1）北部区

包括黑龙江、吉林、辽宁、山东、河北、天津、北京、山西、内蒙古、陕西、甘肃、新疆、青海和宁夏共 14 个省（市、区）。本区主要养殖种类有鲤鱼、鲫鱼、鲑鳟鱼、鳊鱼、罗非鱼、鲟鱼和蟹等，以池塘养殖为主，部分地区的工厂化养殖规模较大。

（2）中部区

主要包括湖南、湖北、江西、安徽、江苏、上海、浙江和河南共 8 个省（市）。本区主要养殖种类有鲢鱼、青鱼、草鱼、鳊鱼、鲫鱼、罗非鱼、黄颡鱼、河鲀、鳗鲡、鳜鱼、乌鳢、虾、蟹、河蚌和龟鳖等，主要养殖方式有池塘养殖、围栏养殖、网箱养殖和工厂化养殖。

（3）南部区

包括云南、贵州、西藏、四川、重庆、广西、广东、海南、福建共 9 个省（市、区）。本区主要养殖种类有鲢鱼、鳙鱼、鲤鱼、鳊鱼、鲫鱼、罗非鱼、泥鳅、鲶鱼、鳗鲡、鲟鱼、黄鳝、鳜鱼、鲈鱼、河蚌和龟鳖等，养殖方式主要有池塘养殖、网箱养殖、围栏养殖和工厂化养殖。

（4）黄渤海区

包括山东、河北、辽宁和天津共 4 个省（市）。本区主要养殖种类为鲈鱼、虾、蟹、贝、海珍品、鲆鱼和海蜇等，养殖方式主要有池塘养殖、滩涂养殖、浅海筏式养殖和工厂化养殖。

（5）东海区

包括上海、福建、江苏和浙江共 4 个省（市）。本区主要养殖种类为鲈鱼、虾、贝、黄鱼、鲷鱼、河鲀和牙鲆，养殖方式主要有网箱养殖、池塘养殖、浅海筏式养殖、滩涂增养殖和工厂化养殖。

（6）南海区

包括广东、广西和海南共 3 个省。本区主要养殖种类为石斑鱼、鲷鱼、大黄鱼、海珍品、鲈鱼、美国红鱼、军曹鱼、鲕鱼、虾、蟹和贝，养殖方式主要有网箱养殖、浅海筏式养殖、滩涂养殖、池塘养殖和工厂化养殖。

2．普查对象分类

依据养殖规模和经营权属的不同，将水产养殖业分为规模化养殖场和养殖专业户两类。规模化养殖场是指经有关部门批准的具有法人资格的水产养殖场；养殖专业户是指除规模化养殖场以外的水产养殖户或养殖单位。

规模化养殖场全部进行普查，水产养殖专业户符合以下标准的进行普查：

①池塘养殖：养殖面积≥5 亩；

②工厂化养殖：养殖水体体积≥1 500 米^3；

③网箱养殖：养殖面积≥100 米^2；

④围栏养殖：养殖面积≥2 亩；

⑤浅海筏式养殖：养殖面积≥10 亩；

⑥滩涂增养殖：养殖面积≥100 亩。

3．普查规模

凡隶属于中华人民共和国（大陆）、符合上述条件的所有规模化水产养殖场和水产养殖专业户均在本次普查范围内。

普查每个规模化养殖场或养殖专业户水产养殖基本情况和水产养殖投入品使用情况。

五、组织实施

根据《国务院关于开展第一次全国污染源普查的通知》（国发[2006]36 号）的精神，按照“全国统一领导，部门分工协作，地方分级负责，多方共同参与”的原则，农业、环保、统计等相关部门要加强协作，密切配合认真做好相关的宣传动员和组织实施工作。

各省、自治区、直辖市农业（渔业、畜牧）部门和环保部门要积极合作，充分发挥各部门职能优势，在省级污染源普查机构内成立由农业（渔业、畜牧）、环保等部门组成的省级农业污染源普查工作组，各部门的具体工作分工各省（自治区、直辖市）可根据实际情况确定。

附件三：

第一次全国污染源普查技术规定之五
《重点流域农村生活源调查技术规定》

为规范重点流域农村生活污染源（以下简称农村生活源）调查，摸清农村生活污染物产生、排放状况，制订本规定。

一、编制目的

通过此次调查，全面摸清重点流域农村生活污水和生活垃圾的产生量、排放量及其去向；建立农村生活源资料档案，为防治农村面源污染提供基础数据；为今后开展农村生活源的全面普查积累经验。编制本技术规定的主要目的是：

（一）规范农村生活源调查工作，保证调查工作质量；

（二）确定农村生活源调查的对象、内容、技术路线、方法等；

（三）指导农村生活源调查表式的设计和调查软件的开发应用。

二、调查时点、对象、范围和内容

（一）调查时点

调查时点：2007 年 12 月 31 日

时期资料：2007 年

（二）调查对象

农村生活源主要针对重点流域农村生活过程中产生的生活垃圾和生活污水开展调查。

（三）调查范围

在太湖流域、巢湖流域、滇池流域和三峡库区开展重点流域农村生活源调查。

1．太湖流域

太湖流域是我国的经济发达地区，农村生活水平高，水冲厕所普遍，污水排放量大，多数直接或间接排向附近河流；农村生活垃圾人均产生量已达周边城市的三分之一左右。农村生活污水和垃圾已成为太湖水污染的主要原因之一。

2．巢湖流域

巢湖流域是我国重要的粮棉生产基地，农村生活水平较太湖流域低，较三峡库区等西部地区高，农村生活污水处理率低，大量的生活污水直接或间接排放入湖，农村生活垃圾大多处于无人管理状态，被随意丢弃。

3．滇池流域

滇池流域绝大部分农村无排水设施，污水大都积蓄在房前屋后，每逢雨季，粪便、污水随雨水流入滇池入湖河道。滇池周边多数乡镇生活垃圾缺乏收集清运处理系统。

4．三峡库区

三峡库区周边农村生活污水大多数没有进行任何处理，随意排放；生活垃圾乱堆、乱倒现象较为普遍。

太湖、巢湖、滇池流域和三峡库区农村生活源调查涉及的县（区、市）详见表 3-9。

表 3-9　农村生活污染源调查涉及的县（区、市）列表

流 域	省 市	地 区	县（区、市）
太湖	上海		青浦区
	江苏	苏州市	张家港市
			常熟市
			太仓市
			昆山市
			吴中区
			吴江市
		无锡市	江阴市
			宜兴市
			锡山区
			滨湖区
			惠山区
			新区
		常州市	武进区
			金坛市
			溧阳市
		镇江市	丹阳市
	浙江	杭州市	拱墅区
			西湖区
			余杭区
			临安市
		嘉兴市	南湖区
			秀洲区
			嘉善区
			海盐县
			海宁市
			平湖市
			桐乡市
		湖州市	吴兴区
			南浔区
			德清县
			长兴县
			安吉县

流域	省市	地区	县（区、市）
巢湖	安徽	巢湖市	居巢区
			庐江县
			无为县
			和县
			含山县
		六安市	舒城县
		合肥市	包河区
			肥东县
			肥西县
滇池	云南	昆明市	五华区
			盘龙区
			西山区
			官渡区
			呈贡县
			晋宁县
			嵩明县
三峡库区	重庆	重庆市	渝北区
			巴南区
			江津区
			万州区
			涪陵区
			长寿区
			丰都县
			武隆县
			忠县
			开县
			云阳县
			奉节县
			巫山县
			巫溪县
			石柱县
	湖北	宜昌市	夷陵区
			秭归县
			兴山县
		恩施土家族苗族自治州	巴东县

（四）调查内容

农村生活源主要调查不同流域、不同经济条件、不同生活方式下的农村常住人口数量，生活污水和生活垃圾的产生、处理、利用、排放情况。

（五）调查污染物种类

包括生活污水化学需氧量、氨氮、总氮、总磷；生活垃圾中有机垃圾部分的全氮、全磷。

三、调查技术路线

采用产排污系数法测算重点流域农村生活污水和生活垃圾产生量、排放量。

以流域为单元，分类抽样监测和测算农村生活污水及生活垃圾的产生、排放数量，获得各流域农村生活污水和生活垃圾的产、排污系数。

在此基础上，以流域各行政村农户为调查对象，全面调查和抽样调查相结合，并利用产、排污系数核算农村生活源污染物产生量、排放量。调查流程见图 3-5。

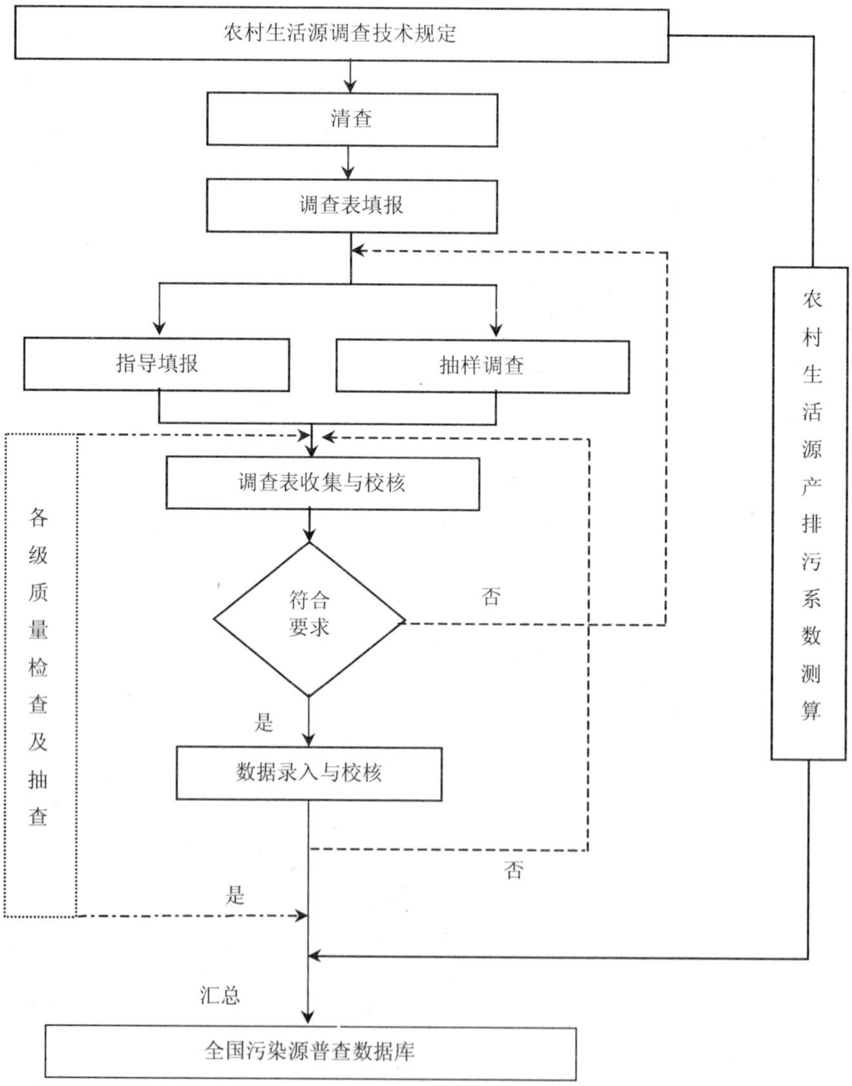

图 3-5　重点流域农村生活源调查技术路线

四、实地调查

以县（区、市）为组织实施单位，综合考虑经济水平和生活垃圾、污水收集处理方式，调查四大流域共68个县（区、市）农村生活污染状况。

行政村调查内容包括每个行政村户籍户数、户籍人口数、户籍常住人口、外来常住人口，农民人均年收入、高收入—有下水人数（有处理设施和无处理设施）、高收入—无下水人数、中等收入—有下水人数（有处理设施和无处理设施）、中等收入—无下水人数、低收入—有下水人数（有处理设施和无处理设施）、低收入—无下水人数，生活污水受纳水体名称、代码等。四大流域内行政村全部调查。

农户调查内容包括农户户籍总人口、户籍常住人口、外来常住人口、人均年均纯收入、家庭生活日用水量、厕所类型、人粪尿去向，生活污水日处理、利用量，厨余垃圾日利用量等。

农户调查以乡镇为单位，综合考虑流域农户数量，按比例抽样调查。太湖、巢湖、滇池流域和三峡库区农户抽样比例分别为1%、1%、3%和2%。

五、组织实施

重点流域农村生活源调查由重点流域省级污染源普查机构农业组组织实施。

附件四：

第一次全国污染源普查技术规定之六
《生活源普查技术规定》

为规范全国生活污染源（以下简称生活源）普查工作，依据《国务院关于开展第一次全国污染源普查的通知》和《第一次全国污染源普查方案》，制订本规定。

一、目的

（一）规范生活源普查工作，保证生活源普查工作质量；

（二）确定生活源普查的对象，普查技术路线、方法、内容和步骤；

（三）指导生活源普查表式的设计和普查软件的开发应用。

二、普查对象

（一）普查对象

生活源普查对象包括：第三产业中具有一定规模的住宿业、餐饮业、居民服务和其他服务业（包括洗染服务业、理发及美容保健服务业、洗浴服务业、摄影扩印服务业、汽车、摩托车维护与保养业）、医院，有独立燃烧设施的单位（除第二产业中纳入工业源普查对象的外）和机动车；城镇居民生活污染源普查对象为设区城市的区、县城（县级市）、建制镇（不包括村庄和集镇）。

（二）普查对象的确定

1．军队、武装警察部队的生活源普查工作，由中国人民解放军总后勤部按照国家统一规定和要求组织实施。

2．对设区城市的区、县城（县级市）、建制镇进行城镇居民生活污染源普查。设区城市的区是指区本级行政管辖的城市地域；县城（县级市）是指县政府机关和公共服务机构所在的地域；建制镇是指国家按行政建制设立的镇政府机关和公共服务机构所在的地域。

3．第三产业普查对象规模要求见表 3-10，达到规模低限以上的纳入普查。

三、普查范围

（一）住宿业、餐饮业、居民服务和其他服务业、医院普查对象拥有的锅炉，不论额定出力大小，一律全部填报。

（二）机关、企事业单位和社会团体相对集中的居民区，非生产性的企业单位办公区、机务段和客运段的，额定出力大于等于 0.7 兆瓦（1 蒸吨/时）的供暖锅炉、热水锅炉，包括燃煤、燃油和燃气锅炉，均纳入普查。没有标明额定出力的土锅炉、型煤锅炉或者铭牌不清的锅炉，全部填报。茶炉、电锅炉不纳入普查范围。

表 3-10 第三产业普查对象规模要求

普查对象	划分单位	规模低限
住宿业	床位数	≥30 张
餐饮业	餐位数	≥30 个
洗染服务业	设备总容量	≥20 公斤
理发及美容保健服务业	理发座位数	≥3 个
	美容和保健床位总数	≥3 张
洗浴服务业	澡堂（桑拿）衣柜数	≥20 个
	沐足座位数	
摄影扩印服务业	设备容量	有扩印设备
汽车、摩托车维护与保养业（洗车业）	专业洗车设备或经营面积	有专业洗车设备或经营面积≥20 米^2
医院	床位数	≥20 张
独立燃烧设施	锅炉额定出力	≥0.7 兆瓦（1 蒸吨/时）

（三）包含两种或两种以上生活源的普查对象，都达到相应规模低限的，分别填报相应的表格或指标；部分达到相应规模低限的，只选择达到规模低限的项目填报相应的表格或指标。

（四）大型超市、农贸市场中租赁经营的餐饮业、洗染服务业、理发及美容保健服务业、摄影扩印服务业等，达到相应规模低限的，分别填报相应的表格或指标；大型超市、农贸市场等不单独作为普查对象。

（五）汽车、摩托车维护与保养业只普查其中有专业洗车设备或经营面积大于等于 20 米^2 的洗车业。专业洗车设备包括高压冲洗、水蜡清洗与产生自动泡沫的设备，不包括高压水喷枪。

（六）无锅炉或餐饮炉灶的茶楼（馆）、酒吧、咖啡馆、会所等经营场所不纳入普查范围。

（七）设区城市的区、县城（县级市）、建制镇城镇居民生活污染源均纳入普查范围。乡村、集镇的居民生活污染源不纳入本次普查范围。

（八）机关、企事业单位、大中专院校拥有的不对外经营的食堂不纳入普查范围；如果对外经营，满足普查规模要求均纳入普查范围。

四、普查内容

（一）城镇居民生活污染源

能源消费：包括生活用能源结构、能源消费量、平均硫分、平均灰分等。

用水、排水：包括生活用水总量、居民家庭用水总量、排放去向和受纳水体等。

生活垃圾：包括生活垃圾清运量、生活垃圾处置方式及处置量等。

（二）第三产业污染源

普查与居民生活相关的，有一定规模并且有污染物排放的行业：

1．住宿业与餐饮业：包括行业基本情况（行业类别、开业时间、经营天数、生活垃圾收集方式），用水、污水处理与排水情况（包括用水总量、污水处理设施处理能力、污水实际处理量、污水处理工艺、排水去向等），锅炉基本情况（包括锅炉额定出力、锅炉燃料类型、燃料消费量、废气处理设施套数、废气处理设施处理总能力、废气实际处理量等）。住宿业须另填报宾馆饭店等级代码、床位数和年平均入住率，餐饮业须另填报经营面积、餐位数、固定灶头数与油烟净化器数。

2．居民服务和其他服务业：包括行业基本情况（行业类别、开业时间、经营天数、经营面积、生活垃圾收集方式），用水、污水处理与排水情况（包括用水总量、污水处理设施处理能力、污水实际处理量、污水处理工艺、排水去向等），锅炉基本情况（包括锅炉额定出力、锅炉燃料类型、燃料消费量、废气处理设施套数、废气处理设施处理总能力、废气实际处理量等）。洗染服务业须另填报设备总容量；理发及美容保健服务业须另填报理发座位数、美容和保健床位总数；洗浴服务业须另填报澡堂（桑拿）衣柜数、沐足座位数；摄影扩印服务业须另填报扩印设备总能力、日平均扩印照片数；汽车、摩托车维护与保养业（洗车业）须另填报车位数、专业洗车设备情况等。

3．医院：包括行业基本情况（行业类别、开业时间、床位数），用水、污水处理与排水情况（包括用水总量、污水处理设施处理能力、污水实际处理量、污水处理工艺、排水去向等），锅炉基本情况（包括锅炉额定出力、锅炉燃料类型、燃料消费量、废气处理设施套数、废气处理设施处理总能力、废气实际处理量等），固体废物基本情况（包括生活垃圾收集方式、医疗垃圾的产生量、处置方式及处置量）。医用电磁辐射设备（频率大于500赫兹且功率大于5千瓦）和放射源与射线装置等。

（三）独立燃烧设施

包括锅炉及运行情况、废气处理设施套数、废气处理设施处理总能力、废气实际处理量、燃料种类、消费量、硫分与灰分等。

（四）机动车

按直辖市、地区（市、州、盟）为单位填报机动车分类登记在用数量。

五、普查技术路线

生活源普查统一采取对普查对象基本情况进行调查，利用产排污系数法测算污染物产生量和排放量。

通过普查表获取普查对象基本情况，应用《生活污染源产排污系数手册》中各类的产排污系数，在数据软件中自动计算出生活源各类污染物的产生量和排放量。

生活源普查技术路线见图3-6。

普查对环境影响较大，对生活污染防治具有普遍意义的污染物，生活源污染物普查指标见表3-11。

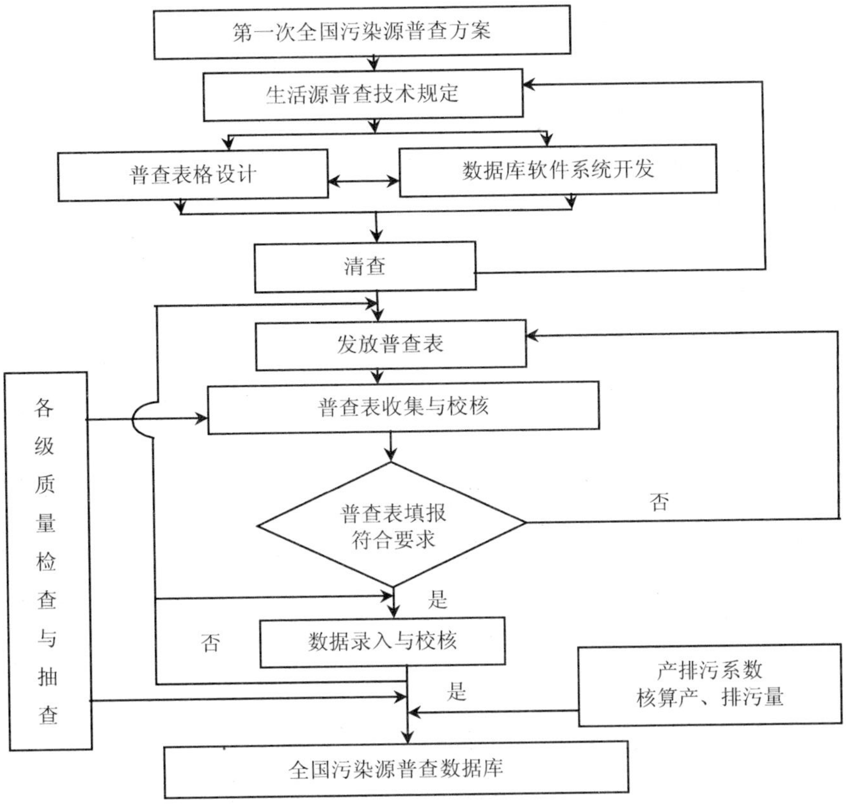

图 3-6　生活源普查技术路线

表 3-11　生活源污染物普查指标

普查对象		污染物普查指标	
住宿业、餐饮业		污水	污水量、化学需氧量、总磷、动植物油、氨氮、总氮
		废气	废气量、烟尘、二氧化硫、氮氧化物
		固体废物	生活垃圾、粉煤灰和炉渣
居民服务和其他服务业	洗染服务业	污水	污水量、化学需氧量、总磷、总氮
		废气	废气量、烟尘、二氧化硫、氮氧化物
		固体废物	粉煤灰和炉渣
	理发及美容保健服务业	污水	污水量、化学需氧量、总磷、总氮、铅、汞
	洗浴服务业	污水	污水量、化学需氧量、总磷、总氮
		废气	废气量、烟尘、二氧化硫、氮氧化物
		固体废物	粉煤灰和炉渣
	摄影扩印服务业	污水	污水量、化学需氧量、氰化物、六价铬、总铬
	汽车、摩托车维护与保养业（洗车业）	污水	污水量、化学需氧量、石油类、总磷
医院		污水	污水量、化学需氧量、五日生化需氧量、总氮、总磷、氨氮、汞
		废气	废气量、烟尘、氮氧化物、二氧化硫
		固体废物	医疗废物、粉煤灰和炉渣
独立燃烧设施		废气	废气量、二氧化硫、氮氧化物、烟尘
		固体废物	粉煤灰和炉渣
城镇居民生活		污水	生活污水量、化学需氧量、氨氮、总氮、总磷、五日生化需氧量、动植物油
		废气	废气量、二氧化硫、氮氧化物、烟尘
		固体废物	生活垃圾、粉煤灰和炉渣
机动车		废气	总颗粒物、氮氧化物、一氧化碳、碳氢化合物

六、普查表的填报和审核

（一）普查表的填报

1．以环保、统计、工商、税务、公安等部门提供的单位资料为基础，通过清查建立和完善该辖区基本单位名册（库）。将达到或超过普查规模低限的清查对象确定为普查对象。由普查员发放普查表，普查对象填报普查表。

2．普查对象按照普查指标解释和填报说明要求填报普查表。部分第三产业中的个体经营户填报普查表有困难的，可由普查员经询问了解情况后，协助填报。住宿业中含有多个经营单位，如果各经营单位是独立经营的，且各自独立注册的，由业主单位协调各经营单位填报相应的普查表；如果各经营单位不是独立注册的，由业主单位统一填报。

3．普查员要到普查对象处实际核查普查对象填报数据的真实性。

4．城镇居民生活污染源普查表所需的区域性信息，由当地普查机构协调同级统计、城建、发改、经贸、水务、公安等相关部门负责提供，普查表由普查机构填报。机动车污染源普查表所需车辆分类登记数量信息，由当地普查机构协调同级公安交通管理部门负责提供，普查表由普查机构填报。

（二）普查数据的审核

按照《全国污染源普查数据审核技术规定》的要求对普查表进行审核。对于生活源，实行三级审核制度，即普查对象自审、普查员初审、普查指导员审核。发现填报错误、逻辑错误或填报信息不全、不合理的，要求普查对象予以更正。

附件五：

第一次全国污染源普查技术规定之七
《全国污染源普查质量管理技术规定》

为确保第一次全国污染源普查结果的科学性和准确性，规范第一次全国污染源普查质量管理工作，根据《国务院关于开展第一次全国污染源普查的通知》和《第一次全国污染源普查方案》，制订本规定。

一、质量管理的目的和作用

污染源普查质量管理工作必须贯穿普查方案设计、普查人员选调和培训、污染源清查、普查表填报、现场监测、普查数据审核汇总、处理和上报的全过程，确保普查的完整性、代表性、准确性、可靠性和科学性，为第一次全国污染源普查工作提供质量保障。

二、质量管理的组织和职责

（一）建立质量管理机制和岗位责任制

各级污染源普查机构（以下简称普查机构）应建立污染源普查质量管理责任制，设立专门的质量管理岗位，对普查的每个环节实施质量管理和检查验收。质量管理人员应了解污染源普查工作各环节的质量要求和质量管理措施，熟悉各相关环节的工作。

（二）各级质量管理机构的工作职责

各级普查机构的质量管理人员应收集、整理、分析各阶段工作质量指标的数据，及时向普查机构负责人反映情况和存在的问题，提出保证污染源普查质量的建议和措施。

各级普查机构应通过典型调查和抽查等多种方式检查各阶段工作质量，发现问题要及时总结与通报，防止出现大范围的系统性误差。在清查和普查阶段，应从每个下级普查单位中至少选择一个清查或普查小区，派人深入到基层检查普查员和普查指导员的工作情况，发现差错立即纠正。

三、普查准备阶段的质量管理

（一）科学制定普查方案和各项技术规定

国家环境保护总局第一次全国污染源普查工作办公室（以下简称普查工作办公室）按照《国务院关于开展第一次全国污染源普查的通知》精神，组织拟定第一次全国污染源普查方案，在广泛听取意见，进行科学论证的基础上，由国务院第一次全国污染源普查领导小组审定后颁布实施。普查工作办公室根据“普查方案”和普查工作需要，组织制定各项技术规定和工作细则。各项技术规定和工作细则在广泛征求意见，组织专家论证，经过试点验证的基础上，按程序报批后印发执行。地方各级普查机构应严格执行第一次全国污染源普查方案、各项技术规定和工作细则，组织相关部门和有关专家，结合本地实际，制定具体实施方案，提高工作的针对性和有效性。

（二）人员选调、培训和管理

1．人员选调

各级普查机构要高度重视普查人员的配备，从第一次全国污染源普查领导小组成员单位机关、事业单位中抽调业务精、作风硬、组织协调能力强的干部参加普查工作。同时，从社会各界和大专院校中招聘一批符合条件的人员参加普查工作。

重点工业污染源、集中式污染治理设施和农业污染源普查人员主要从各级环保、农业、统计系统内部抽调。一般工业污染源、生活污染源的普查人员可以从党政机关、企事业单位、乡镇（街道）干部和教师、大中专在校学生和未就业的大中专毕业生中选聘，也可以从其他途径或社会招聘。为保证普查工作质量，普查员应尽量由熟悉本地区情况的人员担任。

各级普查机构应从环保或农业部门选调业务骨干任普查指导员，负责普查员的业务指导和普查表格的审核。

普查员和普查指导员的选聘必须按选聘工作程序执行。经培训考核合格后聘用的普查员和普查指导员，须发普查员或普查指导员证件，地方各级普查机构要将获得工作证件的普查员和普查指导员名单报上一级污染源普查机构备案。

2．人员培训

普查前的人员培训。对普查人员分级培训，使其能正确地开展普查工作和数据填报。培训要确保质量，按照国家统一印发的教材、选择合适的教员进行培训，省一级培训班的教员应经过国家的培训。培训中要有充分的交流、答疑时间，提高培训效果。培训后要经过考核，合格者才能聘任为普查员及普查指导员。

国家普查机构对省级和地市级普查机构的部分业务骨干（包括地方培训用教员）进行培训；省级普查机构对地市级和县（区）级普查机构的业务骨干（普查指导员）进行培训；地市级普查机构负责培训市、县（区）的普查员。做到所有普查工作人员都经过培训，持证上岗。

县（区）级普查机构可根据需要对重点普查对象的普查填报人员进行培训。

普查开始后的人员培训。各级普查机构根据普查中发现的带有共性的问题，要及时有针对性地开展培训。

3．人员管理

各级污染源普查机构应制定普查员和普查指导员管理的规章制度，使管理工作有章可循。加强普查员及普查指导员工作证件管理，保持普查队伍稳定，维护普查员和普查指导员的合法权益。

普查生活源时，可由普查员和熟悉当地情况的社区（或居委会）人员组成普查小组，每组至少 2 人。

（三）污染源清查

结合政府职能部门及有关单位（工商局、统计局、发改委、环保局、农业厅、公安厅等）的已有信息资料形成基础的单位基本情况名录册（库）。清查要划分清查小区，明确普查员、普查指导员负责的区域范围及清查对象，落实责任。原则上，以社区（或居委会）、行政村为单位划分清查小区。按清查小区拉网式筛查，实地访问、核实摸底，参照单位基本情况名录册（库）筛选出拟作为普查对象的单位。清查过程中一定要避免小区交界之间的漏查，各清查小区的交界地要明确具体，清查时清查人员应该先从两个清查小区交界处进行清查。对于名录册（库）中没有而清查中发现的单位，要记录其基本信息；对于名录册（库）中有但检查中已经不存在的单位，要落实该单位不存在的原因。最后把落实的单位登记造册，再根据普查有关技术规定确定该单位是否需要列入普查范围，属于工业源的是详查还是简查。

农业源和农村生活源要依据当地种植业、畜禽养殖业、水产养殖业、农村生活源的具体情况，根据清查名单和规定的抽样比例确定相应抽查对象，确保抽取样本的代表性，并涵盖所有的样本类别。

国家和省、地市级普查机构在正式开始普查前要对污染源清查结果的质量进行核查，按一定比例抽样，核查各县（区）清查结果的全面性和准确性。核查时发现清查工作中有误的，必须补充清查，必要时要重新清查。

四、全面普查阶段的质量管理

（一）普查区域的划分

根据清查后各小区普查对象的数量，可适当调整普查小区范围以使各小区普查工作量相对均衡。普查小区要规范命名或编号，以便识别。普查小区范围边界要清晰，可参照明显的地理标记或建筑物（如道路、桥梁、门牌号、河流等）来划定，明确普查小区边界。有条件的地区可绘制普查地图。

（二）污染源基本信息调查质量管理

根据普查对象提供的用水、能源消耗、主要原辅材料用量、产品产量等的报表和支持性材料，通过水平衡、物料平衡等技术手段，审核普查数据的合理性和准确性。

（三）污染源监测质量管理

污染源监测质量管理是贯穿监测全过程的质量保证体系，包括人员培训、生产工艺状况的控制指标、现场监测质量控制、实验室分析质量控制、数据处理和报告审核等一系列质量保证措施和技术要求。

1．监测机构和人员的基本要求

从事污染源监测的机构必须具备完善的质量管理体系，并通过国家或省级计量资质认证。监测人员须经过专业技术培训，经有关部门考核合格后，持证上岗。

2．人工监测质量管理

监测频次、布点与采样、分析方法和质量保证按《工业污染源及集中式污染治理设施监测技术规定》、《放射性污染源普查监测技术规定》和国家环境保护总局发布的相关监测技术规范要求执行。

3．自动在线监测质量管理

自动在线监测仪器设备必须经过国家环境保护总局环境监测仪器质量监督检验中心性能检验合格，符合国家环境保护总局发布的相关自动在线监测技术规范要求并通过县（区）及以上环保部门验收。

4．监测数据的审核

要求进行监测的重点污染源首先填报 2007 年按《工业污染源及集中式污染治理设施监测技术规定》和《放射性污染源普查监测技术规定》进行监测的数据；第一次全国污染源普查没有要求必须进行监测的污染源，有 2007 年监测数据的优先采用，没有 2007 年监测数据的，可采用近 3 年内环境监测部门监测或企业自测的历史监测数据，首先采用最近一年的数据，逐年后推，最多推至第三年。各类监测数据的认定要求见《工业源及集中式污染治理设施普查技术规定》。

（四）产排污系数法和物料衡算法获得数据的审核

各级普查机构应对用产排污系数和物料衡算法得到的污染物产生和排放量数据进行审核：

1．产排污系数法的审核：根据行业、产品、工艺和规模，审核产排污系数选择的合理性及计算的正确性。

2．物料衡算法的审核：根据行业、产品、生产工艺和管理、资源（原辅材料、水源、能源）的综合利用和治理设施情况，评价物料衡算的合理性及正确性。

（五）普查表填报过程中的质量管理

1．每个普查对象要确定一名联系人，负责普查表的接收、内部协调和报送工作。对内部组织结构比较复杂的多产业法人普查对象，应设立专门的机构负责普查工作，做好普查对象内部的协调，普查机构要派专人进行指导。

2．重点污染源可试填草表，县（区）普查机构应按《第一次全国污染源普查表指标解释与填报规定》对草表的每一个调查项目以及每一个指标和代码进行详细审查，保证填写内容有根有据，无逻辑性和技术性差错的情况下，再填写正式表。

3．普查对象的负责人对填报数据负责，填报人员及负责人要对本单位填报的普查数据信息进行审核把关后，逐一签名。

4．普查对象与普查员，普查员与普查指导员以及普查指导员与普查机构之间普查表的交接要做好交接记录，逐一签名认可。

5．普查表必须用钢笔或碳素墨水笔填写。需要用文字表述的，必须用汉字工整、清晰地填写；需要填写数字的，一律用阿拉伯数字表示。填写代码时，每个方格中只填一位代码数字。普查表中所有指标的计量单位、指标的保留位数应按规定填写。

（六）普查表审核过程中的质量管理

1．普查员对普查表的填报进行现场审核，主要包括填报项目是否齐全、准确，数据来源是否可靠，并对普查表填报项目是否齐全、是否符合指标解释要求负责；普查指导员对普查信息的逻辑关系和合理性审核，并对其是否符合技术规定的要求负责；重点污染源由基层普查机构组织有关部门和专家会商审核，并对其审核结果负责。

2．对有问题的普查表要返回填报单位进行核实，核实后如有修改要重新上报。

3．县（区）普查机构对普查表的审核、核实、更改要有记录，并将原始表、更正表和审核记录一并存档。

（七）数据录入过程中的质量管理

1．建立数据录入质量控制的各项制度

县（区）普查机构要建立普查表交接验收制度、录入的工作制度和数据录入岗位责任制，设录入人员和复核人员岗位。录入差错率低于1%。

2．计算机程序审核的质量控制

数据录入后，一定要进行计算机审核操作；根据本地区的实际情况，对于计算机审核出的提示信息须查明原因，进行校正或上报时附加说明。如为填表错误，则需进一步核实，更正普查表，重新录入。校正情况要有记录和经手人签名；如普查对象对核实的情况拒绝更正，普查机构要将核定的污染物产、排污量另行填写污染物产、排污量普查表，并与普查对象填报的普查表一同录入上报，并作出说明。

（八）普查数据汇总过程中的质量管理

1．对综合汇总数据进行人工重点检查及质量评估

各级普查机构要对普查综合汇总数据的逻辑性和客观性进行人工重点检查，及时发现基层数据中的问题。组织有经验的人员对主要综合数据和主要的统计分组数据进行合理性检验和质量评估。对有问题的汇总结果，必须查明原因，做好记录。返回下一级普查机构核查校正，并报上一级普查机构。

各级普查机构要对本级普查数据进行质量评估，写出数据质量评估报告，并报上一级普查机构。数据质量评估内容及要求如下：

（1）动态趋势评估分析。利用近几年专业统计的相关资料，观察普查总量指标和相对指标的动态变化趋势，检查是否有趋势性差错。

（2）结构对比评估分析。反映普查对象生产工艺、工况、能源物料消耗与污染物排放的各指标间存在一定的结构比例关系，观察这些结构关系变动是否控制在正常范围。

（3）指标关联评估分析。统计指标间存在一定的相关关系，研究这些相关指标的联动情况，评估分析某个指标的可信度，检查是否出现逻辑性差错。

2．各级普查机构对上报数据的审核把关

在省级普查机构的统一领导下，县（区）级普查机构组织对本级普查数据的全面审核，地市级普查机构派督导组参与指导审核。地市级以上普查机构对下一级普查机构上报的数据进行严格的审核把关，保证上报数据符合质量控制要求。发现异常情况和错误信息要及时反馈下级机构进行检查、核实，对经审核不符合质量控制要求的数据退回报送单位进行修正，并限时重报。普查汇总数据必须由普查机构负责人审核后方能报上一级。

五、污染源普查质量抽查、验收

（一）抽查、验收工作程序

污染源普查质量的抽查、验收工作由各级普查机构负责，分三级进行，即地市级普查机构组织对县（区）级普查工作的质量抽查、验收工作，省级普查机构组织对地市级普查工作的质量抽查、验收工作，国家普查机构组织对省级普查工作的质量抽查、验收工作。抽查结果作为评估各级普查数据质量和普查工作的主要依据。

（二）抽查、验收比例

抽查方法采用随机抽样和重点检查相结合的方法，抽查比例既要满足质量控制要求，又要考虑实际资源（人员配置、时间要求、经费保障等）的可行性。地市级普查机构对各县（区）级工业源、农业源（以养殖业为主）和生活源各随机抽取至少 2 个普查对象进行审核；省级普查机构对各地市级普查机构工业源、农业源、生活源和集中式污染治理设施分别抽取一定比例的普查对象进行审核；国家对各省级工业源、农业源、生活源和集中式污染治理设施普查数据分别随机抽取一定比例的普查对象进行审核。

（三）抽查、验收内容

抽查、验收内容应包括普查工作各个环节，主要包括单位清查质量、普查表填报及录入质量、综合数据质量评估情况等。审核验收应从各项基础数据的来源、依据、填报的准确性和合理性、逻辑关系、数据的有效性、质量管理等方面详细审核，提出书面审核意见。

（四）抽查、验收质量管理要求

抽查、验收要有记录，填写验收报告单；验收合格后，由验收负责人签字；对验收不合格的，上级普查机构要提出限期整改要求，直至验收合格为止。抽查、验收允许差错率范围见表 3-12。

表 3-12　抽查、验收允许差错率范围

	地市级抽查	省级抽查	国家抽查
允许差错率/%	＜1.0	＜1.5	＜2.0

注：允许差错率为以抽查普查表指标项为基础的差错率。

附件六：

第一次全国污染源普查技术规定之八
《全国污染源普查数据审核技术规定》

为确保第一次全国污染源普查结果的科学性和准确性，规范普查数据审核工作，根据《国务院关于开展第一次全国污染源普查的通知》和《第一次全国污染源普查方案》，制订本规定。

一、目的与意义

通过严格的、规范的数据审核，确保普查数据的完整性、代表性、准确性、可靠性和科学性，为第一次全国污染源普查提供技术和质量上的保障。

二、数据审核的程序

全国污染源普查数据审核实行五级审核制度，即普查对象内部审核、普查员审核、普查指导员审核、普查机构会审和抽查审核。

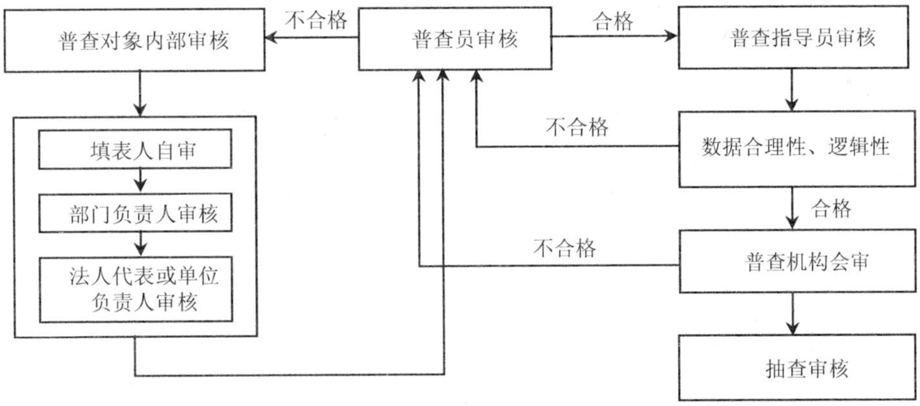

图 3-7　全国污染源普查数据审核程序图

1．普查对象内部审核

工业源、农业源、生活源和集中式污染治理设施的普查对象均需对填报的普查表进行内部审核。普查对象内部审核实施三级审核制度，即填表人自审、部门负责人审核和法人代表或单位负责人审核。

填表人按填表规定填写各项普查表格并对填报的表格进行自检，包括普查表的项目、编码、属性标识、各指标的计量单位以及文字表述等。部门负责人自审数据的真实性、合理性和逻辑性，确保数据真实有效。法人代表或单位负责人对普查数据负责，对填报表格进行整体审核，并签字盖章。

2．普查员审核

普查员审核内容包括但不限于此：（1）普查表必填项目是否填报齐全；（2）能源、水、主要原辅材料、主要产品产量、生产（运营）工况、污染处理设施及运行状况等基本情况是否与有关台账、票据和实物相符；（3）普查表格填报栏目是否准确；（4）普查对象内部是否进行了内审并加盖印章。

3．普查指导员审核

普查指导员审核内容包括但不限于此：审核普查数据的合理性和逻辑性；如能源消耗与废气中主要污染物、固废产生量，水平衡，主要产品产量与能源、水、原辅材料消耗量的关系等。

4．普查机构会审

由普查机构组织污染管理、环境监察、环境监测和有关行业专家组成专家组，对于重点污染源普查数据进行会审；会审内容包括与日常环境监察、环境监测和污染申报数据进行核对，并分析原因，确定普查数据填报的可信度；分析对比环境监测、排污系数或物料衡算结果的代表性，确定普查对象填报的一组数据的合理性。

5．抽查审核

抽查审核：由上级普查机构对下级普查机构的数据进行逐级随机抽样审核；地市级普查机构对各区县级工业源、农业源（以养殖业为主）和生活源各随机至少抽取 2 个普查对象进行审核。省级普查机构对各地市级普查机构工业源、农业源和生活源分别抽取 4‰，2‰和 2‰的普查对象进行审核；对集中式污染治理设施各随机至少抽取 1 个普查对象进行审核。国家对各省级工业源、农业源和生活源普查数据分别随机抽取 1‰的普查对象进行审核；对集中式污染治理设施各随机至少抽取 1 个普查对象进行审核。审核应从各项基础数据的来源、依据、填报的准确性和合理性、逻辑关系、数据的有效性、质量管理等方面详细审核，提出书面审核意见。

三、数据审核的方法

1．逐级数据审核结果做好记录，作为评判普查结果精度的依据

（1）代码准确性审核

各类代码需正确填写。企业法人代码、行业类别代码、登记注册类型代码、排水去向类型代码、受纳水体代码、行政区代码等各类代码需完整无误填写。按照“第一次全国污染源普查表主要指标解释与填报规定”要求填报。

（2）数据准确性审核

①普查对象台账需准确完整。台账主要指普查对象各类属性标识情况，如产品产量、单位，工业总产值，燃煤灰分，硫分，单位能耗量，单位水耗量，单位煤耗量等生产经营基本情况。将台账与实际填报项目进行对比，两者必须相符。

②普查表规范填报，数据与单位要对应，指标单位符合统一要求。

③指标间的逻辑关系合理。各指标间的关系应符合《第一次全国污染源普查表式》中相应的指标间关系。

④根据普查对象产污特点及污染治理设施情况判别污染物产生浓度、排放浓度以及污

染物去除效率是否合理。

⑤填报指标偏大或偏小的，应重点审核。如污染治理设施处理能力和实际处理量偏大或偏小；消耗吨煤的 SO_2、烟尘产生量偏大或偏小；水泥行业吨产品工业粉尘产生量偏大或偏小等等。

⑥存在下列不符合逻辑关系的需重点审核：

有“废水排放量”却无废水中污染物排放量的情况；

有燃料煤消费，却无燃烧废气、二氧化硫、烟尘、炉渣产生量的现象；

无燃料消费，却有燃烧废气及污染物产生量的情况；

有污染治理设施、处理能力和耗电量，却无污染物去除量现象；无治理设施，却有污染物去除量的现象；

有脱硫设施和实际处理量，却无 SO_2 去除量或 SO_2 去除率小于 40%的现象；无脱硫设施，却有 SO_2 去除量或 SO_2 去除率大于 40%的现象；

有烟尘去除量无粉煤灰产生量的现象；

废水（气）治理设施数、耗电量、处理能力 3 个指标间的逻辑关系及变化趋势不一致的现象；

废水（气）治理设施实际处理量与设计处理能力差异较大的现象；

有工业锅炉或工业炉窑却没有废气及污染物排放量的情况。

2．排放量的确认

审核数据是否有责任性或技术性错误。如：单位混淆、小数点错误。

审核数据指标之间是否存在逻辑关系错误。

审核废水、COD 和氨氮、二氧化硫、烟尘和粉尘、固废等主要污染物排放量是否存在过大过小现象，并进行纵向比较。变化幅度过大的应重点审核，如废（污）水排放量原则上应是新鲜用水量的 75%～85%。

（1）农业源、生活源

对于农业源、生活源中污染物排放量，根据《第一次全国污染源普查技术规定之四——农业源普查技术规定》和《第一次全国污染源普查技术规定之六——生活源普查技术规定》，以排污系数法对污染物排放量进行测算。将计算结果与填报结果进行比较，审核选取的排污系数是否合适，以及计算过程是否正确，若两者间存在较大差异，则分析原因，确定最终的排放量。

（2）集中式污染治理设施

对于集中式污染治理设施，主要审核监督性监测结果与在线监测结果和企业自测结果的可比性，若其中差异较大时，应分析原因，结合企业月报表和年报表、污染治理工艺，确定治理效率和排放量。若无法解释原因时，应取其中污染物排放量大的数据填报。

（3）工业污染源

对于重点工业源，采用监测结果或排污系数测算排污量，必要时采用物料衡算法测算。监测频次、项目和分析方法应符合《第一次全国污染源普查技术规定之一——工业污染源和集中式污染治理设施监测技术规定》，否则数据无效。首先采用普查监测数据，在无普查监测数据或普查监测数据不规范的前提下，可采用规范的历史监测数据。历史监测数据选择的优先顺序原则上为：监督监测＞验收监测＞委托监测＞自测或其他。同时根据《产排污系数手册》进行排污量的测算。审核排污量时，主要审核监测结果与排污系数测算的可比性，结合日常环境监察、环境监测和排污申报数据进行核对，若数据间存在一定差异，则分析原因，确定选用监测数据、排污系数测算数据之一作为最终排污量录入上报，不得采用加权平均法折算排污量。当监测数据和排污系数核算数据差别较大，且无法解释原因时，在可能的情况下进行物料平衡的计算；如工艺过程复杂无法进行物料衡算时，应取监测数据和排污系数测算值中污染物排放量大的数据填报。

四、数据审核结果的处理

根据普查五级审核制度，对数据审核过程中发现的问题，各级审核人员或部门应提出具体、明确的书面审核意见，由普查对象按规定程序和方式予以更改或重新填报。原始普查表、更正后的普查表和书面审核意见一并存档。

1．普查对象内部审核结果的处理

重点污染源和集中式污染治理设施普查对象，填表人应根据部门负责人和法人代表或单位的审核意见予以更改。部门负责人和法人代表或单位的审核意见不符合实际情况的，填表人可拒绝更改，并可向各级普查机构举报。

2．普查员审核结果的处理

普查对象应根据普查员的审核意见，重新核查本单位基本情况是否与有关台账和票据相符，普查表格填报栏目是否准确等，并按普查员的审核意见进行更改或对其做出解释。

3．普查指导员审核结果的处理

普查对象应根据普查指导员的审核意见，重新核查或调查填报数据的合理性和逻辑性，并按普查指导员的审核意见更改或对其做出解释。

4．普查机构会审结果的处理

普查对象应根据普查机构会审的审核意见，予以解释或更改并重新填报。

5．抽查审核结果的处理

各级抽查结果与原填报结果偏差较大时，应查明原因，是普查对象的生产状况、污染治理情况发生了变化，还是普查结果错误。属填报错误的，责令普查对象予以更改或重新填报。能源、水、主要原辅材料消耗量、主要产品产量、污染物排放量审核结果与原填报数据偏差在 20%以上的，视为不合格，需要对该普查对象重新进行调查。一个地区所有抽查样本中不合格普查对象超过 30%时，该地区的该类污染源普查结果不合格，需要重新进行普查。

抽查结果同时作为评判第一次全国污染源普查精度和普查工作质量的依据。

各级普查机构数据审核的各项工作必须严格按国务院《污染源普查管理条例》的相关规定办理，普查机构、普查员、普查指导员和普查对象违反《污染源普查管理条例》的，按条例规定予以处罚。

附件七：

第一次全国污染源普查技术规定之九
《全国污染源普查数据录入与传输技术规定》

为保证第一次全国污染源普查数据处理工作的顺利实施，根据《国务院关于开展第一次全国污染源普查的通知》和《第一次全国污染源普查方案》，制定本规定。

一、数据录入

县（区）级普查机构使用国家统一下发的数据处理软件完成数据录入工作。按照《第一次全国污染源普查录入人员工作细则》的要求，按时完成录入人员的选聘和培训，增强录入人员的责任意识，并通过复录和数据初审保证数据录入质量。

（一）数据录入

1．录入员向普查表管理人员领取经过人工审核已填报好的普查表格，做好交接与保管工作。

2．软件及数据处理制度版本确认。确认使用的第一次全国污染源普查数据处理软件和录入制度是最新的版本。

3．录入员在录入过程中要保证录入资料安全，每录入完成一个单位应在该单位普查资料封面做好初、复录标记并填写日期和录入人姓名等信息。

4．录入结束后，录入员应尽快归还普查表格。普查表管理员在回收资料时，除检查资料完整性外，还必须逐一检查各单位录入完成情况：

①全部资料是否已注明“录入日期”、“录入人员姓名”等信息；

②资料领取数量与数据处理软件统计的录入单位数量是否相符。

（二）数据复录

1．组织数据录入的普查机构要保证达到100%的复录率，并使用普查软件提供的批量复录功能进行复录。

2．同一数据的录入和复录不能为同一人。

3．复录结束后，分别以工业源、农业源、生活源、集中式污染处理设施为单位与原录数据进行比对和错误修改，不要求修改复录数据。

4．对复录完成的普查表格做好标记，注明复录时间和复录人姓名。

（三）数据集中

使用网络版软件进行数据录入，不需要数据集中操作。对于使用单机版软件进行录入的数据，采用以下步骤进行数据集中：

1．利用软件提供的数据导出功能，从每台机器中导出录入的资料；

2．利用软件提供的数据导入功能，将导出的数据集中导入到指定的一台机器上。

二、数据上报与接收

（一）数据准备

数据上报分为第一阶段和第二阶段。各级污染源普查机构负责数据上报的组织工作。根据上报要求对上报资料审核无误后，通过网络或介质将普查数据资料上报上级污染源普查机构，同时报送经本级普查机构负责人签字盖章的《第一次全国污染源普查数据上报函》（见附一）。

上报的数据文件包必须通过污染源普查数据处理软件的数据导出功能生成：

第一阶段上报的数据包括：全部基层表数据及全部复录数据；

第二阶段上报的数据包括：全部基层表、复录、汇总表数据。

数据文件包命名规则：

XXXXXX-YYYYMMDD-n.ZIP

其中：

XXXXXX 为上报数据所在地的中文名称，包括省、市和区县名称；

YYYYMMDD 为上报数据的时间，YYYY 表示年份，MM 表示月份，DD 表示日期；

n 为两个阶段数据的区分码（n=1 表示第一阶段；n=2 表示第二阶段）；

“-” 为各段信息的分割符，用英文“-” 表示；

ZIP 为数据文件包的文件后缀，由软件自动生成。

例如：河北省石家庄市桥东区 2007 年 7 月 20 日上报的第一阶段数据文件包命名为：

河北省石家庄市桥东区-20070720-1.ZIP

（二）数据上报

数据文件上报的方式分为两种：网络传输方式和介质传输方式。

网络传输方式，以普查软件提供的网络传输功能将普查数据报送到上级普查部门；介质传输方式，将存储普查数据信息的介质通过邮寄、快递等方式报送到上级普查部门。

有网络条件的地区尽量使用网络传输方式。采用介质传输方式的地区要充分考虑到数据的保密及安全性。省级与国家级之间的数据传输一律使用“环保系统电子政务外网”。

（三）数据接收

地区（市）级以上普查机构按照污染源普查的组织机构建立所属下级的签收对象花名册，并根据签收对象花名册接收数据。在接收数据文件时须填写《普查数据文件签收册》（见附二），并做好签收记录的归档和管理。对于以网络传输方式上报的数据，“上报的形式”填写实际上报的方式，“上报的时间”填写接收的时间；对于以介质传输方式上报的数据，“上报的形式”填写“邮寄”，“上报的时间”填写邮戳的时间，并保留信封等相关资料。

地区（市）级以上普查机构负责接收下一级普查机构上报的普查数据，检查其上报的资料是否齐全，格式是否符合要求，有否审批上报手续。对不符合要求的要重报，并说明理由。对符合要求的上报普查数据资料加载入数据库，并进行上报数据资料审核，对于审核出错的数据可根据情况要求下级普查机构重新上报。

（四）逾期催报

各级普查机构超过规定期限没有报送数据的，上级普查机构应当在期限届满之日起三日内，制发《普查数据文件催报通知书》（见附三）并载明以下内容：

1．被催报单位的名称；

2．催报的数据范围；

3．补报的期限、方式；

4．其他事项。

接到催报后，下级普查机构必须在规定期限之内上报普查数据文件，并上报《第一次全国污染源普查数据上报函》，上级普查机构应当填写《普查数据文件签收册》，在“报送时间”一栏应当填写催报后实际上报时间。

三、数据安全

采取以下措施确保数据安全：

1．数据日备份。在数据录入和审核修改期间，每日都要利用移动硬盘或其他介质对处理机上的普查基层表数据进行备份。

2．建立污染源普查制度环境参数备份，在制度变更时，应同时进行备份更新。

3．定期用防病毒软件进行查毒杀毒。

4．不在数据处理微机进行与污染源普查数据处理无关的操作。

附一：

《第一次全国污染源普查数据上报函》

普查办：

现将我地区第一次全国污染源普查数据上报你办，上报数据详情如下：

数据上报阶段：	□第一阶段	□第二阶段
上报方式：	□网络	□介质
上报数据清单：汇总表：	张	
基层表：	重点工业源	家
	一般工业源	家
	生　活　源	家
	农　业　源	家
	集中式污染处理设施	家
上报负责人：	联系电话：	
上报联系人：	联系电话：	
		普查办（盖章） □□□□年□□月□□日

附二：

《普查数据文件签收册》

序号	上报时间	上报形式	上报地区	上报内容	上报人员	接收人员	是否提供资料清单

附三：

《普查数据文件催报通知书》

普查办：

截至□□□□年□□月□□日，你办上报的第一次全国污染源普查相关数据文件存在以下第　　项问题：

未收到上报数据文件；

上报数据文件不全；

上报文件不能正确读取；

反馈的问题未予修改；

其他问题（具体情况，具体说明）。

请你办于□□□□年□□月□□日前，以网络传输或介质传输方式将普查数据文件上报我办。

特此通知。

普查办（盖章）

□□□□年□□月□□日

关于印发《第一次全国污染源普查数据处理工作细则》的通知

国污普办[2007]19 号

各省、自治区、直辖市第一次全国污染源普查领导小组办公室，新疆生产建设兵团环境保护局，全军环办：

为贯彻落实《第一次全国污染源普查方案》（国办发[2007]37 号），加强和规范第一次全国污染源普查数据处理工作，确保普查数据处理工作顺利完成。现将《第一次全国污染源普查数据处理工作细则》印发给你们，请遵照执行。

附件：第一次全国污染源普查数据处理工作细则

国务院第一次全国污染源普查领导小组办公室
二〇〇七年十二月二十日

附件：

第一次全国污染源普查数据处理工作细则

为指导第一次全国污染源普查数据处理工作，保证普查工作顺利实施，根据《第一次全国污染源普查方案》的规定，制定本工作细则。

一、总则

第一次全国污染源普查数据处理工作，在全国污染源普查工作办公室统一组织领导下，按照“分级负责”的原则，采取县（区）、地（市）、省、国家四级数据处理的方式组织实施。

数据处理以普查基层表数据为直接处理对象。各级普查机构要按照“统一组织、分类处理”的技术路线，严格依照全国污染源普查工作办公室统一规定的数据处理工作流程和操作规范，进行数据处理，并按规定的时间、数据格式和要求上报普查数据。

二、数据处理工作要求

普查数据处理主要包括数据录入、审核、编辑、汇总、传输等工作，由各级污染源普查机构承担，全国污染源普查工作办公室予以指导。

在普查数据处理过程中，数据处理人员要与有关专业人员密切配合，严格遵守本细则等相关文件的规定，保证数据处理工作顺利进行。

普查数据处理统一使用全国污染源普查工作办公室组织编制的数据处理软件。

普查数据处理工作的各个环节必须以质量为中心，凡达不到质量要求的，必须返工重做，直至达到要求。

三、数据处理工作任务

普查数据处理工作分为三个阶段，各阶段工作任务描述如下：

第一阶段为准备阶段。本阶段的主要任务是：做好普查数据处理前期的各项准备工作，主要包括：制定数据处理工作的有关细则和规定，数据处理软件编制，数据处理人员的培训，建立和完善数据处理软硬件、网络、机房环境以及其他基础设施，完成基本单位清查的资料入库和基本单位名录库的修订等。

第二阶段为数据处理和上报阶段。本阶段的主要任务是：地方各级普查机构按照数据处理工作流程，按时、按质、按量组织完成污染源普查数据的录入、编辑、审核、汇总和上报工作。全国污染源普查工作办公室对各级普查机构的数据处理工作进行检查和审核。

第三阶段为总结阶段。本阶段的主要任务是：各地汇总形成各自的普查数据库，进行普查数据的汇总和分析，总结普查数据处理工作经验，开展验收和评比表彰工作。

四、数据处理流程

普查数据处理工作流程按照以下七个步骤展开：

（一）形成污染源清查单位名录库

各县（区）污染源普查机构应按照要求完成数据录入人员聘任及培训、数据处理所需环境配置等各项准备工作。

以统计、工商等相关部门提供的单位名录库为基础，开展清查工作，完成基本单位清查的资料入库和基本单位名录库的修订，形成各地区清查单位名录库，并逐级上报国家。

（二）制度首次下发

全国污染源普查工作办公室逐级下发污染源普查数据处理电子制度（一）。

（三）数据录入、审核及第一阶段数据报送

各县（区）污染源普查机构将初审通过的普查表按普查对象类别，分工业源、农业源、生活源与集中式污染治理设施分别进行数据录入、复录，完成数据的审核、编辑、查错、改错和计算机校正等工作，合并生成标准的县级数据文件。全部审核通过后，进行第一阶段数据报送，按照《第一次全国污染源普查数据录入和传输技术规定》的要求，将数据直接上报给全国污染源普查工作办公室，并同时上报本地区上一级普查机构。

（四）制度二次下发

第一阶段数据报送任务完成后，全国污染源普查工作办公室下发污染源普查数据处理电子制度（二）。

（五）数据分析及汇总

各级污染源普查机构根据二次下发的数据处理电子制度（二），完成基层数据的汇总、审核、校正，形成本级汇总数据和普查数据库。

（六）第二阶段数据报送

各县（区）污染源普查机构对基层数据审核、汇总后，将基层与汇总数据上报市级普查机构。市级普查机构将接收的各区（县）上报数据审核、汇总后，上报省级普查机构。省级普查机构对上报的数据进行审核、汇总后，上报全国污染源普查工作办公室。全国污染源普查工作办公室负责完成全国普查数据的编辑、审核、汇总等工作。

各级普查机构接收上级反馈的问题数据，要按要求完成审核、校正和重新上报。

（七）数据处理工作总结

各级污染源普查机构可根据需要，对本地区普查数据进行分析汇总，向政府及有关部门提供普查成果，并依法向社会公告普查结果。各级污染源普查机构要及时对数据处理工作进行认真的总结、验收和评比表彰。

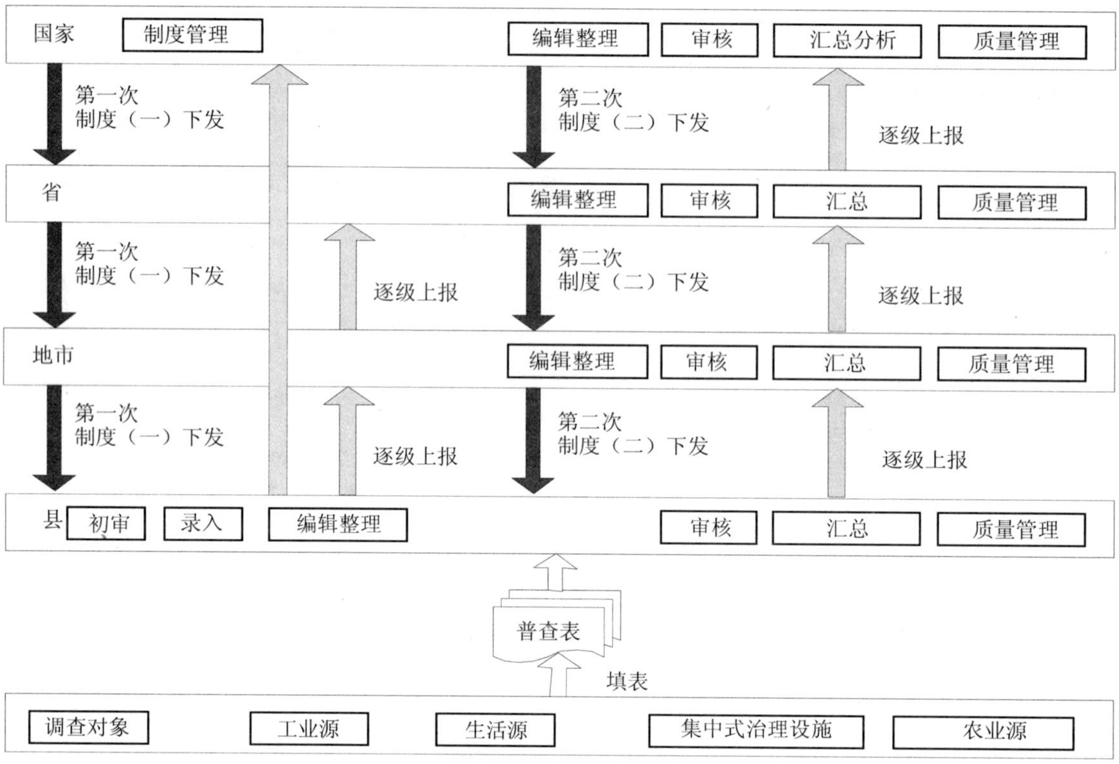

图 3-8　污染源普查数据处理流程

五、各级污染源普查机构数据处理工作任务与职责

全国污染源普查工作办公室下设数据处理组，负责组织指导数据处理工作。各省、地市和县级污染源普查机构结合本地区的实际情况，设立本级的污染源普查数据处理组。下级数据处理组在上级数据处理组的指导下，在本级污染源普查机构的统一领导下，负责组织实施本级数据处理工作。各级数据处理组要建立岗位责任制，确保数据处理各项工作任务责任到人。各级污染源普查机构要认真遵守国家各项污染源普查的工作细则和技术规定，对数据质量严格把关，保证各项工作顺利进行。

（一）全国污染源普查工作办公室

1．数据处理任务

负责数据处理的制度设计、制度下发和通过网络或存储介质接收县/市级直报的原始数据和省级上报的数据，进行数据审核验收，数据处理质量控制，数据汇总加工，数据管理，数据发布和向省级反馈数据。

2．人员安排与职责

（1）数据处理技术负责人，领导并负责数据处理工作，协调解决数据处理过程中出现的技术问题。

（2）数据编审人员，负责数据的审核、编辑和反馈，记录编审规则存在的问题及地方上报的问题，配合普查工作办公室技术组等进行普查制度的修订。

（3）数据质量监控人员，负责数据处理质量的全程控制。

（4）普查工作办公室其他组配合人员，负责本类别调查对象数据处理中制度的解释、制度的修订。

（二）省级污染源普查机构

1．数据处理任务

负责接收全国污染源普查工作办公室下发的电子制度，并将制度下发到地市。负责对接收的地（市）数据进行审核验收，及时反馈验收结果。在验收通过的基础上，汇总出本省污染源普查综合数据，形成本省污染源普查数据库，并将评估审定后的数据上报全国污染源普查工作办公室。

2．岗位与职责

（1）数据处理技术负责人，负责数据处理工作的技术指导，数据处理软件的维护与日常管理，及时解决下级反映的问题。难以解决的及时上报全国污染源普查工作办公室。

（2）数据编审人员，负责数据的审核、编辑、反馈工作，记录编审规则存在的问题并及时上报全国污染源普查工作办公室。

（3）数据质量监控人员，负责数据处理质量的全程控制。

（4）数据录入指导员，负责数据录入工作的指导、监督。

（三）地市级污染源普查机构

1．数据处理任务

负责接收省级污染源普查机构下发的普查制度并将制度下发到县（区）。负责污染源普查数据录入、审核等任务，完成第一阶段数据报送。对县（区）级污染源普查机构上报的数据进行审核验收，及时反馈验收结果。在验收通过的基础上，汇总生成本地区的综合数据，形成本地区的普查数据库，并将本地区的基层数据、综合数据一并上报省级污染源普查机构。接收省级普查机构反馈的问题数据，按要求完成审核、校正并重新上报。

由地市级污染源普查机构直接进行普查的对象的数据，以及县（区）级数据录入软硬件环境配置确有困难的、其普查得到的数据，可由地市级普查机构负责录入和审核工作。但这些污染源的数据在汇总、分析、建立污染源普查数据库时，应作为污染源所在县（区）的数据处理。

2．岗位与职责

（1）数据录入员，负责普查表的录入，记录录入过程表格和软件发生的问题。

（2）数据录入指导员，负责数据录入工作的指导、监督。

（3）数据处理技术负责人，负责数据处理工作的技术指导，数据处理软件的维护与日常管理，记录软件出现的问题并查明原因，及时解决下级反映的问题，难以解决的及时上报上级普查机构。

（4）数据编审人员，负责数据的审核、编辑、修改，记录编审规则存在的问题并及时上报上级普查机构。

（5）数据质量监控人员，负责数据处理质量的全程控制。

（四）县级污染源普查机构

1．数据处理任务

县（区）级普查机构是这次污染源普查的最基本组织机构，担负着主要的数据调查、录入和审核等工作。

负责接收地（市）级下发的普查制度。并根据所接收到的制度组织普查表的填报，对收集到的普查表进行初审、编码、整理，组织手工录入以及数据编辑、审核等数据处理工作，形成县级数据库，完成数据第一阶段报送。在接收二次制度下发后，对数据进行审核、汇总，进行第二阶段报送。接收地市级普查机构反馈的问题数据，按要求完成审核、校正并重新上报。

2．岗位与职责

（1）数据录入员，负责普查表的录入，记录录入过程表格和软件发生的问题。

（2）数据录入指导员，负责数据录入工作的指导、监督。

（3）数据处理技术负责人，负责数据处理工作的技术指导，数据处理软件的维护与日常管理，记录软件出现的问题并查明原因，及时上报解决不了的问题。

（4）数据编审人员，负责数据的审核、编辑、修改，记录编审规则存在的问题并及时上报上级普查机构。

（5）数据质量监控人员，负责数据处理质量的全程控制。

六、数据处理软件及培训

（一）数据处理软件

全国污染源普查工作办公室统一组织数据处理软件开发，统一规定数据处理各类标准、软件运行环境、数据结构，以及备份和上报格式等。

数据处理软件分为单机版和网络版，原则上数据处理工作采用网络版软件，各地也可根据本地区县、地（市）两级实际情况，选用单机版软件。

数据处理软件具有以下功能：

1．普查数据处理制度管理：可分别完成（区县、地市、省和国家）普查表式、审核公式、普查指标、汇总表式的管理工作。省以下污染源普查机构从上一级污染源普查机构接收数据处理制度，按照制度要求完成数据处理工作。

2．普查数据处理：可完成普查数据的录入、编辑和审核。可进行普查数据的汇总处理。支持在数据集中的条件下，分类进行数据处理。

3．数据上报/接收：可将各级的基层数据和汇总数据打包上报上一级污染源普查机构。

4．普查数据管理：可对普查基层数据和汇总数据进行管理，方便查询。

（二）技术培训

第一次全国污染源普查数据处理培训工作采取统一组织、分级负责的办法。培训要讲求实效，必须坚持考核合格才能上岗工作的原则。全国污染源普查工作办公室负责组织开展省、市数据处理技术骨干的技术培训。

七、数据处理的计算机软、硬件配置

（一）省级

- 硬件环境：高端 PC 服务器、PC 机、打印机
- 操作系统：Windows（2000/2003/XP）

- 数据库：SQL Server2005 企业版
- 中间件：Web Logic9.2
- 数据报送方式：通过网络报送
- 防病毒软件

（二）地（市）级

- 硬件环境：PC 服务器、PC 机、打印机、光盘刻录机
- 操作系统：Windows（2000/2003/XP）
- 数据库：SQL Server2005 标准版或企业版
- 数据报送方式：通过网络或介质报送
- 防病毒软件

（三）县级

- 硬件环境：PC 服务器或 PC 机、打印机、光盘刻录机
- 操作系统：Windows（2000/2003/XP）
- 数据报送方式：通过网络或介质报送
- 防病毒软件

具体的软硬件配置环境要求可参考附件。

八、数据处理的质量控制

（一）总体要求

数据质量控制工作贯穿于数据处理全过程。各级普查机构通过质量抽（检）查等方式对数据质量进行控制，各地区、各部门要认真做好以下几个方面的工作：

1．严格执行有关数据处理的统一规定，保证各级数据处理工作的一致性，减少技术性差错。凡国家有统一规定的，未经第一次全国污染源普查工作办公室许可，任何地区和部门不得改变，只能结合本地区、本部门的实际情况进一步加以细化。

2．做好基本单位名录库的管理和维护工作。通过单位清查建立完好的基本单位名录库，是防止漏报、重报、错报的重要措施，是正确录入和汇总普查数据的基础。因此，各级普查办公室必须在普查数据录入前，认真做好基本单位清查和名录库的建库工作，普查人员与数据处理人员要密切配合，下大力气搞准普查单位数，保证做到单位不重不漏，各项属性准确无误。

3．加强基层表数据的人工审核。计算机数据录入之前，必须对基层表数据先进行人工审核，人工审核合格方可交付录入人员。人工审核由普查员、普查指导员和普查机构工作人员完成。审核人员与录入人员之间应建立交接验收制度。

4．强化对普查基层表的计算机审核功能。数据录入后，一定要按要求进行计算机审核操作。根据制定的数据审核规则，进行各类审核关系操作，并打印审核结果报告单。对于计算机审核出的提示信息须查明原因，根据本地区的实际情况进行处理。如为填表错误，则需交普查员进一步核实，更正普查表，重新录入。校正情况要有记录和经手人签字；如普查对象对核实的情况拒绝更正，普查机构可以按更正情况录入，并做好相关记录，附加说明上报。

5．加强汇总表的人工审核，把住综合审核关。各级污染源普查机构，要组织有经验的人员分析综合汇总表的信息，及时发现基层数据中的问题，并在数据上报前，对主要综合数据和主要的统计分组数据进行合理性检验和质量评估。一个县（区）的所有数据全部审核完成后，组织有关质量控制人员对数据进行质量评估，并写出质量评估报告；最后对数据进行整理合并。

6．坚持“分级负责、就地解决”的质量控制原则。未经审核通过和质量评估的数据不得上报。各级污染源普查机构对验收上报的数据要严格把关，保证上报的基层表数据和综合表数据的一致性。发现异常情况和错误信息及时反馈给下级单位检查核实，对不符合各项普查技术规定的数据，退回报送单位重新修改，限时重报。

7．做好定期检查工作。各级污染源普查机构在数据处理、上报阶段要组成检查组，对下级污染源普查机构执行统一的数据质量控制标准的情况进行检查，对检查中发现的问题要及时予以纠正，重大问题报全国污染源普查工作办公室。

（二）质量抽查

数据处理质量抽查的内容主要为普查表各项指标的录入、复录、审核情况，重点关注填报说明中必填指标项的录入准确情况。各级普查机构要做好下级普查机构数据处理的质量抽查工作。第二阶段数据上报完成后，各级普查机构根据上报数据，核查所辖地区的复录率和审核无误率。通过随机抽取抽查地区普查对象的录入情况来确定录入准确率。录入准确率、复录率和审核无误率应满足国家要求。抽查完成后，各级普查机构应编写抽查工作报告，同时将抽查报告和相关材料报上级普查机构备案。

1．录入准确率：

$$\text{录入准确率}=\frac{\sum \text{录入准确指标数}}{\sum \text{录入指标数}}\times 100\%$$

2．复录率。为减少录入过程中产生的再生性错误，所有的录入普查对象必须进行复录，复录率是指复录普查对象数与录入普查对象数的比率。

$$\text{复录率}=\frac{\text{复录普查对象数}}{\text{录入普查对象数}}\times 100\%$$

3．审核无误率。为了确保普查数据的准确性、合理性，录入数据必须通过计算机审核，审核无误率是指审核无错误的普查对象数与录入普查对象数的比率。

$$\text{审核无误率}=\frac{\text{审核无错误普查对象数}}{\text{录入普查对象数}}\times 100\%$$

九、数据处理的时间节点

（一）2007 年 12 月 31 日前

全国污染源普查工作办公室完成下述工作：

1．下发数据处理工作细则和有关技术规定；

2. 国家级数据处理培训工作。

（二）2008 年 2 月 29 日前

各地方污染源普查机构要完成下述工作：

1. 数据处理软硬件环境准备工作；
2. 数据处理的组织、录入人员聘任工作；
3. 数据处理人员的培训工作；
4. 数据处理软件安装与部署工作；
5. 基本单位清查的资料入库、修订与上报。

（三）2008 年 5 月 31 日前

按照要求，各县（区）完成数据录入并将原始数据同时报送全国污染源普查工作办公室和上级污染源普查机构。

（四）2008 年 6 月 10 日前

全国污染源普查工作办公室完成第二次制度下发。

（五）2008 年 7 月 31 日前

各省对各地上报普查数据审核确认后，将汇总结果和基层数据一并报送全国污染源普查工作办公室。

（六）2008 年 10 月 31 日前

全国污染源普查工作办公室完成数据汇总和初步分析工作。

附件：

第一次全国污染源普查数据处理软硬件环境要求

一、国家级数据处理软硬件环境要求

（一）小型机、磁盘阵列配置及性能指标要求

表 3-13

小型机		
指标	指标项	技术规格要求
CPU	字长	64 位
	*实配	≥8 个双核 CPU（共 16 个核）
	*主频	≥1.6GHz（本机型应提供当前可配置最高主频）
	L3 CACHE	≥9MB/核
内 存	*内存实配	≥32GB
磁 盘	*内置磁盘容量	≥4 块 146GB
光驱	*DVD-ROM	≥1 个内置
网络接口	*网卡	≥2 个 10/100/1000M 以太网口（双绞线）
	*接口类型	≥2 FC 接口
存储接口	*接口速率	≥4Gbps
操作系统	类型	HP-UX 11i
存储磁盘阵列		
	项目	要求
1	*CPU/控制器	采用双控制器，RISC（主频≥900MHz）或 INTEL（主频≥1.5GHz）芯片
2	硬件 RAID 校验	采用 ASIC 芯片实现 RAID 校验
3	*内核操作系统	专用的存储系统内核
4	支持 SAN	支持 SAN 光纤通道交换机和点对点连接方式
5	*主机接口	≥4 个 4GB 的 FC-SW 接口
6	冗余电源	配置双电源
7	硬盘类型	300GB FC 硬盘，需支持 72GB、146GB、300GB FC 硬盘，500GB 7 200 r/min SATA 硬盘混插
8	*存储容量	14 块 300GB 10 000 转光纤硬盘，磁盘裸容量 4TB
9	支持的操作系统	Microsoft Windows NT，Microsoft Windows 2000，Microsoft Windows 2003，Sun Solaris，HP-UX，IBM AIX，主流 LINUX 操作系统

（二）高端 PC 服务器配置及性能指标要求

表 3-14

指标	指标项	技术规格
*处理器	处理器类型	64bit Intel 双核 Xeon 7120 及以上
	处理器 2 级高速缓存	≥4MB
	处理器配置数目	≥4
	主频	≥3.0GHz
*总线	系统前端总线	≥800MHz
*内存	内存类型	高级 PC2-3200R 400MHz DDR-II 内存
	内存配置数目	≥16GB
	内存扩展性	≥64GB
	内存保护技术	支持在线备用内存保护技术
*磁盘	内置硬盘容量及数目	≥146GB 10K SAS 2.5"热插拔硬盘*4
	阵列卡	集成磁盘阵列控制器，高速缓存≥256MB；支持 RAID 0、1、1+0、5
*显示器	17"LCD 显示器	

（三）PC 机配置和性能指标要求

表 3-15

指标项	技术规格
CPU	P4 2.8G HT 或双核心 CPU 以上
芯片组	INTEL 865 系列或以上
前端总线频率	800MHz
内存	1G DDR
显卡	独立显卡，显存 128M（便于维修、提高速度）
硬盘	160G（7 200 转）
光驱	≥48 倍 CD-ROM
网卡（一块）	10/100 M 自适应或更高
声卡	集成声卡
电源	≥250W（要求电源电压稳定范围 180～260V）
鼠标	USB 光电鼠标
键盘	防水键盘
操作系统	Windows 2000/2003/XP

（四）数据处理软件环境要求

表 3-16

1	数据库	ORACLE 10g R2 版本
2	中间件	BEA WebLogic Server 9.2 BEA Tuxedo 9.1

二、省级数据处理软硬件环境要求

（一）高端 PC 服务器配置和性能指标要求

表 3-17

指标	指标项	技术规格
*处理器	处理器类型	64bit Intel 双核 Xeon 7120
	处理器 2 级高速缓存	≥4MB
	处理器配置数目	≥4
	主频	≥3.0GHz
*总线	系统前端总线	≥800MHz
*内存	内存类型	高级 PC2-3200R 400MHz DDR-II 内存
	内存配置数目	≥16GB
	内存扩展性	≥64GB
*磁盘	内置硬盘容量及数目	≥146GB 10K SAS 2.5"热插拔硬盘*4
	阵列卡	集成磁盘阵列控制器，高速缓存≥256MB；支持 RAID 0、1、1+0、5
*网络	网卡	≥内置 2 块 10/100/1 000MB 多功能 RJ45 以太网卡
*输入输出	输入输出部件	DVD-RW 驱动器或更好
*键盘、鼠标	USB 光电双键滚轮鼠标，USB 或 PS/2 键盘	
*显示器	17″LCD 显示器	

（二）PC 机配置和性能指标要求

表 3-18

指标项	技术规格
CPU	P4 2.8G HT 或双核心 CPU 以上
芯片组	INTEL 865 系列或以上
前端总线频率	800MHz
内存	512DDR
显卡	独立显卡，显存 128M（便于维修、提高速度）
硬盘	80G（7 200 转）
光驱	≥ 48 倍 CD-ROM
网卡（一块）	10/100 M 自适应或更高
操作系统	Windows 2000/2003/XP

（三）数据处理软件环境要求

表 3-19

1	数据库	Sqlserver 2005 企业版
2	中间件	BEA WebLogic Server 9.2

三、地市级数据处理软硬件环境要求

（一）PC 服务器配置和性能指标

表 3-20

指标	指标项	技术规格
*处理器	处理器类型	64bit Intel 双核 Xeon 7120
	处理器 2 级高速缓存	≥4MB
	处理器配置数目	≥2
	主频	≥3.0GHz
*总线	系统前端总线	≥800MHz
*内存	内存类型	高级 PC2-3200R 400MHz DDR-II 内存
	内存配置数目	≥2GB
*磁盘	内置硬盘容量及数目	≥146GB 10K SAS 2.5"热插拔硬盘*2
	阵列卡	集成磁盘阵列控制器，高速缓存≥256MB；支持 RAID 0、1、1+0、5
I/O 扩展	PCI I/O 插槽	≥6 个 PCI-X 和 PCI-E 插槽
*网络	网卡	≥内置 2 块 10/100/1 000MB 多功能 RJ45 以太网卡
*输入输出	输入输出部件	DVD-RW 驱动器或更好
*键盘、鼠标	USB 光电双键滚轮鼠标，USB 或 PS/2 键盘	
*显示器	17″LCD 显示器	

（二）PC 机配置和性能指标要求

表 3-21

指标项	技术规格
CPU	P4 2.8G HT 或双核心 CPU 以上
芯片组	INTEL 865 系列或以上
前端总线频率	800MHz
内存	512DDR
硬盘	80G（7 200 转）
光驱	≥48 倍 CD-ROM
网卡（一块）	10/100 M 自适应或更高
操作系统	Windows 2000/2003/XP

（三）数据处理软件环境要求

表 3-22

1	数据库	Sqlserver2005 标准版或企业版

四、县级数据处理软硬件环境要求

（一）PC 机配置和性能指标要求

表 3-23

指标项	技术规格
CPU	P4 2.8G HT 或双核心 CPU 以上
芯片组	INTEL 865 系列或以上
前端总线频率	800MHz
内存	512DDR
显卡	显存 128M
硬盘	60G（7 200 转）
光驱	≥48 倍 CD-ROM
网卡（一块）	10/100 M 自适应或更高
操作系统	Windows 2000/2003/XP

（二）数据处理软件环境要求

表 3-24

1	数据库	由数据处理软件提供

关于印发《第一次全国污染源普查质量核查工作细则》的通知

国污普办[2008]6号

各省、自治区、直辖市第一次全国污染源普查领导小组办公室，新疆生产建设兵团第一次全国污染源普查领导小组办公室，全军环办：

为贯彻落实《全国污染源普查条例》和《第一次全国污染源普查方案》，确保第一次全国污染源普查的工作质量，指导全国污染源普查的质量核查工作，我们编制了《第一次全国污染源普查质量核查工作细则》，现印发给你们，请认真组织实施。

附件：第一次全国污染源普查质量核查工作细则

国务院第一次全国污染源普查领导小组办公室

二〇〇八年二月四日

附件：

第一次全国污染源普查质量核查工作细则

为加强第一次全国污染源普查质量核查工作，根据《全国污染源普查条例》和《第一次全国污染源普查方案》的有关规定，制定本工作细则。

一、核查的目的

通过核查地方各级人民政府第一次全国污染源普查领导小组办公室（以下简称“污染源普查机构”）在第一次全国污染源普查中，普查员和普查指导员培训、清查摸底、普查表填报、数据审核和录入等工作的质量，特别是对数据质量进行检查，及时发现问题，改正错误，督促各地加强普查质量管理工作。核查结果作为衡量地方污染源普查工作质量的重要依据。

二、核查的原则

按一定数量随机抽样，对抽取的样本进行普查工作质量核查。抽样数量的确定必须满足质量控制要求，同时兼顾到财力、人力的可行性；又要兼顾重点行业和区域，保证覆盖面和代表性。

三、核查的技术路线

采取书面材料审查与现场检查相结合的方式。普查工作质量核查以县（市、区、旗）为样本区；在样本区内随机抽取一定数量的各类污染源单位进行现场质量核查。

地市级污染源普查机构把辖区内的每一个区、县（市、旗）都作为样本区，各随机抽取不少于 20 个工业污染源、50 个生活污染源和 40 个农业污染源（抽取的市辖区没有农业污染源的可不核查农业污染源，下同）进行普查工作质量现场核查。

省级污染源普查机构对辖区内的每一个市（地、州、盟），各随机抽取 2 个区、县（市、旗）作为样本区，每个样本区抽取不少于 20 个工业污染源、50 个生活污染源和 40 个农业污染源进行普查工作质量现场核查。

国务院第一次全国污染源普查领导小组办公室在各省（自治区、直辖市）随机抽取不少于 2 个地市（州、盟）的各 1 个区、县（市、旗）作为样本区，每个样本区抽取不少于 20 个工业污染源、50 个生活污染源进行普查工作质量现场核查；安排农业污染源普查工作质量现场核查的地市（州、盟），农业污染源核查的数量不少于 65 家。

四、核查方法和内容

（一）普查员和普查指导员培训、单位清查等工作

1．掌握样本区普查准备阶段总体情况；调出样本区普查员和普查指导员培训名单和该地区实际选聘的普查员和普查指导员名录，核查实际参加培训的人数，并随机找 5 名普

查员和普查指导员询问培训的内容，了解培训质量，确保普查相关内容培训到每一普查员和普查指导员。

2．对样本区内抽取的各类污染源或单位进行入户清查摸底并记录。对已经进行过清查摸底的单位，在《单位清查表》上做出标记，对未进行过清查摸底的单位，记录该单位的相关信息，填写《单位清查表》并作为清查的漏查单位；计算“漏查率”，对重复出现的单位计算“重复率”，对基本信息填写错误的单位计算“错误率”；填写《质量核查报告单》。

3．查看样本区内各类《单位清查一览表》，并与确定的《污染源普查对象名录》表相比较，核查普查对象的确定是否符合有关技术规定。

（二）普查表指标填报和数据审核工作

调出样本区内抽取的各类污染源普查对象的原始普查表，对所抽取的全部普查对象实地进行普查并填写相关《普查表》；与普查对象原填报的普查表指标数据进行核对，核查数据的质量，重点核查必填指标及各个指标间的逻辑关系；分别计算“漏报率”、“指标漏填率”和“指标填报差错率”。

（三）普查数据录入工作

调出样本区抽取的各类普查对象各项普查指标电子版的录入信息，与原始普查表的各项指标进行比对，核查普查对象原始普查表指标数据的录入质量，检查数据的错录、漏录情况；分别计算“指标录入差错率”和“指标漏录率”。

五、组织实施

（一）核查工作分三级进行，即地市级污染源普查机构负责对辖区内各区、县（市、旗）普查工作质量进行核查，省级污染源普查机构负责对辖区内各市（地、州、盟）普查工作质量进行核查，国务院第一次全国污染源普查领导小组办公室负责对各省（自治区、直辖市）普查工作质量进行核查。

地方各级污染源普查机构配合上一级污染源普查机构组织核查小组，按本细则规定的要求抽取样本，分阶段开展核查工作。样本一经抽中，不得调换。

（二）国家对各省（自治区、直辖市）污染源普查工作质量核查分三个阶段

1．普查员和普查指导员选聘和培训、单位清查等准备阶段工作质量核查，拟于2008年1月进行；

2．普查表填报和数据审核阶段工作质量核查，拟于2008年5月进行；

3．普查数据录入和核查阶段工作质量核查，拟于2008年7月进行。

（三）地方各级普查工作质量的核查工作，由省级污染源普查机构参照国家质量核查工作的安排做出相应部署。核查时间原则上应在国家普查质量核查工作之前。

六、工作要求

（一）普查质量核查结果是评估普查工作，特别是普查数据质量的重要依据。各级污染源普查机构要认真、如实填写《质量核查报告单》，并逐级上报。

（二）核查中确认样本区某阶段普查工作不符合质量标准要求，则该样本区、县（市、

旗）相关阶段的普查工作要重新组织进行，直到符合标准为止。

（三）各级污染源普查机构应在普查工作质量核查中及时发现问题，分析原因，找出症结，纠正错误，改进工作。

（四）普查工作质量核查工作应与执行《全国污染源普查条例》工作相结合。

附件一：重点核查指标
附件二：质量计算公式和评判标准
附件三：单位清查质量核查报告单
附件四：普查表填报和数据审核质量核查报告单 I
附件五：普查表填报和数据审核质量核查报告单 II
附件六：数据录入质量核查报告单

附件一：

表 3-25　重点核查指标

工业污染源	工业源详表	经纬度、工业总产值、主要产品和原辅材料消耗量、生产工艺名称、主要污染物的产生量和处理效率、能源结构和消耗量、耗水量、与污染物排放相关的燃料含硫量和灰分、排水去向信息、废水排放量、COD 排放量、氨氮排放量、废气排放量、SO_2 排放量、烟尘排放量、工业粉尘排放量、氮氧化物排放量、工业固体废物排放量、受纳水体名称及代码等
	工业源简表	工业总产值、主要产品和原辅材料消耗量、生产工艺系数、能源结构和消耗量、耗水量、与污染物排放相关的燃料含硫量和灰分、排水去向信息、废水排放量、COD 排放量、氨氮排放量、废气排放量、SO_2 排放量、烟尘排放量、工业粉尘排放量、氮氧化物排放量、工业固体废物排放量等
农业污染源	种 植 业	耕地面积、园地面积、坡地种植方向与面积、肥料施用量及养分含量、农药施用量及有效成分含量、秸秆产量及去向、地膜用量等
	畜禽养殖业	各阶段存栏量、清粪方式、污水日产生量、污水处理利用量、粪便处理利用量、污水及粪便的排放去向等
	水产养殖业	养殖模式、养殖面积、换水/水体交换情况、饲料/渔药/肥料投入量
	重点流域农村生活源	常住人口、人均年收入、生活污水日处理情况、厨余垃圾日利用量等
生活污染源		行业类别、开业时间、经营天数、生活垃圾收集方式、用水总量、污水处理设施处理能力、污水实际处理量、污水处理工艺、排水去向、锅炉额定出力、锅炉燃料类型、燃料种类和消费量、燃料硫分与灰分、废气处理设施套数、废气处理设施处理总能力、废气实际处理量、锅炉及运行情况、废气处理设施套数、废气处理设施处理总能力、废气实际处理量、医疗垃圾的产生量、处置方式及处置量、医用电磁辐射设备（频率大于 500 赫兹且功率大于 5 千瓦）和放射源与射线装置，行业特征指标数（如住宿的"宾馆饭店等级代码"、"床位数和年平均入住率"，餐饮业的"餐位数"、"固定灶头数与油烟净化器数"，洗染服务业的"设备总容量"，理发及美容保健服务业的"理发座位数、美容和保健床位总数"，洗浴服务业的"澡堂（桑拿）衣柜数、沐足座位数"，摄影扩印服务业的"扩印设备总能力、日平均扩印照片数"，汽车、摩托车维护与保养业（洗车业）的"车位数、专业洗车设备情况"等
集中式污染治理设施		污染治理设施建设与运行情况，能源消耗，废水、废气、污泥、渗滤液排放量和监测数据，固体（危险、医疗）废物等污染物处理、处置和综合利用情况等

附件二：

质量计算公式和评判标准

一、计算公式

（一）清查工作

1. $漏查率=\frac{\Sigma 漏查单位数}{\Sigma 实际核查样本的单位数}\times 100\%$

2. $重复率=\frac{\Sigma 重复单位数}{\Sigma 实际核查样本的单位数}\times 100\%$

3. $错误率=\frac{\Sigma 错误单位数}{\Sigma 实际核查样本的单位数}\times 100\%$

（二）普查表填报工作

1. $漏报率=\frac{\Sigma 漏报单位数}{\Sigma 实际核查样本的单位数}\times 100\%$

2. $一个核查对象普查指标的漏填率=\frac{\Sigma 指标漏填数}{\Sigma 实际应填指标数}\times 100\%$

3. $一个核查对象普查指标填报的差错率=\frac{\Sigma 指标漏填差错数}{\Sigma 实际应填指标数}\times 100\%$

（三）指标录入工作

1. $一个核查对象普查指标录入的差错率=\frac{\Sigma 指标录入差错数}{\Sigma 实际录入指标数}\times 100\%$

2. $一个核查对象普查指标的漏录率=\frac{\Sigma 指标漏录数}{\Sigma 实际录入指标数}\times 100\%$

二、评判标准

按照总计后的各种差错率考核各样本区的工作完成质量，各类质量核查的评判标准是：市级＜1%、省级＜1.5%、国家级＜2%。

附件三：

表 3-26 单位清查质量核查报告单

__________省（直辖市、自治区）__________市（地、州、盟）__________区（市、县、旗）

项目		实际核查样本的单位数	漏查单位数	重复单位数	错误单位数	漏查率（%）	重复率（%）	错误率（%）
总计								
重点工业污染源								
一般工业污染源								
生活污染源								
集中式污染治理设施								
农业污染源	种植业							
	畜禽养殖业							
	水产养殖业							

填表人：　　　　　　质量检查负责人：　　　　　　报出日期：

附件四：

表 3-27 普查表填报和数据审核质量核查报告单 I

____________省（直辖市、自治区）____________市（地、州、盟）____________区（市、县、旗）

项目		实际核查样本的单位数	单位漏报数	漏报率（%）
总计				
重点工业污染源				
一般工业污染源				
生活污染源				
集中式污染治理设施				
农业污染源	种植业			
	畜禽养殖业			
	水产养殖业			

注：单位漏报数是指普查对象未填报普查表的数量。

填表人： 质量检查负责人： 报出日期：

附件五：

表 3-28 普查表填报和数据审核质量核查报告单Ⅱ

（污染源种类：__________）

__________省（直辖市、自治区）__________市（地、州、盟）__________区（市、县、旗）

序号	普查对象名称	实际应填指标数	指标漏填数	指标填报差错数	指标漏填率（%）	指标填报差错率（%）
	总　计					

填表人：　　　　　　　　　　质量检查负责人：　　　　　　　　　　报出日期：

附件六：

表 3-29　数据录入质量核查报告单

（污染源种类：________）

________省（直辖市、自治区）________市（地、州、盟）________区（市、县、旗）

序号	普查对象名称	实际录入指标数	指标录入错误数	漏录指标数	指标录入差错率（%）	指标漏录率（%）
	总　计					

注：指标差错数不包括指标漏录数。

填表人：　　　　　　　　质量检查负责人：　　　　　　　　报出日期：

关于印发《第一次全国污染源普查工业污染源产排污系数手册》的通知

国污普办[2008]9 号

各省、自治区、直辖市污染源普查领导小组办公室，新疆生产建设兵团环保局，全军环办：

为贯彻落实《国务院关于开展第一次全国污染源普查的通知》（国发[2006]36 号）和《国务院办公厅关于印发第一次全国污染源普查方案的通知》（国办发[2007]37 号）的要求，指导地方各级污染源普查机构做好污染源普查工作，确保第一次全国污染源普查顺利完成，全国污染源普查工作办公室组织编制了《第一次全国污染源普查工业污染源产排污系数手册》（以下简称《系数手册》），现印发给你们，并就《系数手册》使用等事宜通知如下：

一、本次印发的《系数手册》仅供第一次全国污染源普查使用。环境统计、主要污染物总量减排核算方法按现行的方法和规定执行。

二、第一次全国污染源普查工业源采用产排污系数法核算污染物的产生、排放量时，只能采用本次下发的《系数手册》，不得采用其他各类产排污系数或经验系数进行核算。

三、本次印发的《系数手册》涵盖了我国 351 个小类工业行业，其中 259 个小类行业的产排污系数可直接使用，92 个小类行业的产排污系数采用类比方法使用；钾肥制造、初级形态的塑料及合成树脂制造行业中聚甲醛、环氧树脂、酚醛树脂等 20 个行业小类部分产品的产排污系数将于 2008 年 5 月另行印发；其他工业行业企业产排污量的核算，可采用实际监测法或物料衡算法，采用实际监测法时，每年监测频次要求可适当放宽。

四、使用《系数手册》核算企业污染物产生、排放量时，要按照《系数手册》使用说明和注意事项，依据相关产品种类（名称）、原料名称、生产工艺、生产规模，以及相关末端处理技术，正确选取、使用产排污系数，根据企业 2007 年度产品实际产量或原材料消耗量，核算污染物产生和排放量。

五、工业源产排污量的实际监测法、产排污系数法和物料衡算法三种核算方法的使用，严格按《工业源及集中式污染治理设施普查技术规定》执行。采用符合规定的规范监测数据或合理的物料衡算数据计算污染物产生、排放量时，要按照该技术规定，用《系数手册》提供的产排污系数对其污染物产生和排放量进行核定，并将核定的污染物产生和排放量数据填报在相应的污染物排放量普查表中。

六、普查对象产排污系数选取不合理、核算方法不正确时，普查机构有权要求普查对象予以改正。核定的污染物产、排污量必须由普查对象与普查机构共同确认。若普查机构提供符合技术规定要求的资料，普查对象不予认可时，普查机构应向普查对象认真负责地作出说明，如双方仍有分歧，普查机构要将核定的污染物产、排污量另行填写产生量、排放量普查表，并与企业填报的普查表一同录入普查数据库系统上报，并作出说明。

七、有下列情况之一的，经当地（县、区及以上）普查机构认可，可适当调整其排污系数或据实填报产、排污量。

（一）废水量、固体废物及危险废物的产生及排放量，普查对象能提供规范的计量数据的，可按照计量数据的统计填报。

（二）普查对象使用《系数手册》所列末端治理工艺（技术）之外的污染处理设施，且有有效资料证明其处理效率不同于《系数手册》所列治理工艺的，可适当调整其排污系数。

（三）有有效资料或证据证明普查对象污染处理设施运行率明显低于（差10%以上）《系数手册》测算的污染处理设施运行率时，应按照实际运行率核算排污量。

八、全国污染源普查工作办公室负责省级和市级污染源普查技术骨干的《系数手册》使用培训，各省或市级（地、州、盟）污染源普查机构负责区、县污染源普查技术骨干的培训，并于2008年3月7日前完成培训。

九、本次印发的《系数手册》每套共10册，发至各省级和地市级污染源普查机构。请各省级污染源普查机构即通知各地级（市、州、盟）污染源普查机构收到《系数手册》后，尽快发送给所辖区（市、县、旗）污染源普查机构。各区（县、旗、市）《系数手册》发放数量可依据其工业污染源数量多少有所区别。

国务院第一次全国污染源普查领导小组办公室

二〇〇八年二月十九日

关于印发《第一次全国污染源普查城镇生活源产排污系数手册》和生活源普查表填报中有关问题的通知

国污普办[2008]14 号

各省、自治区、直辖市污染源普查领导小组办公室，新疆生产建设兵团环保局，全军环办：

为贯彻落实《国务院关于开展第一次全国污染源普查的通知》（国发[2006]36 号）和《国务院办公厅关于印发第一次全国污染源普查方案的通知》（国办发[2007]37 号）的要求，指导地方各级污染源普查机构做好生活污染源普查工作，全国污染源普查工作办公室组织编制了《第一次全国污染源普查城镇生活源产排污系数手册》（以下简称《系数手册》），现印发给你们，并就《系数手册》使用等事宜通知如下：

一、本次印发的《系数手册》仅供第一次全国污染源普查使用。环境统计、主要污染物总量减排核算方法按现行的方法和规定执行。

城镇生活源产排污系数是实测大量样本得到的平均水平，不是每个普查对象严格意义上的实际排放量。但它能在一定样本数的基础上，较为客观地反映各地、各类污染源总体上的排污状况。

二、生活源普查表不需要填报污染物的量，仅需填报普查对象的基本信息和与污染物产排量相关的信息。由各级普查机构利用国家统一制发污染源普查数据软件，使用《系数手册》中各类产排污系数自动计算出生活源各类污染物的产生量和排放量。

三、本次印发的《系数手册》涵盖了住宿餐饮业、居民服务和其他服务业、医院、城镇居民生活四类普查对象。独立燃烧设施污染物的产生量、排放量，在国家统一制发的污染源普查软件中根据《第一次全国污染源普查工业污染源产排污系数手册》第十分册“4430 热力生产和供应行业（包括工业锅炉）”的系数自动计算生成。“机动车污染物产生、排放量核算系数手册”另行下发。

四、污水量的校核过程中，如按普查对象填报的用水量及硬件数量计算的日均硬件污水量（Wd），不在《系数手册》给出的污水排放系数中校核系数范围内，则首先应对普查对象填报的用水量、硬件等数据的调查、计量方法进行复核（如是否有自备井，水表是否失灵，与同区域同类型单位是否偏差很大等）。如果确认调查数据、计量方法无误，且能就数据偏离校核范围写明原因（如用户明显节约用水、区域性习惯等），则数据按入户调查数据填报。如果发现调查方法有误、计量不准或数据与同区域同类单位有较大误差、且找不到合理原因者，应按《系数手册》提供的核算系数计算填报，并注明调查数据有不明原因偏差，采用系数换算值。

五、本次印发的《系数手册》，发送到各省级和地市级污染源普查机构。请各省级污染源普查机构即通知各地级（市、州、盟）污染源普查机构，请他们收到《系数手册》后，尽快发送给所辖区（市、县、旗）污染源普查机构。各区（县、旗、市）《系数手册》发放数量可依据其城镇生活源数量多少有所区别。

六、S405 城镇居民生活污染源普查表以设区城市的区、县城（县级市）、建制镇为单元普查。此表由普查机构填写。区、县（县级市）填写本级，包括县城所在的镇，不包括辖区内其他建制镇；其他建制镇单独填写。

煤炭消费量、燃料油消费量、管道煤气消费量、天然气消费量、液化石油气消费量以及生活用水总量、居民家庭用水总量等指标如果只有区、县（县级市）资料，没有建制镇资料的，可由区、县（县级市）资料按城镇常住人口比例进行折算；如果只有地级市（州、盟）资料，没有区、县（县级市）资料的，可由地级市（州、盟）资料按城镇常住人口比例进行折算。

七、生活源普查表上所需填报的硫分、灰分数据，如果普查对象不能提供有关详细信息并准确界定硫分、灰分数值的，由区、县（县级市）普查机构按本地区域平均值进行填报，也可以参照本次下发的《系数手册》进行填报。

国务院第一次全国污染源普查领导小组办公室

二○○八年五月六日

关于印发《第一次全国污染源普查评比表彰工作细则》的通知

国污普办[2008]18号

各省、自治区、直辖市第一次全国污染源普查领导小组办公室，新疆生产建设兵团第一次全国污染源普查领导小组办公室，全军环办：

为表彰在第一次全国污染源普查工作中表现突出的单位和个人，提高各地做好污染源普查工作的积极性，促进污染源普查工作的顺利开展，根据《全国污染源普查条例》的有关规定，我们编制了《第一次全国污染源普查评比表彰工作细则》，现印发给你们，请认真组织实施。全国先进集体、先进个人名额分配方案及表彰工作的具体安排另行通知。

附件：第一次全国污染源普查评比表彰工作细则

国务院第一次全国污染源普查领导小组办公室

二〇〇八年六月二日

附件：

第一次全国污染源普查评比表彰工作细则

为表彰在第一次全国污染源普查工作中表现突出的单位和个人，根据《全国污染源普查条例》的规定，制定本工作细则。

一、评比目的

树立典型，激励先进，调动普查机构和人员的争先创优的积极性；总结交流先进经验。

二、评比原则

依据各有关单位及个人在污染源普查工作中组织动员及准备、入户清查摸底、环境监测及产排污系数制定、普查表填报及现场调查、数据审核和录入、数据汇总及上报、归档总结等各项工作的完成情况和质量抽（核）查结果，本着实事求是、客观公正、质量第一、成绩突出的原则进行评比。

三、评比范围和对象

先进集体：从参加第一次全国污染源普查的各省（自治区、直辖市）、市（地、州、盟）、县（市、区、旗）人民政府第一次全国污染源普查领导小组办公室以及乡镇、街道污染源普查机构和有关单位中进行评比。

先进个人：从参加第一次全国污染源普查的各类人员（包括各级污染源普查机构的工作人员、普查员和普查指导员、数据录入和处理员、各有关部门和单位的工作人员等）中评选。

在工作中有任何违纪、违法行为的集体和个人，不得参与评比。

四、评比办法

（一）国务院第一次全国污染源普查领导小组办公室主要根据各地污染源普查的工作量和各级污染源普查机构数等，确定第一次全国污染源普查全国先进集体和先进个人各省（自治区、直辖市）和有关单位的名额（名额分配方案另发），各省（自治区、直辖市）及有关单位按分配名额向国务院第一次全国污染源普查领导小组办公室报送推荐的先进集体和先进个人材料。

（二）各级污染源普查机构要根据国家统一安排和各地普查工作实际情况，按本细则规定，适时进行集体和个人的工作总结，开展评比表彰活动。

（三）省级污染源普查机构在地（市）和县级污染源普查机构工作总结和评比表彰活动基础上，根据国务院第一次全国污染源普查领导小组办公室分配的名额和规定的条件及标准，推荐全国先进集体和先进个人。拟推荐的全国先进集体和先进个人要在当地媒体进行不少于 7 天的公示，并且无重大疑义。

（四）国务院第一次全国污染源普查领导小组办公室对各省级污染源普查机构和有关部门、单位报送的先进集体、先进个人资料进行审核、综合平衡后，评选出第一次全国污染源普查全国先进集体和先进个人。

（五）省级污染源普查机构作为全国先进集体的评定由国务院第一次全国污染源普查领导小组办公室负责；地方各级污染源普查先进集体和先进个人的评比、表彰工作由地方各级污染源普查机构负责。

五、评比条件和标准

（一）先进集体

先进集体按得分总数选拔。总分数由基本分和附加分组成，满分 100 分。基本分是完成各阶段任务的基本要求，满分为 50 分；附加分是出色或超额完成工作任务的奖励分，满分为 50 分。

1．组织准备与宣传工作

领导高度重视，关心普查各阶段工作；所辖区域内各级普查领导小组办公室按计划组建；召开当地普查工作动员会议，全面部署辖区内普查工作；认真执行普查方案，严格工作流程和工作制度，各阶段工作组织动员得力；职责分工明确，部门沟通、协作顺利；制订一套完整的适合本地区实际的普查实施方案、数据质量控制方案和各种规章制度；普查员和普查指导员按要求配备、培训和管理。

认真制订宣传工作计划，并按照普查进度逐步开展，把宣传动员工作贯彻污染源普查工作的始终。在有关主流媒体中开辟普查专栏或节目，刊登文章和消息；在显著位置张贴各种宣传标语或宣传画，制造大型广告牌等，形成报纸、广播、电视、网站、广告牌等多方位的立体宣传，为普查工作顺利实施创造良好的舆论氛围。

完成上述工作得基本分 5 分。

2．经费预算和落实情况

各级污染源普查机构根据普查方案编制经费预算和分年度使用计划，经同级财政部门审核后，作为污染源普查专项经费纳入财政预算，并较早落实普查经费，分年度按时拨付，确保到位。

完成上述工作得基本分 5 分。

3．入户清查摸底工作

建立《清查基础资料册（库）》，严格按照行政区域划分，认真细致地进行入户清查，编制《污染源普查对象名录》，做好审核、抽查、增补工作，清查质量抽查符合验收标准，按时上报清查结果。单位漏查率、单位重复率、单位错误率超过标准的不得参加评选。

完成上述工作得基本分 5 分。

4．监测工作

严格按监测技术规范要求，制定合理的监测方案，按国家规定的时间、次数和项目，组织人员完成对国控、省控等重点工业污染源的普查监测任务，及时提交监测结果，监测数据准确、完整，监测档案齐全。未按规定要求完成监测任务的不得参加评比。

完成上述监测任务得基本分 10 分。

5．普查表数据填写及审核

认真指导普查对象填报普查表，普查员现场核实填报内容和质量，没有弄虚作假行为，能妥善解决普查工作中出现的各种问题，省、地市两级污染源普查机构及时组织数据填报质量抽查，且各种差错率符合验收标准。单位漏报率、指标漏填率和指标填报差错率大于标准的不得参加评比。

完成上述工作得基本分10分。

6．普查数据录入及上报工作

严格执行《第一次全国污染源普查数据处理工作细则》，认真录入和校对普查表。基层污染源普查机构同步审核数据录入质量；省、地市两级污染源普查机构及时抽查数据录入质量，录入质量符合允许的差错率要求，并按时上报普查数据。指标录入差错率、指标漏录率大于标准的不得参加评比。

符合上述要求得基本分10分。

7．数据汇总、验收、上报及归档工作

省、地市两级污染源普查机构及时组织普查数据汇总和质量验收，并按时上报汇总数据；普查资料按《污染源普查档案管理办法》管理并及时归档。

符合上述要求得基本分5分。

（二）先进个人

1．对普查工作有高度热情，认真负责，一丝不苟，吃苦耐劳，深入普查现场，没有无故缺席情况；

2．刻苦钻研并熟练地掌握普查业务知识，严格执行普查方案、各项技术规定和工作细则，根据实际情况制定合理的普查路线；

3．工作积极主动，及时发现问题并提出解决方案，积极向普查对象宣传普查知识，主动发表介绍普查工作的文章；

4．在普查中能抓住各个工作的关键环节，及时发现数据错误，并认真核查改正，抽查、验收的各种差错率符合国家规定标准；

5．在普查工作中坚持实事求是的原则，依法开展普查，敢于同一切弄虚作假等违反《全国污染源普查条例》的行为作斗争；

6．在普查工作过程中有感人事迹，牺牲个人利益投身普查工作。

六、评比材料上报要求

（一）推荐的先进集体或先进个人要兼顾参加工业污染源、农业污染源、生活污染源和集中式污染治理设施普查工作的各类单位和人员。

（二）推荐先进集体或先进个人的地方污染源普查机构或先进个人所在单位，负责填写《第一次全国污染源普查全国先进集体审批表》或《第一次全国污染源普查全国先进个人审批表》各一份，并提供相关的典型材料。

（三）各省级污染源普查机构对下级污染源普查机构或有关单位报送的先进集体或先进个人材料，按本工作细则对其进行审核；负责将报送的先进集体的得分汇总并填写先进集体《第一次全国污染源普查全国先进集体计分表》，并负责填写《第一次全国污染源普查全国先进集体呈报一览表》和《第一次全国污染源普查全国先进个人呈报一览表》。

（四）《第一次全国污染源普查全国先进集体审批表》、《第一次全国污染源普查全国先进个人审批表》、《第一次全国污染源普查全国先进集体计分表》、《第一次全国污染源普查全国先进集体呈报一览表》和《第一次全国污染源普查全国先进个人呈报一览表》可用电脑打印也可用钢笔填写，省级污染源普查机构填写意见并加盖公章，按时报国务院第一次全国污染源普查领导小组办公室。

附件一：第一次全国污染源普查全国先进集体附加分标准一览表
附件二：第一次全国污染源普查全国先进集体呈报一览表
附件三：第一次全国污染源普查全国先进集体计分表
附件四：第一次全国污染源普查全国先进集体审批表
附件五：第一次全国污染源普查全国先进个人呈报一览表
附件六：第一次全国污染源普查全国先进个人审批表

附件一：

表 3-30　第一次全国污染源普查全国先进集体附加分标准一览表

工作内容	加分项目		条件	加分值
组织准备与宣传工作	普查领导小组办公室和人员设备到位	非农业源	2007 年 3 月 31 日前完成	1
			2007 年 5 月 1 日前完成	0.5
		农业源	2007 年 6 月 30 日前完成	1
	出色完成试点任务（参考项）			1
	普查员和普查指导员选调和聘用	非农业源	2007 年 11 月 30 日之前完成	0.5
		农业源	2007 年 11 月 30 日之前完成	0.5
	召开普查工作动员大会		2008 年 1 月 10 日之前完成	0.5
	将普查工作列入政府目标责任制考核			0.5
	数据处理软硬件配备，软件开发		2007 年 12 月 31 日之前完成	1
	建立普查网站且内容翔实，并利用电视、电台、报刊、网络、相关公共设施等进行宣传		按工作阶段逐步开展，效果显著	0.5
经费落实情况	非农业源普查经费	2007 年度	2007 年 8 月 31 日之前到位	1
		2008 年度	2008 年 3 月 31 日之前到位	1
	农业源普查经费	2007 年度	2007 年 8 月 31 日之前到位	1
		2008 年度	2008 年 3 月 31 日之前到位	1
入户清查摸底工作	非农业源入户清查		2007 年 12 月 31 日之前完成	1.5
			2008 年 1 月 10 日之前完成	1
	农业源入户清查		2007 年 12 月 31 日之前完成	1.5
			2008 年 1 月 10 日之前完成	1
	省、地市两级普查机构质量抽查	非农业源	2008 年 1 月 20 日之前完成	1
		农业源	2008 年 1 月 20 日之前完成	1
	按时、准确上报全部清查结果	非农业源	2008 年 1 月 31 日之前上报	1.5
		农业源	2008 年 1 月 31 日之前上报	1.5
	单位漏查率		小于等于 1.5%（国家级）、1%（省级）、0.5%（地市级）	1
	单位重复率			1
	单位错误率			1

工作内容	加分项目		条件	加分值
普查表数据填写及审核	普查表发放	非农业源	2008年3月10日之前完成	0.5
		农业源	2008年3月10日之前完成	0.5
	普查表填写、普查员和普查指导员审核	非农业源	2008年4月15日之前完成	1.5
			2008年4月25日之前完成	1
		农业源	2008年4月15日之前完成	1.5
			2008年4月25日之前完成	1
	基层普查机构审核	非农业源	2008年4月25日之前完成	1.5
		农业源	2008年4月25日之前完成	1.5
	省、地市两级普查机构数据质量抽查	非农业源	2008年5月15日之前完成	1.5
		农业源	2008年5月15日之前完成	1.5
	普查表指标漏填率		小于等于1.5%（国家级）、1%（省级）、0.5%（地市级）	1
	指标填报差错率			1
	普查对象漏报率			1
普查数据录入及上报工作	基层普查机构数据录入及审核	非农业源	2008年5月25日之前完成	1
		农业源	2008年5月25日之前完成	1
	省、地市两级普查机构数据录入质量抽查	非农业源	2008年5月31日之前完成	1
		农业源	2008年5月31日之前完成	1
	数据录入差错率		小于等于1.5%（国家级）、1%（省级）、0.5%（地市级）	1
	漏录率			1
	数据上报	非农业源	2008年5月31日之前完成	1
			2008年6月20日之前完成	0.5
		农业源	2008年5月31日之前完成	1
			2008年6月20日之前完成	0.5
数据汇总、验收、上报及归档工作	地市级普查机构数据汇总	非农业源	2008年7月10日之前完成	0.5
		农业源	2008年7月10日之前完成	0.5
	省级普查机构数据汇总	非农业源	2008年7月20日之前完成	0.5
		农业源	2008年7月20日之前完成	0.5
	省、地市两级普查机构数据质量验收	非农业源	2008年7月31日之前完成	1
		农业源	2008年7月31日之前完成	1
	污染源汇总数据上报	非农业源	2008年7月31日之前上报	1
		农业源	2008年7月31日之前上报	1
	建立档案并全部归档		2009年3月31日之前归档	0.5
其他	开展普查资料分析并撰写综合或专题分析报告			0.5
	自行编辑出版普查资料		3册以上	0.5
合计最高分（附加分不能重复计算）				50

注：1. “单位漏查率”等各种“率”的计算公式见《第一次全国污染源普查质量核查工作细则》。

2. 国家一级有关单位的评比计分方法另定。

附件二：

表 3-31　第一次全国污染源普查全国先进集体呈报一览表

呈报单位（盖章）：

序号	先进集体单位名称	单 位 地 址	负责人	得分值

上报时间：　　　年　　　月　　　日

附件三：

表 3-32　第一次全国污染源普查全国先进集体计分表

评分项 / 单位	组织准备与宣传工作		经费落实情况		入户清查摸底工作		监测工作	普查表数据填写及审核		普查数据录入及上报工作		数据汇总、验收、上报及归档工作		其他	总得分
	基本分	附加分	基本分	附加分	基本分	附加分	基本分	基本分	附加分	基本分	附加分	基本分	附加分		

联 系 人：　　　　联系电话：　　　　报出时间：　　年　　月　　日

附件四：

表 3-33　第一次全国污染源普查全国先进集体审批表

被推荐单位名称		联 系 人	
地　址		联系电话	
先进事迹（限 500 字）：			
各省（自治区、直辖市）第一次全国污染源普查领导小组办公室推荐意见 （盖 章）　　年　月　日			
国务院第一次全国污染源普查领导小组办公室审批意见 （盖 章）　　年　月　日			

附件五：

表 3-34　第一次全国污染源普查全国先进个人呈报一览表

呈报单位（盖章）：

序号	姓 名	性别	年龄	职务/职称	普查工作岗位	工 作 单 位

上报时间：　　　　　　年　　　　月　　　　日

附件六：

表 3-35　第一次全国污染源普查全国先进个人审批表

<table>
<tr><td>姓名</td><td></td><td>性别</td><td></td><td>年龄</td><td></td><td>职务/职称</td><td></td></tr>
<tr><td colspan="2">工作单位</td><td colspan="4"></td><td>联系电话</td><td></td></tr>
<tr><td colspan="2">普查中从事的工作</td><td colspan="6"></td></tr>
<tr><td colspan="8">先进事迹（限 500 字）：</td></tr>
<tr><td colspan="8">各省（自治区、直辖市）第一次全国污染源普查领导小组办公室推荐意见

（盖 章）　　年　月　日</td></tr>
<tr><td colspan="8">国务院第一次全国污染源普查领导小组办公室审批意见

（盖 章）　　年　月　日</td></tr>
</table>

编辑说明

《第一次全国污染源普查资料文集》（以下简称《文集》）是一套系列丛书。这套《文集》共8卷，包括之一《污染源普查公报与大事记》、之二《污染源普查文献汇编》、之三《污染源普查工作总结》、之四《污染源普查技术报告》、之五《污染源普查数据集》、之六《污染源普查图集》、之七《污染源普查产排污系数手册》、之八《污染源普查培训教材》。这套《文集》所用各地的数据资料，均来源于2009年5月（工业源、生活源和集中式污染治理设施）和2009年7月（农业源）各地普查办报送的最终数据。

参与这项工作的人员比较多且变动大，为客观反映每位同志的工作，现将有关情况说明如下。

1. 关于编委成员。《文集》的编写以“第一次全国污染源普查工作办公室”的同志为主，但有些同志在办公室的工作时间比较短，而《文集》编委又不宜过多，经研究，编委成员只将在污染源普查工作办公室全职工作两年以上者列入，其他参与与《文集》编写有关工作的同志在相关章节执笔人中体现。

2.《污染源普查公报与大事记》由隋筱婵、张治忠、高嵘、刘艳青同志执笔，集体讨论修改成稿。

3.《污染源普查文献汇编》由陈斌、赵建中、陈善荣、朱建平、佟羽、张治忠、高嵘同志整理、编辑。毛玉如、江希流二位同志分别参与了有关部分编写工作。沈阳市环保局骆虹同志、济南市环保局付军华同志和青岛市环保局谢依民同志分别参与了其中“9项普查技术规定”和“5项工作细则”的编写工作。

4.《污染源普查工作总结》由隋筱婵、张珺、叶琛同志执笔，集体讨论修改成稿。地方工作总结由各省（自治区、直辖市）污染源普查办公室提供。

5.《污染源普查技术报告》共分9章：第一章至第三章由孔益民、潘文、马晓溪、谢依民同志执笔；第四章由景立新、罗建军、安海蓉、骆虹同志执笔；第五章由曹东、江希流、高月香同志执笔；第六章由沈鹏、佟羽、毛玉如同志执笔；第七章由王利强、刘艳青、付军华同志执笔；第八章由张战胜、张治忠、姬刚同志执笔；第九章由陈斌、赵建中、陈善荣、朱建平同志执笔，集体讨论修改成稿。

6.《污染源普查数据集》由陈斌、赵建中、陈善荣、朱建平、曹东、孔益民、景立新、佟羽、张治忠、隋筱婵、张战胜、沈鹏、王利强同志主要参与，北京联盈同创信息技术有限公司为技术支持单位共同编制。

7.《污染源普查图集》由陈斌、赵建中、陈善荣、朱建平、曹东、孔益民、张治忠、沈鹏、佟羽、景立新、隋筱婵同志主要参与，北京联盈同创信息技术有限公司为技术支持单位共同编制。

8.《污染源普查产排污系数手册》由中国环境科学研究院（负责工业源产排污系数）、环境保护部华南环境科学研究所（负责生活源和集中式污染治理设施产排污系数）牵头，联合相关行业协会共同编制，具体参加单位及人员见“手册”的说明。

9.《污染源普查培训教材》共分6部分，分别由以下同志执笔：

工业源普查教材：景立新、骆虹、罗建军、佟羽、刘艳青、安海蓉、周涛；

农业源普查教材：刘宏斌、江希流、刘东生、陈永杏、高月香、成振华、李绪兴；

生活源普查教材：毛玉如、陈志良、安海蓉、张治忠、潘文；

集中式污染治理设施普查教材：付军华、谢依民、吴彩霞、高嵘；

普查员和普查指导员工作细则：隋筱婵、张珺、马晓溪、叶琛；

数据处理教材：曹东、孔益民、张战胜、沈鹏、王利强。

10. 农业部科教司的王衍亮和方放同志，虽然没有具体参与《文集》编辑工作，但《文集》中大量农业源普查资料的获取与他们三年多时间的辛勤工作分不开，需要特别加以说明。

11. 污染源普查工作基本结束后，普查办大多数同志回到原单位工作。赵建中、张治忠同志为《文集》后期的编辑出版作了大量组织协调工作，需要特别加以感谢。

12. 特别要提出的是，国务院第一次全国污染源普查领导小组办公室主任王玉庆同志，在文集审核、定稿、编辑、出版全过程中倾注了大量心血，为文集最终出版作出了突出贡献，在此深表敬意。

编　者

二〇一一年六月

后　　记

《第一次全国污染源普查资料文集》是污染源普查工作成果的具体体现。这一成果是全国环保、农业、统计及有关部门和几十万普查工作人员，在国务院与地方各级人民政府领导下，历经3年时间，不懈努力、辛勤劳动获得的。及时整理、编辑出版这些成果资料，使政府有关部门、广大人民群众、科研人员及社会各界了解普查情况、开发利用普查成果，是十分必要又非常有意义的一件大事。

在普查资料编纂委员会指导下，《文集》的编纂工作主要由第一次全国污染源普查工作办公室的同志完成，他们为此付出了很多心血。在此过程中，得到了环境保护部领导及相关司、局的关心和支持。中国环境科学出版社许多同志不辞辛劳，为《文集》的出版作了大量的编辑工作。北京联盈同创信息技术有限公司参与并大力支持了《污染源普查数据集》、《污染源普查图集》的编制。测绘出版社为编制《污染源普查图集》做了很多工作。在此一并表示由衷的感谢！

至《文集》出版这项工作历时4年半，相关数据、资料收集整理过程中会有不尽人意之处，希望读者谅解指正。

王玉庆

二〇一一年六月